トポロジー入門

新装版

トポロジー入門

新装版

松本幸夫

岩波書店

ま え が き

　本書は，高等学校をおえた程度の数学的素養を持つ読者のために，トポロジーの初歩を紹介した入門書である．'集合'と'写像'という言葉だけは一応既知としたが，その他の予備知識はほとんど仮定せず，連続性，位相空間，群などの基礎的概念もすべて初めから解説した．

　数学を学びはじめた読者の多くが感じる困難のひとつは，ある新しい概念を論理的に説明されてもその概念のもつ直観的な意味内容がなかなかつかみにくいことであると思われる．本書では，論理的理解と直観的な理解が，できるだけ並行して進むように努力した．叙述も，簡潔であるよりはむしろ，入門書として丁寧であるように心懸けた．全体の構成が通常の教科書と少し趣きの異なるものになったのもそのためである．

　目次を見て頂けばおわかりのように，本書の内容は，トポロジーのごく基本的な部分に限られている．しかし，たとえ少数の基本事項でも，それらを確実に理解することは，将来の学習にとって非常に大切であると思う．このような考えから，様々な事項について網羅的に解説する方針は敢えて取らなかった．トポロジーを更に勉強されたい読者は，巻末の'あとがき'にあげておいた参考文献を見られたい．

　各節末には(二，三の節を除いて)演習問題をつけた．いずれも容易であるが，簡単な解答を巻末に与えた．

　最後に，著者の遅筆を辛抱強く待って下さり，出版に際してもいろいろとお世話下さった岩波書店の荒井秀男氏にあつくお礼を申し上げます．

　　1984年　暮

　　　　　　　　　　　　　　　　　　　　　　　　松 本 幸 夫

目　　次

まえがき ……………………………………………………………… v

第1章　空間と連続写像 ……………………………………… 1

§1　いろいろな図形 …………………………………………… 1
§2　連続曲線 …………………………………………………… 11
§3　ユークリッド空間と距離空間 …………………………… 24
§4　連続写像と同相写像 ……………………………………… 31

第2章　位　　相 ……………………………………………… 47

§5　閉集合，開集合，位相空間 ……………………………… 47
§6　コンパクト空間 …………………………………………… 68

第3章　連　結　性 …………………………………………… 91

§7　連　結　性 ………………………………………………… 91
§8　弧状連結性 ………………………………………………… 99

第4章　基　本　群 …………………………………………… 119

§9　道の変形 …………………………………………………… 119
§10　群 ………………………………………………………… 136
§11　基　本　群 ……………………………………………… 151
§12　写像のホモトピー ……………………………………… 174

第5章　ファンカンペンの定理 …………………………… 189

§13　自由積と融合積 ………………………………………… 189
§14　ファンカンペンの定理 ………………………………… 204

第6章　いくつかの応用 …………………………………………… 224

§15　群の表示………………………………………………………… 224

§16　空間の工作と閉曲面の基本群………………………………… 233

§17　被覆空間………………………………………………………… 253

§18　結び目…………………………………………………………… 278

付　録　A ……………………………………………………………… 290

付　録　B ……………………………………………………………… 291

演習問題解答 ………………………………………………………… 295

あとがき ……………………………………………………… 303

索　　引 ……………………………………………………… 305

第1章　空間と連続写像

§1　いろいろな図形

われわれの身のまわりには実にさまざまの'かたち'がある．これらの'かたち'を数学的に抽象したものが図形とか空間とかよばれるものであって，それらは幾何学の対象である．われわれがこれから学ぼうとしているトポロジーも幾何学の一分科であるが，幾何学が非常に古い歴史を持つのに較べ，トポロジーの歴史は新しい．誕生後，ようやく100年くらいだろうか．もちろん，ライプニッツやオイラーにトポロジーの起源を求める立場に立てば，その歴史は，更に200年はさかのぼれるだろう．しかし，本格的な研究の開始されたのは，やはり前世紀の末からと言ってよい．そして，トポロジーは，現在もなお活発な研究が続けられている分野でもある．

現代数学におけるトポロジーの影響は非常に大きい．トポロジー的な言葉や思考方法を全く必要としない分野は，まれであろう．

数学の中でも新参もののトポロジーが，なぜそれほどの影響を他の分野に与えているのだろうか．それは，トポロジーが図形の持つ最も根源的な（あるいは原始的な）性質，すなわちあとの§4で説明する**位相不変な性質**というものを記述する言葉を持ち，また，それを解明する理論的道具立てを備えているからである．'位相不変な性質'とは，簡単に言えば，'連続性'の観点から図形をながめる時に得られる性質である．この意味でトポロジーは'連続性の幾何学'である．

以下の各節で，トポロジーの理論を展開して行くわけであるが，それに先立ち，この§1では，トポロジーの対象とする図形や空間のうち，とくに基本的なもののいくつかに眼を通しておくことにしよう．

これらの例の説明では直観的な理解を目標とし，論理的な完璧さはあまり気にしないことにする．

1°　平面 E^2

どこまでも限りなく平らに拡がった面が平面である．この平面の1点 O を任意に固定し，それを**原点**とよぶ．そして，O において直交する2直線をひいて，x 軸，y 軸とする．そうすれば，平面上のどんな点 p も，2つの実数の対 (x,y) でその位置が表わせる．x は p の x **座標**であり，y は p の y **座標**である．点 p の位置が対 (x,y) に対応するとき
$$p = (x, y)$$
と書く．

2点 $p_1 = (x_1, y_1)$ と $p_2 = (x_2, y_2)$ の間の**距離**を $d(p_1, p_2)$ と表わす．(p_1, p_2) の前の文字 d は distance（距離）の頭文字である．これは**線分** $\overline{p_1 p_2}$ の**長さ**でもある．ピタゴラスの定理を使って，距離 $d(p_1, p_2)$ は次のように計算される（図1.1をみよ）．
$$d(p_1, p_2) = \sqrt{(x_1 - x_2)^2 + (y_1 - y_2)^2}.$$

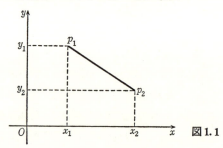

図1.1

距離 $d(p_1, p_2)$，あるいは同じことだが，線分 $\overline{p_1 p_2}$ の長さは，平面上の**回転**や**平行移動**によって変らない．これは直観的にも明らかであるが，また座標を用いた計算でも確かめられる．

平面と，その上に（上のようにして）定められた距離 d をいっしょにして，**ユークリッド平面**あるいは，**2次元ユークリッド空間**と呼ぶ．記号として E^2 を使う．E はユークリッド(Euclid)の頭文字であり，肩の数字2は，**次元**である．

日常的な語感では，'空間'というと，われわれがその中に住んでいる3次元空間や，ロケットの飛びかう宇宙空間等を連想するが，数学的な空間の仲間には，2次元ユークリッド空間 E^2 のように厚さのないペチャンコな空間もある．極端な場合には，'1点'ですら'点を1点しか含まない空間'と考えられる．

2° 円と円板

　xy 座標軸の定まったユークリッド平面 $\boldsymbol{E}^2$ 上の，原点 O を中心とする半径 $r\,(>0)$ の円は，方程式 $x^2+y^2=r^2$ を満足する点 (x,y) の全体に一致する．集合論の記号で書けば，平面 $\boldsymbol{E}^2$ の部分集合

$$\{(x,y)\,|\,x^2+y^2=r^2\}$$

が，そのような円である．（いうまでもなく，$\{\lambda\,|\,\lambda\text{は}\cdots\}$ という記号は '$\cdots$' の条件を満足する λ 全体の集合を表わしている．）同様の流儀で書くと，平面の部分集合

$$\{(x,y)\,|\,x^2+y^2\leqq r^2\}$$

は，原点 O を中心とし，半径 r の円板を表わしている．半径 r の円は半径 r の円板の縁になっている．

　円(＝円周)の上を1点 p がうごくとき，右回り左回りという，行ったりきたりの1方向の自由度しかないので，円の次元は1であると考える．円板上では，(たとえば，スケートリンクの上を滑る時のように)東西と南北の2方向の自由度がある．円板の次元は2である．

　原点 O を中心として半径1の円を**単位円**，また同じく O を中心として半径1の円板を**単位円板**といい，それぞれ，記号 S^1, D^2 で表わす．円のことを**1次元球面**(1-dimensional sphere)とよぶことがあり，S^1 はそれに由来する記号である．D^2 の D は円板(disk)の頭文字である．円 S^1 が円板 D^2 の縁であるということを記号で

$$S^1 = \partial D^2$$

と書くことがある．（∂ は '縁' を表わす記号．）

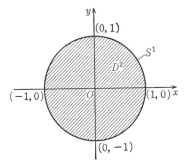

図1.2　円と円板($S^1=\partial D^2$)

3° 正方形，長方形，三角形，etc.

平面 E^2 上に描かれた図形を**平面図形**とよぶ．円や円板は，最も典型的な平面図形である．

正方形，長方形，三角形，etc.，…も小学校以来おなじみの平面図形であるが，この本では，正方形，長方形，etc. という言葉で，正方形または長方形の周囲だけでなく，周囲および内部の点をすべて含んだ2次元的な図形を言い表わすことにする．いわば，正方形，長方形の形をした(厚さのない)タイル板を指すのである(図1.3)．

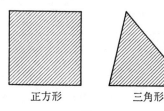

図 1.3

4° アニュラス(円環, annulus)

レコードのドーナツ盤のように，ひとつの円板から，その中の小円板をくり抜いて得られる図形を**アニュラス**(円環)とよぶ．アニュラスの境界は2つの円(内側と外側の円)からできている．アニュラスを記号で A と書けば，このことを，縁を表わす記号 ∂ を使って，$\partial A = S^1 \cup S^1$ と表わすことができる(図1.4)．

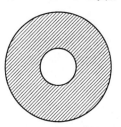

図 1.4 アニュラス

図1.4のアニュラスの縁になっている2つの円は，半径の異なる円である．それにもかかわらず式 $\partial A = S^1 \cup S^1$ の中では同一の記号(しかも半径1の単位円を表わす記号 S^1)が内側，外側両方の円に共通に用いられている．このことは厳密に考えれば，少し不合理である．しかし，あとで述べるように，半径の相違などを本質的な違いと考えないのがトポロジーの立場であって，そのため，

§1　いろいろな図形　　　5

$\partial A = S^1 \cup S^1$ のような略式の書き方が許されるのである.

5°　3次元ユークリッド空間 E^3

縦, 横, 高さの3方向にまっすぐ無限に拡がった空間が3次元ユークリッド空間である. 記号で E^3 と書く. 原点 O を任意に定め, O で直交する3本の座標軸(x軸, y軸, z軸), をとれば, E^3 の任意の点 p の位置は, 3つの実数の組 (x, y, z) で表わされる；すなわち $p = (x, y, z)$ のように. いうまでもなく, x, y, z はそれぞれ点 p の x 座標, y 座標, z 座標である.

E^3 の2点 $p_1 = (x_1, y_1, z_1)$, $p_2 = (x_2, y_2, z_2)$ の間の距離 $d(p_1, p_2)$ は

$$d(p_1, p_2) = \sqrt{(x_1 - x_2)^2 + (y_1 - y_2)^2 + (z_1 - z_2)^2}$$

で与えられる. この距離も, 空間の**回転**や**平行移動**に関して不変に保たれる. 3次元ユークリッド空間は, 空間とこの距離 d とをいっしょに考えた総合概念である.

6°　球面 S^2 と球体 D^3

3次元空間 E^3 内の図形は立体図形とよばれている. もっとも, 平面図形とか立体図形とかいっても, そのような区別は絶対的なものではない. たとえば, E^3 の中に三角形を考えれば, それは(上の定義に従えば)立体図形ということになるが, その三角形が適当な平面上に描かれていると思えば, 平面図形であることにもなる.

さて, 典型的な立体図形として, 球面を考えよう.

E^3 の原点 O を中心とし, 半径1の球面は, **単位球面**とよばれ, S^2 という記号で表わされる. 集合論の記法では

$$S^2 = \{(x, y, z) \mid x^2 + y^2 + z^2 = 1\}$$

と書ける. すなわち, 条件 $x^2 + y^2 + z^2 = 1$ を満たす (x, y, z) の全体が S^2 である. S^2 は, '立体図形' であるにもかかわらず, **2次元**の図形である. この点は, しばしば誤解されるのであるが, '図形の次元' は, いわば, その図形の中に住む生物にとってその図形が何次元に見えるか, を表わしている数であって, その図形が, 何次元の空間に入っているかを表わす数ではないのである. 球面 S^2 に, へばりついている生物がいたとしたら, その生物にとって S^2 は2次元にみえる筈である. 地球の表面は近似的に球面であるが, その上に住むわれわれにとって地球の表面は2次元の拡がりにみえる, というわけである.

球面 S^2 のことを，**2次元球面**とよぶこともある．

球面 S^2 は，ボールの表面であって，ボールの中身にあたる部分は考えないが，中身までも考えた図形，すなわち，中身のつまったボールに相当する図形を球面と区別して**球体**という．とくに，E^3 の原点 O を中心とする半径 1 の球体を**単位球体**とよぶ．記号は D^3 である：
$$D^3 = \{(x, y, z) | x^2 + y^2 + z^2 \leq 1\}.$$
円と円板の関係と同様に，球面 S^2 は球体 D^3 の表面になっている．このことを前のように，$S^2 = \partial D^3$ という記号で表わす．（ここでは，∂ は'表面'を表わす記号である．）

D^3 は 3 次元の図形である．（D^3 を **3 次元球体**とよぶこともある．）記号'∂'を'その表面を考えよ'という，図形に施されるひとつの操作とみなすと，操作 ∂ には，次元をひとつだけ下げる働きがある．それは，円と円板の関係 $S^1 = \partial D^2$ についても見られることであった．

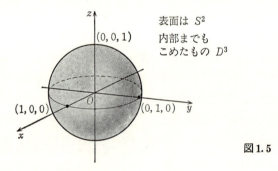

表面は S^2
内部までもこめたもの D^3

図 1.5

7° トーラスとソリッド・トーラス

ドーナツの表面のような 2 次元の図形が**トーラス** (torus) である．記号として T^2 を使う（図 1.6）．

表面だけでなく，中身のつまった通常のドーナツの形を'中身のつまったト

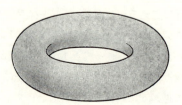

図 1.6 表面がトーラス

ーラス'という.あるいは英語をそのまま採用してソリッド・トーラス(solid torus)とよぶ.ソリッド・トーラスは3次元の図形である.ソリッド・トーラスを表わす標準的な記号は,まだ決まっていないようである.

ソリッド・トーラスの表面はトーラスである.記号'∂'を用いて,∂(solid torus)$=T^2$と書ける.

8° メビウスの帯

メビウスの帯はあまりにも有名である.図1.7の(b)がメビウスの帯であるが,これは次のようにして作られる.長方形の紙をとり(図1.7(a)),その1組の対辺を図のように反対向きの矢印に沿って貼り合わせる(同一視する)のである.

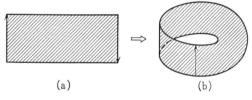

図1.7

メビウスの帯は2次元の図形である.この図形には,裏と表の区別がない.実際,裏だけを赤い色で塗ろうとしても,結局両方の面を赤い色で塗ってしまうことになる.

また,メビウスの帯(以下Mと書こう)の縁,周囲,は,ひとつづきの単純閉曲線になっている.メビウスの帯の周囲は,少しネジレているけれども,円周と同じく単純閉曲線なのである.あとで(§4)説明するように,トポロジーの立場では,E^3における位置がどうであろうと,要するに,**メビウスの帯の周囲と円周とは本質的に同じ形と考える**のである.そこでアニュラスの場合と同様,やや略式な書き方であるが,$\partial M=S^1$という式で,この事情を表わす.

長方形の1組の対辺を同一視してメビウスの帯を作ったように,図形の一部を貼り合わせたり,切り開いたりして,別の図形にすることを**図形の工作**とよぶ.図形をただ眺めるだけでなく,このような工作を通して研究を進めることも,トポロジーの大きな特色のひとつである(§16参照).

図形の工作の例をいくつかみよう．

9°　2枚の円板の周囲を同一視すれば球面 S^2 になる

図1.8のように，2枚の円板 D_1^2, D_2^2 をとり，それらを'おわん'のように曲げ，それから，周囲(ともに円)を同一視する．でき上ったものは S^2 である．

このことを記号で $S^2 = D_1^2 \underset{\partial D_1^2 = \partial D_2^2}{\bigcup} D_2^2$ と表わすことがある．

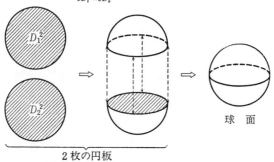

図 1.8

10°　球面 S^2 を，その赤道に沿って切り開けば，2枚の円板が得られる

これは，図1.8の矢印⇒を逆にたどる操作に他ならない．

11°　長方形からアニュラスを作る

長方形(の紙)をとり，その1組の対辺を(素直に)同一視する．つまり，メビウスの帯のように反対の向きにではなく，図1.9のように同じ向きで同一視する．すると，円筒ができるが，これを押しひろげてみると円環(アニュラス)を得る．トポロジーの立場では，押しひろげる前の円筒と，押しひろげたあとのアニュラスとは'本質的に同じ形'と考える(図1.9)．しかし，長方形とアニュラスとは，トポロジーの立場でも全然別の図形である．'対辺の同一視'という工作によって長方形が別の図形(アニュラス)になったわけである．

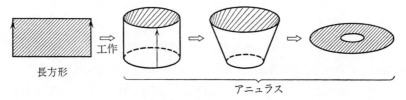

図 1.9

12° 長方形からトーラスを作る

図 1.10 のように，長方形の 2 組の対辺をそれぞれ同一視すると，長方形はアニュラスという中間段階を経てトーラスへと移行する．

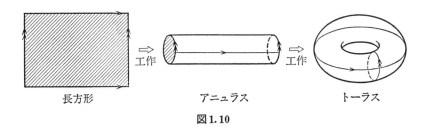

図 1.10

逆に，トーラスを切り開いて長方形を得ることもできる．

13° 射影平面の構成

以上 8°–12° にあげた工作は，いずれも 3 次元空間の中で実行可能な工作であった．しかし，紙やゴム板を使って実行可能な工作ばかりでなく，物理的には実行不可能な工作も，抽象的に考えることがある．抽象的工作の結果得られた図形は，一般にはもはや立体図形ではなく，頭の中だけで考えられる'抽象的図形'とでもよぶべきものになる．一例として射影平面を構成しよう．

メビウスの帯 M と円板 D^2 をとる．両者とも，その縁は円周であった．そこで，この両者の周囲を同一視（もちろん抽象的に，頭の中で同一視）すると，ひとつの'図形'が得られる．これを**射影平面**(projective plane)とよび，記号 P^2 で表わす．P^2 は 2 次元の図形である（図 1.11）．M の周囲と D^2 の周囲の同一視（貼り合わせ）を紙を使って実行しようとしても破れてしまい，E^3 の中では不可能である．このことは，射影平面が E^3 の中に描けない（埋め込めない）図形である，という数学的事実に対応している．

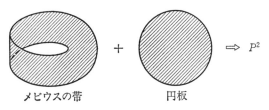

図 1.11

14° クラインの壺

メビウスの帯を 2 つとり，M_1, M_2 とする．その縁はともに円周であるから，射影平面のときのように，縁に沿って M_1 と M_2 を貼り合わせる工作が考えられる．（これも E^3 の中では実行不可能である．）でき上った抽象的図形を，**クラインの壺**(Klein bottle) とよぶ．

クラインの壺を，3 次元空間の中にそのまま実現することは不可能であるが，多少無理をすればできる．図 1.12 は，クラインの壺を無理に E^3 の中に実現して描いた図である．ここには自分自身との交わりの曲線 C が現われている．C は，クラインの壺には本来はない自己交叉であり，無理をして E^3 の中に実現したために現われたものである．なお図の曲線 S は，M_1, M_2 の共通の境界線である．

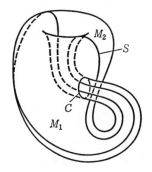

図 1.12

15° カントール集合

1°-14° までにあげた図形は，('抽象的図形'などというものもあったが) だいたいは'まともな'図形であった．トポロジーで扱う図形には，実はもっと異常な図形もある．それらは**野性的**(wild な) 図形と呼ばれ，それを専門に扱うトポロジーの分野もあるくらいである．次にあげる**カントール集合**(Cantor set) は，野性的図形のうちでは，'まとも'な方であり，またトポロジーに限らず，数学のいろいろな場面で大切な役割を果す図形である．

ひとつの線分，たとえば，数直線上の**単位区間** $I = [0, 1] = \{x \mid 0 \leqq x \leqq 1\}$ をとる．その線分を 3 等分して，真中の開線分を取り去る．単位区間 I の場合なら，$1/3 < x < 2/3$ に相当する部分を取り去るのである．すると，2 つの線分 $[0, 1/3]$，$[2/3, 1]$ が残る．残った 2 線分の各々を 3 等分して，真中の開線分を取り去る．

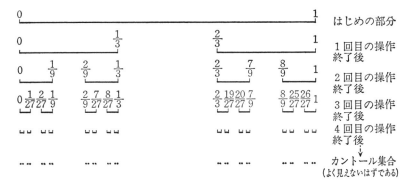

図1.13

今度は，4つの線分 $[0, 1/9], [2/9, 1/3], [2/3, 7/9], [8/9, 1]$ が残る．以下同様に，残った線分の各々をそれぞれ3等分して，真中の開線分をとり除く．この操作を無限回実行しても，なお，数え切れない程たくさんの点(非可算無限個の点)が残る．このようにして残った図形が**カントール集合**とよばれる'図形'である．

§2 連続曲線

'連続性'はトポロジーで最も大切な概念である．

この §2 では，連続曲線を例にして，連続性の定式化について考えてみよう．ここで2つの定式化を与える．点列による定義と，いわゆる ε-δ 論法による定義とである．あとで見るように(§4, 定理 4.5)，'距離空間'の間の写像に関して，この2つの定義は同値であるが，この節では，ある特別な場合についてその同値性を証明しよう．当面，3次元ユークリッド空間 E^3 の中の連続曲線に限って話を進めることにする．

いま，E^3 の中を，ひとつの点 p が'連続的'に動きまわっている状況を想像する．たとえば，部屋の中をハエ (p) が飛び回っているような場合である．

点 p の位置は時刻 t の関数である．考えている時刻 t は，実数のある区間 $[\alpha, \beta]$ $(= \{t \mid \alpha \leq t \leq \beta\})$ の中で変化するものとすると，点 p の動きは区間 $[\alpha, \beta]$ に属するひとつひとつの実数 t に E^3 の点 p をひとつずつ対応させることによって表わされる．数学的には，実数の区間 $[\alpha, \beta]$ から E^3 への写像

$$f : [\alpha, \beta] \longrightarrow E^3$$

によって記述されるわけである．時刻 $t\in[\alpha,\beta]$ の時の点 p の位置が $f(t)\in \boldsymbol{E}^3$ である．

このように，$\boldsymbol{E}^3$ の中の点 p の'連続的運動'は，写像 $f:[\alpha,\beta]\to \boldsymbol{E}^3$ により記述されるが，逆に，写像 $f:[\alpha,\beta]\to \boldsymbol{E}^3$ を全くかってに与えたとき，それが'連続的運動'を表わすとは限らない．そこで，写像 $f:[\alpha,\beta]\to \boldsymbol{E}^3$ にどのような数学的条件を課せば，f が'連続的運動'を記述することになるのか，すなわち，'連続写像'になるのかが問題になる．

図2.1に2種類の写像が図示されている．図2.1(a)の写像 $f:[\alpha,\beta]\to \boldsymbol{E}^3$ は'連続的運動'を表わしており，図2.1(b)の写像 $g:[\alpha,\beta]\to \boldsymbol{E}^3$ は'不連続的な飛躍'を表わしている．

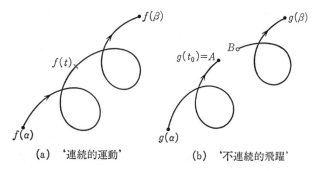

(a) '連続的運動'　　(b) '不連続的飛躍'

図 2.1

図2.1(b)において，時刻 t が α からある特定の時刻 t_0 まで変化する間では，t に対応する点の位置 $g(t)$ は'連続的'に動いて行くが，時刻 t の値が t_0 からほんのわずかでも増加すると，点は A 点から B 点の方へ突然'飛んで'しまう．時刻 t_0 におけるこのような動きは'連続的'とはいえない．

図(a)の'連続的な'写像 f と，図(b)の'不連続的な'写像 g の定性的な相違は，**数列と点列の収束**の言葉によって数学的に言い表わすことができる．まず，念のために'数列'の定義を与えておこう．

定義2.1　自然数 $1, 2, 3, \cdots, n, \cdots$ により番号づけられた実数の列

$$x_1, x_2, x_3, \cdots, x_n, \cdots$$

を**数列**という．自然数のひとつひとつ n に実数 x_n をひとつずつ対応させたものである．形式的にいえば，自然数全体の集合 $\boldsymbol{N}$ から，実数全体の集合 $\boldsymbol{R}$ へ

の写像 $N \to R$ が数列である.数列を記号で $\{x_1, x_2, x_3, \cdots\}$, $\{x_n\}$ などと表わす.

定義 2.1′ 上と同様に,E^3 の'点列'が定義できる.すなわち,自然数 1, 2, 3, $\cdots$, n, $\cdots$ により番号づけられた E^3 の点の列

$$p_1, p_2, p_3, \cdots, p_n, \cdots$$

を E^3 の点列という.自然数のひとつひとつに E^3 の点をひとつずつ対応させたものである.形式的には,N から E^3 への写像 $N \to E^3$ が E^3 の点列である.点列を記号で,$\{p_1, p_2, p_3, \cdots\}$, $\{p_n\}$ などと書く.——

平面 E^2 や E^3 にならって,数直線のことを **1 次元ユークリッド空間** E^1 と呼ぶことがある.上の 2 つの定義から明らかなように,数列は E^1 の中の点列にほかならない.

次に収束を定義しよう.図 2.2(a) に示すように,点列 $\{p_n\}$ の番号 n が大きくなるに従って,p_n が最終的にある定まった点 p_0 に限りなく近づいて行くとき,点列 $\{p_n\}$ は点 p_0 に**収束する**という.同様に,数列 $\{t_n\}$ において,番号 n が大きくなるに従い,t_n が特定の実数 t_0 に限りなく近づいて行くとき,数列 $\{t_n\}$ は実数 t_0 に収束するという(図 2.2(b)).図 2.2(b) で見るように,数列 $\{t_n\}$ が t_0 に収束する仕方もいろいろある.上の図は下の方から収束する場合であり,下の図は t_0 のまわりを行きつ戻りつしながら t_0 に収束する場合である.

点列において,異なる番号の点が一致していてもかまわない.極端な場合,$p_1 = p_2 = p_3 = \cdots = p_n = \cdots$ ということも許される.このような場合は,この点列は,この共通の点(それを p_0 とすれば)に収束すると考えられる.数列の場合も同様である.

点列 $\{p_n\}$(または数列 $\{t_n\}$)が,点 p_0(または実数 t_0)に収束することを記号で

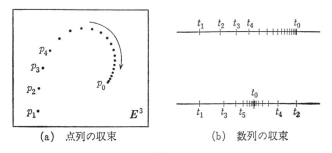

(a) 点列の収束   (b) 数列の収束

図 2.2

$$\lim_n p_n = p_0 \quad (\text{または} \lim_n t_n = t_0)$$

と表わす．(limの下のnは，番号nをどんどん大きくするという意味．)

あとで，収束の概念をより正確に定義することが必要になるが，とりあえず，上のような直観的理解をした上で先に進もう．

さて，前の図2.1(b)に示した写像$g:[\alpha, \beta] \to \boldsymbol{E}^3$であるが，この写像の記述する点$p$の動きは，時刻$t_0$において'不連続的な飛躍'をするのであった．写像$g:[\alpha, \beta] \to \boldsymbol{E}^3$の性質を時刻$t_0$付近で調べるのに，数列および点列の収束が利用できる．

区間$[\alpha, \beta]$に含まれる数列

$$t_1, t_2, t_3, \cdots, t_n, \cdots$$

を考える．そして，この数列は，問題の時刻t_0に収束すると仮定しよう：$\lim_n t_n = t_0$．時刻t_0はその時点で写像gの不連続性(飛躍)が問題になっている時刻である．

上の数列$\{t_n\}$を写像$g:[\alpha, \beta] \to \boldsymbol{E}^3$で写すと，

$$g(t_1), g(t_2), g(t_3), \cdots, g(t_n), \cdots$$

という$\boldsymbol{E}^3$の中の点列$\{g(t_n)\}$が得られる．さて，この点列は，問題の時刻t_0に対応する点$g(t_0)$に収束するであろうか．実は，それは初めの数列$\{t_n\}$の，t_0への収束の仕方に依存するのである．

図2.3の(a)(b)は，それぞれ典型的な2種類の収束の仕方を表わしている．

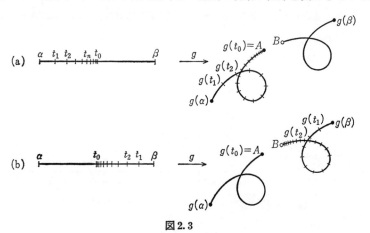

図2.3

(a)の方は，数列 $\{t_n\}$ が t_0 の '下から' しだいに増加して t_0 に収束する場合であり，(b)は，t_0 の '上から' しだいに減少して t_0 に収束する場合である．図に示したように，(a)の場合，点列 $\{g(t_n)\}$ は，t_0 に対応する点 $g(t_0)$（=点 A）に収束する．ところが，(b)の場合は，点列 $\{g(t_n)\}$ は点 B に収束しており，t_0 に対応する $g(t_0)$（=点 A）には収束していない．（この場合，$g(t_n)$ は点 B に一致することはないが，それに限りなく接近する．）

このように，実数 t_0 に収束する数列 $\{t_n\}$ を写像 g で写した点列 $\{g(t_n)\}$（これを g による $\{t_n\}$ の像とよぶ）が，必ずしも t_0 に対応する $g(t_0)$ に収束しないのは，g が時刻 t_0 において連続でないからだ，と考えられる．図 2.4 の f は，時刻 t_0 において連続であるが，このとき，区間 $[\alpha, \beta]$ 内の数列 $\{t_n\}$ が t_0 に収束するなら，その収束の仕方がどうであろうと，それを f で写した点列 $\{f(t_n)\}$（f による像）は，点 $f(t_0)$ に収束する（図 2.4 参照）．

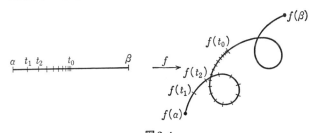

図 2.4

以上の考察から，'連続性' を，収束の言葉を用いて，次のように定義すればよさそうだ，ということがわかる．これが連続性の第 1 の定義である．

定義 2.2（連続性の第 1 の定義） (i) 写像 $f:[\alpha, \beta] \to E^3$ が，$[\alpha, \beta]$ の 1 点 t_0 **において連続**であるとは，t_0 に収束するような $[\alpha, \beta]$ 内の任意の数列 $\{t_n\}$ について，その像からなる点列 $\{f(t_n)\}$ が（E^3 の中で）点 $f(t_0)$ に収束することである．すなわち，'$\lim\limits_n t_n = t_0 \Rightarrow \lim\limits_n f(t_n) = f(t_0)$' が成り立つことである．（記号 '$\Rightarrow$' は 'ならば' と読む．）

(ii) 写像 $f:[\alpha, \beta] \to E^3$ が，$[\alpha, \beta]$ の任意の点 t_0 において連続のとき，f は**連続**であるという．f は**連続写像**である，ともいう．

定義 2.3 区間 $[\alpha, \beta]$ から E^3 への連続写像 $f:[\alpha, \beta] \to E^3$ を，E^3 内の**連続曲線**とよぶこともある．区間 $[\alpha, \beta]$ を f の**定義域**という．──

次に，収束の概念を用いないような連続性の定義を説明しよう．ε-δ論法による定義とよばれているものがそれである．

この第2の定義の説明も，やはり'不連続的な飛躍'の検討から始めるのがよい．図2.5の写像 g の，時刻 t_0 における挙動がそれである．前に述べたように，時刻 t_0 からの t の増加がどんなに僅かでも，その t に対応する $g(t)$ は点 B の方へ飛んでしまう（図2.5をみよ）．$A=g(t_0)$ とおくと，図2.5の A 点と B 点とは離れた点であるから，2点 A, B 間の距離は（非常に小さいかも知れないが）ある正の数である．それを ε' としよう．そして $\varepsilon = \varepsilon'/2 > 0$ とおく．

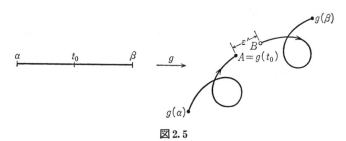

図2.5

すると，次のようにいうことができる．写像 $g:[\alpha, \beta] \to \boldsymbol{E}^3$ が，時刻 t_0 において図2.5のように飛躍しているとする．問題の時刻 t_0 からほんの少し，どんなに僅かでも時刻 t の値が増加すると，t に対応する点 $g(t)$ は，点 $A=g(t_0)$ からある正数 ε 以上離れた地点に（突然）飛んでしまう．いいかえれば，$g(t)$ が，点 $g(t_0)$ から ε 以上離れた地点に移行するのに，全然時間がかからない．$g(t)$ は，**いくらでも短い時間内に**，$g(t_0)$ から正数 ε 以上離れた地点に移行し得る．（すなわち，瞬間的移動が可能である．）

これが，時刻 t_0 における**不連続的飛躍**の特性である．

したがってある写像 $f:[\alpha, \beta] \to \boldsymbol{E}^3$ により記述される点 p の運動が，時刻 t_0 において'連続的'と呼び得るものであるとしたら，上の性質を**否定**したものが成り立たねばならないだろう．すなわち

　　どんなに短い距離 $\varepsilon (>0)$ といえども，あまりに短い時間内には $f(t)$ は $f(t_0)$ から ε **以上離れられない**．（瞬間的移動の不可能性！）

§2 連 続 曲 線　　　　17

通常の定式化では, 'あまりに短い時間内には' というところを定量的に表現するため, 時間間隔 $\delta(>0)$ を適当に選んで次のようにいう.

　　どんなに短い距離 $\varepsilon(>0)$ についても, t と t_0 が '非常に短い' ある時間間隔 δ 未満しか離れていなければ, 対応する $f(t)$ と $f(t_0)$ の隔たりも ε 未満である. (つまり, $f(t)$ は $f(t_0)$ から ε 以上離れられない.)

そこで, 連続性の第2の定義は次のようになる.

定義 2.4(連続性の第2の定義)　(i)　写像 $f:[\alpha,\beta]\to E^3$ が, $[\alpha,\beta]$ の1点 t_0 において連続であるとは, 任意の $\varepsilon(>0)$ について適当な $\delta(>0)$ をとれば, 条件

$$|t-t_0|<\delta \Longrightarrow d(f(t),f(t_0))<\varepsilon$$

が, 任意の $t\in[\alpha,\beta]$ について成り立つことである. ここに d は E^3 における距離を表わす.

　(ii)　写像 $f:[\alpha,\beta]\to E^3$ が, $[\alpha,\beta]$ のすべての点 t_0 において連続のとき, f は**連続である**, あるいは, **連続写像**であるという.

　注意　定義 2.4(i) の文章の中に '条件…が, 任意の $t\in[\alpha,\beta]$ について成り立つことである' という部分がある. これについて, 少しくどくなるかも知れないが, 説明しておこう.

　一般に, 2つの命題 P,Q があるとき, 両者を 'ならば' の意味の記号 ⇒ で結合して, $P\Rightarrow Q$(P ならば Q) という新しい命題を構成することができる. このとき, 次のような論理学上の法則がある: **仮定に相当する命題 P が偽**(ギ, うそ)**なら, 結論に相当する命類 Q の真偽に関係なく, 合成された命題 $P\Rightarrow Q$ は全体として真である.**

　たとえば, $P=$'犬が日本語をしゃべる', $Q=$'太陽が西から昇る' とおくと, $P\Rightarrow Q$ という命題は, '犬が日本語をしゃべれば, 太陽が西から昇る' となるが, '犬が日本語をしゃべる' という命題 P が偽であるから, Q の真偽に無関係にこの命題 $P\Rightarrow Q$ は真と考えるわけである. (同じ理由で, '犬が日本語をしゃべれば太陽は東から昇る' という命題も, 論理的には真である. 念のため.)

　さて, 定義 2.4(i) の文章の中の, '任意の $t\in[\alpha,\beta]$ について, 条件 $|t-t_0|<\delta\Rightarrow d(f(t),f(t_0))<\varepsilon$ が成り立つ' という部分にもどる. ここに, 上で説明した論理学の法則をあてはめてみよう. '任意の $t\in[\alpha,\beta]$ について' とあるが, t は, $|t-t_0|\geqq\delta$ であるか, $|t-t_0|<\delta$ であるか, に従って2つにわけられる. $|t-t_0|\geqq\delta$ であるような t については, 条件 '$|t-t_0|<\delta\Rightarrow d(f(t),f(t_0))<\varepsilon$' の仮定に相当する部分 $|t-t_0|<\delta$ が成り立たないから, 結

18 第1章 空間と連続写像

論に相当する部分 $d(f(t), f(t_0)) < \varepsilon$ の成否に関係なく，条件 '$|t-t_0| < \delta \Rightarrow d(f(t), f(t_0)) < \varepsilon$' は全体として成り立っていると考えられる．したがって，定義2.4(i)の中で，'この条件が，**任意の** $t \in [\alpha, \beta]$ について成り立つ'といっても，この要請が実質的な意味をもつのは，結局，$|t-t_0| < \delta$ であるような $t \in [\alpha, \beta]$ についてであり，$|t-t_0| \geqq \delta$ であるような t については，上述のように常に'形式論理的に'成り立っているのであるから，本質的な意味はない．

以上の注意は，数学の本を読む時の常識のようなものであるが，念のためつけ加えた．

定義2.2と定義2.4の2つの連続性の定義は，実は**同値**である．これを写像 $f: [\alpha, \beta] \to E^3$ について証明しよう．そのために，点列や数列の収束の概念をもっと正確にしておく必要がある．

E^3 の中の点列

$$p_1, p_2, p_3, \cdots, p_n, \cdots$$

が1点 p_0 に収束する．つまり，点 p_0 に限りなく接近して行く，という状況の数学的な定式化には，ε-δ 論法に似た言い回しが用いられる．

定義2.5（点列の収束）　点列 $\{p_n\}$ が p_0 に**収束**するとは，任意の $\varepsilon (>0)$ について，適当な番号 N を選べば，

$$n \geqq N \Longrightarrow d(p_n, p_0) < \varepsilon$$

が成り立つことである．（ある番号 N より大きな番号をもつ点 p_n は，みな，点 p_0 との距離が ε 未満になってしまう，というのである．どんなに小さく ε を選ぼうと，更に大きく N を選べば，やはりそうなるのである．）——

点列の収束をこのように定義した上で2つの定義の同値性を示そう．

定理2.6　写像 $f: [\alpha, \beta] \to E^3$ が，定義2.2(i)の意味で，t_0 において連続であれば定義2.4(i)の意味でも t_0 において連続である．また，その逆も成り立つ．

証明　写像 $f: [\alpha, \beta] \to E^3$ が，定義2.2(i)の意味で（すなわち，点列の意味で），t_0 において連続であると仮定する．このとき，定義2.4(i)の条件（すなわち，ε-δ 式の連続性の条件）が成り立つことを証明しよう．そこで，任意の $\varepsilon > 0$ を指定する．この $\varepsilon > 0$ について，'$|t-t_0| < \delta \Rightarrow d(f(t), f(t_0)) < \varepsilon$' が成り立つような $\delta > 0$ が存在することを示せばよい．

仮に，そのような $\delta > 0$ がないとしよう．これから矛盾を出す．もし，そのような $\delta > 0$ がなければ，どんな $\delta > 0$ を選ぼうと '$|t-t_0| < \delta \Rightarrow d(f(t), f(t_0)) < \varepsilon$'

は成り立たない．したがって，たとえば，ひとつの自然数 n について $\delta=1/n$ とおいた時も '$|t-t_0|<1/n \Rightarrow d(f(t), f(t_0))<\varepsilon$' とはいえないのだから，

$$|t_n-t_0| < \frac{1}{n} \quad \text{しかも} \quad d(f(t_n), f(t_0)) \geqq \varepsilon$$

という $t_n \in [\alpha, \beta]$ があるはずである．n を $1, 2, 3, \cdots$ と順に動かして行き，このような t_n をひとつずつ選んで行くと，$[\alpha, \beta]$ の中の数列 $\{t_n\}$ ができる．

$|t_n-t_0|<1/n$ であることと，$\lim_n 1/n=0$ であることから，$\lim_n t_n=t_0$ である．しかるに $d(f(t_n), f(t_0)) \geqq \varepsilon$ であるから，$\lim_n f(t_n)=f(t_0)$ とはいえない．これは，数列 $\{t_n\}$ に関して，定義 2.2(i) が成立しないことを意味し，f が定義 2.2(i) の意味で連続であるとした仮定に矛盾する．

よって，'$|t-t_0|<\delta \Rightarrow d(f(t), f(t_0))<\varepsilon$' を成り立たせるような $\delta>0$ が存在しなければならない．これで定義 2.2(i) $\Rightarrow$ 定義 2.4(i) が示せた．

逆を示そう．写像 $f:[\alpha, \beta] \to \boldsymbol{E}^3$ が，定義 2.4(i) の意味で，t_0 において連続であるとする．このとき，$[\alpha, \beta]$ 内の数列 $\{t_n\}$ で $\lim_n t_n=t_0$ を満たすものについて，$\lim_n f(t_n)=f(t_0)$ が成り立つことをいおう．

これを否定して矛盾をだす．$\lim_n t_n=t_0$ であるが，$\lim_n f(t_n)=f(t_0)$ とはならない数列 $\{t_n\}$ がある，と仮定して矛盾をだすわけである．

$\lim_n f(t_n)=f(t_0)$ とはならないというのだから，定義 2.5 で定式化した収束の条件は成り立たない．つまり，適当な $\varepsilon>0$ を選べば，どんなに大きく n をとっても $d(f(t_n), f(t_0))<\varepsilon$ が成り立つとは限らない．したがって，その $\varepsilon>0$ については，いくらでも大きな n で，$d(f(t_n), f(t_0)) \geqq \varepsilon$ となるものがあることになる．

さて，$f:[\alpha, \beta] \to \boldsymbol{E}^3$ は定義 2.4(i) の意味で連続であるとしたから，上の ε について，適当な $\delta>0$ があって，

$$(*) \qquad |t-t_0|<\delta \Longrightarrow d(f(t), f(t_0))<\varepsilon$$

が成り立つはずである．

上で，いくらでも大きな n で，$d(f(t_n), f(t_0)) \geqq \varepsilon$ となるものがある，といった．ところで，$\lim_n t_n=t_0$ を仮定したから（定義 2.5 の定式化により），$(*)$ のところの $\delta>0$ に対してある大きな数 N をとれば，それより先の n については，$|t_n-t_0|<\delta$ となるはずである．（数列 $\{t_n\}$ の収束については，定義 2.5 の $d(p_n, p_0)$ を $|t_n-t_0|$ に置き換えて読む．）

20   第1章　空間と連続写像

まとめると，十分大きな n で，

$$|t_n - t_0| < \delta \quad \text{かつ} \quad d(f(t_n), f(t_0)) \geqq \varepsilon$$

の両方を成り立たせるものがある．これは上の(*)に矛盾する．

これで矛盾がでたから，$\lim_n t_n = t_0 \Rightarrow \lim_n f(t_n) = f(t_0)$ が証明された．　□

こうして，連続性の2つの定義は同等であることがわかった．写像 $f:[\alpha, \beta]$ $\to \boldsymbol{E}^3$ が，t_0 において連続であるというとき，定義2.2(i)または定義2.4(i)のどちらの意味で解釈しても構わない．

連続写像 $f:[\alpha, \beta] \to \boldsymbol{E}^3$（それは定義2.3により，$\boldsymbol{E}^3$ の中の連続曲線である）の具体例を挙げよう．

1°　定値写像（静止）

$\boldsymbol{E}^3$ の点 p_0 を固定し，写像 $f:[\alpha, \beta] \to \boldsymbol{E}^3$ を，$[\alpha, \beta]$ の任意の点 t に，この p_0 を対応させることによって定義する：任意の $t \in [\alpha, \beta]$ につき，$f(t) = p_0$ である．

この写像に関し，定義2.2または定義2.4の条件はすぐに確かめられ，f は連続写像，したがって，連続曲線になる．

この例でわかるように，定義2.3の**連続曲線**と，日常的な意味の連続**曲線**とは，内容に少しずれがある．つまり，$\boldsymbol{E}^3$ の中を点 p が連続的に動くとき，その運動の結果，$\boldsymbol{E}^3$ の中に描かれる**軌跡**が，日常的意味の曲線である．定義2.3の意味では，その動きそのもの（すなわち，写像 $[\alpha, \beta] \to \boldsymbol{E}^3$）が曲線である．'静止'も一種の'連続的運動'であるが，その軌跡は1点に過ぎず，日常的な意味では曲線といい難い．

2°　座標表示

$\boldsymbol{E}^3$ の点 p は，x, y, z の各座標の値を定めれば，その位置がきまる．次節で，一般次元のユークリッド空間を定義する関係から，x, y, z 座標をそれぞれ第1，第2，第3座標とよび，$p = (x_1, x_2, x_3)$ のように表わすことにする．

連続曲線 $f:[\alpha, \beta] \to \boldsymbol{E}^3$ により $t (\in [\alpha, \beta])$ に対応する点 p の各座標は，t に依存して定まるから，

$$f(t) = (f_1(t), f_2(t), f_3(t))$$

と表わせる．これを，曲線 f の**座標表示**という．

ここで，各 $f_i (i=1, 2, 3)$ は，区間 $[\alpha, \beta]$ 上で定義され実数の値をとる関数である．座標表示を通して，$\boldsymbol{E}^3$ の中の曲線は，3個の実数値関数で表わすことが

できる．

補題 2.7 写像 $f:[\alpha, \beta] \to E^3$ の座標表示を $f(t)=(f_1(t), f_2(t), f_3(t))$ とするとき，写像 f が連続であるための必要十分条件は，3つの関数 f_1, f_2, f_3 が $[\alpha, \beta]$ 上の連続関数になることである．——

関数の連続性はまだ定義していなかったが，$[\alpha, \beta]$ 上の実数値関数 f_i を，写像 $f_i:[\alpha, \beta] \to E^1$ と考え，定義 2.2 または，定義 2.4 に準じて定義すればよい．（読者はその定義を書いてみよ．また §4 を参照のこと．）

補題 2.7 は極めて当然に思われるが，この節で与えた連続性の定義に基づいて，厳密に証明することもできる．難しくはないので，適当な演習問題になると思う．読者自ら試みてほしい．

よく知られたいろいろの連続関数によって，いろいろな連続曲線が座標表示される：

(1)　$f(\theta)=(\cos\theta, \sin\theta, \theta)$,　$\theta \in [0, 2\pi]$　　（らせん）．

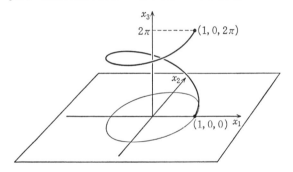

図 2.6

(2)　$f(t)=((1-t)a_1+tb_1, (1-t)a_2+tb_2, (1-t)a_3+tb_3)$,　$t \in [0,1]$　　（E^3 の中の線分）．

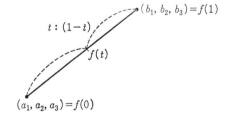

図 2.7

(3)　$t \in [0, 2]$ について

$$f(t) = \begin{cases} ((1-t)a_1+tb_1, (1-t)a_2+tb_2, (1-t)a_3+tb_3), & 0 \leq t \leq 1 \\ ((2-t)b_1+(t-1)c_1, (2-t)b_2+(t-1)c_2, (2-t)b_3+(t-1)c_3), \\ & 1 \leq t \leq 2 \end{cases}$$

とおく．これは E^3 の中の折れ線である．

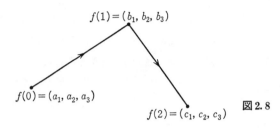

図 2.8

(4) 複雑な折れ線．式も複雑である．

自分自身と交わってもよい 図 2.9

よく知られた連続関数の例として，三角関数（ただし $\tan\theta$ では $\theta=(n+1/2)\pi$ のところは除く，というような当然の注意は必要である）や1次関数のほか，指数関数 e^x，多項式関数，分数関数で分母が0でない範囲，あるいはこれらの合成関数など，いろいろなものが考えられる．これらの関数が，実際にこの節で定義した意味で連続なことの証明は，解析学の教科書（たとえば，高木貞治；"解析概論"，改訂第3版など）に譲ろう．

3° 連続曲線をつなぐこと

α, β, γ を，$\alpha<\beta<\gamma$ であるような3つの実数とし，$f_1:[\alpha,\beta]\to E^3$，$f_2:[\beta,\gamma]\to E^3$ を，それぞれ，区間 $[\alpha,\beta]$，$[\beta,\gamma]$ で定義された連続曲線とする．ここで

$$f_1(\beta) = f_2(\beta)$$

であれば，f_1 と f_2 をつないだ曲線 $g:[\alpha,\gamma]\to E^3$ が次のように定義される：

$$g(t) = \begin{cases} f_1(t), & \alpha \leq t \leq \beta \\ f_2(t), & \beta \leq t \leq \gamma. \end{cases}$$

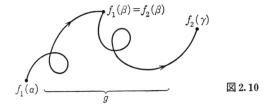

図 2.10

$f_1(\beta)=f_2(\beta)$ と仮定したから，この式で g は矛盾なく定義される（図 2.10）．

補題 2.8 f_1 と f_2 が連続曲線ならば $g:[\alpha,\gamma]\to \boldsymbol{E}^3$ も連続曲線である．——

この補題は，線分という'連続曲線'をつないで得られる'折れ線'が，再び連続曲線になることの理論的根拠ともいえる．

この補題はあたりまえのことを述べたようにみえるかも知れないが，一応，証明しよう．

証明 連続性の第2の定義を採用する．任意の $t_0\in[\alpha,\gamma]$ における連続性をいえばよい．

(i) $t_0 \neq \beta$ のとき t_0 の近くでは，g は f_1 または f_2 に一致する．仮定により，f_1 と f_2 は連続であるから，g はそこで連続である．

(ii) $t_0=\beta$ のとき 定義 2.4(i) の条件を $t_0=\beta$ において確かめる．まず，任意の $\varepsilon>0$ を選ぶ．

$f_1:[\alpha,\beta]\to \boldsymbol{E}^3$ は，β において連続であるから，この $\varepsilon>0$ に対し，適当な $\delta_1>0$ があって，

$$|t-\beta|<\delta_1 \Longrightarrow d(f_1(t),f_1(\beta))<\varepsilon$$

が，任意の $t\in[\alpha,\beta]$ に関して，成り立つ．問題の曲線 g は，$[\alpha,\beta]$ において f_1 に一致する．したがって，

$$|t-\beta|<\delta_1 \Longrightarrow d(g(t),g(\beta))<\varepsilon$$

が，任意の $t\in[\alpha,\beta]$ に関して，成り立つ．（g の定義域は $[\alpha,\gamma]$ であるから，g が $t_0=\beta$ において連続のことを示すには，上の'$\Rightarrow$'が，任意の $t\in[\alpha,\gamma]$ に関して，成り立つことをいわねばならず，証明は，まだ完結していない．）

$f_2:[\beta,\gamma]\to \boldsymbol{E}^3$ も β で連続であるから，上の $\varepsilon>0$ に対し，適当な $\delta_2>0$ があって，

$$|t-\beta|<\delta_2 \Longrightarrow d(f_2(t),f_2(\beta))<\varepsilon$$

24   第1章　空間と連続写像

が，任意の $t \in [\beta, \gamma]$ について成り立つ．$[\beta, \gamma]$ において g は f_2 に一致する．したがって，

$$|t - \beta| < \delta_2 \Longrightarrow d(g(t), g(\beta)) < \varepsilon$$

が，任意の $t \in [\beta, \gamma]$ に関して，成り立つ．

$\delta > 0$ を，$\delta = \min(\delta_1, \delta_2)$ とおく．（記号 min は最小値を意味する．δ は δ_1, δ_2 のうち大きくない方である．）

すると，この δ については，条件

$$|t - \beta| < \delta \Longrightarrow d(g(t), g(\beta)) < \varepsilon$$

が，$[\alpha, \beta], [\beta, \gamma]$ のどちらに含まれる t についても成り立つ．よって，任意の $t \in [\alpha, \gamma] \, (= [\alpha, \beta] \cup [\beta, \gamma])$ について，この条件が成り立つ．これで，$t_0 = \beta$ における $g : [\alpha, \gamma] \to \boldsymbol{E}^3$ の連続性が証明できた．□

§3　ユークリッド空間と距離空間

平面 $\boldsymbol{E}^2$ や 3 次元ユークリッド空間 $\boldsymbol{E}^3$ の場合，適当な座標軸を定めることにより，任意の点は，実数の対 (x_1, x_2) や 3 対 (x_1, x_2, x_3) で表わされた．このことは逆に，実数の対 (x_1, x_2) または 3 対 (x_1, x_2, x_3) の全体のなす集合が，それぞれ平面 $\boldsymbol{E}^2$，または 3 次元ユークリッド空間 $\boldsymbol{E}^3$ であると考えられることを意味している．これを形式的に拡張したものが n 次元ユークリッド空間の概念である．

n 個の実数を並べて括弧でくくったもの，すなわち，実数の n 対を考える：

$$(x_1, x_2, \cdots, x_n).$$

このような実数の n 対の全体はひとつの集合をなす．それを $\boldsymbol{E}^n$ という記号で表わして，n 次元ユークリッド空間とよぶ．

集合 $\boldsymbol{E}^n$ の個々の要素，すなわち実数の n 対を，$\boldsymbol{E}^n$ の点とよび，$p, q, \cdots$, etc. の文字で表わす．たとえば，

$$p = (x_1, x_2, \cdots, x_n)$$

のように．このとき x_i を，点 p の第 i 座標とよぶ．

次に $\boldsymbol{E}^n$ の 2 点間に距離を定義しよう．距離の定義も，$\boldsymbol{E}^2, \boldsymbol{E}^3$ の場合の形式的拡張である．$p = (x_1, x_2, \cdots, x_n)$, $q = (y_1, y_2, \cdots, y_n)$ のとき，2 点 p, q 間の距離 $d(p, q)$ の定義式は次の通りである．

§3　ユークリッド空間と距離空間　　　25

$$d(p, q) = \sqrt{(x_1-y_1)^2+(x_2-y_2)^2+\cdots+(x_n-y_n)^2}.$$

試みに，上の式を使って，4次元ユークリッド空間 E^4 の具体的な2点 $p=$ $(1, 2, 3, 4)$ と $q=(-3, 0, 1, 4)$ の間の距離を計算してみると，

$$d(p, q) = \sqrt{4^2+2^2+2^2+0^2} = \sqrt{24} = 2\sqrt{6}$$

となる．

　E^n の中にもいろいろな**図形**が考えられる．典型的な例として n 次元球体と $(n-1)$ 次元球面を説明しよう．

　点 $O=(0, 0, \cdots, 0)$ (n 個の0を並べたもの)を E^n の**原点**とよぶ．原点 O からの距離が一定値 $r\ (>0)$ 以下の点からなる E^n の図形を，O を中心とする半径 r の **n 次元球体**とよび，$D_r{}^n$ という記号で表わす．すなわち

$$D_r{}^n = \{p \in E^n \,|\, d(p, O) \leqq r\}$$

である．座標で書けば

$$D_r{}^n = \{(x_1, x_2, \cdots, x_n) \,|\, x_1{}^2+x_2{}^2+\cdots+x_n{}^2 \leqq r^2\}$$

となる．とくに，半径 $r=1$ の n 次元球体を **n 次元単位球体**とよび，半径1を省略して，D^n と書く．

　n 次元球体の'表面'が $(n-1)$ 次元球面である．正確にいうと，原点 O からの距離が一定値 $r\ (>0)$ に等しいような点からなる E^n の図形を，O を中心とする半径 r の $(n-1)$ **次元球面**とよび，$S_r{}^{n-1}$ という記号で表わす：

$$S_r{}^{n-1} = \{p \in E^n \,|\, d(p, O)=r\},$$

あるいは，

$$S_r{}^{n-1} = \{(x_1, x_2, \cdots, x_n) \,|\, x_1{}^2+x_2{}^2+\cdots+x_n{}^2=r^2\}$$

である．とくに，半径 $r=1$ の場合，$(n-1)$ **次元単位球面**とよび，S^{n-1} と書く．前と同様に S^{n-1} は D^n の'表面'になっている．

　上で定義した n 次元ユークリッド空間 E^n の距離 d について，次の基本的な3性質が確かめられる．

　補題3.1(距離の基本3性質)　任意の $p, q, r \in E^n$ について次が成り立つ．

　(i)　$d(p, q) \geqq 0$．そして $d(p, q)=0$ であるための必要十分条件は，$p=q$ となることである．

　(ii)　$d(p, q) = d(q, p)$．

　(iii)　$d(p, r) \leqq d(p, q)+d(q, r)$．——

26　　　　　　　　　第1章　空間と連続写像

不等式(iii)は，三角形 pqr の2辺の長さの和が，他の1辺の長さより大きいか(または，'三角形' pqr がつぶれているときは)等しい，という関係を述べたものと考えられるので**三角不等式**とよばれている．

証明　$p=(x_1, x_2, \cdots, x_n)$, $q=(y_1, y_2, \cdots, y_n)$, $r=(z_1, z_2, \cdots, z_n)$ とする．

(i)　$d(p, q)=\sqrt{(x_1-y_1)^2+\cdots+(x_n-y_n)^2}$ であるから，$d(p, q)\geqq 0$ は明らかである．また $\sqrt{(x_1-y_1)^2+\cdots+(x_n-y_n)^2}=0$ と $x_1=y_1, x_2=y_2, \cdots, x_n=y_n$ は同値であるから，$d(p, q)=0 \Leftrightarrow p=q$ である．（記号 '$\Leftrightarrow$' は必要十分条件であることを表わす．）

(ii)　$d(p, q)$ の定義式より，$d(p, q)=d(q, p)$ は明らかであろう．

(iii)　$x_i-y_i=a_i$, $y_i-z_i=b_i$ とおく．すると $x_i-z_i=a_i+b_i$ である．不等式(iii)を a_i, b_i を用いて書けば

$$\sqrt{(a_1+b_1)^2+\cdots+(a_n+b_n)^2} \leqq \sqrt{a_1{}^2+\cdots+a_n{}^2}+\sqrt{b_1{}^2+\cdots+b_n{}^2}$$

となり，これを証明すればよい．両辺はいずれも非負である．したがって，両辺を2乗して得られる不等式を示せば十分である．実際に2乗して両辺に共通の $a_1{}^2+\cdots+a_n{}^2+b_1{}^2+\cdots+b_n{}^2$ を消去すると

$$2(a_1b_1+a_2b_2+\cdots+a_nb_n) \leqq 2\sqrt{a_1{}^2+\cdots+a_n{}^2}\cdot\sqrt{b_1{}^2+\cdots+b_n{}^2}$$

を得る．これは，よく知られたコーシー・シュバルツの不等式

$$(a_1b_1+a_2b_2+\cdots+a_nb_n)^2 \leqq (a_1{}^2+\cdots+a_n{}^2)\cdot(b_1{}^2+\cdots+b_n{}^2)$$

から，すぐに導かれる．□

さて，この節の初めで n 次元ユークリッド空間を定義するのに，n 個の実数を並べたもの，すなわち $(x_1, x_2, \cdots, x_n)$ の全体の集合を E^n と書いて n 次元ユークリッド空間とよんだが，実は，これはやや便宜的な説明である．正確にいうと，$(x_1, x_2, \cdots, x_n)$ の全体の集合はまだユークリッド空間とよぶべきではなく，この集合に，$d(p, q)=\sqrt{(x_1-y_1)^2+\cdots+(x_n-y_n)^2}$ という公式で距離を定義して，初めて n 次元ユークリッド空間とよび，記号 E^n で表わすべきなのである．距離を $d(p, q)=\sqrt{(x_1-y_1)^2+\cdots+(x_n-y_n)^2}$ という公式で導入する以前は，$(x_1, x_2, \cdots, x_n)$ の全体の集合に，E^n とは別の記号を使うのがよい．通常，この集合を R^n という記号で表わして，**n 次元数空間**という．（R は，実数全体の集合を表わす慣用の記号である．）n 次元数空間 R^n に，上の公式で距離 d を定めた空間が n 次元ユークリッド空間である：$E^n=(R^n, d)$.

§3 ユークリッド空間と距離空間

R^n と E^n の区別を少しくどく説明したのには理由がある．それは，R^n 内の距離として，上の公式で定義される距離が唯一絶対の距離とは限らないからである．

この事情を説明しよう．

図3.1は，ある町の市街図である．道路は東西南北に整然と，碁盤の目のように走っている．この町の2地点A(たとえばタロウ君の家)とB(たとえばハナコさんの家)の距離は，どのように測るのがよいだろうか．ユークリッド空間(この場合，平面)の距離の公式をそのまま適用すると，AB間の直線距離(図中の破線)が得られるが，それはタロウ君にとって実用的な距離とはいえない．タロウ君がハナコさんの家を訪問するときは，必ず道路に沿って歩かなければならず，その**道のり**は(ABの位置関係が特別の場合を除いて)，図中の破線で示したような直線距離とは異なるからである．このような町では，2点間の距離を道路に沿った道のりで測るのが，(少なくともタロウ君にとっては)ひとつの実際的方法である．直線距離と区別して，道路に沿う道のりのことを，'距離' というように，引用符' 'つきで書くことにすると，図3.1の場合，AB間の'距離'は(ACの長さ)+(CBの長さ)に等しい．ここで(ACの長さ)とは，もちろん，AC間の直線距離である．

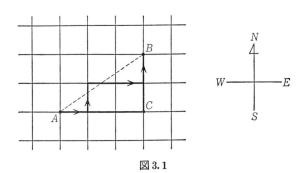

図3.1

東西，南北の方向にそれぞれ x_1 軸，x_2 軸を定めると'距離'を表わす公式が得られる．図3.2から明らかなように，2点$p=(x_1,x_2)$, $q=(y_1,y_2)$ の間の'道路に沿う距離'を $d'(p,q)$ と書くと，その公式は

$$d'(p,q) = |x_1-y_1|+|x_2-y_2|$$

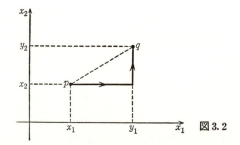

図3.2

となる. (§1の図1.1では, p_1, p_2 の座標を $p_1=(x_1, y_1)$, $p_2=(x_2, y_2)$ としたが, この節では p, q の座標を $p=(x_1, x_2)$, $q=(y_1, y_2)$ と書いてある. 混乱しないように！)

実数の対 (x_1, x_2) の全体の集合 $\boldsymbol{R}^2$ には, このような '距離' d' も考えられるわけである. 同様に, n 次元の場合も $\boldsymbol{R}^n$ 上には $p=(x_1, x_2, \cdots, x_n)$, $q=(y_1, y_2, \cdots, y_n)$ について

$$d'(p, q) = |x_1-y_1| + |x_2-y_2| + \cdots + |x_n-y_n|$$

で定義される '距離' を考えることができる.

このように, 同じ集合 $\boldsymbol{R}^n$ の上に, いろいろな距離の入れ方（ユークリッド的直線距離や道路に沿う距離など）が考えられるから, ある特定の公式

$$d(p, q) = \sqrt{(x_1-y_1)^2 + \cdots + (x_n-y_n)^2}$$

で距離の入れ方を指定したとき, $\boldsymbol{R}^n$ を, n 次元ユークリッド空間 $\boldsymbol{E}^n$ とよぶのである.

集合 $\boldsymbol{R}^n$ に入る距離は, ユークリッド的な直線距離 d, '道路に沿う距離' d' の2つだけでなく, この他にも無限に多くの距離が考えられる. そうなると, 一体, 距離とは何だろう, という問題が生じてくる.

例によって, 数学は, この問に極めて機能的な答をだす. ユークリッド的な距離 d の持つ基本3性質（補題3.1）を手掛りとするのである. 実は, この基本3性質は, ユークリッド的な直線距離 d の持つ性質であるばかりでなく, '道路に沿う距離' d' も, 同じ3性質を持っている. それを確かめてみよう.

$p=(x_1, x_2, \cdots, x_n)$, $q=(y_1, y_2, \cdots, y_n)$, $r=(z_1, z_2, \cdots, z_n)$ とおく.

(i) $d'(p, q) \geqq 0$ である. そして $d'(p, q)=0$ と $p=q$ は同値であること. これは, $d'(p, q)=|x_1-y_1|+|x_2-y_2|+\cdots+|x_n-y_n|$ から明らかである.

§3 ユークリッド空間と距離空間　29

(ii)　$d'(p,q)=d'(q,p)$. これも $d'(p,q)$ の公式から明らかであろう.

(iii)　**三角不等式** $d'(p,r)\leqq d'(p,q)+d'(q,r)$. この証明は, ユークリッドの距離の場合より易しい. 実際, $|x_i-z_i|=|(x_i-y_i)+(y_i-z_i)|\leqq|x_i-y_i|+|y_i-z_i|$ であるから, これを $i=1,2,\cdots,n$ にわたって加え合わせればよい.

'距離とは何か?' という問に対する数学の答は, 極めて簡単である. 集合 $\boldsymbol{R}^n$ の任意の2点 p,q に実数 $d(p,q)$ が対応し, それが基本3性質 (i)(ii)(iii) を満たせば, このような2変数関数 $d(p,q)$ の正体が何であろうと, それを $\boldsymbol{R}^n$ 上の**距離**とよぶのである. '道路に沿う距離' d' はこの意味でたしかに, $\boldsymbol{R}^n$ 上のひとつの**距離**なのである.

上のような距離の考え方は, $\boldsymbol{R}^n$ 以外の集合にも一般化される.

定義 3.2　集合 X の任意の2要素 p,q について, ひとつの実数 $d(p,q)$ が定まり, それが次の (i)(ii)(iii) の性質を持つとき, d を X 上の**距離**と呼ぶ.

(i)　$d(p,q)\geqq 0$. そして, $d(p,q)=0$ と $p=q$ は同値である.

(ii)　$d(p,q)=d(q,p)$.

(iii)　$d(p,r)\leqq d(p,q)+d(q,r)$　　（三角不等式）.

定義 3.3　距離 d が, ひとつ指定されている集合 X を**距離空間**といい, X の要素を**点**とよぶ. より正確には, 集合 X とその上の距離 d の対 (X,d) が距離空間である. ——

ユークリッド的な直線距離 d の定められた $\boldsymbol{R}^n$ が, n **次元ユークリッド空間** $\boldsymbol{E}^n$ という距離空間である. '道路に沿う距離' d' の定められた $(\boldsymbol{R}^n,d')$ は, $\boldsymbol{E}^n$ とは別の距離空間である. 他の例をあげよう.

1°　X を任意の空集合でない集合とする. X 上の距離 $d(p,q)$ を次のように定める.

$$d(p,q)=\begin{cases} 0, & p=q \text{ のとき} \\ 1, & p\neq q \text{ のとき}. \end{cases}$$

つまり, X のどの点 p についても, 自分自身との距離は 0, 他の点との距離は 1 と, 定義してしまうのである. まったく乱暴な決め方であるが, このように定めた $d(p,q)$ は, 立派に基本3性質を持っているので定義 3.2 に従えば, X 上のひとつの距離とよばざるを得ない. こうして, どんな集合でも（不自然なやり方でよければともかく）, 距離空間にすることができる.

2°　図形　E^n の中の任意の図形 X は，下で説明するように，自然に距離空間と考えられる．E^n の図形の例として，n 次元球体や $(n-1)$ 次元球面をあげておいた．これまで，われわれは'図形'という言葉を常識的な意味で使ってきたが，ここで，一度はっきりと定義しておこう．

定義 3.4　n 次元ユークリッド空間 E^n の任意の部分集合 X を，E^n の中の図形という．──

この定義は，図形の意味を考え得る限り広く定めたものである．

さて，X が E^n の図形のとき，X の 2 点 p, q について，pq 間の，E^n の中での距離(ユークリッド的直線距離)$d(p, q)$ が定まる．$d(p, q)$ は明らかに基本 3 性質を持ち，図形 X は，この距離 d によって距離空間となる(図 3.3)．以後，**図形 X を距離空間と考えるときは，常にこの距離 d を仮定するものとする**．こうして，n 次元球体 D_r^n も $(n-1)$ 次元球面 S_r^n も，それぞれひとつの距離空間になる．

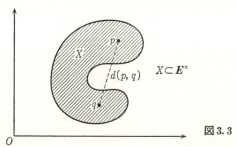

図 3.3

3°　部分空間　n 次元ユークリッド空間 E^n の部分集合(すなわち図形)は，それ自身ひとつの距離空間になった．同様に，かつてな距離空間 (X, d) の任意の部分集合 A は，次のようにして距離空間になる．

A の 2 点 p, q について，pq 間の X の中での距離 $d(p, q)$ が定まる．これはもちろん基本 3 性質をもち，したがって，A の任意の 2 点 p, q に，$d(p, q)$ を対応させる 2 変数関数 d は，定義 3.2 により A 上の距離である．いわば，X の距離 d を部分集合 A に制限して考えたもの(記号で $d|A$ と書こう)である．A と，この距離 $d|A$ の対 $(A, d|A)$ は距離空間になり，これを X の**部分空間**とよぶ．

E^n の中の図形 X は，距離空間 E^n の部分空間として，距離空間になったわけである．

§4 連続写像と同相写像   31

演習問題

3.1 集合 X, Y について，X の要素 x と Y の要素 y の対 (x, y) の全体の集合を $X \times Y$ と書き，これを X と Y の**直積**とよぶ．X, Y がそれぞれ距離 d_X, d_Y を持つ距離空間の時，直積 $X \times Y$ の2点 $a = (x, y)$, $a' = (x', y')$ について，

$$d(a, a') = \sqrt{d_X(x, x')^2 + d_Y(y, y')^2}$$

と定義すると，d は $X \times Y$ 上の距離になることを確かめよ．

この距離空間 $(X \times Y, d)$ を (X, d_X) と (Y, d_Y) の**直積**という．

3.2 $X = \{x_1, x_2, x_3\}$ を3つの点からなり，距離 d_X を持つ距離空間とする．このとき，$\boldsymbol{E}^2$ の中に適当な3点 p_1, p_2, p_3 をとれば，$d(p_i, p_j) = d_X(x_i, x_j)$ $(i, j = 1, 2, 3)$ となることを示せ．（すなわち，X は $\boldsymbol{E}^2$ の3点からなる図形 $\{p_1, p_2, p_3\}$ として実現できる.）

X が4つの点からなる距離空間のとき，$\boldsymbol{E}^3$ の中に適当な4点をとれば同様なことが成り立つといえるか．

§4 連続写像と同相写像

集合 X から集合 Y への**写像** $f: X \to Y$ の意味は既知であろう．X の点（要素）のひとつひとつに Y の点（要素）をひとつずつ対応させる操作が写像 f である．写像 f によって X の点 p に対応する Y の点 q を $q = f(p)$ と書き，f による点 p の**像**とよぶ．

この節では，連続曲線 $f: [\alpha, \beta] \to \boldsymbol{E}^3$ の拡張として，距離空間 X から距離空間 Y への写像 $f: X \to Y$ が連続であるとはどういうことかを定義する．この定義は，本質的に連続曲線の場合の繰り返しにすぎない．

やはり，点列によるものと ε-δ 論法によるものの2通りの定義を与え，その後で両者の同値性を示そう．

定義 4.1 距離空間 X（たとえば，S^{n-1}, D^n などの図形）の**点列**とは，自然数 $1, 2, 3, \cdots, n, \cdots$ により番号づけられた X の点の列

$$p_1, \ p_2, \ p_3, \ \cdots, \ p_n, \ \cdots$$

のことである．$\boldsymbol{N}$ から X への写像 $\boldsymbol{N} \to X$ のことであるといってもよい．点列を記号で $\{p_1, p_2, p_3, \cdots\}$ あるいは $\{p_n\}$ と書く．

定義 4.2 距離空間 X の点列 $\{p_n\}$ が，点 $p_0 (\in X)$ に**収束する**とは，番号 n が大きくなるに従って p_n が限りなく p_0 に近づくことである．正確にいえば，任意の $\varepsilon > 0$ について，適当な番号 N を選ぶと，

$$n \geqq N \Longrightarrow d(p_n, p_0) < \varepsilon$$
が成り立つことである．（d は X の距離．）

点列 $\{p_n\}$ が p_0 に収束することを記号で
$$\lim_n p_n = p_0$$
と書く．p_0 を点列 $\{p_n\}$ の **極限点** という．――

点列の収束を使った連続性の定義は次のように述べられる．

定義 4.3(連続性の第1の定義) X, Y を距離空間とする．

(i) 写像 $f: X \to Y$ が点 $p_0 (\in X)$ **において連続**であるとは，p_0 に収束する X 内の任意の点列 $\{p_n\}$ について，像の点列 $\{f(p_n)\}$ が（Y の点列として），点 $f(p_0)$ に収束することである．記号で書けば，$\lim_n p_n = p_0 \Rightarrow \lim_n f(p_n) = f(p_0)$ が成り立つことである（図 4.1）．

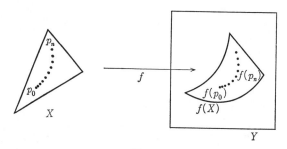

図 4.1

(ii) 写像 $f: X \to Y$ が X のすべての点 p_0 において連続のとき，f は **連続である**，あるいは，**連続写像**であるという．

とくに，距離空間 X から数直線 E^1 への連続写像 $f: X \to E^1$ を，X 上の **連続関数** とよぶ．また，点 $p \in X$ の f による像 $f(p) \in E^1$ を，p における関数 f の **値** という．――

次に，ε-δ 論法による連続写像の定義を述べよう．距離空間 X, Y の距離をそれぞれ，d_X, d_Y と書くことにする．

定義 4.4(連続性の第2の定義) (i) 写像 $f: X \to Y$ が点 $p_0 (\in X)$ **において連続**であるとは，任意の $\varepsilon (>0)$ について，適当な $\delta (>0)$ を選ぶと，条件
$$d_X(p, p_0) < \delta \Longrightarrow d_Y(f(p), f(p_0)) < \varepsilon$$
が，任意の $p \in X$ について成り立つことである．

§4 連続写像と同相写像 　33

(ii)　写像 $f:X \to Y$ が X の任意の点 p_0 において（上の意味で）連続のとき，f は連続であるという．f は**連続写像**である，ということもある．——

ε-δ 論法による連続性の定義は §2 で解説したが，ここで，距離空間の間の写像という文脈においてもう一度復習しよう．§2 の定義 2.4 のあとで述べた注意は，前頁の定義 4.4(i) の文章の中の '…が，**任意の** $p \in X$ **について成り立つ**' という部分にも適用される．任意の $p \in X$ について '$d_X(p,p_0)<\delta \Rightarrow d_Y(f(p), f(p_0))<\varepsilon$' が成り立つ，とはいっても，$d_X(p,p_0) \geqq \delta$ であるような $p \in X$ については，'$d_X(p,p_0)<\delta \Rightarrow d_Y(f(p), f(p_0))<\varepsilon$' という命題は，（仮定に相当する $d_X(p, p_0)<\delta$ がその場合，偽になるから）形式的に真になる．この要請 '$d_X(p,p_0)<\delta \Rightarrow d_Y(f(p), f(p_0))<\varepsilon$' が実質的な意味をもつのは，やはり，$d_X(p,p_0)<\delta$ を満たす $p \in X$ についてなのである．

さて，'任意の ε について適当な δ を選ぶと $d_X(p,p_0)<\delta \Rightarrow d_Y(f(p), f(p_0))<\varepsilon$' という部分であるが，これを §2 にならっていい換えてみると，どんなに小さな $\varepsilon>0$ についても，'X の点 p が p_0 にじゅうぶん近いのに，その像 $f(p)$ は $f(p_0)$ から ε 以上離れてしまう' という現象（飛躍）は起きない，ということである．（$X=[\alpha, \beta]$ の場合には，'時間 t が t_0 にじゅうぶん近いのに，$f(t)$ が $f(t_0)$ から ε 以上離れてしまう' という現象＝飛躍は起きない，というのが t_0 における連続性の定義であった．このことの拡張になっている．）X の点 p が p_0 にある程度近くなれば（すなわち適当な距離 δ より近くなれば），その像 $f(p)$ と $f(p_0)$ の距離は ε 未満になる，というのである．ε がどんなに小さくとも，もっと小さく δ をとれば，やはりそうなるわけである．

上に与えた連続性の 2 つの定義の同値性を証明しよう．§2 の定理 2.6 の証明とほとんど同じである．

定理 4.5　連続性の第 1，第 2 の定義は同値である．すなわち，X, Y を距離空間，$f:X \to Y$ を写像とするとき，f が $p_0 \in X$ において，定義 4.3(i) の意味で連続ならば，定義 4.4(i) の意味でも連続である．また，その逆も成り立つ．

証明　$f:X \to Y$ が $p_0 \in X$ において点列の意味で連続としよう．この f が，ε-δ 論法による定義の意味でも，点 $p_0 \in X$ において連続なことを証明する．

そのため，任意の $\varepsilon (>0)$ を固定する．次の条件 (*)

(*) 　　　　　　　$d_X(p,p_0) < \delta \Longrightarrow d_Y(f(p), f(p_0)) < \varepsilon$

34 第1章 空間と連続写像

を成り立たせるような $\delta(>0)$ がないとして矛盾が生ずることをいおう．そのようなδがなければ，どんなδについても，

$$d_X(p, p_0) < \delta \quad \text{であるのに} \quad d_Y(f(p), f(p_0)) \geqq \varepsilon$$

となるような $p \in X$ が（δ を定めるごとに，少なくともひとつ）あるはずである．各自然数nについて，$\delta = 1/n$ とした時のこのようなpをひとつずつ選んで，Xの点列 $\{p_n\}$ を構成する．p_n は

$$d_X(p_n, p_0) < \frac{1}{n} \quad \text{かつ} \quad d_Y(f(p_n), f(p_0)) \geqq \varepsilon$$

を満たしている．これは $\lim_n p_n = p_0$ であるが，$\lim_n f(p_n) = f(p_0)$ ではないことを意味するから，$f : X \to Y$ が $p_0 \in X$ において，点列の意味で連続であるという仮定に矛盾する．こうして，矛盾が生じたから(*)を成り立たせるδは存在し，$f : X \to Y$ は $p_0 \in X$ において，ε-δ の意味で連続でなければならない．

逆を示そう．$f : X \to Y$ が点 $p_0 \in X$ において，ε-δ の意味で連続とする．このf が，点 $p_0 \in X$ において，点列の意味でも連続のことを証明する．

そのため，p_0 に収束する X の点列 $\{p_n\}$ を任意にとる．像の点列 $\{f(p_n)\}$ が，Y の点列として $f(p_0)$ に収束することをいおう．そうでないと仮定して矛盾を出せばよい．

$\lim_n f(p_n) = f(p_0)$ でなければ，点列 $\{f(p_n)\}$ に関して，定義 4.2 の条件が成り立たない．つまり，ある $\varepsilon > 0$ については，どんなに大きな番号Nを選ぼうと

$$n \geqq N \quad \text{しかも} \quad d_Y(f(p_n), f(p_0)) \geqq \varepsilon$$

となるnがある．

$f : X \to Y$ は，点 $p_0 \in X$ において ε-δ の意味で連続と仮定したから，上の ε について適当な $\delta > 0$ を選べば，次の条件(*)

(*) $\qquad d_X(p, p_0) < \delta \Longrightarrow d_Y(f(p), f(p_0)) < \varepsilon$

が成り立つはずである．

一方，点列 $\{p_n\}$ は $\lim_n p_n = p_0$ となるように選んでおいた．よって，上の $\delta > 0$ について，十分大きなNを選べば

$$n \geqq N \Longrightarrow d_X(p_n, p_0) < \delta$$

が成り立つ．

どんなに大きなNについても $n \geqq N$ かつ $d_Y(f(p_n), f(p_0)) \geqq \varepsilon$ となるnがあ

§4 連続写像と同相写像

ることをいっておいたから，そのように n について
$$d_X(p_n, p_0) < \delta \quad \text{かつ} \quad d_Y(f(p_n), f(p_0)) \geqq \varepsilon$$
が成り立つことになり，これは条件 (*) に矛盾する．$\lim_n f(p_n) = f(p_0)$ でないとして矛盾がでたから，$\lim_n f(p_n) = f(p_0)$ でなければならない．□

証明から明らかなように，定理 4.5 と定理 2.6 は本質的に同じ内容である．

自明な連続写像

連続写像であることが直ちに確かめられるような写像の例を 3 つあげる．X, Y は距離空間とする．

1° 定値写像 X のどの点 p にも，Y のあるきまった点 q_0 を対応させる写像 $f: X \to Y$ を**定値写像**という (図 4.2)．X の任意の点 p_0 に着目し，p_0 に収束する X の任意の点列 $\{p_n\}$ をとれば，$f(p_n) = q_0$, $f(p_0) = q_0$ ゆえ，当然 $\lim_n f(p_n) = q_0 = f(p_0)$ が成り立つ．したがって f は連続である．

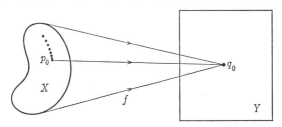

図 4.2 定値写像

2° 恒等写像 X の個々の点 p にその点 p 自身を対応させる写像を X の**恒等写像**とよび
$$id_X : X \longrightarrow X$$
という記号で表わす (図 4.3)．id は identity の略字である．

恒等写像 id_X が連続なことは明らかである．なぜなら，p_0 を X の任意の点，

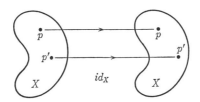

図 4.3 恒等写像

$\{p_n\}$ を $\lim_n p_n = p_0$ となる X の任意の点とすると,$id_X(p_n)=p_n$,$id_X(p_0)=p_0$ であるから,$\lim_n id_X(p_n)=id_X(p_0)$ は(アタリマエに)成り立つ.

3° **包含写像**　X を距離空間,$A(\subset X)$ を X の部分空間とする.このとき,A の各点 p に,p を X の点と見なした上で,その点 p 自身を対応させる写像を A から X への**包含写像**という.記号で

$$i: A \longrightarrow X$$

と表わす(図 4.4).i は inclusion の頭文字である.

包含写像 $i: A \to X$ が連続であることの証明も,恒等写像の場合と同じである.

定値写像,恒等写像,包含写像は,いずれも,特別に論じる程興味あるものではないが,ちょうど集合論における空集合 $\emptyset$ のように,これらを導入しておけば,いろいろな記述がすっきりするのである.

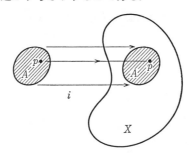

図 4.4　包含写像

合成写像の連続性

X, Y, Z を集合とし,$f: X \to Y$,$g: Y \to Z$ を写像とする.f と g の**合成写像**とは,次のように定義される X から Z への写像である.X の要素 x に,写像 f によって Y の要素 y が対応するとする:$y=f(x)$.その y に,写像 g によって Z の要素 z が対応するとする:$z=g(y)$.その時,はじめの x にこの z を対応させる写像が f と g の合成写像である.記号で

$$g \circ f : X \longrightarrow Z$$

と書かれる.明らかに,X の任意の要素 x について,$g \circ f(x) = g(f(x))$ が成り立つ.

定理 4.6　X, Y, Z を距離空間とする.もし $f: X \to Y$,$g: Y \to Z$ がともに連続ならば,合成写像 $g \circ f : X \to Z$ も連続である(図 4.5).

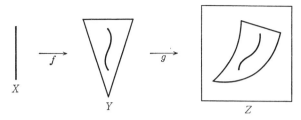

図 4.5 合成写像

証明 p_0 を X の任意の点とし，$\{p_n\}$ は X の点列で $\lim_n p_n = p_0$ なるものとするとき，$\lim_n g \circ f(p_n) = g \circ f(p_0)$ が示せればよい．（連続性の第1の定義．）

まず，$f: X \to Y$ は連続であるから，$\lim_n f(p_n) = f(p_0)$ である．こうして，Y の点列 $\{f(p_n)\}$ は Y の点 $\{f(p_0)\}$ に収束するから，$g: Y \to Z$ の連続性を使うと，$\lim_n g(f(p_n)) = g(f(p_0))$ が成り立つ．$g \circ f(p_n) = g(f(p_n))$，$g \circ f(p_0) = g(f(p_0))$ ゆえ，これは $\lim_n g \circ f(p_n) = g \circ f(p_0)$ にほかならない． □

$f: X \to Y$ を写像，A を X の部分集合とするとき，f の A への**制限**とよばれる写像 $A \to Y$ が考えられる．これは，A の任意の要素 x について，それを X の要素と考えた上で，写像 f で写す写像である．別の言葉でいえば，$f: X \to Y$ を，部分集合 A の上だけで考えたものである．写像 $f: X \to Y$ の A への制限を $f|A: A \to Y$ という記号で表わす．

系 4.6.1 $f: X \to Y$ が距離空間の間の連続写像，A が X の部分空間のとき，f の A への制限 $f|A: A \to Y$ は連続写像である．

証明 $i: A \to X$ を包含写像とすると，A の任意の要素 x について，$(f|A)(x) = f \circ i(x)$ である．つまり，$f|A = f \circ i$ である．$f: X \to Y$ も $i: A \to X$ も連続であるから，合成写像 $f \circ i$ は定理 4.6 によって連続である． □

これは強いて定理 4.6 に帰着させた証明であるが，系 4.6.1 を直接に示すことも簡単である．

同相写像

これから定義する同相写像の概念は，トポロジーにとって非常に重要である．同相写像を定義するまえに，全単射 (1対1かつ '上へ' の写像) とその逆写像を説明しておく．

写像 $f: X \to Y$ が **1対1** であるとは，X の異なる2点(2要素) x, x' には，f

によって必ず Y の異なる2点(2要素)が対応することである．つまり
$$x \neq x' \Longrightarrow f(x) \neq f(x') \qquad (x, x' \in X)$$
が成り立つことである．あるいは，この条件の対偶をとって，
$$f(x) = f(x') \Longrightarrow x = x' \qquad (x, x' \in X)$$
が成り立つことである，といってもよい(図4.6(a))．

図4.6(b)は1対1でない写像である．

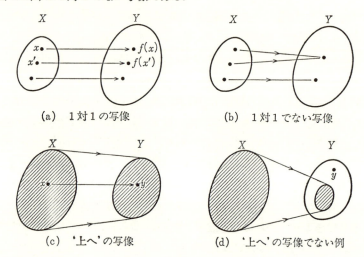

図 4.6

写像 $f: X \to Y$ が'上へ'の写像であるとは，Y の任意の点(要素) y が，X のある点(要素) x の，f による像になっていることである．つまり，Y の任意の点(要素) y について，適当な $x \in X$ が存在して $y = f(x)$ が成り立つことをいう．図4.6(c)は'上へ'の写像，図4.6(d)は'上へ'の写像でない例である．

写像 $f: X \to Y$ が1対1でありかつ'上へ'の写像であるとき，f を**全単射**であるという．全単射 $f: X \to Y$ があれば，X の点(要素)と Y の点(要素)はひとつずつ残りなく対応しあう(図4.7(a))．

写像 $f: X \to Y$ が全単射のとき，f の逆写像とよばれる(Y から X への)写像が次のようにして定義される．

f は'上へ'の写像だから，任意の $y \in Y$ について，$y = f(x)$ であるような $x \in X$ が存在する．しかも f は1対1だから，ひとつひとつの $y \in Y$ について，こ

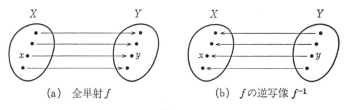

(a) 全単射 f　　　(b) fの逆写像 f^{-1}

図 4.7

のような $x \in X$ は唯ひとつしかない．そこで，$y \in Y$ に，$y=f(x)$ であるような $x \in X$ を対応させる写像が考えられるが，これが f の**逆写像** $f^{-1}: Y \to X$ である（図 4.7(b)）．$y=f(x)$ のとき，$x=f^{-1}(y)$ というわけである．

次の補題はほとんど自明であろう．

補題 4.7 $f: X \to Y$ が全単射のとき

(i) 逆写像 $f^{-1}: Y \to X$ も全単射である．

(ii) f の逆写像 $f^{-1}: Y \to X$ の逆写像 $(f^{-1})^{-1}: X \to Y$ は $f: X \to Y$ に一致する．

(iii) $f: X \to Y$ と $f^{-1}: Y \to X$ の合成 $f^{-1} \circ f$ は X の恒等写像 $id_X: X \to X$ に等しい：$f^{-1} \circ f = id_X$．

(iv) 同様に $f \circ f^{-1} = id_Y$ が成り立つ．——

証明は読者の演習問題にしよう．（全単射などという言葉に不なれな読者は難しげに感じるかも知れないが，1対1で'上へ'の写像の様子を思い浮べてみるとわかるように，補題 4.7 はあたりまえのことをいっているのである．）

さて，同相写像は次のように定義される．ここに，X, Y はともに距離空間である．

定義 4.8 写像 $f: X \to Y$ が**同相写像**であるとは，

(i) $f: X \to Y$ は全単射であり，かつ

(ii) $f: X \to Y$ もその逆写像 $f^{-1}: Y \to X$ も両方とも連続である．この2条件が成り立つことをいう．——

簡単な例をあげよう．

$I=[0,1]$ を実数の単位区間，$J=[\alpha, \beta]$ $(\alpha < \beta)$ を別の区間とする．（I の2点 t, t' の距離 $d(t, t')$ は $d(t, t')=|t-t'|$ により定義され，その距離に関して，I は距離空間になる．同様に J も距離空間である．）

写像 $f: I \to J$ を

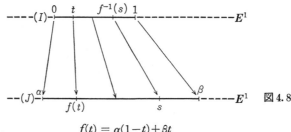

$$f(t) = \alpha(1-t) + \beta t$$

図 4.8

と定義する．$f(0)=\alpha$, $f(1)=\beta$ である（図 4.8）．

　明らかに，$f:I\to J$ は1対1かつ'上へ'の写像である．f が1次式で表わされることから容易にわかるように，f は連続である．また，任意の $s\in J$ について，$s=\alpha(1-t)+\beta t$ を解くと，$t=(s-\alpha)/(\beta-\alpha)\in I$ となり，f の逆写像 f^{-1}: $J\to I$ も $f^{-1}(s)=(s-\alpha)/(\beta-\alpha)$ という s に関する1次式で表わされる．よって f^{-1} も連続である．こうして，$f:I\to J$ は同相写像になる．

　図 4.9 は2つの同心円 S^1 と S_r^1 の間の同相写像である．S^1 の任意の点 p について，p と中心 O を結ぶ半直線が S_r^1 と交わる点を $f(p)$ とおくことによって，写像 $f:S^1\to S_r^1$ を定義する．f が全単射のこと，また f も f^{-1} も連続のことは容易にわかるから，$f:S^1\to S_r^1$ は同相写像である．

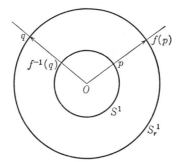

図 4.9

　図 4.9 と同じようにして，円周 S^1 と三角形の周囲 T の間の同相写像 $f:S^1\to T$ が構成される（図 4.10）．円周 S^1 上の点 p と S^1 の中心 O を結ぶ半直線が，三角形の周囲 T に交わる点を $f(p)$ とおくわけである．$f:S^1\to T$ と逆写像 $f^{-1}:T\to S^1$ が連続なことは直感的に明らかであろう．（計算でも示せる．）

　同相写像の定義 4.8 から直ちに次の補題がわかる．

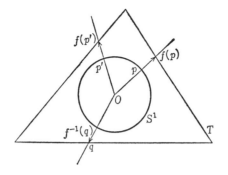

図 4.10

補題 4.9 X, Y, Z を距離空間とする.
(i) 恒等写像 $id_X: X \to X$ は同相写像である.
(ii) $f: X \to Y$ が同相写像なら, f の逆写像 $f^{-1}: Y \to X$ も同相写像である.
(iii) $f: X \to Y$ と $g: Y \to Z$ が同相写像なら, それらの合成写像 $g \circ f: X \to Z$ も同相写像である.

証明 (i) $id_X: X \to X$ は全単射である. また $(id_X)^{-1} = id_X$ であるから, id_X も $(id_X)^{-1}$ も連続である.

(ii) $f: X \to Y$ が全単射であるから, $f^{-1}: Y \to X$ も全単射である. また, $(f^{-1})^{-1} = f$ ゆえ, f^{-1} も $(f^{-1})^{-1}$ も連続写像である.

(iii) 次の補題を使う.

補題 4.10 $f: X \to Y$ と $g: Y \to Z$ が全単射なら, 合成写像 $g \circ f: X \to Z$ も全単射である. また $g \circ f$ の逆写像 $(g \circ f)^{-1}$ は $f^{-1} \circ g^{-1}$ に一致する: $(g \circ f)^{-1} = f^{-1} \circ g^{-1}: Z \to X$. ──

補題 4.10 を認めると, 補題 4.9(iii) の証明は次のようになる. 補題 4.10 から, $g \circ f$ も $(g \circ f)^{-1}$ も全単射である. また合成写像の連続性より $g \circ f$ は連続である. 再び補題 4.10 から $(g \circ f)^{-1} = f^{-1} \circ g^{-1}$. しかも f^{-1}, g^{-1} は連続. よって, 合成写像の連続性から $f^{-1} \circ g^{-1}$ が, したがって $(g \circ f)^{-1}$ が連続になる. これで $g \circ f$ が同相写像になることがわかった. □

補題 4.10 の証明は, 読者にまかせよう.(図 4.11 を見れば明らかだと思う.)

同相写像がトポロジーにおいて重要なのは, それによってトポロジーの観点が定式化されるからである. 距離空間 X と Y の間に同相写像 $f: X \to Y$ があれば, X の点と Y の点とはひとつずつ残りなく対応しあい, しかも, X の方から

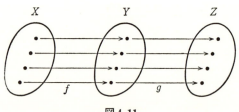

図 4.11

見ても Y の方から見ても連続的に対応しあっている．このとき，X と Y とはトポロジーの立場からは '同じ形' をしていると考えるのである．

たとえば，単位区間 I から任意の区間 $J=[\alpha,\beta]$ への同相写像があったから，I と J とはその長さに関係なくトポロジー的には '同じ形' をしている．また，単位円周から任意の半径の円周 S_r^1 への同相写像 $S^1 \to S_r^1$ があったから，2つの円周は半径によらず，'同じ形' である．更に，円周 S^1 から，三角形の周囲 T への同相写像もあった．したがって，円周と三角形の周囲とはトポロジーの観点からみると '同じ形' である．

トポロジーは，長さや大きさ，あるいは，まっすぐか曲がっているかにかかわりなく，ユークリッド幾何の立場では全くことなると思われる図形でも '同じ形' と見なしてしまうことがあるのである．（もちろん，このような '自由性' にもおのずから限度があり，たとえば，区間 I と円周 S^1 とは，トポロジーの観点からしても，'同じ形' とはいえない．その理由は，この本を読みながら考えていただきたい．）

X と Y がトポロジー的に '同じ形' のことを，X と Y は位相同形であるという．すなわち，

定義 4.11 距離空間 X から距離空間 Y への同相写像が存在するとき，X は Y に位相同形であるといい，記号で $X \approx Y$ と表わす．

補題 4.12 距離空間 X, Y, Z について次が成り立つ．

(i) $X \approx X$．（同一律：X は X 自身に位相同形である．）

(ii) $X \approx Y \Longrightarrow Y \approx X$．（対称律：$X$ が Y に位相同形なら逆に Y は X に位相同形である．）

(iii) $X \approx Y$ かつ $Y \approx Z \Longrightarrow X \approx Z$．（推移律：$X$ が Y に位相同形でありかつ Y が Z に位相同形なら，X は Z に位相同形である．）──

補題 4.12(i)(ii)(iii) はそれぞれ補題 4.9(i)(ii)(iii) の系である．同一律，対称律，推移律の 3 法則は，何らかの性質が同じ(ここでは，トポロジーの観点での形が同じ)という場合にはいつでも成り立たねばならぬ基本的法則である．これら同一律，対称律，推移律の 3 法則をまとめて**同値律**という．

最後にいくつか，例をあげる．

例 1° 円板 D^2 と三角形 Δ^2 は位相同形である(図 4.12)．円板の中心を O，三角形の重心を G とし，同相写像 $f: D^2 \to \Delta^2$ を次のように構成する．まず中心 O を重心 G に写す．円周上の点 p を図で $\angle pOx = \angle f(p)Gx$ となるような三角形の周上の点 $f(p)$ に写す．そして，線分 $\overline{Op}$ を線分 $\overline{Gf(p)}$ の上に線形に(一様に拡大または縮小して)写す．

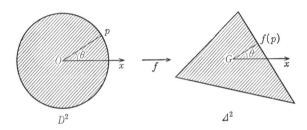

図 4.12

このように構成された $f: D^2 \to \Delta^2$ が同相写像になるのである．

同様な方法で，凸多角形が円板と位相同形になることがわかる(図 4.13)．

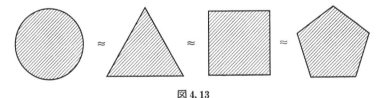

図 4.13

例 2° 実は凸でない図形でも円板と位相同形になるものがいくらでもある(図 4.14)．円板を(無限に薄い)ゴム板のように考えて，これを曲げたり延したりして得られる図形は，すべて円板に位相同形になる．同相写像は平面図形の間と限らず，図 4.14 のように，平面図形と空間内の図形の間で考えてもかまわないのである．

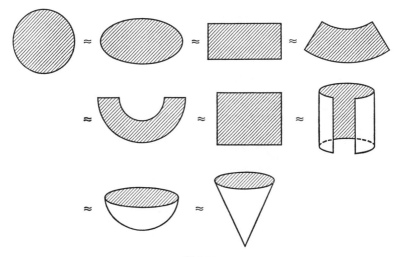

図 4.14

例 3° 円板に'穴'をあけると，もはや円板と位相同形ではない(図 4.15).
この証明には §11 で述べる基本群を使えばよい．

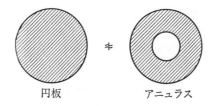

円板　　　アニュラス

図 4.15

例 4° n 次元数空間 R^n に，前節で説明した'道路に沿う距離' d' を入れた距離空間を $\tilde{E}^n$ と書こう．$\tilde{E}^n$ は，n 次元ユークリッド空間 E^n と別の距離空間であるが，実は，$\tilde{E}^n$ と E^n は位相同形になる．

証明 R^n の恒等写像 $id_{R^n}:R^n \to R^n$ を $\tilde{E}^n$ から E^n への写像と考えたものを $f:\tilde{E}^n \to E^n$ と書く．$f(p)=p\,(p\in \tilde{E}^n)$ である．この f が同相写像であることをいう．

f は明らかに全単射であるから，f と f^{-1} が連続であることさえ示せばよい．

f の連続性 任意の $p_0=(x_1^0, x_2^0, \cdots, x_n^0)\in \tilde{E}^n$ において，ε-δ 式の連続性を証明しよう．そのために，任意の $\varepsilon>0$ を指定する．

§4 連続写像と同相写像　　　　45

$p=(x_1, x_2, \cdots, x_n),\ p_0=(x_1{}^0, x_2{}^0, \cdots, x_n{}^0)$ について

$$d'(p, p_0) = |x_1-x_1{}^0|+|x_2-x_2{}^0|+\cdots+|x_n-x_n{}^0|,$$

$$d(f(p), f(p_0)) = d(p, p_0) = \sqrt{(x_1-x_1{}^0)^2+(x_2-x_2{}^0)^2+\cdots+(x_n-x_n{}^0)^2}$$

であった (§3). $\delta=\varepsilon/\sqrt{n}$ とおく. すると $d'(p, p_0)<\varepsilon/\sqrt{n}$ なら $|x_i-x_i{}^0|<\varepsilon/\sqrt{n}$ $(i=1, 2, \cdots, n)$ であるから, $d(p, p_0)<\sqrt{\varepsilon^2/n+\cdots+\varepsilon^2/n}=\sqrt{\varepsilon^2}=\varepsilon$ が成り立つ. よって $\delta=\varepsilon/\sqrt{n}$ とおけば,

$$d'(p, p_0) < \delta \Longrightarrow d(f(p), f(p_0)) < \varepsilon$$

が (任意の $p\in\tilde{\boldsymbol{E}}^n$ について) 成り立ち, f は p_0 において連続である. $p_0\in\tilde{\boldsymbol{E}}^n$ は任意であった. よって f は連続である.

f^{-1} **の連続性**　f^{-1} の連続性を, 任意の $p_0\in\boldsymbol{E}^n$ において示す. そのために任意の $\varepsilon>0$ を指定する. $\delta=\varepsilon/n$ とおこう. すると $d(p, p_0)<\varepsilon/n$ ならば $|x_i-x_i{}^0|<\varepsilon/n\,(i=1, 2, \cdots, n)$ であるから $d'(f^{-1}(p),\ f^{-1}(p_0))=d'(p, p_0)<\varepsilon/n+\cdots+\varepsilon/n=\varepsilon$ が成り立つ. よって $\delta=\varepsilon/n$ とすれば

$$d(p, p_0) < \delta \Longrightarrow d'(f^{-1}(p), f^{-1}(p_0)) < \varepsilon$$

が (任意の $p\in\boldsymbol{E}^n$ について) 成り立ち, f^{-1} は $p_0\in\boldsymbol{E}^n$ において連続である. □

　注意　$\boldsymbol{R}^n$ に, $d'(p,q)=\begin{cases}0 & (p=q)\\1 & (p\neq q)\end{cases}$ という '乱暴な距離' を入れて得られる距離空間は $\boldsymbol{E}^n$ と位相同形にならない.

　例5°　距離空間 X から距離空間 Y への写像 $f:X\to Y$ が**全単射であり, かつ連続**であっても, その逆写像 $f^{-1}:Y\to X$ は必ずしも連続にならない. (したがって $f:X\to Y$ は同相写像と限らない.) そのことを示す例をあげよう.

　$Y=\boldsymbol{E}^1$ とおく. また X は $\boldsymbol{E}^1$ の部分空間 (図形) で,

$$X = \{x\in\boldsymbol{E}^1\,|\,x\leqq0\ \text{または}\ x>1\}$$

により定まるものとする.

　$f:X\to Y$ を $f(x)=\begin{cases}x & (x\leqq0)\\x-1 & (x>1)\end{cases}$ と定義しよう (図4.16).

　$f:X\to Y$ が '上へ' の写像であること, および1対1の写像であることは容易にわかる. よって $f:X\to Y$ は全単射である. $f:X\to Y$ の連続性を示そう. 0以外の $x_0\in X$ における連続性は明らかであるから, 0における連続性を証明する. そのため任意の $\varepsilon>0$ を指定する. $\delta=\min\{\varepsilon, 1/2\}$ とおく. すると

$$|x-0| < \delta \Longrightarrow |f(x)-f(0)| < \varepsilon$$

が (任意の $x\in X$ について) 成り立つ. 実際 $x\in X$ ならば $x\leqq0$ または $x>1$. よ

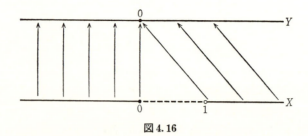

図 4.16

って，もし $|x-0|<\delta\,(=\min\{\varepsilon, 1/2\})$ なら $-\varepsilon<x\leqq0$ でなければならない．このとき，f の定義から $f(x)=x$. したがって $|f(x)-f(0)|=|x-0|<\varepsilon$ が成り立つ．これで f の連続性が示せた．

f の逆写像 $f^{-1}:Y\to X$ が点 $0\in Y$ で連続でないことは明らかである．――

この例で見たように，$f:X\to Y$ が全単射であり，かつ連続であっても，逆写像 $f^{-1}:Y\to X$ は必ずしも連続でない．同相写像の定義において，'$f:X\to Y$ が全単射であり，$f:X\to Y$ も $f^{-1}:Y\to X$ も連続'というように，逆写像 f^{-1} の連続性をわざわざ要請しておくのはそのためである．

演習問題

4.1 X, Y がそれぞれ距離 d_X, d_Y を持つ距離空間のとき，直積 $X\times Y$ の 2 点 $a=(x, y)$, $a'=(x', y')$ について
$$d'(a, a') = d_X(x, x')+d_Y(y, y')$$
と定義すると，d' は $X\times Y$ 上の距離になる．距離空間 $(X\times Y, d')$ は，演習問題 3.1 の意味の直積 $(X\times Y, d)$ と位相同形になることを証明せよ．

4.2 X, X', Y, Y' を距離空間とする．写像 $f:X\to X'$ と $g:Y\to Y'$ について，$f\times g:X\times Y\to X'\times Y'$ という写像を $f\times g(x, y)=(f(x), g(y))$ により定義する．f, g ともに連続（または，ともに同相写像）ならば $f\times g$ も連続（または同相写像）になる．ただし $X\times Y$ および $X'\times Y'$ には演習問題 3.1 または 4.1 の距離を入れる．

4.3 集合 X に $d(p, q)=\begin{cases}0 & (p=q)\\ 1 & (p\neq q)\end{cases}$ で距離を入れて距離空間とする．Y を任意の距離空間とするとき，どんな写像 $f:X\to Y$ も連続写像になることを示せ．

第2章 位　　相

§5 閉集合，開集合，位相空間

この節では，距離空間の部分集合で特別の性質を持つもの，閉集合と開集合について説明する．これらは，空間のトポロジー的な性質と密接に関連する重要な概念である．後半で，距離空間より一般的な位相空間について論じる．

まず，閉集合から始めよう．

閉 集 合

X を距離空間とする．X の部分集合であって，点列の収束に関して'閉じている'ようなものが閉集合である．詳しくいうと次のようになる．

定義 5.1 X の部分集合 C が次の性質 (*) を持つとき，C を X の**閉集合** (closed set) という．

(*)　C に含まれる点列 $\{p_n\}$ が，X の点列として $p_0 \in X$ に収束すれば，その極限点 p_0 も C に含まれる．——

X の収束する点列 $\{p_n\}$ について，その点列のどの点 p_n も C に属しているのに極限点 p_0 だけが C から飛び出してしまう，ということが起らないような部分集合 C が X の閉集合である．

閉集合の例をいくつかあげよう．

例 1° 区間 $[\alpha, \beta] = \{x \in E^1 | \alpha \leq x \leq \beta\}$ は，数直線 E^1 の閉集合である（図 5.1）．

図 5.1

実際，$[\alpha, \beta]$ に含まれる数列 $\{t_n\}$ が t_0 に収束すれば，極限値 t_0 も $[\alpha, \beta]$ に属する．($\lim_n t_n = t_0$ であるから，もし，$t_0 < \alpha$ なら，十分大きな n について $t_n < \alpha$ となってしまい，$\{t_n\} \subset [\alpha, \beta]$ に矛盾する．また，もし $t_0 > \beta$ でも同様に矛盾が生じてしまうから，結局 $\alpha \leq t_0 \leq \beta$ でなければならない．）区間 $[\alpha, \beta]$ を**閉区間**とよぶ．

例 2° 閉区間 $[\alpha, \beta]$ から，両端 α, β または一方の端点を除いたものは E^1 の

閉集合で**ない**．それらは次のような記号で表わされる．
$$(\alpha, \beta) = \{x \in \boldsymbol{E}^1 | \alpha < x < \beta\},$$
$$(\alpha, \beta] = \{x \in \boldsymbol{E}^1 | \alpha < x \leqq \beta\},$$
$$[\alpha, \beta) = \{x \in \boldsymbol{E}^1 | \alpha \leqq x < \beta\}.$$
(α, β)を**開区間**という．また，$(\alpha, \beta]$と$[\alpha, \beta)$を**半開区間**という（図5.2）．

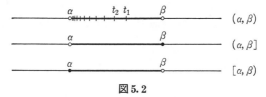

図5.2

開区間(α, β)が，$\boldsymbol{E}^1$の閉集合でない理由を考えてみよう．(α, β)の数列で（直線$\boldsymbol{E}^1$内の点列として）αに収束するものを考える．たとえば$t_n = \alpha + (\beta - \alpha)/2n$とおいて得られる数列$\{t_n\}$を考えればよい．全ての$t_n$は開区間$(\alpha, \beta)$に属しているが，$\{t_n\}$の極限値$\alpha$は開区間$(\alpha, \beta)$に含まれない．したがって，$(\alpha, \beta)$は$\boldsymbol{E}^1$の閉集合でない．半開区間についても事情は同様である．

例3° 半径rの円板D_r^2と円周S_r^1は，ともに$\boldsymbol{E}^2$の閉集合である（図5.3）．

D_r^2は，$\boldsymbol{E}^2$の原点$O = (0, 0)$からの距離がr以下の点の集合である．D_r^2の点列$\{p_n\}$が点p_0に収束したとする．もし極限点p_0がD_r^2に属さないなら，p_0と原点Oとの距離はrよりも真に大きい．点列$\{p_n\}$はp_0に収束するのだから，番号nを十分大きくするといつかはp_nと原点との距離もrより真に大きくならなければならない．これは$\{p_n\} \subset D_r^2$であったことに矛盾する．よって，$p_0 \in D_r^2$であり，D_r^2は$\boldsymbol{E}^2$の閉集合になる．S_r^1についても証明は同様である．

この証明には少し直観的なところがあるが，もう少し厳密な，次のような証明も考えられる．原点Oから点$p = (x_1, x_2)$までの距離$d(O, p) = \sqrt{x_1^2 + x_2^2}$が$p$についての連続関数であることをもっとはっきり使う．

$f(p) = d(O, p)$とおく．$f: \boldsymbol{E}^2 \to \boldsymbol{E}^1$は$\boldsymbol{E}^2$上の連続関数である．点$p$が$D_r^2$に属するための必要十分条件は$f(p) \leqq r$である．$f(p) \geqq 0$は明らかだから，$p \in D_r^2$のための必要十分条件は，$p$での値$f(p)$が閉区間$[0, r]$に属することである，といえる．

さて，$\{p_n\}$をD_r^2に含まれる点列とする．$\{p_n\}$が$\boldsymbol{E}^2$の点列として点p_0に

§5 閉集合，開集合，位相空間

収束しているとしよう：$\lim_n p_n = p_0$．上で定義した関数 $f: \boldsymbol{E}^2 \to \boldsymbol{E}^1$ は連続であるから $\lim_n f(p_n) = f(p_0)$ が成り立つ．（連続性の定義4.3．）すなわち，$\boldsymbol{E}^1$ の点列 $\{f(p_n)\}$ が点 $f(p_0)$ に収束する．各 n について，p_n は D_r^2 の点だから $f(p_n)$ は閉区間 $[0,r]$ に属する．そして例1°で見たように，閉区間 $[0,r]$ は $\boldsymbol{E}^1$ の閉集合である．したがって極限点 $f(p_0)$ も閉区間 $[0,r]$ に属さねばならない：$0 \leq f(p_0) \leq r$．これは極限点 p_0 が D_r^2 に含まれることを意味する．よって D_r^2 は $\boldsymbol{E}^2$ の閉集合である．S_r^1 についても同様の証明ができる．

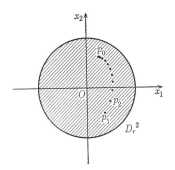

図5.3

例4° n 次元球体 D_r^n，$(n-1)$ 次元球面 S_r^{n-1} は，ともに $\boldsymbol{E}^n$ の閉集合である．（証明は例3°と同じ．）

例5° D_r^2 から円周 S_r^1 上の点を全て除いたものを**開円板**といい，$\mathring{D}_r^2$ と書く．座標で表わせば，$\mathring{D}_r^2 = \{(x_1, x_2) \mid \sqrt{x_1^2 + x_2^2} < r\}$ である．開円板は $\boldsymbol{E}^2$ の閉集合ではない．

例6° 図5.4の(a)は $\boldsymbol{E}^2$ の閉集合であり，(b)はそうでない．

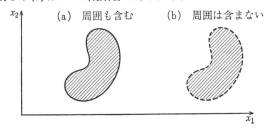

図5.4

例7° 半平面 $\{(x_1, x_2) \mid x_2 \geq 0\}$ は $\boldsymbol{E}^2$ の無限に大きい閉集合である（図5.5）．

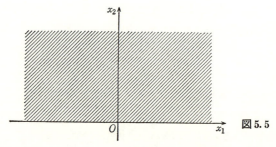

図 5.5

さて,気をつけなければならないのは,'閉集合'は**部分集合の性質**であるということである.したがって,ひとつの集合をそれだけ与えて,それが閉集合か否かを問題にすることは無意味であって,その集合を**どんな空間の部分集合と考えるのか**を指定して初めて,それが閉集合であるかないかがきまるのである.'集合 C は閉集合である' という命題は意味がない.'集合 C は空間 X の閉集合である' というように,全体の空間 X を指定しなければならない.しかし,よく数学の本などに,'集合 C は閉集合である' と書いてあることもあるが,これは,全体の空間 X が何であるかが既に読者に明らかな場合に,'X の' を省略したいい方である.(ここで,例 $1°$〜例 $7°$ の述べ方をもう一度見よ.)

集合 X から集合 Y への写像 $f: X \to Y$ があるとき,X の部分集合の(f による)**像**,および,Y の部分集合の(f による)**逆像**を定義しておこう.

A を X の部分集合とする:$A \subset X$.A の点 p の f による像 $f(p)$ は Y の点であるが,ここで,p を A の全ての点にわたって動かすと,その像 $f(p)$ の全体は Y の部分集合になる.これを $f(A)$ と表わし,f による A の**像**とよぶ.式で書くと次のようになる(図 5.6).

$$f(A) = \{f(p) \mid p \in A\} \quad (\subset Y).$$

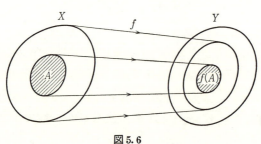

図 5.6

§5 閉集合, 開集合, 位相空間　　　51

次に, B を Y の部分集合とする：$B \subset Y$. f による p の像 $f(p)$ が B に含まれるような X の点 p の全体は X の部分集合になる. これを $f^{-1}(B)$ と表わし, f による B の**逆像**とよぶ. 式で書くと,
$$f^{-1}(B) = \{p \in X \mid f(p) \in B\} \quad (\subset X)$$
となる (図 5.7). $p \in f^{-1}(B)$ であるための必要十分条件は $f(p) \in B$ である.

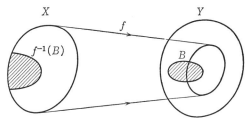

図 5.7

逆像 $f^{-1}(B)$ を, f による B の**引き戻し**とよぶこともある.

例 3° を一般化して次の定理が得られる.

定理 5.2 X, Y を距離空間, $f: X \to Y$ を連続写像とする. このとき, C が Y の閉集合ならば逆像 $f^{-1}(C)$ は X の閉集合になる. (すなわち, 閉集合の, 連続写像による引き戻しは閉集合である.)

証明 閉集合の定義 5.1 に従い, 次のことを示す. X の点列 $\{p_n\}$ が点 p_0 に収束しており, しかもすべての p_n が $f^{-1}(C)$ に含まれるならば, 極限点 p_0 も $f^{-1}(C)$ に含まれる.

$\lim_n p_n = p_0$ であり, かつ $f: X \to Y$ は連続であるから, (連続性の第 1 の定義により) $\lim_n f(p_n) = f(p_0)$ である. ここで, $\{f(p_n)\}$ は Y の点列になるが, $p_n \in f^{-1}(C)$ と仮定したから点列 $\{f(p_n)\}$ の全ての点 $f(p_n)$ は C に属す. C は Y の閉集合と仮定した. したがって $\lim_n f(p_n) = f(p_0)$ から $f(p_0) \in C$ が従う. これは $p_0 \in f^{-1}(C)$ を意味している.

よって, $f^{-1}(C)$ は X の閉集合である. □

系 5.2.1 $f: X \to E^1$ を距離空間 X 上の連続関数とする. 実数 α につき, $f = \alpha$, $f \geqq \alpha$ または $f \leqq \alpha$ で定義される部分集合はみな X の閉集合である. ——

1 点 α だけからなる集合 $\{\alpha\}$ は, E^1 の閉集合である. $f = \alpha$ で定義される部分集合は逆像 $f^{-1}(\{\alpha\})$ に一致する. したがって定理 5.2 より $f^{-1}(\{\alpha\})$ は X の

52   第2章 位   相

閉集合になる.

α 以上の実数全体のなす E^1 の部分集合を $[\alpha, \infty)$ と表わす. $[\alpha, \infty)=\{x\in E^1|$ $x\geqq\alpha\}$ である. 有限の半開区間 $[\alpha, \beta)$ とは異なり, $[\alpha, \infty)$ は E^1 の閉集合になる. (E^1 の点列 $\{t_n\}$ が E^1 の点 t_0 に収束していて各 $t_n\geqq\alpha$ なら, 極限点についても $t_0\geqq\alpha$ が成り立つからである.) $f\geqq\alpha$ で定義される X の部分集合とは, 逆像 $f^{-1}([\alpha, \infty))$ にほかならない. よってそれは X の閉集合である.

α 以下の実数全体のなす E^1 の部分集合を記号で $(-\infty, \alpha]$ と表わす. $(-\infty, \alpha]$ は E^1 の閉集合になり, これから $f\leqq\alpha$ で定義される X の部分集合が X の閉集合になることが示せる.

例 3° の円板 $D_r{}^2$, 円周 $S_r{}^1$ は, それぞれ $\sqrt{x_1{}^2+x_2{}^2}\leqq r$, $\sqrt{x_1{}^2+x_2{}^2}=r$ で定義される E^2 の閉集合だったわけである.

$\sqrt{x_1{}^2+x_2{}^2}$ は E^2 の点 $p=(x_1, x_2)$ と原点 $O=(0, 0)$ の間の距離 $d(p, O)$ であって, それは p に関して E^2 上の連続関数であった. 一般の距離空間 X についても, 距離 $d_X(p, q)$ は, p および q に関して連続である. すなわち

補題 5.3 X を距離空間, d_X をその距離とする. p_0 を X の定点として, 関数 $f: X\to E^1$ を $f(p)=d_X(p, p_0)$ と定義する. このとき, f は X 上の連続関数になる.

証明 ε-δ 式の定義に基づいて, X の任意の点 p_1 における f の連続性を証明しよう. そのため, 勝手な $\varepsilon>0$ を指定する. 適当に $\delta>0$ を選べば

$$d_X(p, p_1)<\delta\Longrightarrow|f(p)-f(p_1)|<\varepsilon$$

が (任意の $p\in X$ について) 成り立つことをいえばよい.

3 点 p, p_1, p_0 に関する三角不等式 $d_X(p, p_0)\leqq d_X(p, p_1)+d_X(p_1, p_0)$ の $d_X(p_1, p_0)$ を左辺に移項して

$$d_X(p, p_0)-d_X(p_1, p_0)\leqq d_X(p, p_1)$$

を得る. 同様に, 三角不等式 $d_X(p_1, p_0)\leqq d_X(p_1, p)+d_X(p, p_0)$ の $d_X(p, p_0)$ を左辺に移項して

$$d_X(p_1, p_0)-d_X(p, p_0)\leqq d_X(p_1, p)\quad(=d_X(p, p_1))$$

を得る. この 2 つの不等式から

$$|d_X(p, p_0)-d_X(p_1, p_0)|\leqq d_X(p, p_1)$$

が出る. 左辺は $|f(p)-f(p_1)|$ にほかならない.

§5 閉集合，開集合，位相空間 53

よって，'$d_X(p, p_1) < \varepsilon \Rightarrow |f(p) - f(p_1)| < \varepsilon$' が成り立つ．（この場合には，$\delta = \varepsilon$ とおけばよいのである．） □

定理5.2によれば，写像 $f : X \to Y$ が連続のとき，f は，Y の任意の閉集合 C を X の閉集合 $f^{-1}(C)$ に引き戻すのであったが，逆に，この性質をもつ写像 $f : X \to Y$ は必然的に連続であることがいえるのである．次の定理がそれであって，閉集合と連続写像の密接な関係を示している．

定理5.4 X, Y を距離空間とする．写像 $f : X \to Y$ が連続であるための必要十分条件は，Y の任意の閉集合 C について，C の f による逆像 $f^{-1}(C)$ が X の閉集合になることである．

証明 必要条件であることは定理5.2で示されているから，十分条件であることを証明すればよい．Y の任意の閉集合 C の逆像 $f^{-1}(C)$ が X の閉集合になると仮定して，f が X の任意の点 p_0 において連続であることを証明する．

$\{p_n\}$ を X の点列で，$p_0 \in X$ に収束するものとする．そのとき $\lim_n f(p_n) = f(p_0)$ がいえればよいが，これを否定して矛盾をだそう．もし $\lim_n f(p_n) = f(p_0)$ でなければ，この Y の点列 $\{f(p_n)\}$ について，収束の定義4.2の条件が成立しない．つまり，ある正数 $\varepsilon > 0$ については，

$$d_Y(f(p_m), f(p_0)) \geqq \varepsilon$$

であるような点 $f(p_m)$ が点列 $\{f(p_n)\}$ の中に無限個ある．（以下，この $\varepsilon > 0$ を固定する．）点列 $\{f(p_n)\}$ の中から，このような点 $f(p_m)$ を取り出して，$\{f(p_n)\}$ の**部分列**を構成する．

ここで**部分列**について説明しておこう．ある点列 $\{q_n\}$ から無限個の点（ただし，それらは番号が違っても，点としての位置は一致するかも知れない）を選び出して番号順に並べた点列をもとの点列 $\{q_n\}$ の**部分列**という．たとえば，

$$q_2, \ q_4, \ q_7, \ q_{10}, \ q_{11}, \ q_{13}, \ \cdots$$

は点列 $\{q_1, q_2, q_3, q_4, \cdots\}$ の部分列である．部分列は，選び出す点の番号の列 $\{n(1), n(2), n(3), \cdots\}$ をきめれば決まる．上の例では $\{n(1), n(2), n(3), \cdots\} = \{2, 4, 7, 10, \cdots\}$ である．番号の列を $\{n(i)\}$ と書き（ここに，$i = 1, 2, 3, 4, \cdots$），対応する部分列を $\{q_{n(i)}\}$ と表わす．

証明の続き $d_Y(f(p_m), f(p_0)) \geqq \varepsilon$ であるような $f(p_m)$ を選び出して $\{f(p_n)\}$

の部分列を作り，$\{f(p_{n(i)})\}$ としよう．X の点列 $\{p_n\}$ の方で，同じ番号の列 $\{n(i)\}$ に対応する部分列 $\{p_{n(i)}\}$ を考えると，これは，もとの点列 $\{p_n\}$ と同じ極限点 p_0 に収束する．（点列 $\{p_n\}$ が収束して，$\lim_n p_n = p_0$ であれば，$\{p_n\}$ の任意の部分列 $\{p_{n(i)}\}$ についても $\lim_i p_{n(i)} = p_0$ が成り立つ．収束の定義 4.2 から容易に示せる．）

Y の部分集合 C_ε を，

$$C_\varepsilon = \{q \in Y \mid d_Y(q, f(p_0)) \geqq \varepsilon\}$$

と定義しよう．これは，点 $f(p_0)$ からの距離が ε 以上の点 q 全部のなす Y の部分集合である．たとえば，Y が平面なら，C_ε は $f(p_0)$ を中心とする半径 ε の円周とその外部をあわせたものである．補題 5.3 により，$d_Y(q, f(p_0))$ は q に関して連続であるから，系 5.2.1 によって，C_ε は Y の閉集合である．$f: X \to Y$ は，Y の閉集合を X の閉集合に引き戻すと仮定している．したがって，逆像 $f^{-1}(C_\varepsilon)$ は X の閉集合になるはずである．

ところで，点列 $\{f(p_n)\}$ の部分列 $\{f(p_{n(i)})\}$ は，その各々の点 $f(p_{n(i)})$ が $d_Y(f(p_{n(i)}), f(p_0)) \geqq \varepsilon$ を満たすように選び出された．いいかえれば $f(p_{n(i)}) \in C_\varepsilon$ である．よって $p_{n(i)} \in f^{-1}(C_\varepsilon)$ である．$\lim_i p_{n(i)} = p_0$ であることと，$f^{-1}(C_\varepsilon)$ が X の閉集合であることから，$p_0 \in f^{-1}(C_\varepsilon)$ がわかる．これは，$f(p_0) \in C_\varepsilon$ を意味する．C_ε の定義によって，$f(p_0) \in C_\varepsilon$ なら $d_Y(f(p_0), f(p_0)) \geqq \varepsilon > 0$ でなければならず，これは，距離の基本性質 (i) に矛盾する．（距離空間 Y において，$d_Y(f(p_0), f(p_0)) = 0$ のはずだから．定義 3.2 参照．）

$\lim_n f(p_n) = f(p_0)$ を否定して矛盾が出た．よって，$\lim_n f(p_n) = f(p_0)$ である．□

上の定理をみると，写像の連続性を，閉集合を使って次のように定義してもよいことがわかる．

定義 5.5（連続性の第 3 の定義）　X, Y を距離空間とする．写像 $f: X \to Y$ が**連続**であるとは，Y の任意の閉集合 C について，f による逆像 $f^{-1}(C)$ が X の閉集合になることである．――

定理 5.4 により，この第 3 の定義と，連続性の第 1，第 2 の定義（定義 4.3，定義 4.4）は同値である．

これで閉集合の重要性は明らかになったと思われるが，ここで，一歩進めて，

§5 閉集合，開集合，位相空間　　　55

距離空間 X が与えられたとき，X のすべての閉集合からなる集合 $\mathscr{F}_X$ を考えて
みよう．これまで扱ってきたたいていの場合には，集合の要素は'点'であった
ので，$\mathscr{F}_X$ のように，'集合'を要素とする集合は少し考えにくいかも知れない．
$\mathscr{F}_X$ の個々の要素は，X の閉集合である．したがって，たとえば，$A \in \mathscr{F}_X$ は，
A が X の閉集合であるということを意味している．

定理5.4の内容をこの集合を使っていえば；距離空間 X から距離空間 Y へ
の写像 $f: X \to Y$ が連続であるための必要十分条件は，'$C \in \mathscr{F}_Y \Rightarrow f^{-1}(C) \in \mathscr{F}_X$' が
成り立つことである，となる．

トポロジーの観点からは，集合 $\mathscr{F}_X$ は，空間 X の構造を決定していると考え
られる．$\mathscr{F}_X$ を距離空間 X の**閉集合系**という．

$\mathscr{F}_X$ の一般的性質を述べよう．

定理5.6　距離空間 X の閉集合系 $\mathscr{F}_X$ について次の3性質が成り立つ．

(i)　$\phi \in \mathscr{F}_X$ かつ $X \in \mathscr{F}_X$,

(ii)　$C_1, C_2, \cdots, C_r \in \mathscr{F}_X \Longrightarrow C_1 \cup C_2 \cup \cdots \cup C_r \in \mathscr{F}_X$,

(iii)　族 $\{C_\lambda\}_{\lambda \in \Lambda}$ について，$C_\lambda \in \mathscr{F}_X \,(\forall \lambda \in \Lambda) \Longrightarrow \bigcap_{\lambda \in \Lambda} C_\lambda \in \mathscr{F}_X$. ──

記号の説明をしよう．$C_1 \cup C_2 \cup \cdots \cup C_r$ は有限個の集合 $C_1, C_2, \cdots, C_r$ の**和集合**
である．簡単にいえば $C_1, C_2, \cdots, C_r$ のすべての要素を合わせた集合である．
論理的には，$C_1, C_2, \cdots, C_r$ のうち少なくともひとつの集合に含まれるような要
素全部の集合である．

集合の族 $\{C_\lambda\}_{\lambda \in \Lambda}$ とは，ある集合 Λ のひとつひとつの要素 λ に，何らかの集
合 C_λ を対応させたものである．集合 Λ は何でもよい．たとえば，$\Lambda = \{1, 2, \cdots,$
$r\}$ とおけば，集合の有限族 $\{C_i\}_{i=1,2,\cdots,r}$ が得られるし，また $\Lambda = N$ の場合は，集
合の列 $\{C_1, C_2, C_3, \cdots\}$ になる．集合 Λ は，C_λ の添え字 λ の集合であるから**添
字集合**と呼ばれる．

記号 $\forall$ は'全ての'と読む．したがって $C_\lambda \in \mathscr{F}_X \,(\forall \lambda \in \Lambda)$ は，全ての $\lambda \in \Lambda$ につい
て $C_\lambda \in \mathscr{F}_X$ が成り立つ，という意味である．

$\bigcap_{\lambda \in \Lambda} C_\lambda$ は，族 $\{C_\lambda\}_{\lambda \in \Lambda}$ を構成するすべての集合 C_λ の**共通部分**である．つまり，
p が集合 $\bigcap_{\lambda \in \Lambda} C_\lambda$ の要素であるための必要十分条件は $p \in C_\lambda \,(\forall \lambda \in \Lambda)$ が成り立つこ
とである．

ついでに，上の記号と対をなす記号（上の記号と**双対的な**記号）について説明

56 第2章 位 相

しておこう. $C_1 \cap C_2 \cap \cdots \cap C_r$ は有限個の集合 $C_1, C_2, \cdots, C_r$ の**共通部分**を表わす. また, 記号 $\forall$ と双対的に, $\exists$ という記号もしばしば用いられる. これは '存在する' という意味である[*)].

$\bigcup\limits_{\lambda \in \Lambda} C_\lambda$ は, 族 $\{C_\lambda\}_{\lambda \in \Lambda}$ を構成するすべての集合 C_λ の**和集合**である. p が集合 $\bigcup\limits_{\lambda \in \Lambda} C_\lambda$ に属するための必要十分条件は, 少なくともひとつの $\lambda (\in \Lambda)$ について $p \in C_\lambda$ が成り立つこと, つまり, $p \in C_\lambda$ であるような $\lambda \in \Lambda$ が存在することである. 記号で書けば, $p \in C_\lambda (\exists \lambda \in \Lambda)$, が成り立つことである.

定理 5.6 の証明 (i) 空集合 ϕ が X の閉集合であること $(\phi \in \mathscr{F}_X)$ は, いわば形式的な真理である. すなわち, A が X の閉集合であるための条件は, $\{p_n\}$ が X の点列で, 点 p_0 に収束するとして, '$p_n \in A (\forall n \in N) \Rightarrow p_0 \in A$' という条件文で表わされるが, ここで $A = \phi$ (空集合)の場合には, この条件文の仮定に相当する部分 $p_n \in \phi (\forall n \in N)$ が偽であるから, '$p_n \in \phi (\forall n \in N) \Rightarrow p_0 \in \phi$' は全体として真になる. (定義 2.4 の後の注意.) よって, ϕ は X の閉集合である.

X が X 自身の閉集合になることも簡単にわかる. X の点列 $\{p_n\}$ が X の点 p_0 に収束しているとして,

$$p_n \in X (\forall n \in N) \Longrightarrow p_0 \in X$$

が成り立てばよいが, この条件文の仮定も結論も明らかに真であるから, 条件文全体として真である. よって $X \in \mathscr{F}_X$ である. (条件文 $P \Rightarrow Q$ は命題 P, Q ともに真のとき, 必ず真である. たとえば '太陽が東から昇れば $1+1=2$ である' という命題は, 日常的な言語感覚ではナンセンスであるが, 仮定も結論も真であるから, 真なる命題である, と考えられる.)

(ii) $C_1, C_2, \cdots, C_r \in \mathscr{F}_X$ を仮定する. $C_1 \cup C_2 \cup \cdots \cup C_r \in \mathscr{F}_X$ を示すため, X の点列 $\{p_n\}$ が X の点 p_0 に収束するとして,

$$p_n \in C_1 \cup C_2 \cup \cdots \cup C_r (\forall n \in N) \Longrightarrow p_0 \in C_1 \cup C_2 \cup \cdots \cup C_r$$

が成り立つことをいおう. $p_n \in C_1 \cup C_2 \cup \cdots \cup C_r (\forall n \in N)$ とは点列 $\{p_n\}$ が有限個の集合の和集合 $C_1 \cup C_2 \cup \cdots \cup C_r$ に含まれることであるから, $C_1, C_2, \cdots, C_r$ の少なくともひとつの C_j は, 点列 $\{p_n\}$ の中の無限個の番号の点を含まねばならな

[*)] $\forall$ は all の頭文字 A をさかさまにしたもの, また $\exists$ は exist の頭文字 E をさかさまにしたものである(と思う). $\exists$ はカタカナのヨに似ているので, 著者は 'アルヨ' と読んでいる.

い．それらの点を選び出して，$\{p_n\}$ の部分列 $\{p_{n(i)}\}(\subset C_j)$ を作る．C_j の点列 $\{p_{n(i)}\}$ はもとの点列 $\{p_n\}$ と同じ極限点に収束する：$\lim_i p_{n(i)} = p_0$．C_j は閉集合であるから，$p_0 \in C_j$．よって，$p_0 \in C_1 \cup C_2 \cup \cdots \cup C_r$．

(iii) 族 $\{C_\lambda\}_{\lambda \in \Lambda}$ があり，すべての $\lambda \in \Lambda$ について $C_\lambda \in \mathscr{F}_X$ であるとする．このとき，$(\bigcap_{\lambda \in \Lambda} C_\lambda) \in \mathscr{F}_X$ を示そう．

前と同様に，X の点列 $\{p_n\}$ があり，$\lim_n p_n = p_0$ であるとして，
$$p_n \in \bigcap_{\lambda \in \Lambda} C_\lambda \ (\forall n \in \boldsymbol{N}) \Longrightarrow p_0 \in \bigcap_{\lambda \in \Lambda} C_\lambda$$
を示せばよい．この条件文の仮定 '$p_n \in \bigcap_{\lambda \in \Lambda} C_\lambda \ (\forall n \in \boldsymbol{N})$' は，任意の p_n が任意の C_λ に含まれるということであるから，結局，点列 $\{p_n\}$ は，任意の C_λ に含まれる．C_λ は閉集合で，しかも $\lim_n p_n = p_0$．よって，$p_0 \in C_\lambda \ (\forall \lambda \in \Lambda)$ が成り立ち，$p_0 \in \bigcap_{\lambda \in \Lambda} C_\lambda$ がわかる．□

開集合

閉集合と対をなす概念に開集合がある．両者の重要性は全く同等である．

開集合を定義するため，まず ε-近傍というものを定義しよう．

定義 5.7 X を距離空間とし，$\varepsilon > 0$ を任意の正の実数とする．X の点 p_0 を中心とする **ε-近傍**（ε-neighborhood）とは，p_0 からの距離が ε 未満であるような X の点全体のなす部分集合のことである．記号で $N_\varepsilon(p_0, X)$ と表わす．式で書けば，
$$N_\varepsilon(p_0, X) = \{p \in X \mid d_X(p, p_0) < \varepsilon\} \ (\subset X)$$
である（図 5.8）．——

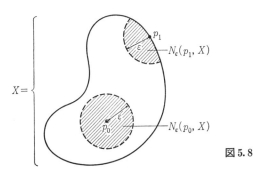

図 5.8

前にあげた閉集合の例を見ると，それらはどれも，境界点をすべて含んでいる．以下で定義する開集合は，反対に，境界点をひとつも含まないような部分

集合である.

ところで,一般に距離空間 X の部分集合 A が与えられたとき,(X における)A の境界点とは何だろうか. ε-近傍の言葉でそれが定義できるのだが,その前に考え方を説明しておく. $X=$(日本の国土),$A=$(東京都)とおいてみよう. 東京都とそれ以外の県,たとえば埼玉県との境界点に立つ人を想像する. この人の足元のどんなに近くにも,東京都の土地も埼玉県の土地も両方あるに違いない. なぜなら,もしも,その人の足元を中心とする半径 1m くらいの円内の土地がすべて東京都の土地であれば,その人は,東京都と埼玉県の境界点に立っておらず,境界点に非常に近いかも知れないが,とにかくすっかり東京都の内部に入っていることになってしまうからである. (これはもちろん,理想化した議論であるが….)

A を集合 X の部分集合とするとき,A に含まれない X の点全部の集合を $X-A$ という記号で表わし,X における A の**補集合**とよぶ. A と $X-A$ の和集合は X 全体になる:$A \cup (X-A)=X$. また,A と $X-A$ の両方に共通な点はない:$A \cap (X-A)=\phi$. すなわち,X のどんな点も A または $X-A$ のどちらか一方だけに属している. X における A の補集合の補集合はもとの A に一致する:$X-(X-A)=A$.

定義 5.8 距離空間 X の部分集合 A について,

(i) 点 p が,X における A の**境界点**とは,任意の $\varepsilon>0$ について,$N_\varepsilon(p,X) \cap A \neq \phi$ かつ $N_\varepsilon(p,X) \cap (X-A) \neq \phi$,が成り立つことである. ($p$ のどんなに小さな ε-近傍 $N_\varepsilon(p,X)$ をとっても,その中に A の点も $X-A$ の点もある.) X における A の境界点全体を,X における A の**境界**とよび,記号 $(A)^{\cdot}$ で表わす

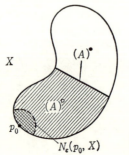

図 5.9

(図5.9).

(ii) 点 p が, A の**内点**とは, ある $\varepsilon>0$ について, $N_\varepsilon(p, X) \subset A$ が成り立つことである. A の内点全体を A の**内部**とよび, 記号 $(A)^\circ$ で表わす (図5.9).

注意 図5.9に示した島国 X の海岸線上の点 p_0 は, A の境界点ではなく, A の内点である. なぜなら $N_\varepsilon(p_0, X) \subset A$ であるから. (ε: 小さいとする.)

A の境界点は A に含まれることも含まれないこともある.

定義5.9 距離空間 X の部分集合 U が X の**開集合** (open set) であるとは, X における U の境界点が U に属さないことである. ――

開集合 U の点はすべて U の内点である. したがって, U が X の開集合であることを式で書けば, $U = (U)^\circ$ となる (図5.10).

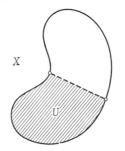

図5.10

内点の定義を思い出すと, 開集合を次のように定義しても同じことである.

定義5.9′ 距離空間 X の部分集合 U が X の開集合であるとは, U の任意の点 p について, 適当な $\varepsilon>0$ を選べば $N_\varepsilon(p, X) \subset U$ が成り立つことである.

例1° 開区間 (α, β) は数直線 $\boldsymbol{E}^1$ の開集合である. 実際, 開区間 (α, β) の任意の点 t ($\alpha < t < \beta$) について, $N_\varepsilon(t, \boldsymbol{E}^1) = (t-\varepsilon, t+\varepsilon)$ であるから, ε を十分小さく (たとえば $\varepsilon = (1/2)\min\{|t-\alpha|, |t-\beta|\}$) 選べば, $N_\varepsilon(t, \boldsymbol{E}^1) \subset (\alpha, \beta)$ となる.

閉区間 $[\alpha, \beta]$ や半開区間 $(\alpha, \beta]$, $[\alpha, \beta)$ は $\boldsymbol{E}^1$ の開集合でない. (つまり, 半開区間は, $\boldsymbol{E}^1$ の閉集合でも開集合でもない.)

例2° 開円板 $\mathring{D}_r^2 = \{(x_1, x_2) \in \boldsymbol{E}^2 \mid \sqrt{x_1^2 + x_2^2} < r\}$ は $\boldsymbol{E}^2$ の開集合である. 円周 S_r^1 は $\boldsymbol{E}^2$ の開集合でない.

例3° 開いた上半平面 $\{(x_1, x_2) \in \boldsymbol{E}^2 \mid x_2 > 0\}$ は $\boldsymbol{E}^2$ の開集合である.

例4° 図5.11のような両端を含まない弧は, 円周 S^1 の開集合である. (ただし, 平面 $\boldsymbol{E}^2$ の開集合ではない.) ――

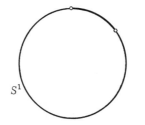

図 5.11

閉集合の場合と同様，'開集合'も部分集合としての性質である．U が開集合であることをいうとき，'U は空間 X の開集合である'というように，全体の空間 X を指定しなければならない．（ただし，X があらかじめわかっている時は，'X の'を省略することもある.）

開集合と閉集合の関係は次のようになっている．

定理 5.10 距離空間 X の部分集合 U が X の開集合であるための必要十分条件は，補集合 $X-U$ が X の閉集合になることである．同じことだが，C が X の閉集合であるための必要十分条件は，補集合 $X-C$ が X の開集合になることである．

証明 U を X の開集合として，$X-U$ が X の閉集合であることを示そう．$\{p_n\}$ を $\lim_n p_n = p_0$ であるような X の点列とする．このとき
$$p_n \in (X-U)(\forall n \in N) \Longrightarrow p_0 \in (X-U)$$
をいえばよい．

結論を否定して，$p_0 \notin (X-U)$ であるとしよう．（この記号，$p_0 \notin (X-U)$ は，p_0 は $(X-U)$ に属さない，と読む.）すると，$p_0 \in U$ である．

U は開集合であるから，十分小さい $\varepsilon > 0$ を選べば，$N_\varepsilon(p_0, X) \subset U$ となる．一方，$p_n \in (X-U)(\forall n \in N)$ と仮定しているから，どの p_n も U に属さず，したがって，$N_\varepsilon(p_0, X)$ に属さない．これは $d_X(p_n, p_0) \geqq \varepsilon (\forall n \in N)$ を意味し，$\lim_n p_n = p_0$ に矛盾してしまう．$p_0 \notin (X-U)$ を仮定して矛盾が出たから，$p_0 \in (X-U)$ でなければならない．ゆえに $(X-U)$ は X の閉集合である．

逆に，$X-U$ を X の閉集合と仮定して，U が X の開集合になることを証明する．これも結論を否定して，U は X の開集合でないとしてみる．すると，U の点 p_0 であって，しかも U の内点でないものがある．そのような点 p_0 は，そのどんなに小さな ε-近傍 $N_\varepsilon(p_0, X)$ をとっても，その中に $X-U$ の点を含む．

§5 閉集合，開集合，位相空間　　　　61

とくに，$\varepsilon=1/n$ について，$N_{1/n}(p_0, X) \cap (X-U) \neq \phi$ である．この共通部分から1点 p_n を選ぶ．$n=1, 2, 3, \cdots$ と動かすと，X の点列 $\{p_n\}$ ができる．どの p_n も $p_n \in (X-U)$ である．しかも，$p_n \in N_{1/n}(p_0, X)$，すなわち $d_X(p_n, p_0) < 1/n$ であるから，$\lim_n p_n = p_0$．仮定により，$X-U$ は X の閉集合であるから，$\{p_n\} \subset (X-U)$ と $\lim_n p_n = p_0$ から，$p_0 \in (X-U)$ がでる．これは $p_0 \in U$ であったことに矛盾する．

こうして矛盾がでたから，U は X の開集合である．□

開集合についても，定理 5.2, 5.4, 5.6 に対応する定理が成り立つ．それらを順次証明しよう．

定理 5.11　$f: X \to Y$ を距離空間 X, Y の間の連続写像とする．このとき，U が Y の開集合ならば逆像 $f^{-1}(U)$ は X の開集合になる．

証明　A が Y の部分集合のとき，補集合に関して，

$$f^{-1}(Y-A) = X - f^{-1}(A)$$

が成り立つことに注意しよう．実際，X の点 p が $f^{-1}(Y-A)$ に属するための必要十分条件は $f(p) \in Y-A$ であり，これは $f(p) \notin A$ と同値である．$f(p) \notin A$ $\Leftrightarrow p \notin f^{-1}(A)$ であるから，これは更に $p \in X - f^{-1}(A)$ と同値である．

さて，U が Y の開集合のとき，$Y-U$ は Y の閉集合である（定理 5.10）．定理 5.2 により $f^{-1}(Y-U)$ は X の閉集合になる．これは，上の公式によって $X - f^{-1}(U)$ に一致する．$X - f^{-1}(U)$ が X の閉集合になったから，$f^{-1}(U)$ は X の開集合でなければならない（定理 5.10）．□

ここでは，定理 5.10 を利用して定理 5.11 の証明を定理 5.2 に帰着させる方法をとったが，開集合と連続写像の定義に基づき，定理 5.11 を直接証明することもできる．あとで述べる2つの定理に関しても同じことがいえる．

系 5.11.1　$f: X \to E^1$ を距離空間 X 上の連続関数とする．実数 α につき，$f \neq \alpha, f > \alpha$ または $f < \alpha$ で定義される X の部分集合はみな X の開集合である．

証明　$f \neq \alpha, f > \alpha$ または $f < \alpha$ で定義される X の部分集合は，それぞれ $f^{-1}(E^1 - \{\alpha\})$, $f^{-1}((\alpha, \infty))$, $f^{-1}((-\infty, \alpha))$ に一致する．ここで，$(\alpha, \infty) = \{x \in \mathbf{R} \,|\, \alpha < x\}$，$(-\infty, \alpha) = \{x \in \mathbf{R} \,|\, x < \alpha\}$ である．そして，$E^1 - \{\alpha\}$, (α, ∞), $(-\infty, \alpha)$ はみな，E^1 の開集合である．□

系 5.11.2　距離空間 X の任意の点 p_0 の ε-近傍 $N_\varepsilon(p_0, X)$ は X の開集合で

62　　　　　　　　　　第2章　位　　　相

ある.

証明　関数 $f:X \to \boldsymbol{E}^1$ を，$f(p)=d_X(p, p_0)$ で定義すると，f は連続関数になる（補題5.3）．$N_\varepsilon(p_0, X)$ は $f < \varepsilon$ で定義される X の部分集合にほかならない．系5.11.1により $N_\varepsilon(p_0, X)$ は X の開集合である．□

定理5.12　X, Y を距離空間とする．写像 $f:X \to Y$ が連続であるための必要十分条件は，Y の任意の開集合 U について，U の f による逆像 $f^{-1}(U)$ が X の開集合になることである．

証明　$f:X \to Y$ が連続ならば，Y の開集合 U の引き戻し $f^{-1}(U)$ は X の開集合になる（定理5.11）．逆に，この性質をもつ写像 $f:X \to Y$ が連続であることを証明しよう．

定理5.4によれば，Y の任意の閉集合 C について，$f^{-1}(C)$ が X の閉集合になればよい．$Y-C$ は Y の開集合であり（定理5.10），したがって f に関する仮定により，$f^{-1}(Y-C)$ は X の開集合である．$f^{-1}(Y-C)=X-f^{-1}(C)$ であるから，$f^{-1}(C)$ は X の閉集合でなくてはならない（再び定理5.10）．□

定理5.12により，連続性を次のように定義することも可能になる．

定義5.13（連続性の第3の定義：開集合版）　X, Y を距離空間とする．写像 $f:X \to Y$ が**連続**であるとは，Y の任意の開集合 U について，$f^{-1}(U)$ が X の開集合になることである．──

定義5.13と，今までの連続性の定義とは同等である（定理5.12）．

閉集合の場合に閉集合系 $\mathscr{F}_X$ を考えたように，与えられた距離空間 X のすべての開集合からなる集合 $\mathcal{O}_X$ を考える．$V \in \mathcal{O}_X$ とは，V が X の開集合であるという意味である．$\mathcal{O}_X$ を距離空間 X の**開集合系**という．

定理5.14　$\mathcal{O}_X$ について，次の3性質が成り立つ．

(i)　$\phi \in \mathcal{O}_X$, $X \in \mathcal{O}_X$,

(ii)　$U_1, U_2, \cdots, U_r \in \mathcal{O}_X \Longrightarrow U_1 \cap U_2 \cap \cdots \cap U_r \in \mathcal{O}_X$,

(iii)　族 $\{U_\lambda\}_{\lambda \in \Lambda}$ について，$U_\lambda \in \mathcal{O}_X \ (\forall \lambda \in \Lambda) \Longrightarrow \bigcup_{\lambda \in \Lambda} U_\lambda \in \mathcal{O}_X$. ──

開集合系 $\mathcal{O}_X$ の性質(ii)(iii)と閉集合系 $\mathscr{F}_X$ の性質(ii)(iii)を較べると，和集合の記号 $\bigcup$ と共通部分の記号 $\bigcap$ が入れかわっている．この理由は，次のド・モルガンの法則にある．

ド・モルガンの法則　集合 X の部分集合の族 $\{A_\lambda\}_{\lambda \in \Lambda}$ について

§5 閉集合，開集合，位相空間　　63

(i) $\quad X-\bigcap_{\lambda\in\Lambda}A_\lambda = \bigcup_{\lambda\in\Lambda}(X-A_\lambda),$

(ii) $\quad X-\bigcup_{\lambda\in\Lambda}A_\lambda = \bigcap_{\lambda\in\Lambda}(X-A_\lambda).$

実際，p を X の要素とすると，$p\in(X-\bigcap_{\lambda\in\Lambda}A_\lambda)$ は $p\notin\bigcap_{\lambda\in\Lambda}A_\lambda$ と同値である．こ
れは，少なくともひとつの A_λ に p は属さない，ということだから，$p\in(X-A_\lambda)$
$(\exists\lambda\in\Lambda)$，すなわち，$p\in\bigcup_{\lambda\in\Lambda}(X-A_\lambda)$ と同じことである．(ii) の証明も同様である．

定理 5.14 の証明　(i)　空集合 ϕ は X の閉集合(定理 5.6)であるから，$X=$
$X-\phi$ は X の開集合である(定理 5.10)．同様に，$X\in\mathscr{F}_X$ であるから，$\phi=X-$
X は X の開集合である．

(ii)　ド・モルガンの法則(i)により，$X-(U_1\cap U_2\cap\cdots\cap U_r)=(X-U_1)\cup(X-$
$U_2)\cup\cdots\cup(X-U_r)$．仮定から，各 U_i は X の開集合，よって $X-U_i$ は X の閉
集合．定理 5.6(ii)により $(X-U_1)\cup(X-U_2)\cup\cdots\cup(X-U_r)$ は X の閉集合．し
たがって，定理 5.10 により，$(U_1\cap U_2\cap\cdots\cap U_r)$ は X の開集合である．

(iii)　ド・モルガンの法則(ii)と定理 5.6(iii)を用いて，上と同様に証明され
る．□

X の開集合系 $\mathcal{O}_X$ を，X の**位相**，正確には開集合系による位相とよぶことが
ある．

閉集合と開集合とは双対的な概念であるが，矛盾しあう概念ではない．たと
えば，X は X 自身の閉集合であるし同時に開集合でもある．

半開区間 $(\alpha,\beta]$（または $[\alpha,\beta)$）は $\boldsymbol{E}^1$ の閉集合でも開集合でもない．よって，
X の部分集合 A が開集合でないからといって，直ちにそれが閉集合であると
は結論づけられない．

位相空間

距離空間 X の開集合系 $\mathcal{O}_X$ は，トポロジーの観点からみて，空間 X の構造を
きめる，と考えられる．たとえば，距離空間 X, Y の間の写像 $f:X\to Y$ の連続
性は開集合という言葉だけで定義することができた(定義 5.13)．この定義に，
X や Y の距離は表面に顔を出さない．とすれば，トポロジーにとって重要なの
は，空間 X の位相 $\mathcal{O}_X$ であって，X の距離 d_X は副次的な役割を果すものでは
ないか，と思えてくる．

位相空間はそのような考えから定式化された空間概念である．それは，距離

64   第2章　位　　相

が必ずしも決まっていない集合 X に'開集合系'に相当するものを天下り的に指定したものである.

定義5.15　X を集合とする. X の部分集合を要素とするある集合 $\mathcal{O}$ が, 次の3性質を持つとき, 対 $(X, \mathcal{O})$ を**位相空間**とよび, $\mathcal{O}$ をその**位相**という.

(i)　$\phi \in \mathcal{O}$,　$X \in \mathcal{O}$,

(ii)　$U_1, U_2, \cdots, U_r \in \mathcal{O} \Longrightarrow U_1 \cap U_2 \cap \cdots \cap U_r \in \mathcal{O}$,

(iii)　族 $\{U_\lambda\}_{\lambda \in \Lambda}$ について, $U_\lambda \in \mathcal{O}\ (\forall \lambda \in \Lambda) \Longrightarrow \bigcup_{\lambda \in \Lambda} U_\lambda \in \mathcal{O}$. ——

対 $(X, \mathcal{O})$ の $\mathcal{O}$ を省略して, 単に位相空間 X ということがあるが, その場合でも位相 $\mathcal{O}$ は暗黙のうちに指定されているものと考える. 位相空間 X の要素を**点**とよび, 位相 $\mathcal{O}$ の要素 U を, X の**開集合**とよぶ. (ここで U はもちろん X の部分集合であるが, それ以上'開集合'とは何かとは問わない. 指定された $\mathcal{O}$ に属する部分集合 U のことを単に'開集合'とよぶだけのことである.)

例1°　距離空間 X については, ε-近傍を使って開集合が定義され, そのように定義された開集合の全体 $\mathcal{O}_X$ は上の3性質を持つ(定理5.14). したがって, $(X, \mathcal{O}_X)$ は位相空間である. 距離空間は自然に位相空間になる. ——

集合 X が与えられたとき, X に指定する位相 $\mathcal{O}$ は, 3条件(i)(ii)(iii)を満たす限りどんなものでもよい. 集合 X にひとつの位相 $\mathcal{O}$ を指定することを, X に位相 $\mathcal{O}$ を**入れる**というが, X に位相 $\mathcal{O}$ を入れるごとに, ひとつの位相空間 $(X, \mathcal{O})$ が決まるわけである. 次の例2°と例3°は, 位相の入れ方の両極端を示している.

例2°　集合 X につき, $\mathcal{O}_0 = \{\phi, X\}$ とおく. $\mathcal{O}_0$ は明らかに3条件(i)(ii)(iii)を満たす. $\mathcal{O}_0$ を**自明な位相**とよぶ. X に自明な位相が入っていれば, X の開集合は空集合 ϕ と全体 X しかない.

2点以上を含む距離空間 X の自然な位相 $\mathcal{O}_X$ は自明な位相でない.

例3°　集合 X につき, X の全ての部分集合からなる集合を $\mathcal{O}_1$ とする. $\mathcal{O}_1$ も明らかに条件(i)(ii)(iii)を満たす. $\mathcal{O}_1$ を**離散位相**とよび, $(X, \mathcal{O}_1)$ を**離散位相空間**とよぶ. X に離散位相が入っていれば, X のどんな部分集合も(たとえば, ただ1点だけからなる部分集合 $\{p\}$ でも)X の'開集合'である.

例4°　数直線 $\boldsymbol{R}$ に次のような位相 $\mathcal{O}$ を入れる. $\mathcal{O} = \{(\alpha, \infty) | \alpha \in \boldsymbol{R}\} \cup \{\boldsymbol{R}, \phi\}$. この位相は通常の数直線 $\boldsymbol{E}^1$ の位相とは異なる. 開区間 (α, β) はこの位相では

§5 閉集合，開集合，位相空間　　65

開集合ではない．——

　位相空間は距離空間から得られるものばかりではない．位相空間の全体は距離空間の全体よりもずっと広いクラスをなしている．位相の入れ方を工夫することによって，さまざまの位相空間を作り出すことができるのである．

　さて，位相空間 X から位相空間 Y への‘連続写像’をどう定義したらよいかはもはや明らかであろう．

定義5.16　$(X, \mathcal{O}), (Y, \mathcal{O}')$ を位相空間とする．写像 $f: X \to Y$ が**連続**であるとは，任意の $U \in \mathcal{O}'$ について，$f^{-1}(U) \in \mathcal{O}$ が成り立つことである．——

　X, Y が距離空間の場合，定義5.16の意味の連続性が通常の連続性と一致することは既に述べた（定理5.12，定義5.13）．

補題5.17　$(X, \mathcal{O}), (Y, \mathcal{O}'), (Z, \mathcal{O}'')$ を位相空間とする．$f: X \to Y$ と $g: Y \to Z$ がともに連続なら，合成写像 $g \circ f: X \to Z$ も連続である．

　証明　任意の $U'' \in \mathcal{O}''$ について $(g \circ f)^{-1}(U'') \in \mathcal{O}$ を示せばよい．$(g \circ f)^{-1}(U'')$ $= f^{-1}(g^{-1}(U''))$ に注意しよう．$g: Y \to Z$ は連続だから $g^{-1}(U'') \in \mathcal{O}'$．そして $f:$ $X \to Y$ が連続だから，$g^{-1}(U'') \in \mathcal{O}'$ から $f^{-1}(g^{-1}(U'')) \in \mathcal{O}$ がわかる．□

定義5.18　$(X, \mathcal{O}), (Y, \mathcal{O}')$ を位相空間とする．$f: X \to Y$ が**同相写像**であるとは，次の(i)(ii)が成り立つことである．

　(i)　f は全単射である．

　(ii)　$f: X \to Y$ と $f^{-1}: Y \to X$ は，定義5.16の意味で連続である．——

　f が全単射の場合，$f = (f^{-1})^{-1}$ である（補題4.7(ii)）．このことと定義5.16を合わせると，定義5.18は次のように言い換えられる．

定義5.18′　$(X, \mathcal{O}), (Y, \mathcal{O}')$ を位相空間とする．写像 $f: X \to Y$ が**同相写像**であるとは，次の(i)(ii)が成り立つことである．

　(i)　f は全単射．

　(ii)　$V \in \mathcal{O} \Longleftrightarrow f(V) \in \mathcal{O}'$．（$V$ が X の開集合なら，$f(V)$ は Y の開集合になる．またその逆も言える．）

定義5.19　$(X, \mathcal{O}), (Y, \mathcal{O}')$ を位相空間とする．X から Y への同相写像 $f: X \to Y$ が存在するとき，X は Y に**位相同形**であるといい，$X \approx Y$ と表わす．$\approx$ という関係は同値律を満たす（補題4.12参照）．——

　ある全単射 $f: X \to Y$ によって，X の開集合と Y の開集合とが，ひとつずつ残

りなく対応し合えば，位相空間 X と Y は位相同形になる．(定義 5.18′ 参照)．開集合系 $\mathcal{O}$ が空間 X の構造を決定する，と述べたのは，こういうことである．

例 5° E^n を n 次元ユークリッド空間，$\tilde{E}^n$ を，n 次元数空間 R^n に '道路に沿う距離 d'' を入れた距離空間とする．§4，例 4° で示したように，R^n の恒等写像 $id_{R^n}: R^n \to R^n$ は $\tilde{E}^n$ から E^n への同相写像であった．したがって，R^n の部分集合 U が，$\tilde{E}^n$ の開集合であることと E^n の開集合であることとは同値である．$\tilde{E}^n$ と E^n は，距離空間としては別のものであるが，位相空間としては全く同一の空間である．──

距離空間の場合に証明された開集合と閉集合の関係(定理 5.10)を，位相空間についても形式的に拡張して，位相空間の '閉集合' を定義することができる．

定義 5.20 X を位相空間，$\mathcal{O}$ をその位相とする．X の部分集合 C が X の**閉集合**であるとは，その補集合 $X-C$ が X の開集合であることである：$(X-C) \in \mathcal{O}$．──

位相空間 X の閉集合全体を $\mathcal{F}$ とするとき，$\mathcal{F}$ について定理 5.6 の (i)(ii)(iii) が成り立つ．これは $\mathcal{O}$ の性質(定義 5.15)とド・モルガンの法則を使って証明される．

開近傍

位相空間 X には距離 d_X があると限らないから，点 $p \in X$ の ε-近傍 $N_\varepsilon(p, X)$ といっても意味がない．そこで，距離空間の場合に任意の ε-近傍は開集合であったこと(系 5.11.2)を思い出して，次のように定義する．

定義 5.21 X を位相空間，p_0 をその任意の点とする．p_0 を含む X の任意の開集合 U を p_0 の**開近傍**(open neighborhood)とよぶ(図 5.12)．──

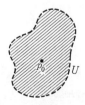

図 5.12 p_0 の開近傍

開近傍は，位相空間 X において ε-近傍にかわる役割を果たす．たとえば，A を位相空間 X の部分集合とするとき，その境界 $(A)^{\cdot}$ や内部 $(A)^{\circ}$ が，開近傍を使って定義できる．すなわち，p が X における A の**境界点**であるとは，p

§5 閉集合,開集合,位相空間

の任意の開近傍 U について,$A \cap U \neq \phi$ かつ $(X-A) \cap U \neq \phi$ が成り立つことである.X における A の境界 $(A)^{\cdot}$ は,そのような境界点全体のなす X の部分集合である.点 p が A の**内点**であるとは,p の適当な開近傍 U をとれば $U \subset A$ となることである.A の内点全体の集合を $(A)^{\circ}$ と書き,A の**内部**という.

A が X の開集合であるための必要十分条件は $A=(A)^{\circ}$ である.また,X が距離空間の場合には,いま定義した意味での境界,内部,はそれぞれ定義 5.8 の境界,内部,と一致する.証明は読者にまかせよう(§7,補題 7.6 参照).

位相空間の仲間には取り扱いにくいものもたくさんあるが,図形や距離空間に似た,比較的良い性質をもつものもある.そのような位相空間のクラスとして有名なものに,**ハウスドルフ空間**とよばれる空間のクラスがある.

定義 5.22 位相空間 X が**ハウスドルフ空間**であるとは,X の相異なる任意の 2 点 p, q につき,p, q の適当な開近傍 U, V をとれば $U \cap V = \phi$ が成り立つことである(図 5.13).——

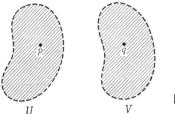

図 5.13

ハウスドルフ空間は有名な数学者 F. Hausdorff (1868-1942) に因んで名付けられた.

距離空間 X は位相空間としてはハウスドルフ空間である.実際,p, q を X の相異なる 2 点とし,その間の距離 $d_X(p, q)$ を d とする.$\varepsilon = d/3$ とおくとき,p の ε-近傍 $N_\varepsilon(p, X)$ と q の ε-近傍 $N_\varepsilon(q, X)$ には共通部分がない.(もし $N_\varepsilon(p, X) \cap N_\varepsilon(q, X) \neq \phi$ なら,そこに含まれる点を r として,$d_X(p, r) < \varepsilon = d/3$,$d_X(q, r) < \varepsilon = d/3$ が成り立つ.これは,三角不等式 $d = d_X(p, q) \leqq d_X(p, r) + d_X(r, q)$ に矛盾する.)

一方,例 4° の空間(実数全体の集合 $\boldsymbol{R}$ に変った位相を入れたもの)はハウスドルフ空間でない.

トポロジーや微分幾何学で扱うほとんどの空間はハウスドルフ空間である.

68   第2章 位   相

しかし，'一般トポロジー'とよばれる分野ではそうとは言えない．

演習問題

5.1 整数全体の集合 $Z=\{\cdots, -2, -1, 0, 1, 2, \cdots\}$ は数直線 E^1 の閉集合であることを示せ．また Z の E^1 における境界 $(Z)^{\cdot}$ は Z に一致する．

5.2 有理数(整数および分数)のなす集合 Q は E^1 の開集合でも閉集合でもない．E^1 における Q の境界 $(Q)^{\cdot}$ は E^1 に一致する．また内部 $(Q)^{\circ}=\phi$ である．

5.3 X を有限個の点からなる距離空間とすると，X の自然な位相 $\mathcal{O}_X$ は離散位相(位相空間の例3°)に一致する．

5.4 X を距離空間とする．直積 $X\times X$ の点 (p, q) に実数値 $d_X(p, q)$ を対応させる写像 $X\times X\to E^1$ は，$X\times X$ 上の連続関数になる．(d_X は X の距離である．)

5.5 $f:X\to Y$ を距離空間 X から距離空間 Y への連続写像とする．直積 $X\times Y$ の部分集合 $\Gamma_f=\{(x, f(x))|x\in X\}$ は $X\times Y$ の閉集合である．(Γ_f を f のグラフという．)

5.6 定理5.6(ii)により，距離空間 X の有限個の閉集合 $C_1, C_2, \cdots, C_r$ の和集合 $C_1\cup C_2\cup\cdots\cup C_r$ は X の閉集合になるが，無限個の閉集合の和集合は必ずしも X の閉集合にはならない．このことを示す例を考えよ．

5.7 距離空間 X の，無限個の開集合の共通部分は必ずしも X の開集合にはならない．このことを示す例をあげよ(定理5.14(ii)参照)．

5.8 集合 $X=\{1, 2, 3, 4\}$ に自明な位相や離散位相と違う位相を入れて見よ．

5.9 $(X, \mathcal{O}_0)$ を自明な位相空間とすると，任意の位相空間 Y からの任意の写像 $f:Y\to X$ は連続である．

5.10 $(X, \mathcal{O}_1)$ を離散位相空間とすると，任意の位相空間 Y への任意の写像 $f:X\to Y$ は連続である．

§6 コンパクト空間

三角関数 $y=\tan x$ のグラフを $-\pi/2<x<\pi/2$ の範囲で描いてみると図6.1のようになる．

このグラフからわかるように，x 軸上の開区間 $(-\pi/2, \pi/2)$ の点 x に，数直線 E^1 (y軸)の点 $\tan x$ を対応させる写像を $\tan:(-\pi/2, \pi/2)\to E^1$ と書くと，これは全単射である．しかも，$\tan:(-\pi/2, \pi/2)\to E^1$ は連続であり，その逆写像 $(\tan)^{-1}:E^1\to(-\pi/2, \pi/2)$ も連続である．したがって，写像 $\tan:(-\pi/2, \pi/2)\to E^1$ は同相写像である．開区間 $(-\pi/2, \pi/2)$ と E^1 とは位相同形になるわけである．実は，開区間 $(-\pi/2, \pi/2)$ に限らず，一般の開区間 (α, β) も E^1 と位相同形にな

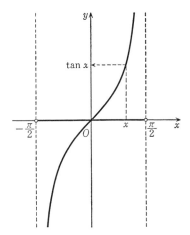

図6.1

る．なぜなら，(α, β)は$(-\pi/2, \pi/2)$と位相同形であり，$(-\pi/2, \pi/2)$がE^1と位相同形だから，位相同形の推移律によって，$(\alpha, \beta) \approx E^1$となるからである．

ところで，開区間(α, β)は明らかに有限の大きさの図形である．その開区間がE^1のように無限に大きな空間とも位相同形になり得るわけである．

この節で論ずるコンパクト性は，これと全然反対の性質である．コンパクトな空間は，それ自身が'有限の大きさ'であるばかりでなく，無限に大きな空間とは決して位相同形にならない．いわば，本質的に（どんな場合にも）有限の大きさの空間がコンパクト空間である．

E^1や(α, β)は，コンパクトで**ない**空間の例である．

このような直観的説明は，そのままでは厳密に定式化しにくいので，次に述べるコンパクト性の定義は，一見これと違う形をしている．しかし，ある意味の有限性がコンパクト性と常に結びついていることは記憶されてよいと思う．

定義 6.1 距離空間Xが次の性質をもつとき**コンパクト**であるという：$\{p_n\}$をXの中の任意の点列とすると，$\{p_n\}$の中に，Xのある点に収束する部分点列$\{p_{n(i)}\}$が必ず存在する．――

例をあげよう．

例1° 有限個の点からなる距離空間Xはコンパクトである．

証明 Xが有限個の点$q_1, q_2, \cdots, q_r$からなるとする：$X = \{q_1, q_2, \cdots, q_r\}$．いま$\{p_n\}$を$X$の任意の点列とする．各々の$p_n$は$q_i$のどれかである．したがっ

70   第 2 章 位   相

て，$q_1, q_2, \cdots, q_r$ のうちのどれか少なくともひとつの点 q_j に，無限個の番号の p_n が一致する．そのような点からなる $\{p_n\}$ の部分列 $\{p_{n(i)}\}$ は，$p_{n(1)} = p_{n(2)} = \cdots = p_{n(i)} = \cdots = q_j$ であるから，明らかに $\lim_i p_{n(i)} = q_j \in X$．こうして，点列 $\{p_n\}$ の中に，点 q_j に収束する部分点列 $\{p_{n(i)}\}$ が見出せたから，定義 6.1 により X はコンパクトである．□

例 2° 数直線 E^1 は，定義 6.1 の意味でもコンパクトで**ない**.

なぜなら，E^1 の中の点列(すなわち数列)として $\{1, 2, 3, \cdots, n, \cdots\}$ を考えると，この中から E^1 の点に収束する部分列を取り出すことはできないから．

例 3° 開区間 (α, β) も定義 6.1 の意味でコンパクトで**ない**. なぜなら，(α, β) の中の点列 $\{t_n\}$ を $t_n = \alpha + (\beta - \alpha)/2n$ とおくと，この点列のどんな部分列も (α, β) の点には収束しないから．(この点列の部分列は，E^1 の数列として α に収束するが，極限点 α は開区間 (α, β) に属していない．)

定理 6.2 閉区間 $[\alpha, \beta]$ はコンパクトである．

証明 どの閉区間についても証明は同じなので，単位区間 $[0, 1]$ について証明しよう．$[0, 1]$ に含まれるかってな点列 $\{p_n\}$ の中から，$[0, 1]$ の点に収束する部分列 $\{p_{n(i)}\}$ が取り出せることを示すのである．

単位区間 $[0, 1]$ を I_1 とおき，点列 $\{p_n\}$ を簡単に A_1 と書く：$A_1 = \{p_n\}$．

さて単位区間 I_1 を 2 等分し，$[0, 1/2]$ と $[1/2, 1]$ の 2 つの小区間に分割する．点列 $A_1 = \{p_n\}$ は，和集合 $[0, 1/2] \cup [1/2, 1]$ に含まれている．よって，無限個の番号の点が $[0, 1/2]$ または $[1/2, 1]$ のどちらか少なくとも一方に含まれている．無限個の番号の点を含む方の小区間を I_2 とおく．(両方がそうならどちらを I_2 としてもよい．) 点列 $A_1 = \{p_n\}$ の中から，I_2 に含まれる無限個の点(それらは例 1° の部分列のように互いに一致するかも知れない)を取り出して $A_1 = \{p_n\}$ の部分列を構成する．この部分列を A_2 とおく．

こうして，I_1 の半分の長さを持つ区間 I_2 と，I_2 に含まれる A_1 の部分列 A_2 を得た(図 6.2)．

次に区間 I_2 を再び 2 等分する．もし図 6.2 のように $I_2 = [1/2, 1]$ なら，I_2 を $[1/2, 3/4]$ と $[3/4, 1]$ の 2 つの小区間に分割するわけである．点列 A_2 の中の無限個の番号の点が，この 2 つの小区間の少なくとも一方に含まれている．無限個の番号の点を含む方の小区間を I_3 とおき，点列 A_2 から I_3 に含まれる無限個

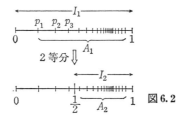

図 6.2

の番号の点 (互いに一致するかも知れない) を取り出して点列 A_2 の部分列 A_3 を構成する.

こうして，I_2 の半分の長さを持つ区間 I_3 と，I_3 に含まれる A_2 の部分列 A_3 を得た. (図 6.2 と全く同じ操作.)

以下同様に，区間 I_i とそれに含まれる点列 A_i から出発して，I_i を2等分することにより，I_i の半分の長さを持つ区間 I_{i+1} と，I_{i+1} に含まれる A_i の部分列 A_{i+1} を作る. この操作をどこまでも続ける.

包含関係は次のようになる.

$I_1 \supset I_2 \supset I_3 \supset \cdots \supset I_i \supset I_{i+1} \supset \cdots$ 　　(小区間の包含関係)

$A_1 \supset A_2 \supset A_3 \supset \cdots \supset A_i \supset A_{i+1} \supset \cdots$ 　　(部分列の関係)

$I_i \supset A_i$ 　　(点列 A_i は区間 I_i に含まれる)

はじめに与えられた点列 $\{p_n\}$ の中から，収束する部分列 $\{p_{n(i)}\}$ を選び出す方針は次の通りである. 部分列 $\{p_{n(i)}\}$ の第1の点 $p_{n(1)}$ は，はじめの点列 $A_1 = \{p_n\}$ の中から選ぶ. 2番目の点 $p_{n(2)}$ は A_2 の中から，3番目の点 $p_{n(3)}$ は A_3 の中から，…，i 番目の点 $p_{n(i)}$ は A_i の中から選ぶ. $A_1 \supset A_2 \supset A_3 \supset \cdots \supset A_i \supset \cdots$ であるから，このようにして選び出された $p_{n(1)}, p_{n(2)}, p_{n(3)}, \cdots, p_{n(i)}, \cdots$ は，もとの点列 $A_1 = \{p_n\}$ の部分列になる. ここで部分列を構成する点 $p_{n(i)}$ の番号 $n(i)$ は，その点が初めの点列 $\{p_n\}$ の中で持っていた番号 $n(i)$ をそのままつけるわけであるが，$p_{n(i)}$ の選び方をあまり無雑作にやると，うっかり2番目の点 $p_{n(2)}$ を最初の点 $p_{n(1)}$ より若い番号のものを選んでしまったりして，番号の列 $n(1), n(2), \cdots, n(i), \cdots$ が単調増大 ($n(1) < n(2) < \cdots < n(i) < \cdots$) にならない恐れがある. この点だけ少し気をつけなければならない.

この点を考慮に入れて，部分列 $\{p_{n(i)}\}$ の構成法を注意深く述べると，第1の点 $p_{n(1)}$ は $A_1 = \{p_n\}$ からかってな点を選ぶ. 第2の点 $p_{n(2)}$ は $\{p_n\}$ の点で部分

列 A_2 に含まれているようなものの中からかってに選ぶが，ただし，番号 $n(2)$ は $n(1)$ より大きいものをとる．第 i 番目の点まで既に $p_{n(1)}, p_{n(2)}, \cdots, p_{n(i)}$ と選び出されたとして，第 $(i+1)$ 番目の点 $p_{n(i+1)}$ は，$\{p_n\}$ の点で部分列 A_{i+1} に含まれるようなものの中からかってに選ぶが，ただし，番号 $n(i+1)$ は $n(i)$ よりも大きいものをとる．これを続ける．

以上のようにして構成された部分列 $\{p_{n(i)}\}$ が $[0, 1]$ の中の 1 点に収束することを証明しよう．

第 i 番目の小区間 I_i の左端を α_i，右端を β_i とする．すなわち $I_i = [\alpha_i, \beta_i]$ である．部分列 $\{p_{n(i)}\}$ の点 $p_{n(i)}$ は，A_i の中から選ばれたから，$p_{n(i)} \in I_i$ である．（なぜなら $I_i \supset A_i$ であった．）よって，$\alpha_i \leq p_{n(i)} \leq \beta_i$ がわかる．

区間の間には包含関係 $I_1 \supset I_2 \supset I_3 \supset \cdots \supset I_i \supset \cdots$ があり，しかも，I_i の長さ $|\beta_i - \alpha_i|$ は 0 に近づく．そして点 $p_{n(i)}$ は I_i に含まれている．この状況を図であらわすと，図 6.3 のようになっている．

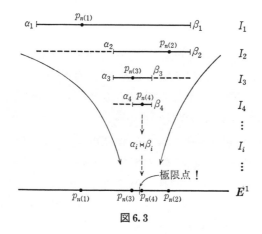

図 6.3

図 6.3 を見れば，部分列 $\{p_{n(i)}\}$ が I_1 の 1 点に収束することは直観的に明らかであろう．以下，残りの部分で，このことを厳密に証明しよう．

まず区間の包含関係 $I_1 \supset I_2 \supset I_3 \supset \cdots$ より

$$\alpha_1 \leq \alpha_2 \leq \alpha_3 \leq \cdots \leq \alpha_i \leq \cdots \leq \beta_i \leq \cdots \leq \beta_3 \leq \beta_2 \leq \beta_1$$

がわかる．

ここで，実数に関する次の命題が必要になる．（この命題は連続性の公理と

§6 コンパクト空間　　　73

よばれ，実数に関する公理として仮定されることもあるし，あるいは，別の公理から証明されることもあるが，いずれにせよ実数の基本的性質である．この本では公理として仮定することにする．高木貞治；"解析概論"，改訂第3版，第1章§4参照.)

連続性の公理　上に有界な単調増加数列 $\{\alpha_n\}$ は収束する．すなわち適当な実数 β があって

$$\alpha_1 \leqq \alpha_2 \leqq \alpha_3 \leqq \cdots \leqq \alpha_n \leqq \cdots \leqq \beta$$

であるならば，数列 $\{\alpha_n\}$ の極限値 $\alpha_0 = \lim_n \alpha_n$ がある．（このような実数 β を数列 $\{\alpha_n\}$ のひとつの**上界**とよぶ．極限値 α_0 については，$\alpha_0 \leqq \beta$ が成り立つ.）

同様に，下に有界な単調減少数列 $\{\beta_n\}$ は収束する．すなわち，適当な実数 α があって

$$\alpha \leqq \cdots \leqq \beta_n \leqq \cdots \leqq \beta_3 \leqq \beta_2 \leqq \beta_1$$

であるならば，数列 $\{\beta_n\}$ の極限値 $\beta_0 = \lim_n \beta_n$ がある．（実数 α を $\{\beta_n\}$ のひとつの**下界**とよぶ．$\alpha \leqq \beta_0$ が成り立つ.）——

この事実を，小区間 $I_i = [\alpha_i, \beta_i]$ の左端を並べた単調増加数列 $\{\alpha_i\}$ に適用すれば，極限値 $\alpha_0 = \lim_i \alpha_i$ の存在がわかる．数列 $\{\alpha_i\}$ は単調増加だから，すべての番号 i について $\alpha_i \leqq \alpha_0$ である．また，すべての i と j について $\alpha_i \leqq \beta_j$ であるから，任意の β_j (=小区間 I_j の右端)は数列 $\{\alpha_i\}$ にとってひとつの上界になっている．したがって極限値 $\alpha_0 = \lim_i \alpha_i$ についても $\alpha_0 \leqq \beta_j$ が成り立つ．よって任意の i について $\alpha_i \leqq \alpha_0 \leqq \beta_i$ であり，極限値 α_0 は任意の小区間 I_i に含まれることがわかる $(\alpha_0 \in I_i)$．

同様の理由で，小区間 $I_i = [\alpha_i, \beta_i]$ の右端を並べた単調減少数列 $\{\beta_i\}$ にも極限値 $\beta_0 = \lim_i \beta_i$ があり，しかも β_0 はどの小区間 I_i にも含まれている $(\beta_0 \in I_i)$．

α_0 も β_0 も小区間 I_i に含まれるから $|\alpha_0 - \beta_0| \leqq$(小区間 I_i の長さ)$= (1/2)^{i-1}$ を得る．ここで i は任意だから，$(1/2)^{i-1}$ はいくらでも小さくなり得て，結局 $|\alpha_0 - \beta_0| = 0$，すなわち，$\alpha_0 = \beta_0$ でなくてはならない．この共通の値を p_0 とおく：$p_0 = \alpha_0 = \beta_0$．p_0 もすべての小区間 I_i に属す．

さて，先にわれわれの構成しておいた部分列 $\{p_{n(i)}\}$ は，$p_{n(i)} \in I_i$ となるように作っておいた．点 p_0 も $p_{n(i)}$ も，ともに I_i に属するから，不等式 $|p_{n(i)} - p_0| \leqq (I_i$ の長さ$) = |\beta_i - \alpha_i| = (1/2)^{i-1}$ を得る．これより $\lim_i |p_{n(i)} - p_0| = 0$，すなわち

$\lim_i p_{n(i)} = p_0$ を得る．こうして部分列 $\{p_{n(i)}\}$ が収束することが示せた．しかもその極限点 p_0 は（すべての I_i に含まれるのだから）とくに，はじめの区間 $I_1 = [0, 1]$ の点である．

これで $[0, 1]$ がコンパクトであることの証明が完全に終った．□

これと同様な方法で，次のもっと一般的な定理が得られる．

定理 6.3 m 次元ユークリッド空間 E^m の中の有界な閉集合 X はコンパクトである．

注意 E^m の部分集合 X が**有界**であるとは，その大きさが有限のことをいう．すなわち，原点 O を中心とする m 次元球体 $D_r{}^m$ で半径 r が十分大きいものを考えれば，$X \subset D_r{}^m$ となることをいう．

定理 6.3 の証明の概略 $m = 2$ の場合について証明する．$m \geqq 3$ の場合も同様である．

X に含まれる任意の点列 $\{p_n\}$ の中から，X の点に収束する部分列 $\{p_{n(i)}\}$ が取り出せればよい．

まず，E^2 の中の十分大きな正方形で，X をすっかり含んでしまうものをとり，それを Q_1 とする．定理 6.2 の証明と同様に，はじめの点列 $\{p_n\}$ を A_1 と表わす：$A_1 = \{p_n\}$．Q_1 を縦，横に 2 等分する（図 6.4）．4 つの小正方形のうちの少なくともひとつには，点列 $\{p_n\}$ の無限個の番号の点が含まれる．そのような小正方形のひとつを Q_2 とし，Q_2 に含まれる無限個の番号の点を $A_1 = \{p_n\}$ から取り出して（それらは互いに一致するかも知れない），部分列 A_2 を構成する（図 6.4）．

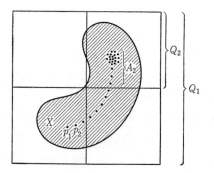

図 6.4

§6 コンパクト空間　　75

以下同様に，正方形 Q_i に点列 A_i が含まれている状況から出発して，Q_i を
4等分し，A_i の部分列 A_{i+1} と，A_{i+1} を含む小正方形 Q_{i+1} を構成する．この
操作をどこまでも続ける．

こうして次の包含関係を得る．

$$Q_1 \supset Q_2 \supset Q_3 \supset \cdots \supset Q_i \supset \cdots \qquad \text{（正方形の包含関係）}$$

$$A_1 \supset A_2 \supset A_3 \supset \cdots \supset A_i \supset \cdots \qquad \text{（部分列の関係）}$$

$$Q_i \supset A_i \qquad \text{（点列 A_i は正方形 Q_i に含まれる）}$$

はじめの点列 $\{p_n\}$ の収束する部分列 $\{p_{n(i)}\}$ の構成法は定理 6.2 の証明と同
じである．（すなわち点 $p_{n(i)}$ は A_i から選ぶ．）また，その部分列 $\{p_{n(i)}\}$ が収束
することの証明は，連続性の公理を $(E^2$ における）各座標に適用すればよい．
ただし，その際，'E^2 の点列 $\{q_n\}$ が収束するための必要十分条件は，q_n の第1座
標，第2座標からなる数列がそれぞれ収束することである'，という補題を，あ
らかじめ証明しておかねばならない．これらの証明は読者の演習問題としよう．

部分列 $\{p_{n(i)}\}$ の極限点を p_0 とする：$p_0 = \lim_i p_{n(i)}$．極限点 p_0 は X の点であ
る．なぜなら X は E^2 の閉集合であるから．

これで X がコンパクトであることが証明された．なお詳しい証明は高木貞
治；"解析概論"，改訂第3版，第1章§7にある．□

E^n の中に，有界な閉集合はいくらでもあるから，コンパクトな距離空間は
その例にこと欠かない．n 次元球体 $D_r{}^n$ や $(n-1)$ 次元球面 $S_r{}^{n-1}$ は，コンパク
トである．

最大値の定理

コンパクト空間の著しい性質は，その上で最大値の定理が成立することであ
る．

定理 6.4（最大値の定理）　X をコンパクトな距離空間，f を X 上の連続関数
とすると，f は X 上のどこかの点で最大値と最小値をとる．つまり（最大値と
よばれる）実数 M と（最小値とよばれる）実数 m が存在して，次の (i)(ii) が成り
立つ．

(i)　すべての $p \in X$ について $m \leq f(p) \leq M$ であり，

(ii)　適当な点 $p_0 \in X$ と $p_1 \in X$ があって，$f(p_0)=m$, $f(p_1)=M$ となる．――
この定理によれば，f を X から E^1 への連続写像 $f: X \to E^1$ と見なすと，f

76　　　　　　　　　　第 2 章　位　　　相

による X の像 $f(X)$ は，閉区間 $[m, M]$ に含まれてしまう：$f(X)\subset[m, M]$.
すなわち，連続写像 $f:X\to\boldsymbol{E}^1$ による X の像 $f(X)$ を無限の大きさにすること
はできないわけで，ここにも，'いつでも有限' というコンパクト空間の特性が
顔をだしている.

　定理 6.4 の証明　最大値に関する主張のみを証明する.（最小値についても
証明は同様である.）証明を 2 つの部分 (I)(II) に分ける.

　(I)　まず，連続関数 $f:X\to\boldsymbol{E}^1$ による X の像 $f(X)$ が**上に有界**なことを示そ
う.　つまり，十分大きな実数 β を選べば，すべての $p\in X$ について $f(p)<\beta$ と
なることをいう.

　このような β が存在しないと仮定して矛盾を出す.　このような β がなければ，
どんな実数 β についても，$f(p)\geqq\beta$ となる点 $p\in X$ が（β をきめるごとに）少なく
ともひとつあるはずである.　とくに，各自然数 n について $f(p_n)\geqq n$ となる点
$p_n\in X$ がある.　こうして，X の点列 $\{p_1, p_2, p_3, \cdots, p_n, \cdots\}$ を得る.　この点列
$\{p_n\}$ は収束すると限らないが，X がコンパクトであることによって，$\{p_n\}$ から
収束する部分列 $\{p_{n(i)}\}$ を選び出すことができる.　その極限点を $p_0(\in X)$ とす
る：$p_0=\lim_i p_{n(i)}$.　点列 $\{p_n\}$ の作り方から $f(p_{n(i)})\geqq n(i)$ である.　とくに数列
$\{f(p_{n(i)})\}$ はどんどん大きくなり，収束しない.　これは，$p_0(=\lim_i p_{n(i)})\in X$ に
おける f の連続性 $f(p_0)=\lim_i f(p_{n(i)})$ に矛盾してしまう.　これで (I) が証明さ
れた.

　(II)　連続関数 f の最大値の存在を証明する.　つまり，ある実数 M があっ
て，(i) すべての $p\in X$ について $f(p)\leqq M$ が成り立ち，かつ，(ii) 実際に f が
値 M をとる点 p_1 が存在する：$f(p_1)=M$.　この 2 つの性質をもつ M の存在を
示すのである.

　(I) により，適当な実数 β をとれば，すべての $p\in X$ について $f(p)<\beta$ が成り
立つことがわかった.　このことを簡単に $f(X)<\beta$ と書くことにしよう.

　$f(X)<\beta$ であるような β をひとつ固定する.　また，勝手な点 $\bar{p}\in X$ をひとつ
選んで固定し，$\alpha=f(\bar{p})$ とおく.

　区間 $[\alpha, \beta]$ と像 $f(X)$ の，数直線 $\boldsymbol{E}^1$ における位置関係は図 6.5 のようにな
っている.

　次に，この区間 $[\alpha, \beta]$ を等分して行くことによって，$\beta_1=\beta$ から始まる単調

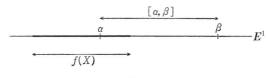

図6.5

減少数列 $\{\beta_n\}$ を構成する．この数列は，像 $f(X)$ にしだいに近づくように作られる．

　まず，区間 $[\alpha, \beta]$ を2等分する．端点もこめた3つの分点 $\alpha, (\alpha+\beta)/2, \beta$ のうちのひとつを β_2 にするのであるが，β_2 は，この3点のうち，$f(X) < \beta_2$ であってしかもできるだけ小さいものをとる (図6.6(2))．

　次に，区間 $[\alpha, \beta]$ を4等分する．分点 $\alpha, (3\alpha+\beta)/4, (\alpha+\beta)/2, (\alpha+3\beta)/4, \beta$ のうちのひとつを β_3 にする．β_3 は，この5点のうち，$f(X) < \beta_3$ を満たし，しかもできるだけ小さいものにする (図6.6(3))．

　以下同様に，区間 $[\alpha, \beta]$ を 2^{n-1} 等分し，得られる $2^{n-1}+1$ 個の分点の中から β_n を選ぶのだが，β_n は，$f(X) < \beta_n$ であって，しかもできるだけ小さいものにする (図6.6(n))．この操作を限りなく続ける．

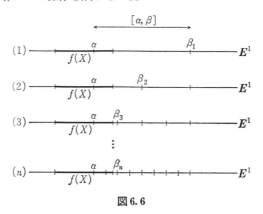

図6.6

得られた数列 $\{\beta_n\}$ は明らかに単調減少であって

$$\alpha \leq \cdots \leq \beta_n \leq \cdots \leq \beta_3 \leq \beta_2 \leq \beta_1$$

を満たす．よって，連続性の公理により，極限値 $\lim_n \beta_n$ が存在する．これを M とおく：$M = \lim_n \beta_n$．

すべての $p \in X$ について $f(p) \leqq M$ が成り立つことを証明しよう.

数列 $\{\beta_n\}$ は, $f(X) < \beta_n (\forall n)$ であるように構成された. とくに, p を X の勝手な点とすると, $f(p) < \beta_n (\forall n)$ である. したがって, $f(p)$ は数列 $\{\beta_n\}$ のひとつの下界であり $f(p) \leqq \lim_n \beta_n = M$ が成り立つ.

最後に, X の少なくともひとつの点 p_1 について $f(p_1) = M$ となることを証明しよう.

β_n は, 区間 $[\alpha, \beta]$ の 2^{n-1} 等分点のひとつであった. それは $f(X) < \beta_n$ を満たすもののうちなるべく小さいものをとったから, β_n よりも小さな隣の 2^{n-1} 等分点 $\beta_n{}'$ は, もはや $f(X) < \beta_n{}'$ を満たさない. いいかえれば, 小区間 $[\beta_n{}', \beta_n]$ の中に, 少なくともひとつ, $f(X)$ の点がある. X の点 q_n で, $f(q_n) \in [\beta_n{}', \beta_n]$ となるようなものが少なくともひとつあるわけである. M は, $f(q_n) \leqq M \leqq \beta_n$ を満たす. よって, M も, $f(q_n)$ と同じく小区間 $[\beta_n{}', \beta_n]$ に属するから,

$$|M - f(q_n)| \leqq ([\beta_n{}', \beta_n] \text{ の長さ}) = \left(\frac{1}{2}\right)^{n-1} |\alpha - \beta|$$

が成り立つ.

$n = 1, 2, 3, \cdots$ と動かすと, 上で選んだ点 q_n は X の点列 $\{q_n\}$ をなす. X はコンパクトと仮定してあるから, 点列 $\{q_n\}$ から収束する部分点列 $\{q_{n(i)}\}$ が選びだせる. $p_1 = \lim_i q_{n(i)}$ とおく. p_1 は X の点である. f の連続性によって, $|M - f(p_1)| = \lim_i |M - f(q_{n(i)})| \leqq \lim_{n(i) \to \infty} (1/2)^{n(i)-1} |\alpha - \beta| = 0$. ゆえに, $f(p_1) = M$. $\square$

前に, m 次元ユークリッド空間 $\boldsymbol{E}^m$ の有界な閉集合はコンパクトであることを示したが(定理 6.3), 最大値の定理を使うと, 図形についてこの逆が証明できる. すなわち

定理 6.5 X を m 次元ユークリッド空間 $\boldsymbol{E}^m$ の部分集合(=図形)とする. 図形 X がコンパクトであるための必要十分条件は, それが $\boldsymbol{E}^m$ の有界な閉集合であることである.

証明 十分条件であることは定理 6.3 の内容だった. 逆に必要条件であることを示そう. つまり, 図形 X がコンパクトなら, X は $\boldsymbol{E}^m$ の有界な閉集合であることを証明する.

$X (\subset \boldsymbol{E}^m)$ はコンパクトであると仮定する. $\boldsymbol{E}^m$ の座標 $x_1, x_2, \cdots, x_m$ の各々は $\boldsymbol{E}^m$ 上の連続関数であるから, それを X に制限したものは, X 上の連続関数

になる. 最大値の定理により, それらは X 上で最大値と最小値をとる. とくに, 十分大きな正数 $\beta > 0$ をとると, X 上で

$$|x_1| < \beta, \ |x_2| < \beta, \ \cdots, \ |x_m| < \beta$$

が成り立つ. よって, X は半径 $\sqrt{m}\beta$ の (原点を中心とする) m 次元球体 $D_{\sqrt{m}\beta}{}^m$ に含まれる. これで X が有界であることが証明できた.

次に X が $\boldsymbol{E}^m$ の閉集合でないとして矛盾を出そう. X が $\boldsymbol{E}^m$ の閉集合でなければ, 次のような $\boldsymbol{E}^m$ の点列 $\{p_n\}$ があるはずである: 点列 $\{p_n\}$ は $\boldsymbol{E}^m$ の点 p_0 に収束していて, 各 p_n は X の点であるが, 極限点 p_0 は X の点でない.

$\boldsymbol{E}^m$ の点 p と, この極限点 p_0 の間の距離 $d(p, p_0)$ は p に関する連続関数であり (補題 5.3), しかも $p_0 \notin X$ と仮定したから, X の点 p については $d(p, p_0) \neq 0$. したがってその逆数 $1/d(p, p_0)$ を $f(p)$ とおくと, これは p に関して X 上の連続関数になる. ところが, 上の点列 $\{p_n\}$ は, X 内の点からなる点列であって $\lim_n p_n = p_0$ であった. とくに $\lim_n d(p_n, p_0) = 0$. したがって X 上の連続関数 $f(p) = 1/d(p, p_0)$ はいくらでも大きな値をとる. (象徴的に書けば, $\lim_n f(p_n) = \lim_n 1/d(p_n, p_0) = +\infty$.) X はコンパクトであるから, これは最大値の定理に矛盾する. X が $\boldsymbol{E}^m$ の閉集合でないと仮定して矛盾が出た. よって X は $\boldsymbol{E}^m$ の閉集合である. $\square$

コンパクト性は位相不変であることに注意しよう. つまり, 距離空間 X, Y について, $X \approx Y$ であるとき, X がコンパクトなら Y もコンパクトである. 実際, $\{p_n\}$ を Y の任意の点列とする. $f: X \to Y$ を同相写像として, $\{p_n\}$ を f により X に引きもどす. すなわち, $q_n = f^{-1}(p_n)$ とおき, X の点列 $\{q_n\}$ を考える. X はコンパクトだから, $\{q_n\}$ の中から収束する部分列 $\{q_{n(i)}\}$ が取り出せる. $q_0 = \lim_i q_{n(i)}$ とおく. q_0 は X の点である. すると $f(q_0) = \lim_i f(q_{n(i)}) = \lim_i p_{n(i)}$ となり, $\{p_n\}$ の部分列 $\{p_{n(i)}\}$ は収束する部分列であることがわかる. したがって, Y もコンパクトになる.

さて, ここで次のような疑問が生じないだろうか. 定理 6.5 のような定理が証明されると, 図形 X に関しては, 'コンパクト' と '有界な閉集合' とが実質的に同じ事になる. とすれば, コンパクトなどという慣れない言葉をわざわざ持ち出す必要はなくて, '有界な閉集合' といえば用が足りるのではないか, という疑問である. しかし, コンパクトと有界閉集合とは, 元来性質の違う概念で

ある．それが，E^n の部分集合についてたまたま同等になったに過ぎない．

§5で強調したように，'閉集合であること'は部分集合に関する性質である．図形 X が，どんな具合に E^n の中に部分集合としておさまっているか，その状態を記述する言葉である．'有界であること'も部分集合の状態の一種である．

ところが，コンパクトであることは，E^n の部分集合とは限らない'自立した'距離空間の一性質であって，部分集合としての性質ではない．図形 X がコンパクトなら，それをどんな空間の部分集合と考えようが，また考えまいが，そういうことに関係なくコンパクトなのである．

次のように考えれば，このことが一層はっきりする．

X を E^n の中のコンパクトな図形とする．定理6.5によって，X は E^n の中の有界な閉集合である．いま，別の距離空間 Y があって，X と Y は位相同形であるとする：$X \approx Y$．コンパクト性は位相不変な性質であるから，X がコンパクトなら Y もコンパクトである．もし，'コンパクト'と'有界な閉集合'とが常に同等な概念ならば，Y の方も有界な閉集合といってよいはずであるが，Y は E^n の部分集合と限らないので'有界である'も'閉集合である'も，Y の述語としては意味をなさない（図6.7）．結局，コンパクト性を'有界な閉集合'という概念で置き換えることはできないのである．

定理6.5は，E^n の中の図形の場合に限って，コンパクト性という'絶対的な'性質が，有界な閉集合という E^n の中の部分集合のおさまり方に関する'相対的な'言葉によって特徴づけられるという（よく考えると奇妙な）事態を述べたものである．

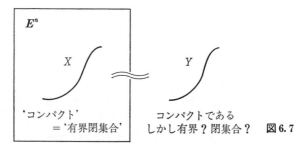

図 6.7

コンパクト性が位相不変な性質であることの証明と同じ方法で，少し強い次の主張が示せる．

§6 コンパクト空間　　　　81

補題 6.6　X, Y を距離空間，$f: X \to Y$ を連続写像とする．もし X がコンパクトなら，像 $f(X)$ もコンパクトである．（像 $f(X)$ は Y の部分空間として距離空間と考える．）

証明　$\{p_n\}$ を $f(X)$ の任意の点列とする．$p_n \in f(X)$ であるから，$p_n = f(q_n)$ ($\exists q_n \in X$) と書ける．$\{q_n\}$ は X の点列になるが，X はコンパクトであるから，$\{q_n\}$ の適当な部分列 $\{q_{n(i)}\}$ は収束する．$q_0 = \lim_i q_{n(i)}$ とおく．すると $f(q_0) = \lim f(q_{n(i)}) = \lim p_{n(i)}$．よって $\{p_{n(i)}\}$ は，$f(X)$ の点 $f(q_0)$ に収束する $\{p_n\}$ の部分列になる．□

一様連続性

一様連続性は特殊な連続性である．まず，定義を述べよう．

定義 6.7　X, Y を距離空間とする．写像 $f: X \to Y$ が**一様連続**であるとは，任意の $\varepsilon > 0$ についてある $\delta > 0$ が存在して，次の条件

$$d_X(p, q) < \delta \Longrightarrow d_Y(f(p), f(q)) < \varepsilon$$

が，任意の2点 $p, q \in X$ について成り立つことである．――

この定義は大変わかりにくい．ここで比較のために，ε-δ 論法による普通の連続性の定義（定義 4.4）をもう一度書いてみよう．

定義 4.4　X, Y を距離空間とする．

(i)　写像 $f: X \to Y$ が点 $p_0 (\in X)$ において連続であるとは，任意の $\varepsilon > 0$ についてある $\delta > 0$ が存在して，次の条件

$$d_X(p, p_0) < \delta \Longrightarrow d_Y(f(p), f(p_0)) < \varepsilon$$

が，（任意の p について）成り立つことである．

(ii)　写像 $f: X \to Y$ が，X のすべての点 p_0 において連続のとき，f は**連続**であるという．――

注意して欲しいのは，ε-δ 論法による通常の連続性の定義 4.4 では，$f: X \to Y$ の連続性が2段構えで定義されていることである．まず X の1点 p_0 における $f: X \to Y$ の連続性とは何かが定義され(i)，そのあと，写像 $f: X \to Y$ の全体的な連続性が定義される(ii)．一方，一様連続性の定義では，はじめから $f: X \to Y$ が全体として一様連続であることが定義されている．

通常の意味（定義 4.4）で $f: X \to Y$ が連続であるとは，それが X の各点で連続のことであった．そして，f が1点 $p_0 \in X$ において連続であるとは次のよう

な意味であった．いまかってな $\varepsilon > 0$ を指定する．X の点 p が p_0 にある程度近くなれば，その像 $f(p)$ は $f(p_0)$ の ε 未満の範囲に入る．ここで，'p が p_0 にある程度近くなれば' というその程度が，δ という正数で定量的にいい表わされたのだった．$p \in X$ が p_0 の δ 未満の範囲に入れば，$f(p)$ は $f(p_0)$ の ε 未満の範囲に入る．こういうことが，各点 p_0 についていえるというのである．

ところで，指定された同じ ε に対して δ の方は p_0 のある場所によって変るかも知れない．p_0 の付近で f が 'ゆるやかに' 変化していれば，δ は比較的大きくとれるし，f が '急激に' 変化していれば，δ は小さくとらねばならない．f がもっと '急激に' 変化しているところでは，δ はもっと小さくとらねばならない．

ところが，$f: X \to Y$ が一様連続ならば，このような δ は X 全体で，一斉に，同じ値の δ で間に合ってしまうというのである．したがって，X のどこからでもかってな 2 点 p, p' をとるとき，もしその間の距離がある正数 δ 未満でさえあれば，その像 $f(p), f(p')$ の間の距離は ε 未満になる．（ここで定義 6.7 をもう一度読んでほしい．）

$f: X \to Y$ が一様連続でも，f は場所によってはあるいはゆるやかに，あるいは急激に変化しているであろうが，**その '急激さ' には限りがある**わけである．ある程度以上急激な変化はしない．したがって（少し雑な表現になるが），'最も急激な' 変化をしているところで δ を選べば，その δ は，X 全体に通用してしまう．

$f: X \to Y$ が，単に連続というだけでは，f の変化の '急激さ' に限りがあるとは限らない．X の上には，いくらでも急激に変化するところがあり得る．したがって，同じ ε に対しても δ の方は，p_0 の場所によっては，いくらでも小さくとらねばならないことになる．

このように，$\delta > 0$ が X 全体で共通の値で間に合うというところが一様連続性の大切なところであるから，一様連続性は初めから，X 全体で定義されなくてはならない．'1 点 p_0 において一様連続' といういい方は，ナンセンスなのである．

例　開区間 $(-\pi/2, \pi/2)$ 上の関数 $y = \tan x$ は連続であるが，一様連続ではない．また無限の開区間 $(0, +\infty)$ 上の関数 $y = 1/x$ も，連続であるが，一様連続

ではない.（両方とも，いくらでも傾きの急なところがあるからである.）これに対し，E^1 上の 1 次関数 $y=ax+b$ は一様連続である.

定理 6.8 X, Y を距離空間とする．もし X がコンパクトなら，任意の連続写像 $f: X \to Y$ は一様連続である．（X がコンパクトなら，$f: X \to Y$ の連続性と一様連続性は一致する.）——

X がコンパクトなら，どんな連続写像 $f: X \to Y$ も一様連続，すなわち，その変化の急激さに限りがあるというのである．だから，この定理は '変化の急激さ' に関する最大値の定理のようなものである.

定理 6.8 の証明 X がコンパクトのとき，連続写像 $f: X \to Y$ が一様連続でないと仮定して矛盾をだせばよい．f が一様連続というのは，どんな $\varepsilon > 0$ についても，（f の変化を ε 未満に押さえ込むべき）δ の方は，X 全体に共通なものがとれる，ということだったから，f が一様連続でないとすると，ある $\varepsilon > 0$ については，X 全体に共通の $\delta > 0$ がとれない．つまり，どんな $\delta > 0$ についてもその δ では，f の変化が ε 未満に押さえ込めないようなところが出てくる．$d_X(p, q) < \delta$ であるのに $d_Y(f(p), f(q)) \geqq \varepsilon$ となる 2 点 p, q が必ず出てくるわけである.

このことを正確に述べると次のようになる：ある $\varepsilon > 0$ が存在して，この ε については，どんな $\delta > 0$ を選んでも

$$d_X(p, q) < \delta \quad \text{かつ} \quad d_Y(f(p), f(q)) \geqq \varepsilon$$

であるような X の 2 点 p, q が（δ をきめるごとに）見出せる.

上のような $\varepsilon > 0$ をひとつ固定しよう．そして δ を $\delta = 1/1, 1/2, \cdots, 1/n, \cdots$ と順に動かして上のような 2 点 p_n, q_n を見出して行く．つまり p_n, q_n は

$$d_X(p_n, q_n) < \frac{1}{n} \quad \text{かつ} \quad d_Y(f(p_n), f(q_n)) \geqq \varepsilon$$

であるような 2 点である．こうすると，X の中に 2 つの点列 $\{p_n\}, \{q_n\}$ が得られる.

X はコンパクトと仮定した．よって点列 $\{p_n\}$ の中から収束する部分列 $\{p_{n(i)}\}$ が選び出せる．その極限点を $p_0 \in X$ とおく：$p_0 = \lim_i p_{n(i)}$．部分列 $\{p_{n(i)}\}$ の番号の数列 $\{n(i)\}$ と同じ番号の列に対応する $\{q_n\}$ の部分列 $\{q_{n(i)}\}$ を考えると，三角不等式から

84 　　　　　　　　第2章　位　　相

$$0 \leqq d_X(p_0, q_{n(i)}) \leqq d_X(p_0, p_{n(i)}) + d_X(p_{n(i)}, q_{n(i)})$$
$$< d_X(p_0, p_{n(i)}) + \frac{1}{n(i)}.$$

したがって $(\lim_i d_X(p_0, p_{n(i)}) = 0$ かつ $\lim_i 1/n(i) = 0$ に注意すると) $\lim_i d_X(p_0, q_{n(i)}) = 0$ であり，従って，$p_0 = \lim_i q_{n(i)}$ でなければならない．結局 $\lim_i p_{n(i)} = p_0$ であり同時に $\lim_i q_{n(i)} = p_0$ である．

$f : X \to Y$ の p_0 における連続性から $\lim_i f(p_{n(i)}) = f(p_0)$，かつ $\lim_i f(q_{n(i)}) = f(p_0)$ が成り立つ．

Y の点列 $\{f(p_{n(i)})\}$, $\{f(q_{n(i)})\}$ に関して，収束の定義（定義4.2）を思い出そう．ε を上で固定した ε としたとき，$\varepsilon/3$ という正数について，適当に大きな番号 N を選ぶと

$$n(i) \geqq N \Longrightarrow d_Y(f(p_{n(i)}), f(p_0)) < \frac{\varepsilon}{3}$$

かつ

$$n(i) \geqq N \Longrightarrow d_Y(f(q_{n(i)}), f(p_0)) < \frac{\varepsilon}{3}$$

の両方が成り立つはずである．

d_Y についての三角不等式と上の2つの不等式から $d_Y(f(p_{n(i)}), f(q_{n(i)})) \leqq d_Y(f(p_{n(i)}), f(p_0)) + d_Y(f(p_0), f(q_{n(i)})) < \varepsilon/3 + \varepsilon/3 < \varepsilon$ を得る．これは $d_Y(f(p_n), f(q_n)) \geqq \varepsilon$ に矛盾してしまう．

f が一様連続でないと仮定して矛盾が出たから，$f : X \to Y$ は一様連続でなければならない．□

被覆に関する性質

最後に，コンパクト空間の'被覆'に関する性質を述べる．これも一種の有限性である．

以下に述べる定理6.10は数学のいろいろなところで応用される大切な事実であるが，はじめのうちは有難味がよく分らないかも知れない．まあそんなものか，と読み流してもらえば結構である．

定義6.9 X を位相空間（たとえば距離空間）とする．X の部分集合の族 $\{U_\lambda\}_{\lambda \in \Lambda}$ が X の**開被覆**であるとは

(i) 各々の U_λ は X の開集合であり,かつ
(ii) 和集合 $\bigcup_{\lambda \in \Lambda} U_\lambda = X$ となることである(図6.8). ――

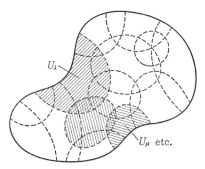

図 6.8 X の開被覆

 空間 X の上に,開集合 U_λ という紙をペタペタ張っていって,X 全体を覆ってしまうのが開被覆である.張り子のダルマを作るようなものである.最も簡単な開被覆は,X 自身というたった1枚の開集合で X をつつむ開被覆 $\{U_1\}$(ただし $U_1 = X$)である.
 族 $\{U_\lambda\}_{\lambda \in \Lambda}$ の中には重複や無駄があってもよく,たとえば
$$\Lambda = N \text{ のとき},\quad U_1 = U_2 = U_3 = \phi,\ U_4 = U_5 = U_6 = \cdots = X$$
とおいて得られる $\{U_i\}_{i \in N}$ も X の開被覆である.次の定理がこの項の大切な結果である.

 定理 6.10 X をコンパクトな図形とし,$\{U_\lambda\}_{\lambda \in \Lambda}$ を X の任意の開被覆とすると,添字集合 Λ の中から有限個の添え字 $\lambda(1), \lambda(2), \cdots, \lambda(r)$ を選び出して $U_{\lambda(1)} \cup U_{\lambda(2)} \cup \cdots \cup U_{\lambda(r)} = X$ とできる. ――

 つまり,X のどんな開被覆 $\{U_\lambda\}_{\lambda \in \Lambda}$ でも,コンパクトな X 全体を包み込むのに本当に必要なのは $\{U_\lambda\}_{\lambda \in \Lambda}$ のうち,せいぜい有限個の開集合 $U_{\lambda(1)}, U_{\lambda(2)}, \cdots, U_{\lambda(r)}$ であって,残りの U_λ は無駄ということである.これを一口に,開被覆 $\{U_\lambda\}_{\lambda \in \Lambda}$ から**有限部分被覆** $\{U_{\lambda(1)}, U_{\lambda(2)}, \cdots, U_{\lambda(r)}\}$ が選び出せる,と表現する.

 例 X がコンパクトでなければ定理6.10が成り立たない,ということを示す例をあげよう.$X = (0, 1]$ という E^1 上の半開区間をとる.U_n を $(1/n, 1]$ という半開区間とする.U_n は,E^1 の開集合ではないが,X の開集合である.そして $\bigcup_{n \in N} U_n = X$ となるから,$\{U_n\}_{n \in N}$ は X の開被覆である(図6.9).

ところが $\{U_n\}_{n\in N}$ からどんな有限個の $U_{n(1)}, U_{n(2)}, \cdots, U_{n(r)}$ を選び出しても $U_{n(1)}\cup U_{n(2)}\cup\cdots\cup U_{n(r)}=X$ とはならない．この X はコンパクトでないのである．──

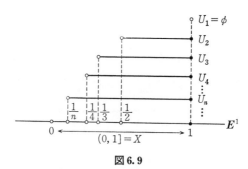

図 6.9

定理 6.10 の証明に入る前に補題を準備する．まず定義から．

定義 6.11 X を距離空間，A をその部分集合，α を正の実数とする．

(i) (A の大きさ)$\leqq \alpha$ とは，A に属する任意の 2 点 p, q について $d_X(p, q)\leqq \alpha$ が成り立つことである．

(ii) (A の大きさ)$>\alpha$ とは，(A の大きさ)$\leqq \alpha$ ではないことである．すなわち，A の中の適当な 2 点 p, q について $d_X(p, q)>\alpha$ となることである．──

距離空間 X とその開被覆 $\{U_\lambda\}_{\lambda\in \Lambda}$ が与えられたとする．いま，X の部分集合 A をとり，A が $\{U_\lambda\}_{\lambda\in \Lambda}$ のうちの何枚の開集合で覆い得るか，を問題にしてみよう．A のとり方によっては無限枚の U_λ が必要なこともあろうし，あるいは，適当に有限枚の $U_{\lambda(1)}, U_{\lambda(2)}, \cdots, U_{\lambda(s)}$ を選べば，$A\subset U_{\lambda(1)}\cup U_{\lambda(2)}\cup\cdots\cup U_{\lambda(s)}$ となってしまうこともあろう．とくに，たった 1 枚の U_λ で覆い得る部分集合について考えてみよう．つまり $A\subset U_\lambda$ となる $\lambda\in \Lambda$ が存在するような A についてである．（もちろん，$A\subset U_\lambda$ となる λ は A に応じて異なる．）

A がただ 1 点からなる部分集合なら，確かに 1 枚の U_λ で覆い得る．$A=\{p_0\}$ の場合，$p_0\in U_\lambda$ となる U_λ をとればよいからである．($X=\bigcup_{\lambda\in \Lambda} U_\lambda$ であることを思い出そう．）

次の補題は，X がコンパクト空間の場合には，部分集合 A の大きさがある程度以下になると，A は（ただ 1 点からなる部分集合のように），$\{U_\lambda\}_{\lambda\in \Lambda}$ のうちのどれか 1 枚の U_λ に含まれてしまうことを主張している．しかも，この大

きさの'程度'を定量的に表わす正数 ε は，部分集合 A の場所によらず，X 全体で共通にとれる，というところが大切である．

補題 6.12 X をコンパクトな距離空間，$\{U_\lambda\}_{\lambda \in \Lambda}$ を X の開被覆とする．そのとき，ある ε>0 が存在して，X の任意の部分集合 A につき，次が成り立つ：

(A の大きさ) $\leq$ ε $\Longrightarrow$ $A \subset U_\lambda$ となる $\lambda \in \Lambda$ がある．

注意 このような性質をもつ ε>0 を，開被覆 $\{U_\lambda\}_{\lambda \in \Lambda}$ のルベーグ数という．

証明 一様連続性の定理(定理 6.8)の証明に似ている．補題 6.12 の主張を否定して矛盾を出せばよい．そこで，$\{U_\lambda\}_{\lambda \in \Lambda}$ のうちのどの 1 枚の U_λ でも覆い切れないような部分集合で，どんなに小さいものもある，と仮定してみよう．正確に述べると，任意の ε>0 について，

(A の大きさ) $\leq$ ε　しかも　$A \subset U_\lambda$ となる $\lambda \in \Lambda$ はない

という条件を満たす A が(ε をきめるごとに)存在する，と仮定するのである．

とくに，ε=1/1, 1/2, …, 1/n, … と順に動かして，上のような部分集合をとって行くと，部分集合の列 $\{A_n\}$ が得られる(図 6.10)：(A_n の大きさ)$\leq$1/n, かつ $A_n \subset U_\lambda$ という U_λ がないわけである．

A_n の中から勝手に 1 点 p_n を選び，点列 $\{p_n\}$ を構成する．X はコンパクトであるから，$\{p_n\}$ の部分列 $\{p_{n(i)}\}$ で収束するものがある．その極限点を p_0 とおく：$p_0 = \lim_i p_{n(i)}$．明らかに，$p_0 \in U_\lambda$ となる U_λ が $\{U_\lambda\}_{\lambda \in \Lambda}$ の中に存在する．U_λ は X の開集合だから，十分小さく正数 ξ>0 を選べば，p_0 の ξ-近傍 $N_\xi(p_0, X) \subset U_\lambda$ となる．(開集合の定義 5.9′.)

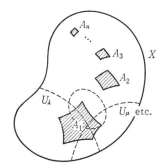

図 6 10

$p_0 = \lim_i p_{n(i)}$ であり，また (A_n の大きさ)$\leq$1/n であった．したがって番号 $n(i)$ が十分大きくなると

$$d_X(p_{n(i)}, p_0) < \frac{\xi}{3} \quad \text{かつ} \quad (A_{n(i)} \text{の大きさ}) \leq \frac{\xi}{3}$$

の両方が成り立つ．このような番号 $n(i)$ については $A_{n(i)} \subset N_\xi(p_0, X)$ でなければならない．実際，$A_{n(i)}$ の任意の点 p をとると $d_X(p, p_{n(i)}) \leq \xi/3$ である．なぜなら，$p, p_{n(i)} \in A_{n(i)}$ で，$(A_{n(i)} \text{の大きさ}) \leq \xi/3$ だから．すると，三角不等式によって，$d_X(p, p_0) \leq d_X(p, p_{n(i)}) + d(p_{n(i)}, p_0) < \xi/3 + \xi/3 < \xi$ を得る．これは $p \in N_\xi(p_0, X)$ を意味している．よって $A_{n(i)} \subset N_\xi(p_0, X)$．

ところで $N_\xi(p_0, X) \subset U_\lambda$ であったから，$A_{n(i)} \subset N_\xi(p_0, X)$ であることから $A_{n(i)} \subset U_\lambda$ が従う．これは部分集合 $A_{n(i)}$ が，1枚の U_λ で覆い切れなかったことに矛盾する．補題 6.12 の主張を否定して矛盾が出たから，補題 6.12 が証明された．□

上の補題を使って定理 6.10 を証明しよう．

定理 6.10 の証明　X を $\boldsymbol{E}^m$ の中のコンパクトな図形，$\{U_\lambda\}_{\lambda \in \Lambda}$ を X の開被覆とする．有限個の $\lambda(1), \lambda(2), \cdots, \lambda(r) \in \Lambda$ をみつけて $U_{\lambda(1)} \cup U_{\lambda(2)} \cup \cdots \cup U_{\lambda(r)} = X$ とできることを示す．

X はコンパクトな図形ゆえ，$\boldsymbol{E}^m$ の中の有界閉集合である．したがって，十分大きな正数 $\beta > 0$ を選ぶと，X は

$$|x_1| \leq \beta, \ |x_2| \leq \beta, \ \cdots, \ |x_m| \leq \beta$$

で定義される 'm 次元立方体' に含まれてしまう．図 6.11 は $m=2$ の場合の状況を示している．

この '立方体' を縦，横，高さ，$\cdots$，第 m 座標方向，にそれぞれ N 等分する．

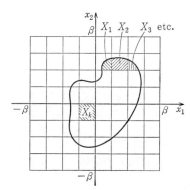

図 6.11

§6 コンパクト空間　　　89

すると，m 次元立方体は N^m 個の '小立方体' に分割され，それに応じて図形 X も各 '小立方体' に含まれる小片 $X_1, X_2, \cdots, X_k, \cdots$ に分割される．もちろん，このような X の小片の総数は有限であって N^m 個以下である（図 6.11）．'小立方体' の 1 辺の長さ $= 2\beta/N$ であるから，（小立方体の大きさ）$\leqq$（小立方体の対角線の長さ）$= (2\sqrt{m}\beta)/N$ である．したがって（X_k の大きさ）$\leqq (2\sqrt{m}\beta)/N$ となる．

さて，ここで補題 6.12 を応用する．補題 6.12 によれば，X の開被覆 $\{U_\lambda\}_{\lambda \in \Lambda}$ が与えられるとその開被覆によって定まるある正数 $\varepsilon > 0$ があって，（A の大きさ）$\leqq \varepsilon$ であるような X の部分集合 A は，$\{U_\lambda\}_{\lambda \in \Lambda}$ の中のどれかひとつの U_λ に含まれてしまう．このような（ルベーグ数）$\varepsilon > 0$ をひとつ固定する．

分割の個数 N を十分大きくとると，$(2\sqrt{m}\beta)/N \leqq \varepsilon$ となるであろう．そのような N については（X_k の大きさ）$\leqq \varepsilon$ である．また，このときの X の小片 $X_1, X_2, \cdots, X_k, \cdots$ の総数を r とおく．

各 X_k について（X_k の大きさ）$\leqq \varepsilon$ であるから，各 X_k は，$\{U_\lambda\}_{\lambda \in \Lambda}$ の中のどれかひとつの U_λ に含まれる（補題 6.12）．X_k を含む U_λ を $U_{\lambda(k)}$ としよう：$X_k \subset U_{\lambda(k)}$．すると $X = X_1 \cup X_2 \cup \cdots \cup X_r \subset U_{\lambda(1)} \cup U_{\lambda(2)} \cup \cdots \cup U_{\lambda(r)}$ となる．（なお，各 $U_{\lambda(t)} \subset X$ であるからこの式から $X = U_{\lambda(1)} \cup U_{\lambda(2)} \cup \cdots \cup U_{\lambda(r)}$ がでる．）□

定理 6.10 では，（証明の都合上）X をコンパクトな図形と仮定したが，実は一般の距離空間 X についても同じ定理が成り立つ．しかも，その逆もいえる．すなわち

定理 6.13　距離空間 X が（定義 6.1 の意味で）コンパクトであるための必要十分条件は，X の任意の開被覆 $\{U_\lambda\}_{\lambda \in \Lambda}$ から有限部分被覆 $\{U_{\lambda(1)}, U_{\lambda(2)}, \cdots, U_{\lambda(r)}\}$ が選び出せることである．――

定理 6.13 はこの本では使わない．証明は巻末の付録 A にまわそう．

位相空間への拡張

定理 6.13 は，一般の位相空間について，コンパクト性をどう定義したらよいかを教えてくれる．

それはもはや明らかであろうが，一応述べておく．

定義 6.14　位相空間 X が**コンパクト**であるとは，X の任意の開被覆 $\{U_\lambda\}_{\lambda \in \Lambda}$ から有限部分被覆 $\{U_{\lambda(1)}, U_{\lambda(2)}, \cdots, U_{\lambda(r)}\}$ が選び出せることである．――

この意味のコンパクト性も**位相不変な性質**である．より強く，次の補題がい

90   第2章 位   相

える.

補題6.15 X, Y を位相空間, $f: X \to Y$ を '上へ' の連続写像とする. このとき, X がコンパクトなら Y もコンパクトである.

証明 Y の任意の開被覆 $\{V_\lambda\}_{\lambda \in \Lambda}$ から有限部分被覆が選び出せることを証明する. f の連続性から, $f^{-1}(V_\lambda)$ は X の開集合であり, $\{f^{-1}(V_\lambda)\}_{\lambda \in \Lambda}$ は X の開被覆になる. X はコンパクトであるから, 有限部分被覆 $\{f^{-1}(V_{\lambda(1)}), f^{-1}(V_{\lambda(2)}), \cdots, f^{-1}(V_{\lambda(r)})\}$ が選び出せる. このとき $\{V_{\lambda(1)}, V_{\lambda(2)}, \cdots, V_{\lambda(r)}\}$ は $\{V_\lambda\}_{\lambda \in \Lambda}$ の有限部分被覆である. $\square$

   演習問題

6.1 X, Y を E^n のコンパクトな図形とすれば, 和集合 $X \cup Y$ もコンパクトになる. これを定義6.1だけに基づいて証明せよ.

6.2 X をコンパクトな距離空間, A を X の閉集合とすると A もコンパクトである.

6.3 X をコンパクトな距離空間とし, $\{A_n\}_{n \in N}$ を部分集合の族とする. もし, 各 A_n が X の空集合でない閉集合で, $A_1 \supset A_2 \supset A_3 \supset \cdots \supset A_n \supset A_{n+1} \supset \cdots$ ならば, 共通部分 $\bigcap_{n \in N} A_n$ は空集合でないことを示せ. (ヒント：各 A_n からかってな1点 p_n を選び, X の点列 $\{p_n\}$ を構成する.)

6.4 X がコンパクトでなければ, 上の問題6.3の主張は成り立たない. このことを示す例をあげよ.

6.5 X, Y ともにコンパクトな距離空間とすると, 直積 $X \times Y$ もコンパクトである.

第3章 連 結 性

§7 連 結 性

2つの位相空間 X, Y(たとえば，2つの図形)が与えられたとき，それらが互いに位相同形になるか否かを判定することは，トポロジーの基本問題である．その問題を解く上で，X, Y の位相不変な性質をいろいろ調べてみることが重要である．たとえば，コンパクト性は，位相不変な性質のひとつであるが，もし X がコンパクトであり，Y がコンパクトでないことがわかれば，$X \napprox Y$(すなわち，$X \approx Y$ でないこと)が結論できるわけである．（このようにして，$[0, 1] \napprox \boldsymbol{E}^1$ がわかる．）

この節で述べる連結性も，位相不変な性質である．連結性は，コンパクト性よりも素朴な概念であって，空間が全体としてひとつながりかどうか，に関する性質である．次の定義では，まず，位相空間 X が連結で**ない**とはどういうことかを定義し(i)，その否定として，連結で**ある**ことを定義する(ii)．

定義 7.1 (i) 位相空間(たとえば図形)X が**連結でない**とは，X が，空でなくしかも互いに重なり合わない(X の)開集合 U, V に分かれていることである．正確に述べると，

X が**連結でない**とは，次の3条件(a)(b)(c)を満たす X の開集合 U, V が存在することである．

(a) $U \neq \phi, \ V \neq \phi,$

(b) $U \cap V = \phi,$

(c) $U \cup V = X.$

(ii) 上の条件(a)(b)(c)を満たす X の開集合 U, V が存在しないとき，X は**連結である**という．

例 1° $X = \boldsymbol{E}^1 - \{0\}$ とおく．X は数直線から原点を除いて得られる '図形' である(図7.1)．ここで，$U_- = \{x \in \boldsymbol{E}^1 \,|\, x < 0\}$, $U_+ = \{x \in \boldsymbol{E}^1 \,|\, x > 0\}$ とおくと，U_-, U_+ は明らかに $\boldsymbol{E}^1 - \{0\}$ の空でない開集合で，しかも $U_- \cap U_+ = \phi$. また $\boldsymbol{E}^1 - \{0\} = U_- \cup U_+$ が成り立つ．よって定義7.1(i)により $\boldsymbol{E}^1 - \{0\}$ は**連結でない**.

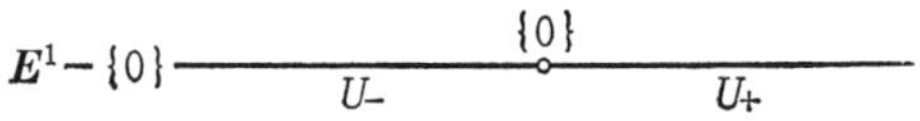

$$E^1-\{0\} \underline{\quad\quad U_- \quad\quad} \overset{\{0\}}{\circ} \underline{\quad\quad U_+ \quad\quad}$$

図 7.1

(直観的にいえば，$E^1-\{0\}$ は U_-, U_+ という2つの部分にわかれていて，全体として'ひとつながり'でないわけである．)――

　連結性は位相不変な性質である．すなわち $X\approx Y$ のとき，X が連結ならば Y も連結である．これを証明しよう．X が連結であり Y が連結でないと仮定して矛盾をだせばよい．Y が連結でなければ，定義7.1(i)によって，Y の適当な開集合 U', V' をとると，(a) $U'\neq\phi$, $V'\neq\phi$, (b) $U'\cap V'=\phi$, (c) $U'\cup V'=Y$ が成り立つ．$f:X\to Y$ を同相写像とする．$U=f^{-1}(U')$, $V=f^{-1}(V')$ とおく．f は連続であるから U, V は X の開集合となり(定義5.16)，しかも，f は全単射であるから，U', V' の対応する性質より，(a) $U\neq\phi$, $V\neq\phi$, (b) $U\cap V=\phi$, (c) $U\cup V=X$, が導かれる．これは，X が連結であったことに矛盾してしまう．したがって，Y は連結でなければならない．(同じ議論で，もう少し強い主張が示せる．演習問題7.1 参照．)

　次の補題はなかなか便利である．

補題 7.2 位相空間 X が連結で**ない**ための必要十分条件は，次の条件(i)(ii)を満たす X 上の連続関数 $f:X\to E^1$ が存在することである．

(i) f は0または1の値しかとらない．

(ii) 適当な点 $p_0\in X$ と $p_1\in X$ があって $f(p_0)=0$, $f(p_1)=1$. ――

　X 上に，0または1の値しかとらず，しかも，0の値も1の値も X のどこかで必ずとるような**連続関数**があることが，X が連結で**ない**ための必要十分条件だというのである．図7.2は，$X=E^1-\{0\}$ について，このような連続関数のグラフを描いたものである．(U_- 上で0，U_+ 上で1の値をとる．) 図7.2の関数は点0のところで連続でないように見えるが，0は $E^1-\{0\}$ に属していないので，$E^1-\{0\}$ 上の関数としてはすべての点で連続なのである．

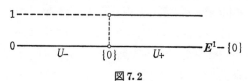

図 7.2

§7 連 結 性　　　　　93

補題 7.2 の証明　まず必要条件であることを証明する.

X が連結でないとしよう. すると $X=U^\cup V$ と表わせる. ここに U, V は X の空でない開集合で, $U\cap V=\phi$ である. X 上の関数 $f:X\to E^1$ を次のように定義する.

$$f(p) = \begin{cases} 0, & p\in U \\ 1, & p\in V. \end{cases}$$

$X=U^\cup V$ であるから, この式によって f は X のすべての点で定義される. しかも $U\cap V=\phi$ であるから, $p\in U$ と同時に $p\in V$, ということはなく, f は矛盾なく定義できる.

この f が X 上の連続関数であることを証明しよう. 写像 $f:X\to E^1$ が連続写像であることを示すのである. 定義 5.16 から, E^1 の任意の開集合 W について, $f^{-1}(W)$ が X の開集合になることがいえればよい.

$f(U)=\{0\}$, $f(V)=\{1\}$ に注意すると, 次の 4 つの場合が考えられる.

(a)　$0, 1\in W$ のとき, $f^{-1}(W) = U^\cup V = X$,

(b)　$0\in W$, $1\notin W$ のとき, $f^{-1}(W) = U$,

(c)　$0\notin W$, $1\in W$ のとき, $f^{-1}(W) = V$,

(d)　$0\notin W$, $1\notin W$ のとき, $f^{-1}(W) = \phi$.

どの場合も $f^{-1}(W)$ は X の開集合になる. よって $f:X\to E^1$ は連続である. $U\neq\phi$ かつ $V\neq\phi$ であるから, $p_0\in U$, $p_1\in V$ ととれば $f(p_0)=0$, $f(p_1)=1$. これで, f が求める X 上の連続関数であることがわかった.

逆に十分条件であることを証明しよう. 補題 7.2 の (i)(ii) を満たす連続関数 $f:X\to E^1$ があったとする. このとき X が連結でないことを示す. f による X の像 $f(X)$ は 2 点 $0, 1$ からなる : $f(X)=\{0, 1\}\subset E^1$.

いま E^1 の開区間 $W_1=(1/2, 3/2)$ を考えると, これは E^1 の開集合である.

$f:X\to E^1$ の連続性によって, $f^{-1}(W_1)$ は X の開集合になる. この開区間 $W_1=(1/2, 3/2)$ は, $0, 1$ のうち 1 の方しか含まない.

次に, 開区間 $W_0=(-1/2, 1/2)$ を考える. $f^{-1}(W_0)$ も X の開集合である. W_0 は $0, 1$ のうち, 0 の方しか含まない.

X の任意の点 p について $f(p)=0$ $(\in W_0)$ または $f(p)=1$ $(\in W_1)$ のどちらか一方だけが成り立つから, $p\in f^{-1}(W_0)$ または $p\in f^{-1}(W_1)$ のどちらか一方だけが

成り立つ．

よって $X=f^{-1}(W_0)\cup f^{-1}(W_1)$，しかも $f^{-1}(W_0)\cap f^{-1}(W_1)=\phi$ である．また，$f(p_0)=0$, $f(p_1)=1$ という仮定から，$f^{-1}(W_0)\neq\phi$, $f^{-1}(W_1)\neq\phi$ がわかる．したがって(定義 7.1(i)により) X は連結でない(図 7.3 参照)．□

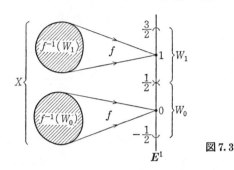

図 7.3

$E^1-\{0\}$ は連結でなかった．ところで E^1 そのものは連結である．その証明は，$E^1-\{0\}$ が連結でないことの証明に較べ，少し高級な内容を含んでいる．次にそれを示そう．

例 2° E^1 は連結である．

証明 E^1 が連結でないと仮定して矛盾をだす．E^1 が連結でなければ，E^1 上の連続関数 $f: E^1\to E^1$ で，その像が $\{0,1\}$ であるようなものが存在する(補題 7.2)．$f(\alpha)=0$, $f(\beta)=1$ であるような $\alpha,\beta\in E^1$ がある．$\alpha<\beta$ または $\alpha>\beta$ という 2 つの可能性が考えられるが，ここでは $\alpha<\beta$ と仮定しよう．($\alpha>\beta$ の場合も，以下の議論は全く同じ．) 上の連続関数 f を E^1 の閉区間 $[\alpha,\beta]$ に制限すると，閉区間 $[\alpha,\beta]$ 上の連続関数を得る．これを再び f と書こう．

$f(\alpha)=0$, $f(\beta)=1$ であり，しかも $[\alpha,\beta]$ 上で，f は 0 または 1 の値しかとらない．閉区間 $[\alpha,\beta]$ 上にこのような連続関数が存在するということは，次に述べる有名な中間値の定理に矛盾してしまう．こうして矛盾が出たから E^1 は連結である．□

定理 7.3(中間値の定理) f を閉区間 $[\alpha,\beta]$ $(\alpha<\beta)$ 上の連続関数とし，$f(\alpha)\neq f(\beta)$ であるとする．このとき，$f(\alpha)$ と $f(\beta)$ の間の任意の値 c，すなわち，$f(\alpha)<f(\beta)$ であるか $f(\alpha)>f(\beta)$ であるかに応じてそれぞれ $f(\alpha)<c<f(\beta)$ または $f(\alpha)>c>f(\beta)$ であるような任意の実数 c について，$c=f(\gamma)$ となる $\gamma\in[\alpha,\beta]$

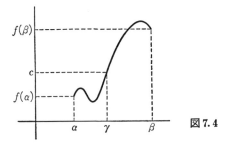

図7.4

が少なくともひとつ存在する(図7.4). ──

中間値の定理の証明はどの解析学の教科書にも出ているが,念のため簡単に述べておこう.

定理 7.3 の証明 $f(\alpha)<c<f(\beta)$ の場合を考える.証明の中で区間の減少列を構成して行く都合上,はじめの区間 $[\alpha,\beta]$ を $I_1=[\alpha_1,\beta_1]=[\alpha,\beta]$ とおく.I_1 を2等分し,$[\alpha,(\alpha+\beta)/2]$,$[(\alpha+\beta)/2,\beta]$ の2つの小区間に分割する.2等分点 $(\alpha+\beta)/2$ における f の値を調べる.

$$f\left(\frac{\alpha+\beta}{2}\right)=c \quad \text{なら} \quad \gamma=\frac{\alpha+\beta}{2} \text{ が求めるものである.}$$

$$f\left(\frac{\alpha+\beta}{2}\right)<c \quad \text{なら} \quad I_2=[\alpha_2,\beta_2]=\left[\frac{\alpha+\beta}{2},\beta\right] \text{とおく.}$$

$$c<f\left(\frac{\alpha+\beta}{2}\right) \quad \text{なら} \quad I_2=[\alpha_2,\beta_2]=\left[\alpha,\frac{\alpha+\beta}{2}\right] \text{とおく.}$$

(図7.5は,$I_2=[\alpha,(\alpha+\beta)/2]$ の場合である.) どちらの場合にも $f(\alpha_2)<c<f(\beta_2)$ であることに注意する.そうなるように $I_2=[\alpha_2,\beta_2]$ を決めたのである.

要するに,$f(\alpha_1)<c<f(\beta_1)$ を満たす $I_1=[\alpha_1,\beta_1]$ から出発して,その区間を

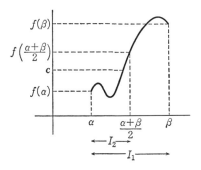

図7.5

96　　　　　　　　第3章　連　結　性

2等分すると，2等分点 $(\alpha_1+\beta_1)/2$ が求める γ であるか，あるいは，そうでなければ，$f(\alpha_1)<c<f(\beta_1)$ と同じ性質 $f(\alpha_2)<c<f(\beta_2)$ を持ち，しかも長さが半分の小区間 $I_2=[\alpha_2, \beta_2]$ が見出せるわけである．

次に $I_2=[\alpha_2, \beta_2]$ を2等分する．$f((\alpha_2+\beta_2)/2)=c$ なら，$\gamma=(\alpha_2+\beta_2)/2$ とすればよい．そうでなければ，I_2 の半分の長さの区間 $I_3=[\alpha_3, \beta_3]$ で $f(\alpha_3)<c<f(\beta_3)$ であるようなものが得られる．

以下同様に進むと，ある有限回目の2等分点 γ で $f(\gamma)=c$ となるものが見つかるか，そうでなければ，小区間 $I_i=[\alpha_i, \beta_i]$ の無限列

$$I_1\supset I_2\supset I_3\supset \cdots \supset I_i\supset \cdots$$

が得られ，任意の i について $f(\alpha_i)<c<f(\beta_i)$ となる．

$I_i=[\alpha_i, \beta_i]$ の左端 α_i と右端 β_i を並べた数列は

$$\alpha_1\leqq \alpha_2\leqq \alpha_3\leqq \cdots \leqq \alpha_i\leqq \cdots \leqq \beta_i\leqq \cdots \leqq \beta_3\leqq \beta_2\leqq \beta_1$$

を満たし，しかも $|\alpha_i-\beta_i|$ は0に近づく．（区間 $[0,1]$ のコンパクト性を示した時の）定理6.2の証明中の議論と同様にして，極限値 $\alpha_0=\lim_i \alpha_i$, $\beta_0=\lim_i \beta_i$ が存在し，しかも $\alpha_0=\beta_0$ であることがわかる．これを新たに，γ とおく：$\gamma=\alpha_0=\beta_0\in I_1$.

γ における f の連続性により $f(\gamma)=f(\alpha_0)=\lim_i f(\alpha_i)$. ところが $\forall i$ について $f(\alpha_i)<c$ であったから，極限値 $f(\gamma)$ は $f(\gamma)\leqq c$ を満たす．

同様に $f(\gamma)=f(\beta_0)=\lim_i f(\beta_i)$. そして $\forall i$ について $f(\beta_i)>c$ であったから，極限値は $f(\gamma)\geqq c$ を満たす．$f(\gamma)\leqq c$ と $f(\gamma)\geqq c$ の両方がいえたので，$f(\gamma)=c$ でなければならない．

こうして求める $\gamma\in[\alpha, \beta]$ が見出せた．　□

連結性の応用として，下に述べる定理は有名である．まず用語を準備する．

定義7.4　位相空間 X 上の関数 $f:X\to E^1$ が局所的に一定であるとは，任意の点 $p\in X$ について，p の開近傍 U を適当にとると，その U 上で f の値が一定になることである．——

点 $p\in X$ の開近傍 U とは，p を含む X の開集合のことであった（定義5.21）．X が距離空間の場合には，p の ε-近傍 $N_\varepsilon(p, X)$ は，p のひとつの開近傍になる（系5.11.2）．

定理7.5　位相空間 X が連結であれば，X 上の局所的に一定な関数 $f:X\to$

§7 連 結 性　　　97

E^1 は, X 全体で一定である. ――

　補題をひとつ示しておこう. これは §5 の開近傍という項目の中で, 証明なしに述べたものである.

補題 7.6 X を位相空間とする. X の部分集合 A が X の開集合であるための必要十分条件は, 任意の $p \in A$ について, $p \in U \subset A$ となる開近傍 U が存在することである.

証明 必要条件は明らかである. なぜなら, A が X の開集合ならば, 任意の $p \in A$ について, A 自身が p の開近傍(で A に含まれるもの)となるからである.

　逆を示そう. 任意の $p \in A$ について $p \in U \subset A$ となる X の開集合 U が存在すると仮定する. このような U を A の各点 p についてひとつずつ選んで U_p としよう. すると集合 A を添字集合とする族 $\{U_p\}_{p \in A}$ が得られる. 任意の $p \in A$ について $p \in U_p \subset A$ である. これから容易に $\bigcup_{p \in A} U_p = A$ がわかる. ($\forall p \in A$ につき $U_p \subset A$. よって $\bigcup_{p \in A} U_p \subset A$. 逆に, $\forall p \in A$ につき $p \in U_p$. よって $A \subset \bigcup_{p \in A} U_p$.) 各々の U_p は X の開集合であるから, 和集合 $\bigcup_{p \in A} U_p = A$ も X の開集合である. □

定理 7.5 の証明 X の点 p_0 を選び固定する. p_0 における f の値を α とおく. f の値が α に等しいような点 $p (\in X)$ 全部の集合を A とし, そうでないような点全部の集合を B とする. すなわち

$$A = \{p \in X \mid f(p) = \alpha\}, \quad B = \{p \in X \mid f(p) \neq \alpha\}.$$

任意の点 $p \in X$ について, $f(p) = \alpha$ または $f(p) \neq \alpha$ のどちらか一方, しかも一方だけが成り立つから, $X = A \cup B, A \cap B = \phi$ である.

　A も B も X の開集合になることを証明しよう.

　A が X の開集合になること : かってな点 $p \in A$ をとる. A の定義から $f(p) = \alpha$ である. f は局所的に一定である, と仮定したから, p の適当な開近傍 U があって, f は U 上一定である. つまり, U の任意の点 q をとると, そこでの f の値 $f(q)$ は $f(p) = \alpha$ に等しい. したがって $q \in A$. これは, $U \subset A$ を意味する. このように, A のかってな点 p について $p \in U \subset A$ となる開近傍 U が見出せた. よって, 補題 7.6 により A は X の開集合である.

　B が X の開集合になること : 上の証明と本質的に同じである. かってな点

$p \in B$ をとる．B の定義から，$f(p) \neq \alpha$．f は局所的に一定であるから，p の適当な開近傍 U の上で，f は一定．したがって，その U のどの点 q についても $f(q) = f(p) \neq \alpha$．これは $U \subset B$ を意味する．B のかってな点 p について $p \in U \subset B$ となる開近傍 U が見出せたから，補題 7.6 により，B は X の開集合である．

$X = A \cup B$, $A \cap B = \phi$ であった．はじめに固定しておいた p_0 は A に属す．（なぜなら $f(p_0) = \alpha$．）よって $A \neq \phi$．そこで，もし $B \neq \phi$ なら，定義 7.1(i) の条件 (a)(b)(c) のすべてが成り立ち，X の連結性に矛盾してしまう．よって $B = \phi$ でなければならない．

結局，$X = A$ となり，X のどの点における f の値も α に等しい．□

定理 7.5 の応用例を述べる．それは，連結な空間 X 上で定義された連続関数が，もしとびとびの値しかとらなければ（たとえば整数値しかとらなければ）その関数は X 全体で一定である，という主張である．

まず，定義をひとつ述べておく．

定義 7.7 位相空間 Y の部分集合 B が**孤立点集合**であるとは，任意の $p \in B$ について，p の（Y における）開近傍 U を適当にとると $U \cap B = \{p\}$ となることである（図 7.6）．――

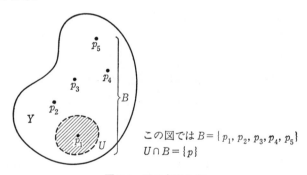

図 7.6 孤立点集合 B

整数全体の集合 $\mathbf{Z}$ は $\mathbf{E}^1$ の孤立点集合である．

定理 7.8 X を連結な位相空間，$f: X \to \mathbf{E}^1$ を連続関数とする．もし，f による X の像 $f(X)$ が $\mathbf{E}^1$ の孤立点集合ならば，f は X 全体で一定値である．（したがって $f(X) = \{1\ \text{点}\}$．）

証明 $f(X)$ が $\mathbf{E}^1$ の孤立点集合であるような連続関数 $f: X \to \mathbf{E}^1$ は，局所的

§8 弧状連結性　　99

に一定であることを示そう．それがいえれば，定理7.5により，f は X 全体で一定であることになる．

$p \in X$ を任意の点とする．$f(p) \in f(X)$ である．$f(X)$ は E^1 の孤立点集合だから，E^1 における $f(p)$ の開近傍 U があって $U \cap f(X) = \{f(p)\}$ が成り立つ．

f の連続性により $f^{-1}(U)$ は（上の点 p を含む）X の開集合になり，したがって p の開近傍である．

f は，$f^{-1}(U)$ 上一定である．なぜなら，$\forall q \in f^{-1}(U)$ について，$f(q) \in U \cap f(X) = \{f(p)\}$，よって $f(q) = f(p)$ となるからである．よって $f: X \to E^1$ は局所的に一定である．□

演習問題

7.1　X, Y を位相空間，$f: X \to Y$ を‘上へ’の連続写像とする．このとき，X が連結ならば Y も連結であることを証明せよ．逆に，Y が連結なら X も連結であるといえるか．

7.2　位相空間 X 上の局所的に一定な関数 $f: X \to E^1$ は連続関数である．

7.3　X を連結な位相空間，Y を離散位相空間（§5）とすると，任意の連続写像 $f: X \to Y$ は定値写像である．

7.4　X, Y を E^n の中の連結な図形とする．もし $X \cap Y \neq \phi$ ならば和集合 $X \cup Y$ も連結である．これを証明せよ．（補題7.2を応用してもよい．）

7.5　n 次元ユークリッド空間 E^n は連結である．

§8　弧状連結性

ある位相空間（たとえばひとつの図形）が連結なことを示す直接的なやり方は，かってな2点をその図形中の曲線で結んでみせることであろう．‘本州はつながっているから，青森から下関まで歩いて行ける’とか，‘日本と中国は離れているから歩いては行けない’などという言い方がそれに当る（図8.1）．位相空間 X が弧状連結であるとは，このように任意の2点 $p, q \in X$ が X 内の連続曲線で結べることである．

定義8.1　位相空間 X 内の**連続曲線**とは，実数の区間 $[\alpha, \beta]$ $(\alpha < \beta)$ から X への連続写像 $l: [\alpha, \beta] \to X$ のことである．$l(\alpha)$ を曲線 l の**始点**，$l(\beta)$ を曲線 l の**終点**とよぶ．それらを曲線 l の**端点**ということもある．

定義8.2　位相空間 X が**弧状連結**であるとは，X の任意の2点 p, q につい

図8.1

て，p を始点，q を終点とするような X 内の連続曲線が存在することである．

弧状連結性は位相不変な性質である．すなわち，$X \approx Y$ のとき，X が弧状連結なら Y もそうである（演習問題 8.1）．

例1° n 次元球体 D_r^n は弧状連結である（図8.2）．

証明 半径 $r=1$ のときだけを示せばよい．p, q を D^n の任意の2点とする．p, q を E^n の中の線分 l で結ぶ．l は p, q を端点とする連続曲線である．あと示すべきことは，（図を見ればあたり前のことのようであるが，）l が D^n 内の連続曲線であること，つまり l 上の各点が D^n に属すことである．

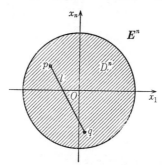

図8.2

$p=(a_1, a_2, \cdots, a_n)$, $q=(b_1, b_2, \cdots, b_n)$ とおく．$p, q \in D^n$ であるから $\sum_{i=1}^{n} a_i^2 \leqq 1$, $\sum_{i=1}^{n} b_i^2 \leqq 1$ が成り立つ．また l は
$$l(t) = (a_1(1-t)+b_1 t, \cdots, a_n(1-t)+b_n t)$$

§8 弧状連結性

で定義される連続曲線 $l:[0,1]\to \boldsymbol{E}^n$ と考えられる．$l(t)\in D^n$ をいうためには，$\sum_{i=1}^{n}\{a_i(1-t)+b_it\}^2\leqq 1$ を示せばよいが，これは $\sum_{i=1}^{n}a_i^2\leqq 1$, $\sum_{i=1}^{n}b_i^2\leqq 1$ およびコーシー・シュバルツの不等式 $\left(\sum_{i=1}^{n}a_ib_i\right)^2\leqq \left(\sum_{i=1}^{n}a_i^2\right)\left(\sum_{i=1}^{n}b_i^2\right)$ を使って容易に証明できる．□

定理 8.3 弧状連結な位相空間 X は(前節定義 7.1 の意味で)連結である．

証明 弧状連結な X が連結でないとして矛盾を出せばよい．X が連結でなければ，0 または 1 の値しかとらず，しかも，どこかで 0 の値も，1 の値も必ずとるような X 上の連続関数 f が存在する(補題 7.2)．f はどこかで，0 の値も 1 の値もとるのだから，適当な 2 点 $p_0, p_1\in X$ があって，$f(p_0)=0$, $f(p_1)=1$ である．

X は弧状連結だから p_0 と p_1 を結ぶ連続曲線 $l:[\alpha,\beta]\to X$ が存在する．$l(\alpha)=p_0$, $l(\beta)=p_1$ である．この写像 $l:[\alpha,\beta]\to X$ によって，X 上の連続関数 f を区間 $[\alpha,\beta]$ 上に引き戻す．すなわち，$g(t)=f(l(t))$ で定義される $[\alpha,\beta]$ 上の関数 g を考えるのである．g は，$l:[\alpha,\beta]\to X$, $f:X\to \boldsymbol{E}^1$ という 2 つの連続写像を合成したものだから連続である．

ところで，g は $g(\alpha)=f(l(\alpha))=f(p_0)=0$, $g(\beta)=f(l(\beta))=f(p_1)=1$ を満たし，しかも 0, 1 以外の値をとらない．$[\alpha,\beta]$ 上にこのような連続関数が存在することは，中間値の定理 7.3 に矛盾する．したがって X は連結でなければならな

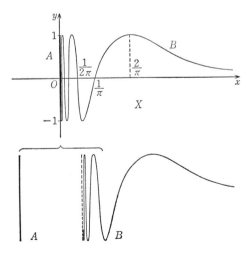

図 8.3

102　　　　　　　第3章　連　結　性

い．□

　定理8.3の逆は必ずしも正しくない．すなわち連結な空間が弧状連結とは限らないのである．次のような例がある（面白いが，面倒ならばとばしてよい）．

　例 2°　xy 平面上の図形 X を $X=A\cup B$ と定義する．ここに，
$$A = \{(0,y)\mid -1\leqq y\leqq 1\},$$
$$B = \left\{(x,y)\mid y=\sin\left(\frac{1}{x}\right), x>0\right\}$$
であるとする（図8.3）．

　A は y 軸上の区間 $[-1,1]$ である．また B は限りなく振動しながら A に近づく曲線である．容易に $B\approx \boldsymbol{E}^1$ がわかる．A と B を合わせた図形 $X=A\cup B$ は全体として連結であるが弧状連結ではない．

　図形 X が連結なことの証明　X が連結でないと仮定して矛盾をだす．もし X が連結でなければ，0 と 1 の値しかとらず，しかも定数でない連続関数 $f:X\to \boldsymbol{E}^1$ が存在する（補題7.2）．この f を A,B に制限して，A,B 上の連続関数 $f|A, f|B$ を得る．$f|A, f|B$ は 0 と 1 の値しかとらない．A,B はそれぞれ連結である．よって $f|A, f|B$ はそれぞれ A 上，B 上で一定である（補題7.2）．$p_n=(1/n\pi, 0)$ とおいて B 内の点列 $\{p_n\}$ をつくる．（$\{p_n\}$ は，B と x 軸の交点を並べたものである．）$\{p_n\}$ は X の点列として収束し，極限点 $p_0=(0,0)$ をもつ：$\lim_n p_n=p_0$．上の連続関数 $f:X\to \boldsymbol{E}^1$ について，$f(p_0)=\lim_n f(p_n)$ となるはずである．ところで，$p_0\in A, \{p_n\}\subset B$ であるから，このことは，$f|A$ の一定値と $f|B$ の一定値が一致すること，つまり，f は X 全体で一定であることを意味する．これは f が定数でなかったことに矛盾する．よって，X は連結である．

　図形 X が弧状連結でないことの証明　X が弧状連結であるとして矛盾をだす．X が弧状連結なら，$p_0=(0,0)\in A$ と $p_1=(1/\pi, 0)\in B$ が，X 内の連続曲線 $l:[\alpha,\beta]\to X$ で結べる筈である．$l(\alpha)=p_0, l(\beta)=p_1$ とする．

　次に，$l:[\alpha,\beta]\to X$ による A,B の逆像 $l^{-1}(A), l^{-1}(B)$ がともに $[\alpha,\beta]$ の開集合になることを証明する．B は，容易にわかるように，X の開集合である．よって，l の連続性により，$l^{-1}(B)$ は $[\alpha,\beta]$ の開集合である．

　A は X の開集合でないので，$l^{-1}(A)$ が $[\alpha,\beta]$ の開集合になることは，B の時ほど簡単にはいえない．そこで，$[\alpha,\beta]$ の開集合の定義にもどり，$\forall t_0\in l^{-1}(A)$

§8 弧状連結性

について，適当な $\delta>0$ をとれば $N_\delta(t_0,[\alpha,\beta])\subset l^{-1}(A)$ になることを証明しよう．

点 $t_0\in[\alpha,\beta]$ における $l:[\alpha,\beta]\to X$ の連続性により，任意の $\varepsilon>0$ に対して適当な $\delta>0$ を選べば，次の条件 (*)

(*) $\qquad\qquad |t-t_0|<\delta \Longrightarrow d_X(l(t),l(t_0))<\varepsilon$

が成り立つ ($\forall t\in[\alpha,\beta]$)．

この条件を ε-近傍の言葉で述べると，

(*)′ $\qquad\qquad l(N_\delta(t_0,[\alpha,\beta]))\subset N_\varepsilon(l(t_0),X)$

となる．($N_\delta(t_0,[\alpha,\beta])$ に属する t は，$|t-t_0|<\delta$ となるような $t\in[\alpha,\beta]$ であって，その l による像 $l(t)$ は，$N_\varepsilon(l(t_0),X)$ に入る，つまり，$d_X(l(t),l(t_0))<\varepsilon$ となるというのである．)

ところで，t_0 は $l^{-1}(A)$ の点であったから $l(t_0)\in A$ である．このとき，$l(t_0)$ の X における十分小さな ε-近傍 $N_\varepsilon(l(t_0),X)$ は，図 8.4 のようになる．$l(t_0)$ が A の端点でない場合には，$N_\varepsilon(l(t_0),X)$ は無限本の開線分 (両端を含まない線分) からなり (図 8.4 の左)，$l(t_0)$ が A の端点の場合には，$N_\varepsilon(l(t_0),X)$ は，1本の半開線分 (一端を含まない線分) と無限個のヘアピン形からなっている (図 8.4 右).

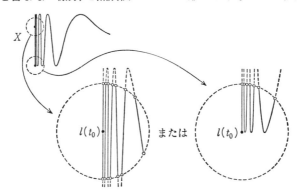

図 8.4

次のことに注意しよう．$N_\delta(t_0,[\alpha,\beta])$ は (開区間または半開区間だから) 弧状連結である．よってその像 $l(N_\delta(t_0,[\alpha,\beta]))$ も弧状連結である (演習問題 8.2)．そして，$l(N_\delta(t_0,[\alpha,\beta]))\subset N_\varepsilon(l(t_0),X)$ であるから，$l(N_\delta(t_0,[\alpha,\beta]))$ に属する任意の点は，点 $l(t_0)$ と，$N_\varepsilon(l(t_0),X)$ 内の連続曲線で結べる．

図8.4で示した$N_\varepsilon(l(t_0), X)$の形から明らかなように,点$l(t_0)$と,$N_\varepsilon(l(t_0), X)$内の連続曲線で結べるようなXの点は,図8.4の左図の場合は$l(t_0)$を含む一番左側の開線分上の点しかなく,図8.4の右図の場合は,$l(t_0)$を端点とする半開線分上の点しかない.いずれにしろ,Aに属する点である.よって
$$l(N_\delta(t_0, [\alpha, \beta])) \subset A$$
が示せた.これから$N_\delta(t_0, [\alpha, \beta]) \subset l^{-1}(A)$がわかる.よって,$l^{-1}(A)$は$[\alpha, \beta]$の開集合である.

$l^{-1}(A), l^{-1}(B)$がともに$[\alpha, \beta]$の開集合であることが示せたが,$\alpha \in l^{-1}(A)$,$\beta \in l^{-1}(B)$であるから両者はϕ(空集合)でない.しかも,$[\alpha, \beta] = l^{-1}(A) \cup l^{-1}(B)$,$l^{-1}(A) \cap l^{-1}(B) = \phi$である.これは,$[\alpha, \beta]$の連結性に矛盾してしまう(定義7.1参照).こうして矛盾が導かれたので,Xは弧状連結でない.□

例2°の説明が長くなってしまったが,要するに,定理8.3と例2°から,次の含意関係がわかる.

$$弧状連結 \underset{\longleftarrow}{\overset{\longrightarrow}{}} 連結.$$

弧状連結成分

上で証明したように,例2°の図形Xは全体として弧状連結でなく,A, Bという,各々が弧状連結であるような2つの部分に分かれている.そしてA, Bは共通部分を持たない.このようなA, BをXの**弧状連結成分**とよぶ.もっと簡単な状況で弧状連結成分の例をあげよう.

例 Xを3枚の円板A, B, Cからなる図形とする(図8.5).明らかにXは全体として弧状連結でなく,A, B, CがそれぞれXの弧状連結成分である.

一般に,どんな位相空間も,有限個または無限個の弧状連結成分に分割する

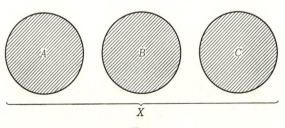

図8.5

§8 弧 状 連 結 性　　　105

ことができる. 次の定理がそのことを述べている.

定理 8.4　X を任意の位相空間とすると次の3条件を満たす部分集合の族 $\{C_\lambda\}_{\lambda \in \Lambda}$ が存在する.

(i)　$X = \bigcup_{\lambda \in \Lambda} C_\lambda$.

(ii)　$\lambda \neq \mu$ ならば $C_\lambda \cap C_\mu = \phi$ であって, C_λ の点と C_μ の点は X 内の連続曲線で結べない.

(iii)　$\forall \lambda \in \Lambda$ につき C_λ は空集合 (ϕ) でない. そして C_λ は弧状連結である.

　C_λ を X の**弧状連結成分**とよぶ ($\forall \lambda \in \Lambda$). ——

　上の定理の主張には, よく読むと少しおかしい部分がある. それは, 条件 (iii) の, C_λ が弧状連結である, というところである. 弧状連結であるかないかは, **位相空間**に関する性質であったはずなのに, C_λ は, X の部分集合というだけで, まだ位相空間の資格をそなえていない. 単なる部分**集合**については, '弧状連結である' という述語は意味がないのではないか.

　以下で説明するように, 実は C_λ には, 位相空間 X の部分集合として最も自然な位相(**相対位相**)を入れる. 定理 8.4 の (iii) は, この相対位相によって位相空間になった C_λ が弧状連結である, という意味なのである.

　そこで, 定理 8.4 の証明に入るまえに, 相対位相について説明しておかなければならない.

　少し先回りになるが, この節の残りの部分の構成についてアウトラインを述べておこう. まず, 相対位相を説明する. それから定理 8.4 の証明を述べる. この証明を厳密に行うには, **同値類別**の考えが必要なのだが, はじめに述べる証明は, この部分を少し直観的な説明ですませる. この '直観的証明' のあとで, 同値類別を説明する. 同値類別は, 数学全般において基本的な重要性をもつものであるから, やや詳しく, しかも弧状連結成分への分割に必要である以上に, より一般的な状況で議論することにする. 最後に, 同値類別の言葉を用いて定理 8.4 の証明をもう一度, 手短かに述べる.

相対位相

　位相空間 X の任意の部分集合 A が与えられたとき, この部分集合 A になるべく自然な方法で位相を入れることを考える. 次のようにすればよい.

　規約　U を X の任意の開集合として, U と A の共通部分 $U \cap A$ であるよう

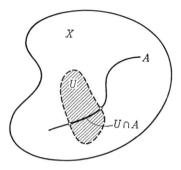

図 8.6

な A の部分集合を考え，そのような部分集合を A の**開集合**とよぶ．A の開集合は，このような形の部分集合に限るものとする（図 8.6）．――

X の開集合系（位相）を $\mathcal{O}$ とする．上の規約にいう 'A の開集合' 全部の集まりを $\mathcal{O}|A$ という記号で表わすと，

$$G \in \mathcal{O}|A \Longleftrightarrow G = U \cap A \ (\exists U \in \mathcal{O})$$

ということになる．

$\mathcal{O}|A$ に関して次の (i)(ii)(iii) が成り立つ．（証明はすぐあとで述べる．）

(i)　$\phi \in \mathcal{O}|A,\ A \in \mathcal{O}|A,$

(ii)　$G_1, G_2, \cdots, G_r \in \mathcal{O}|A \Longrightarrow G_1 \cap G_2 \cap \cdots \cap G_r \in \mathcal{O}|A,$

(iii)　A の部分集合の族 $\{G_\mu\}_{\mu \in M}$ について，$G_\mu \in \mathcal{O}|A \ (\forall \mu \in M) \Longrightarrow \bigcup_{\mu \in M} G_\mu \in \mathcal{O}|A.$

したがって，$\mathcal{O}|A$ は A のひとつの位相になる（定義 5.15）．この位相 $\mathcal{O}|A$ を（X の位相 $\mathcal{O}$ を A に制限した）**相対位相**とよぶ．A に相対位相 $\mathcal{O}|A$ を入れて得られる位相空間 $(A, \mathcal{O}|A)$ を，X の**部分空間**という．以後，位相空間 X の任意の部分集合 A は，常に相対位相によって部分空間になっている，と考えることにする．

$\mathcal{O}|A$ の性質 (i)(ii)(iii) を簡単に証明しよう．**(i) について**：$\phi = \phi \cap A \ (\phi \in \mathcal{O})$ であるから $\phi \in \mathcal{O}|A$．また $A = X \cap A \ (X \in \mathcal{O})$ であるから，$A \in \mathcal{O}|A$．**(ii) について**：$G_i \in \mathcal{O}|A \ (i = 1, 2, \cdots, r)$ とする．規約により，X の開集合 $U_1, U_2, \cdots, U_r$ があって $G_i = U_i \cap A$ と書けるはずである．集合論の公式により，$G_1 \cap G_2 \cap \cdots \cap G_r = (U_1 \cap A) \cap (U_2 \cap A) \cap \cdots \cap (U_r \cap A) = (U_1 \cap U_2 \cap \cdots \cap U_r) \cap A$．ところで $U_i \in \mathcal{O} \ (i = 1, 2, \cdots, r)$ であるから $U_1 \cap U_2 \cap \cdots \cap U_r \in \mathcal{O}$．よって $(U_1 \cap U_2 \cap \cdots \cap U_r) \cap A \in \mathcal{O}|A$ で

§8 弧状連結性

ある．(iii)について：集合論の公式(分配法則) $\bigcup_{\mu \in M}(U_\mu \cap A) = (\bigcup_{\mu \in M} U_\mu) \cap A$ を用いて(ii)と同様に示せる．

相対位相 $\mathcal{O}|A$ の定義が自然であることは，次の2つの命題からもわかる．これらの命題において，A は相対位相 $\mathcal{O}|A$ によって，$(X, \mathcal{O})$ の部分空間 $(A, \mathcal{O}|A)$ になっているものとする．

命題1 包含写像 $i: A \to X$ は連続写像である．(X が距離空間の場合に，これに相当する命題は §4 の'自明な連続写像'の項で述べた．)

証明 位相空間の間の連続写像の定義(定義 5.16)に従えば，任意の $U \in \mathcal{O}$ について $i^{-1}(U) \in \mathcal{O}|A$ であることを示せばよい．包含写像 $i: A \to X$ の定義により，$i(p) = p \ (\forall p \in A)$ である．これから，$i^{-1}(U) = U \cap A$ がわかる．($\forall p \in A$ について，$p \in i^{-1}(U) \Leftrightarrow {}^{\prime} i(p) \in U$ かつ $p \in A' \Leftrightarrow p \in U \cap A$.) したがって，$i^{-1}(U) \in \mathcal{O}|A$ であることは，'A の開集合'の規約そのものである．□

命題2 $(Z, \mathcal{O}_Z)$ を位相空間とし，Z から A への写像 $f: Z \to A$ が与えられているとする．f は(包含写像 $i: A \to X$ を合成することにより) Z から X への写像とも考えられる．このとき，f が，Z から A への写像 $Z \to A$ として連続なことと，Z から X への写像 $Z \to X$ として連続なこととは同値である(図 8.7)．

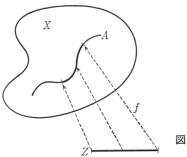

図 8.7

証明 $f: Z \to A$ が連続なら $i \circ f: Z \to X$ も連続なことは連続写像の合成が連続になること(補題 5.17)から明らかである．逆に $i \circ f: Z \to X$ が連続であると仮定しよう．このとき，$f: Z \to A$ が連続なことを示す．すなわち，$\forall G \in \mathcal{O}|A$ につき $f^{-1}(G) \in \mathcal{O}_Z$ であることを証明する．$\mathcal{O}|A$ の定義により，$G = U \cap A \ (U \in \mathcal{O})$ と書ける．つまり $G = i^{-1}(U)$ である．$f^{-1}(G) = f^{-1}(i^{-1}(U)) = (i \circ f)^{-1}(U)$ となるが，ここで $i \circ f: Z \to X$ の連続性を使うと，$(i \circ f)^{-1}(U) \in \mathcal{O}_Z$ がわかる．□

以上を準備として定理8.4の証明を述べよう.

定理8.4の証明　X を位相空間とする．任意の点 $p_0 \in X$ を選んで固定する．次のように定義される X の部分集合 $C(p_0)$ を考える．すなわち，X の点 p であって p_0 と X 内の連続曲線で結べるようなものの全体を $C(p_0)$ とするのである（図8.8）．$C(p_0)$ に，相対位相 $\mathcal{O}|C(p_0)$ を入れて X の部分空間と考える.

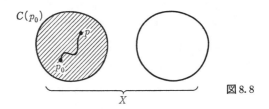

図8.8

主張　$C(p_0)$ は弧状連結である.

証明　まず，$\forall p \in C(p_0)$ は $C(p_0)$ 内の連続曲線で p_0 と結べることを証明しよう．$C(p_0)$ の定義により，$\forall p \in C(p_0)$ は X 内のある連続曲線 $l:[\alpha,\beta] \to X$ で p_0 と結べる．$l(\alpha) = p_0$, $l(\beta) = p$ である．さて，この曲線上の任意の点 $l(t)$ は，その曲線の $l(t)$ までの部分 ($l|[\alpha,t]:[\alpha,t] \to X$) によって p_0 と結ばれている．したがって，ふたたび $C(p_0)$ の定義によって，$l(t)$ は $C(p_0)$ に含まれる ($\forall t \in [\alpha,\beta]$). これは，曲線 l が全体として $C(p_0)$ に含まれてしまうことを意味している．l は，$[\alpha,\beta]$ から X への連続写像 $l:[\alpha,\beta] \to X$ であったが，実は $[\alpha,\beta]$ から $C(p_0)$ への写像 $l:[\alpha,\beta] \to C(p_0)$ であることになる．$C(p_0)$ には相対位相 $\mathcal{O}|C(p_0)$ を入れておいた．したがって，l は $[\alpha,\beta]$ から $C(p_0)$ への写像と考えても連続である（命題2）．こうして，l は $C(p_0)$ 内の連続曲線となり，$\forall p \in C(p_0)$ が p_0 と，$C(p_0)$ 内の連続曲線で結べることが示せた．

$C(p_0)$ 内の任意の2点 p,q をとる．いま証明したように，p と p_0 は $C(p_0)$ 内の連続曲線 l_1 で結べる．また q と p_0 も $C(p_0)$ 内の連続曲線 l_2 で結べる．したがって，p と q とは，l_1 と l_2 を p_0 のところでつないだ $C(p_0)$ 内の連続曲線によって結べることになる．よって定義8.2により $C(p_0)$ は弧状連結である．（なお，細かいことを言うと，2つの連続曲線 l_1, l_2 を共通な端点でつないだものがまた連続曲線になることは，E^3 の中の曲線については補題2.8で証明されているが，一般の位相空間内の曲線についてはまだ示されていない．このことは，

§8 弧状連結性　　109

以下の同値類別の説明中に述べる補題8.6で証明する.) □

　定理8.4の証明を続けよう. もし $X=C(p_0)$ なら証明は終りである. X はそれ自身弧状連結となり, ただひとつの弧状連結成分からなる.

　もし, $X \neq C(p_0)$ なら, $C(p_0)$ に属さない X の点 p_1 がある. p_1 と X 内の連続曲線で結べるような点全部のなす部分空間を $C(p_1)$ とする. 上の命題により, $C(p_1)$ も弧状連結である. $C(p_0) \cap C(p_1) = \phi$ がわかる. なぜなら, もし, $C(p_0) \cap C(p_1) \neq \phi$ であって, $p \in C(p_0) \cap C(p_1)$ という点があれば, p と p_0 は X 内の連続曲線で結べ(なぜなら $p \in C(p_0)$), また p と p_1 も X 内の連続曲線で結べる(なぜなら $p \in C(p_1)$). この2つの連続曲線を p のところでつないで p_0 と p_1 を結ぶ X 内の連続曲線が得られる. (ここにも, 同値類別の項で述べる補題8.6がいる.) これは $p_1 \notin C(p_0)$ に矛盾する. したがって $C(p_0) \cap C(p_1) = \phi$ でなければならない. 同様な議論により, $C(p_0)$ の点と $C(p_1)$ の点とは, X 内の連続曲線で結べないことが示せる.

　$X=C(p_0) \cup C(p_1)$ なら, これで証明は終りである. X は2つの弧状連結成分 $C(p_0), C(p_1)$ に分割された.

　もし, $X \neq C(p_0) \cup C(p_1)$ なら, 更に $p_2 \notin C(p_0) \cup C(p_1)$ であるような $p_2 \in X$ をとり, $C(p_2)$ を考える. $C(p_2)$ は上の命題により弧状連結になり, しかも $C(p_2) \cap C(p_1) = \phi$, $C(p_2) \cap C(p_0) = \phi$ がわかる. また, $i \neq i$ なら, $C(p_i)$ の点と $C(p_j)$ の点は X 内の連続曲線で結べないこともいえる.

　$X=C(p_0) \cup C(p_1) \cup C(p_2)$ なら, これで証明は終る. X は3つの弧状連結成分に分割された.

　もしそうでなければ, 更に, $p_3 \notin C(p_0) \cup C(p_1) \cup C(p_2)$ であるような $p_3 \in X$ をとり, 同様な議論を続ける. こうして進んで行けば, 窮極的に, X は有限または無限個の弧状連結成分 $\{C_\lambda\}_{\lambda \in \Lambda}$ に分割されるはずである. これで定理8.4が証明された. □

　'直観的な説明' としては一応これでよいが, 論理的な厳密さの点で少し不安が残る. ひとつずつ弧状連結成分を増やして行くやり方で, 本当に X 全体の分割ができるのだろうか. どこまでやっても切りがないという事態も有り得るのではないだろうか.

110　　　　　　　　第3章　連　結　性

　結局，上の証明には，X の分割を一挙に達成する論理が欠けているのである．次に説明する同値類別が，このような分割を実現する論理である．

　以下，少し一般的な状況で話を進める．

同値類別

　集合 X があり，X の要素間にある関係 $\sim$ が定まっている，という極く一般的状況から出発しよう．ここでいう関係 $\sim$ とは当面は何でもよく，X の2要素 x, y を指定するごとに，x と y が '$\sim$' という関係にあるかないか，つまり $x \sim y$ であるかないか，がはっきり決まっていればよい．集合 X と関係 $\sim$ の対 $(X, \sim)$ が考察の対象である．

　例1°　実数の集合 $\boldsymbol{R}$ と大小関係 $(<)$．$\forall a, b \in \boldsymbol{R}$ について，$a < b$ であるかないかは，はっきり決まっている．

　例2°　整数の集合 $\boldsymbol{Z}$ と整除関係．$n\,(\in \boldsymbol{Z})$ が $m\,(\in \boldsymbol{Z})$ の倍数のとき $m|n$ と書く．これもひとつの関係である．

　例3°　合同関係．m, n を整数とする．差 $m - n$ が2で割り切れるとき，m は n に2を法として合同であるといい，$m \equiv n$ と表わす．（正確には $m \equiv n\,(2)$.）たとえば $0 \equiv 4$, $1 \equiv 3$, $5 \not\equiv 4$．（$m \not\equiv n$ は $m \equiv n$ でないことを表わす．）この '$\equiv$' も関係である．

　例4°　X を位相空間とする．X の2点 p, q について，p と q が X 内の連続曲線で結べるとき $p \overset{a}{\sim} q$ と書くことにする．（記号 $\overset{a}{\sim}$ の上の a は，弧 = arc によって結べる，という意味を表わすために添えた．）正確にいうと，連続曲線 $l : [\alpha, \beta] \to X$ が存在して $l(\alpha) = p$, $l(\beta) = q$ となるとき $p \overset{a}{\sim} q$ と定義する．弧状連結成分への分割の際に使われるのは，この関係 $\overset{a}{\sim}$ である．

　定義8.5　関係 $(X, \sim)$ が次の3条件を満たすとき，その関係 $\sim$ を**同値関係**という．

　(i)　$\forall x \in X$ について $x \sim x$ が成り立つ．（同一律）

　(ii)　$\forall x, y \in X$ について，'$x \sim y \Rightarrow y \sim x$' が成り立つ．（対称律）

　(iii)　$\forall x, y, z \in X$ について，'$(x \sim y$ かつ $y \sim z) \Rightarrow x \sim z$' が成り立つ．（推移律）

───

　上にあげておいた4つの例のうち，大小関係は同値関係でない．なぜなら，$a < a$ でないから，同一律が成り立たない．また対称律も成り立たない．

§8 弧 状 連 結 性 111

整除関係は，対称律を満たさず，やはり同値関係ではない．

整数の間の合同関係 ≡ は，同一律，対称律，推移律の３性質が容易に確かめられ，同値関係になる．

弧状連結成分との関連で大切なのは，例 4° の**関係 $\overset{a}{\sim}$ が，位相空間 X の点の間の同値関係になる**，という事実である．このことを証明しよう．

同一律　$\forall p \in X$ について $p \overset{a}{\sim} p$ は明らかである．なぜなら，$\forall t \in [0,1]$ に p を対応させる 定値写像 $l:[0,1] \to X$ は，一種の 連続曲線 であって，$l(0)=p$, $l(1)=p$ となるからである．

対称律　$p \overset{a}{\sim} q$ とする．連続曲線 $l:[\alpha, \beta] \to X$ があって，$l(\alpha)=p$, $l(\beta)=q$ となる．この曲線を逆に進む曲線を，記号的に l^{-1} と表わす．l^{-1} は $l^{-1}(t)=l(\alpha+\beta-t)$ で定義される．$l^{-1}:[\alpha,\beta] \to X$ は連続であって，$l^{-1}(\alpha)=l(\beta)=q$, $l^{-1}(\beta)=l(\alpha)=p$. したがって $q \overset{a}{\sim} p$ が示せた．（下の補題 8.6 の証明の中で，$l:[\alpha,\beta] \to X$ を連続写像と考えたとき，X の部分集合 A の，写像 l による逆像を $l^{-1}(A)$ と表わすが，この記号を上に述べた逆向きの曲線 l^{-1} と混同しないように．）

推移律　$p \overset{a}{\sim} q$ かつ $q \overset{a}{\sim} r$ を仮定して $p \overset{a}{\sim} r$ を示せばよい．

$p \overset{a}{\sim} q$ であるから，連続曲線 $l:[\alpha,\beta] \to X$ があって $l(\alpha)=p$, $l(\beta)=q$ となる．また $q \overset{a}{\sim} r$ であるから，連続曲線 $l':[\alpha',\beta'] \to X$ があって $l'(\alpha')=q$, $l'(\beta')=r$ となる．ここで $\alpha'=\beta$ と仮定してよい．なぜなら，l' のかわりに $\tilde{l}'$ を $\tilde{l}'(t)=l'(t+(\alpha'-\beta))$ と定義すると，$\tilde{l}':[\beta, \beta+(\beta'-\alpha')] \to X$ は連続になり $\tilde{l}'(\beta)=l'(\alpha')=q$, $\tilde{l}'(\beta+(\beta'-\alpha'))=l'(\beta')=r$ となるからである．そこではじめから l' の定義域を $[\beta,\gamma]$ として，$l':[\beta,\gamma] \to X$ ($l'(\beta)=q$, $l'(\gamma)=r$) と仮定する．

上の２本の連続曲線 l, l' を q のところでつないで $l'':[\alpha,\gamma] \to X$ を構成する．すなわち

$$l''(t) = \begin{cases} l(t), & t \in [\alpha, \beta] \\ l'(t), & t \in [\beta, \gamma] \end{cases}$$

とおく．$l(\beta)=l'(\beta)$ であるから，l'' は $[\alpha,\gamma]$ 全体で矛盾なく定義される．次の補題 8.6 により，つないだ曲線 $l'':[\alpha,\gamma] \to X$ は連続になり，しかも $l''(\alpha)=p$, $l''(\gamma)=r$. よって $p \overset{a}{\sim} r$ となり，推移律が示せた．

補題 8.6　$l:[\alpha,\beta] \to X$, $l':[\beta,\gamma] \to X$ が連続で，$l(\beta)=l'(\beta)$ のとき，上のように定義した $l'':[\alpha,\gamma] \to X$ は連続である．

証明 位相空間の間の連続写像の定義(定義5.16)に従い,Xの任意の開集合Uについて,逆像$(l'')^{-1}(U)$が$[\alpha,\gamma]$の開集合になることを示す. そのためには(Uの補集合$X-U$を考えることにより),Xの任意の閉集合Cについて$(l'')^{-1}(C)$が$[\alpha,\gamma]$の閉集合になることを示せば十分である.

$l:[\alpha,\beta]\to X$は連続. よって,逆像$l^{-1}(C)$は$[\alpha,\beta]$の閉集合である. $[\alpha,\beta]\subset[\alpha,\gamma]$であるから,$l^{-1}(C)$は$[\alpha,\gamma]$の部分集合でもあるが,$[\alpha,\gamma]$の部分集合としても$l^{-1}(C)$は閉集合である. (一般に,$[\alpha,\beta]$の閉集合は$[\alpha,\gamma]$の部分集合としても閉集合である. このことは点列の収束による閉集合の定義に基づいて容易に示せる.)

同様に,$l':[\beta,\gamma]\to X$の連続性から,逆像$(l')^{-1}(C)$は$[\beta,\gamma]$の閉集合になるが,この$(l')^{-1}(C)$も,$[\beta,\gamma]$より広い$[\alpha,\gamma]$の部分集合と考えても閉集合である.

すぐにわかるように,$(l'')^{-1}(C)=l^{-1}(C)\cup(l')^{-1}(C)$が成り立つ. よって,定理5.6(ii)により$(l'')^{-1}(C)$は$[\alpha,\gamma]$の閉集合である. □

以後,一般の同値関係$(X,\sim)$について話を進める. 空でない集合Xの要素の間にある同値関係$\sim$が与えられているとする. このとき,Xを次のように分割することができる. これが**同値類別**である.

定理 8.7 次の(i)(ii)(iii)を満たすXの部分集合の族$\{C_\lambda\}_{\lambda\in\Lambda}$が存在する.

(i) $X = \bigcup_{\lambda\in\Lambda} C_\lambda$.

(ii) $\lambda \neq \mu$ ならば $C_\lambda \cap C_\mu = \phi$ であり,しかも C_λ の要素と C_μ の要素とは決して $\sim$ の関係にない ($\forall \lambda, \mu \in \Lambda$).

(iii) $C_\lambda \neq \phi$ である. そして,C_λの任意の2要素は互いに $\sim$ の関係にある ($\forall \lambda \in \Lambda$). ——

各々のC_λを,同値関係 $\sim$ に関する**同値類**とよぶ(図8.9をみよ).

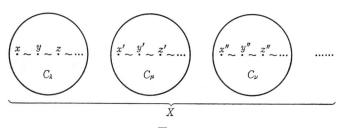

図8.9

§8 弧 状 連 結 性　　　113

定理 8.7 の証明　x を X の任意の要素とし，X の部分集合 $C(x)$ を

$$C(x) = \{y \in X \,|\, x \sim y\}$$

と定義する．すなわち，x と $x \sim y$ の関係にある X の要素 y の全体を $C(x)$ とするのである．$C(x)$ は，x を決めるごとにきまる X の部分集合である．

主張　$C(x) = C(y)$ であるための必要十分条件は $x \sim y$ となることである．

証明　(I)　$C(x) = C(y) \Rightarrow x \sim y$ の証明：同一律 $y \sim y$ により $y \in C(y)$ がわかる．よって $C(y) = C(x)$ なら，$y \in C(x)$．したがって（$C(x)$ の定義から）$x \sim y$．

(II)　$x \sim y \Rightarrow C(x) = C(y)$ の証明：まず，$x \sim y$ なら $C(y) \subset C(x)$ を示す．任意の $z \in C(y)$ を考える．$C(y)$ の定義によって $y \sim z$ であるから，仮定 $x \sim y$ と推移律により $x \sim z$．これは $z \in C(x)$ を意味する．$\forall z \in C(y)$ について $z \in C(x)$ が言えたから $C(y) \subset C(x)$ が示せた．

対称律により，$x \sim y$ から $y \sim x$ が出るから，上と全く同様にして逆の包含関係 $C(x) \subset C(y)$ が示せる．したがって $C(x) = C(y)$ でなければならない．　□

定理 8.7 の証明をつづけよう．やや唐突であるが，X のすべての部分集合からなる集合を考え，それを $\mathcal{P}_X$ と書くことにする．集合 $\mathcal{P}_X$ の個々の要素は X の部分集合である．したがって，$A \in \mathcal{P}_X$ であることと $A \subset X$ であることとは同値である．たとえば，$X \in \mathcal{P}_X$, $\phi \in \mathcal{P}_X$．また，上で考えた $C(x)$ も X の部分集合だから，$C(x) \in \mathcal{P}_X$ である，つまり，$C(x)$ は集合 $\mathcal{P}_X$ の **1 要素**と考えられる．

集合 X から集合 $\mathcal{P}_X$ への写像 $\pi : X \to \mathcal{P}_X$ を次のように定義する：

$$\pi(x) = C(x) \quad (\in \mathcal{P}_X).$$

X の要素 x に，$\mathcal{P}_X$ の要素 $C(x)$ を対応させる写像が $\pi : X \to \mathcal{P}_X$ である．

上で示した**主張**を，$\pi : X \to \mathcal{P}_X$ を使っていいかえると，

'$x \sim y$ であるための必要十分条件は $\pi(x) = \pi(y)$ である'

となる．

さて，'数の集合' や '点の集合' などは比較的考え易いが，$\mathcal{P}_X$ のように，その個々の要素が X の部分集合というすでにある広がりを持った対象であるような集合は考えにくい．実は，$\mathcal{P}_X$ をこのような集合と定めたのは，写像 $\pi : X \to \mathcal{P}_X$ を定義するためだったのである．しかし，一旦，上の性質を持つ写像 $\pi : X$

114　　　　　　　　第3章　連　結　性

→$\mathcal{P}_X$ が定義できてしまえば，集合 $\mathcal{P}_X$ の正体が何であっても，大した問題ではない．

そこで，論理的にはどうでもよいことだが，少なくとも心理的には，$\mathcal{P}_X$ が‘X の部分集合全体の集合’であったことは忘れてしまって，次の**事実**をあらためて出発点とした方が以下の議論が分り易いと思われる．

事実　同値関係 $(X, \sim)$ が与えられると，次の性質を持つ集合 $\mathcal{P}_X$ と写像 $\pi:$ $X \rightarrow \mathcal{P}_X$ が決まる．その性質とは，‘$x \sim y$ であるための必要十分条件は $\pi(x) =$ $\pi(y)$ である’ということである．――

この事実さえ認めれば，集合 $\mathcal{P}_X$ のイメージとしてどんなものを思い浮べるのも自由である．たとえば，$\mathcal{P}_X$ を点の集合のように考えてもよいし，$\lambda, \mu, \nu,$ $\cdots$, etc. の記号の集合と思ってもよい．大切なことは，上に述べたように，$x \sim$ y の関係にある X の2要素 x, y には，写像 π によって集合 $\mathcal{P}_X$ の同じ‘点’が対応し，逆に，x, y に $\mathcal{P}_X$ の同じ‘点’が対応すれば，x, y は $x \sim y$ の関係にある，という事実である．

さて，写像 $\pi: X \rightarrow \mathcal{P}_X$ による X の像 $\pi(X)$ を Λ とおく：$\Lambda = \pi(X)$. Λ は集合 $\mathcal{P}_X$ の部分集合である．$X \neq \phi$ と仮定しているから，$\Lambda \neq \phi$ である．この Λ が，X を同値類別するときの族 $\{C_\lambda\}_{\lambda \in \Lambda}$ の添字集合の役割を果すのである．Λ の個々の要素を $\lambda, \mu, \nu, \cdots$, etc. の文字で表わすことにする．

写像 π は，X から Λ の上への写像 $\pi: X \rightarrow \Lambda$ と考えられる．

Λ の1点 λ について，λ だけからなる Λ の部分集合を $\{\lambda\}$ とする．$\pi: X \rightarrow \Lambda$ による $\{\lambda\}$ の逆像 $\pi^{-1}(\{\lambda\})$ を簡単に $\pi^{-1}(\lambda)$ と書く．もちろん，$\pi^{-1}(\lambda)$ は X の部分集合であって，$x \in \pi^{-1}(\lambda)$ のための必要十分条件は $\pi(x) = \lambda$ となることである．

写像 $\pi: X \rightarrow \Lambda$ は‘上へ’の写像であるから，$\forall \lambda \in \Lambda$ について $\pi^{-1}(\lambda) \neq \phi$ である．

$\forall \lambda \in \Lambda$ について，$C_\lambda = \pi^{-1}(\lambda)$ とおいて，X の部分集合の族 $\{C_\lambda\}_{\lambda \in \Lambda}$ を構成しよう．この $\{C_\lambda\}_{\lambda \in \Lambda}$ が定理 8.7 の主張する同値類の族である．定理 8.7 の (i) (ii) (iii) を確かめると

(i)　$X = \bigcup_{\lambda \in \Lambda} C_\lambda$ のこと：任意の $x \in X$ をとる．$\pi(x) = \lambda$ とおくと $x \in \pi^{-1}(\lambda) =$ C_λ. よって $x \in \bigcup_{\lambda \in \Lambda} C_\lambda$. これから $X \subset \bigcup_{\lambda \in \Lambda} C_\lambda$ がわかる．逆の包含関係 $X \supset \bigcup_{\lambda \in \Lambda} C_\lambda$ は，各々の C_λ が X の部分集合であることから明らかである．

(ii)　$\lambda \neq \mu$ ならば $C_\lambda \cap C_\mu = \phi$ であって，しかも C_λ の要素と C_μ の要素とは決

§8 弧状連結性

して〜の関係にないということ：もし $x \in C_\lambda$ と $y \in C_\mu$ とが $x \sim y$ の関係にあれば $\lambda = \pi(x) = \pi(y) = \mu$ となって $\lambda \neq \mu$ の仮定に反する．同様にして $C_\lambda \cap C_\mu = \phi$ がわかる．

(iii) C_λ の任意の2要素 x, y について $x \sim y$ が成り立つこと：$x, y \in C_\lambda$ ゆえ $\pi(x) = \pi(y) = \lambda$．よって上の事実により $x \sim y$．

これで定理8.7のすべての主張が証明された．□

写像 $\pi: X \to \mathcal{P}_X$ による X の像 $\pi(X)$ を Λ とおいたが，同じ集合 $\pi(X)$ を Λ のかわりに

$$X/\sim$$

という記号で表わして，同値関係〜による X の**商集合**とよぶことがある．そして写像 $\pi: X \to X/\sim (= \Lambda)$ を，**標準的な'上へ'の写像**，または簡単に**商写像**とよぶ．

同じ集合 $\pi(X)$ を Λ と書いたり $X/\sim$ と書いたりするのは，それぞれの場合に $\pi(X)$ に別々の意味を持たせようとしているからである．Λ は，同値類の族 $\{C_\lambda\}_{\lambda \in \Lambda}$ の添字集合の役割を果したが，商集合 $X/\sim$ の方は**各同値類 C_λ をそれぞれ1点につぶして得られる集合**と考える．同値類 $C_\lambda, C_\mu, C_\nu, \cdots$, etc. をそれぞれ $\lambda, \mu, \nu, \cdots$, etc. という名前のついた点につぶして，商集合 $X/\sim = \{\lambda, \mu, \nu, \cdots\}$ を得る，と考えるわけである(図8.10参照)．

図8.10から明らかなように，同一の同値類に属する X の点は，商集合 $X/\sim$

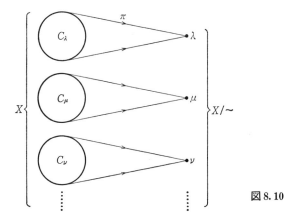

図8.10

に写るとみな同じ点になってしまう.

$x \in C_\lambda$ のとき, C_λ を x の属する同値類とよぶが, x に対応する商集合 $X/\sim$ の要素 λ のことも x の属する同値類とよぶのが普通である. このよび方は, 写像 $\pi : X \to \mathcal{P}_X$ のそもそもの定義 $(\pi : x \mapsto C(x))$ を思い出してみると自然であることがわかると思う.

この意味で商集合 $X/\sim$ は, $\sim$ に関する X の同値類全体のなす集合 $\{\lambda, \mu, \nu, \cdots\}$ であるといってよい.

以上で, 同値類別の説明は全部終った. ここで, まえに直観的なやり方で証明しておいた定理 8.4(弧状連結成分への分解)を, 同値類別の考えを使ってもう一度簡単に示してみよう. 今度は, 'いつまでやっても切りがないのではないか' という不安はないはずである.

定理 8.4 の第 2 の証明　位相空間 X に例 4° で考えた関係 $\overset{a}{\sim}$ を入れる. この関係 $\overset{a}{\sim}$ は同値関係であった. 関係 $\overset{a}{\sim}$ に関して X を同値類別する : $X = \bigcup_{\lambda \in \Lambda} C_\lambda$. これが弧状連結成分への分割にほかならない. 各 C_λ が相対位相に関して弧状連結であることは, 定理 8.4 の第 1 の証明の中で示しておいた. □

注意　位相空間 X の商集合 $X/\overset{a}{\sim}$ を $\pi_0(X)$ という記号で表わすことがある. $\pi_0(X)$ は X の弧状連結成分全体のなす集合である.

例 5°　整数の集合 Z の, 2 を法とする合同関係 ($\equiv$) による同値類別.

$0 (\in Z)$ の属する同値類を $C(0)$ とする. $m \in C(0)$ のための必要十分条件は $m \equiv 0$, つまり, m が偶数であることである. 1 は $C(0)$ に属さない. 1 の属する同値類を $C(1)$ とすると, $m \in C(1)$ のための必要十分条件は $m \equiv 1$, つまり m が奇数のことである. 容易にわかるように $Z = C(0) \cup C(1)$ となり, '$\equiv$' に関する同値類別は偶数と奇数への分割に一致する.

通常, この同値類別の商集合 $Z/\equiv$ を $Z/2$ と表わす. $Z/2$ は 0, 1 の 2 つの記号からなる集合と考えられる : $Z/2 = \{0, 1\}$.

例 6°　$m \geq 1$ のとき, m 次元球面 S^m は弧状連結である.

証明　$S^m = \{(x_1, \cdots, x_m, x_{m+1}) \in R^{m+1} | x_1^2 + \cdots + x_m^2 + x_{m+1}^2 = 1\}$ であった. S^m の上半球面 $D_+{}^m$, 下半球面 $D_-{}^m$ をそれぞれ

$$D_+{}^m = \{(x_1, \cdots, x_m, x_{m+1}) | x_{m+1} \geq 0, x_1^2 + \cdots + x_m^2 + x_{m+1}^2 = 1\},$$
$$D_-{}^m = \{(x_1, \cdots, x_m, x_{m+1}) | x_{m+1} \leq 0, x_1^2 + \cdots + x_m^2 + x_{m+1}^2 = 1\}$$

と定義する．D_+^m, D_-^m は，m 次元球体 D^m と位相同形である．実際，D_+^m の点 $(x_1,\cdots,x_m,x_{m+1})$ に，$(x_1,\cdots,x_m)$ を対応させる写像（射影）が，D_+^m と D^m の間の同相写像になる（図 8.11 の垂直な矢印）．同様に $D_-^m \approx D^m$ が示せる．

$p_0 = (1, 0, \cdots, 0) \in S^m$ とおくと，明らかに $p_0 \in D_+^m \cap D_-^m$ である．S^m が弧状連結なことを示すのに，任意の 2 点 $p, q \in S^m$ が S^m の連続曲線で結べることをいえばよい．$D_+^m \approx D^m$，$D_-^m \approx D^m$ で，D^m は弧状連結．弧状連結性は位相不変だから（演習問題 8.1），D_+^m, D_-^m は弧状連結である．よって，$p, q \in D_+^m$ または $p, q \in D_-^m$ の場合は，p と q は D_+^m または D_-^m の中の連続曲線で結べる．残るのは $p \in D_+^m, q \in D_-^m$ の場合であるが，D_+^m と D_-^m の弧状連結性により，p と p_0 は D_+^m の中の連続曲線で結べ，q と p_0 も D_-^m の中の連続曲線で結べる．この 2 つの曲線を p_0 のところでつなぐと，p と q を結ぶ S^m の連続曲線が得られる（図 8.11）．□

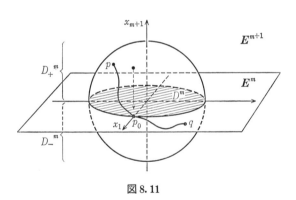

図 8.11

演習問題

8.1 X, Y を位相空間とし，$X \approx Y$ と仮定する．もし，X が弧状連結なら Y も弧状連結であることを示せ．

8.2 X, Y を位相空間とし，$f: X \to Y$ を連続写像とする．X の f による像 $f(X)$ に，Y の位相を制限した相対位相を入れる．このとき，X が弧状連結なら $f(X)$ も弧状連結になることを証明せよ．（前問 8.1 の一般化．）

8.3 X, Y を位相空間，$f: X \to Y$ を連続写像とし，$X = \bigcup_{\lambda \in \Lambda} C_\lambda, Y = \bigcup_{\mu \in M} C_\mu'$ を弧状連結成分への分解とする．このとき，任意の C_λ について $f(C_\lambda)$ はどれかひとつの C_μ' に含まれることを示せ．（λ にこのような μ を対応させることによって，写像 $f_\sharp : \pi_0(X) \to \pi_0(Y)$

118   第3章 連 結 性

がきまる. p. 116 の注意を見よ. これを $f: X \to Y$ から誘導された写像とよぶ.)

8.4 X を距離空間, A をその部分集合とする. A に X の距離を制限した距離を入れて距離空間と考える. このとき, 次の (i)(ii)(iii) を証明せよ.

(i) 任意の $p \in A$ と $\varepsilon > 0$ について, $N_\varepsilon(p, A) = N_\varepsilon(p, X) \cap A$.

(ii) G を距離空間 A の開集合とすると, X の適当な開集合 U があって $G = U \cap A$.

(iii) X の開集合 U について $U \cap A$ は A の開集合になる. ((ii)(iii) より, 距離空間 A の位相は, 距離空間 X の位相を A に制限した相対位相であることがわかる.)

8.5 Q を有理数全体からなる集合とする. Q は E^1 の図形と考えられる. このとき Q の各弧状連結成分は 1 点だけからなることを示せ.

第4章 基 本 群

§9 道の変形

平面 E^2 と，平面から円板 D^2 をくり抜いた図形 E^2-D^2 を考えてみよう(図 9.1).

この2つの図形は，直観的に明らかなように，互いに位相同形ではない．では，理論的には，どのような方法で位相同形でないことが示せるのだろうか．両方とも弧状連結であるから，弧状連結性によって両者を区別することはできない．

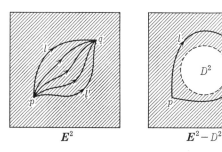

図 9.1

この場合，次の方法が有効である．図形の中に適当な2点 p, q を定め，p を始点，q を終点とする連続曲線を描く．そして，その曲線を，**始点と終点を止めたまま**，図形の中で少しずつ連続的に変形してみるのである．

左図の E^2 の場合，このような変形によって，p を始点，q を終点とする連続曲線は，すべて互いに移り合う．ところが，右図の E^2-D^2 の場合には，p から出て'穴'の上の方を通って q に達する曲線 l と，p から出て'穴'の下の方を通って q に達する曲線 l' とは，E^2-D^2 の中で少しずつ連続変形する操作では移り合わない．どうしても，この穴を跳び越えるという，E^2-D^2 から飛び出してしまうような変形が必要になる(図 9.1 をみよ)．

このように，その図形の中での連続曲線の変形の仕方の違いによって E^2 と E^2-D^2 とが区別されるのである．

図形の中の連続曲線の変形を論じて行くと，2つの興味ある対象に出会う．基本群と被覆空間である．そして当然のことながらこれらは密接に関連する．

第4章で基本群について述べ，第6章§17で被覆空間について述べる．この§9では，それらの前提として，道の変形に関係する基本的な定義をいくつか与え，簡単な性質を調べる．

以後簡単のため，位相空間 X 内の連続曲線のことを，X の**道**という．そして，道 $l:[\alpha,\beta]\to X$ の定義域 $[\alpha,\beta]$ は常に $[0,1]$ であると仮定する．

まず，道の連続的変形を定義することから始めよう．いま，X を位相空間とし，X の点 p を始点，q を終点とする道 l があり，この道が両端を止めたまま，X の中で別の道 l' に連続的に変形するものとする．はじめの道 l と終りの道 l' が決まっていても，l から l' に連続変形する仕方にはいろいろな途中経過が考えられるが，いまは，ある特定の途中経過をたどって l が l' に変形するとする．

ちょうど，両端の固定された弦の振動をスローモーションでみるように，道 l が時間 s とともに次第に形を変えて行き，遂に l' になると考えてみる．図 9.2 がその様子を表わしている．はじめの時間 $s=0$ の時には道は l に一致している．s が 0 から増加するにつれて道の形もだんだん変化し，さまざまな中間段階の形(つまり，0 から 1 までの各 s について，s 秒後の道 l_s)を経過して，最後に，$s=1$ のときの道 l' になる．このように，ある実数 $s\,(0\leqq s\leqq 1)$ に従って道が変形すると考え，この s を道の**変形のパラメター**とよぼう．変形のパラメターの値が s の時の道を l_s と書く．始めの道は l_0，最終段階の道は l_1 である．

逆に，$0\leqq s\leqq 1$ であるような実数 s のひとつひとつに，適当な道 l_s(ただし，始点は p，終点は q)を対応させると，道の変形の特定な経過 $\{l_s\}_{0\leqq s\leqq 1}$ が得られ

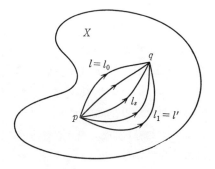

図 9.2

る. このとき，実数 s と道 l_s の対応は，ある意味で'連続的'でなければならない(正確には，下の定義 9.1 参照).

道 $l_s:[0,1] \to X$ の定義域は $[0,1]$ であるが，その中を動くパラメーターを t で表わし，変形のパラメーター s と区別して**道のパラメーター**とよぶ. t が 0 から 1 まで動くと，点 $l_s(t)$ は，p から q まで動いて，道 l_s を描くというわけである. いま考えている変形は，道の両端を止めたままの変形であるから，どの中間段階の道 l_s についても，始点は p，終点は q，すなわち $l_s(0)=p, l_s(1)=q$ ($\forall s \in [0,1]$) である.

以上をモチーフとして，道の変形を定義する.

定義 9.1 X を位相空間，$l, l':[0,1] \to X$ を道とする. そして l, l' の両方とも始点は p，終点は q であると仮定する. このとき，l が l' に**変形する**とは，次の性質 (i)(ii) を持つ連続写像 $H:[0,1] \times [0,1] \to X$ が存在することである.

(i)　$H(t, 0) = l(t), \ H(t, 1) = l'(t)$　($\forall t \in [0,1]$),

(ii)　$H(0, s) = p, \ H(1, s) = q$　($\forall s \in [0,1]$).

このような H を l から l' への**ホモトピー** (homotopy) とよぶ (図 9.3). ——

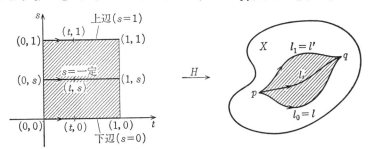

図 9.3

直積 $[0,1] \times [0,1]$ は，(t,s) 平面上の正方形 $\{(t,s) \mid 0 \leq t \leq 1, 0 \leq s \leq 1\}$ に同一視できる(演習問題 3.1 参照).

定義 9.1 の前で述べたような変形のパラメーター s による変形の記述 $\{l_s\}_{0 \leq s \leq 1}$ と，定義 9.1 のホモトピー $H:[0,1] \times [0,1] \to X$ による記述の関係は次の通りである. H を，$s=$ 一定 の線分に制限したものが道 l_s にほかならない (図 9.3). したがって，$\forall (t,s) \in [0,1] \times [0,1]$ について，$H(t,s) = l_s(t)$ が成り立つ. とくに，H を正方形の下辺 ($s=0$) に制限したものが $l_0 = l$ であり，上辺 ($s=1$) に制限し

たものが $l_1=l'$ である．（H に関する条件(i)を見よ．）どの l_s も始点は p，終点は q であるから，$H(0,s)=l_s(0)=p$，$H(1,s)=l_s(1)=q$ が成り立つ．（H に関する条件(ii).）

そして，l_s が変形のパラメター s に '連続的に' 依存する，と直観的に述べたことが写像 H の連続性として定式化されている．結局，$\{l_s\}_{0\le s\le 1}$ による変形の記述もホモトピー H による記述も全く同じことであり，使い易い方を使えばよい．

X の道 l が道 l' に，定義 9.1 の意味で変形することを，簡単に，l は l' にホモトープであるという．l が l' にホモトープなことを記号で

$$l \simeq l'$$

と表わす．$l \simeq l'$ なら，$l(0)=l'(0)$（つまり，始点は共通），$l(1)=l'(1)$（終点も共通）である．

補題 9.2　ホモトープの関係 $\simeq$ は，X の道の間の同値関係である．

証明　関係 $\simeq$ について，同一律，対称律，推移律の 3 法則を確かめればよい．

（同一律）　任意の道 $l:[0,1]\to X$ について $l\simeq l$ は明らかである．つまり，全然変形しない '変形' によって l は l 自身に '変形' する．任意の $s(\in[0,1])$ について $l_s=l$ とおけばよい．ホモトピーの言葉では，$H:[0,1]\times[0,1]\to X$ を $H(t,s)=l(t)$ と定義することに相当する．

（対称律）　$l \simeq l'$ ならば $l' \simeq l$ を示そう．l から l' へのホモトピーを $H:[0,1]\times[0,1]\to X$ とする．定義 9.1 の (i) によって $H(t,0)=l(t)$，$H(t,1)=l'(t)$ $(\forall t\in[0,1])$ が成り立つ．また (ii) によって $H(0,s)=p$，$H(1,s)=q$ $(\forall s\in[0,1])$ である．（ここに，p,q はそれぞれ，l の始点と終点である．）

写像 $H':[0,1]\times[0,1]\to X$ を次の式で定義する．

$$H'(t,s) = H(t,1-s).$$

この H' は，$(t,s)\mapsto(t,1-s)$ で定義される $[0,1]\times[0,1]$ から $[0,1]\times[0,1]$ への連続写像と，連続写像 $H:[0,1]\times[0,1]\to X$ の合成であるから連続である．しかも

(i')　$H'(t,0)(=H(t,1))=l'(t)$，$H'(t,1)(=H(t,0))=l(t)$,

(ii')　$H'(0,s)(=H(0,1-s))=p$，$H'(1,s)(=H(1,1-s))=q$

が成り立つ．よって H' は l' から l へのホモトピーであり，$l' \simeq l$ が示されたこ

とになる.

なお，H' は，図 9.3 の正方形の上下をひっくり返して得られる写像である.

(推移律)　$l \simeq l'$ かつ $l' \simeq l''$，ならば $l \simeq l''$ を証明する.

これは，l が l' に変形し，その l' が l'' に変形すれば，l は l'' に変形する，という当然の事実をいっているに過ぎないが，ホモトピー H を使って変形を定義した以上，この事実もホモトピーを使って証明してみせなければならない.

l から l' へのホモトピーを $H: [0,1] \times [0,1] \to X$ とする．定義 9.1 (i) によって $H(t,0) = l(t)$，$H(t,1) = l'(t)$ $(\forall t \in [0,1])$ が成り立ち，(ii) によって $H(0,s) = p$，$H(1,s) = q$ $(\forall s \in [0,1])$ である．(ここに，p, q はそれぞれ l の始点，終点である．それらは，l' の始点，終点でもある．)

l' から l'' へのホモトピーを $H': [0,1] \times [0,1] \to X$ とする．やはり定義 9.1 (i) と (ii) によって，$H'(t,0) = l'(t)$，$H'(t,1) = l''(t)$ $(\forall t \in [0,1])$ であり，また $H'(0,s) = p$，$H'(1,s) = q$ $(\forall s \in [0,1])$ が成り立つ．

ここで，H を定義域の上辺 ($s=1$) に制限したものと，H' を定義域の下辺 ($s=0$) に制限したものが，両方とも，$l': [0,1] \to X$ に一致することに注意して，この 2 つの正方形を上辺，下辺で貼り合わせ，縦長の長方形 $[0,1] \times [0,2]$（つまり，正方形の 2 階建て）を作る．そして，図 9.4 のように，1 階の正方形 $[0,1] \times [0,1]$ の上で H に一致し，2 階の正方形 $[0,1] \times [1,2]$ の上で H' に一致する写像 $H'': [0,1] \times [0,2] \to X$ を構成する．

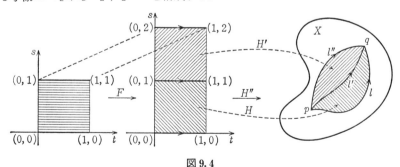

図 9.4

H'' の具体的な式は次のようになる．この式において，H' の本来の定義域 $[0,1] \times [0,1]$ が，(2 階の) $[0,1] \times [1,2]$ に移されているので，その分，H' の中で s のところが 1 だけずれている．

$$H''(t,s) = \begin{cases} H(t,s), & (t,s) \in [0,1] \times [0,1] \\ H'(t,s-1), & (t,s) \in [0,1] \times [1,2]. \end{cases}$$

$s=1$ のとき第1式は $H(t,1)=l'(t)$, 第2式は $H'(t,0)=l'(t)$ となり，一致するから，この式によって，H'' は $[0,1] \times [0,2]$ のすべての点で矛盾なく定義される. H と H' の連続性から，H'' の連続性が示される. （その詳しい証明は演習問題とする. 演習問題 9.1.）

本質的には，H'' が，l から l'' へのホモトピーなのであるが，H'' の定義域は長方形 $[0,1] \times [0,2]$ であって，定義 9.1 の意味のホモトピーの定義域 $[0,1] \times [0,1]$ とは異なる. これを調整するため，正方形 $[0,1] \times [0,1]$ を縦方向に2倍に引き延す同相写像 $F:[0,1] \times [0,1] \to [0,1] \times [0,2]$ を考え，F と H'' を合成する（図 9.4）. 具体的には，F は

$$F(t,s) = (t,2s), \quad (t,s) \in [0,1] \times [0,1]$$

である.

F と H'' の合成写像を $K:[0,1] \times [0,1] \to X$ とおく : $K=H'' \circ F$. K は連続写像であって，しかも

(i) $K(t,0) = H''(F(t,0)) = H''(t,0) = H(t,0) = l(t),$

　　$K(t,1) = H''(F(t,1)) = H''(t,2) = H'(t,1) = l''(t),$ および

(ii) $K(0,s) = H''(F(0,s)) = H''(0,2s) = p,$

　　$K(1,s) = H''(F(1,s)) = H''(1,2s) = q$

が成り立つ.

したがって，K は l から l'' へのホモトピーであり $l \simeq l''$ が示された.

なお，$K:[0,1] \times [0,1] \to X$ を表わす式は，

$$K(t,s) = \begin{cases} H(t,2s), & (t,s) \in [0,1] \times \left[0, \dfrac{1}{2}\right] \\[2mm] H'(t,2s-1), & (t,s) \in [0,1] \times \left[\dfrac{1}{2}, 1\right] \end{cases}$$

となる. 最初から天下り的に K をこのように定義しておけば，$l \simeq l''$ もすぐに示せたのである. □

道の積

道 l の終点が道 m の始点に一致するとき l と m をつないで新しい道が作れる. これを l と m の積とよぶ. l と m の積を記号で次のように表わす.

§9 道 の 変 形   125

$l \cdot m$.

この節以降,道の定義域は $[0,1]$ に規格化して考えるが,この規約のもとに,道 $l:[0,1] \to X$ と道 $m:[0,1] \to X$ の積 $l \cdot m$ が具体的な式で定義できる.次の式が $l \cdot m$ の定義式である.

$$(l \cdot m)(t) = \begin{cases} l(2t), & 0 \leq t \leq \dfrac{1}{2} \\ m(2t-1), & \dfrac{1}{2} \leq t \leq 1. \end{cases}$$

この式において,$l(\ )$ の中の $2t$ は,t が 0 から $1/2$ まで動くと,0 から 1 まで動く.また $m(\ )$ の中の $2t-1$ も,t が $1/2$ から 1 まで動くと,0 から 1 まで動くようになっている.

l の終点と m の始点が一致する ($l(1)=m(0)$) という仮定から,右辺の2式は $t=1/2$ のところで矛盾なくつながって,ひとつの道 $l \cdot m:[0,1] \to X$ を定義することがわかる (図 9.5).

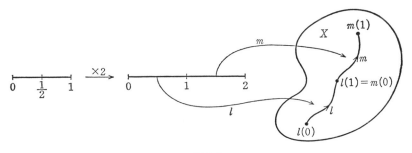

図 9.5

なお,このように定義された写像 $l \cdot m:[0,1] \to X$ が連続であることは,すでに補題 8.6 で証明しておいた.

積 $l \cdot m$ の始点は $l(0)$,終点は $m(1)$ である.

補題 9.3 l, m を X の道とし,$l(1)=m(0)$ であるとする.(したがって,積 $l \cdot m$ が考えられる.)別の道 l', m' があり,$l \simeq l'$, $m \simeq m'$ であれば,やはり積 $l' \cdot m'$ が考えられ,しかも $l \cdot m \simeq l' \cdot m'$ が成り立つ.

証明 $l \simeq l'$ であるから,l' の始点,終点は,l のそれと同じである.また $m \simeq m'$ であるから,m' の始点,終点も m のそれと同じである.よって $l'(1)=l(1)=m(0)=m'(0)$ となり,l' と m' の積 $l' \cdot m'$ が定義できる.$p=l(0)$, $q=l(1)=$

$m(0), r=m(1)$ とおく.

l から l' へのホモトピーを $H:[0,1]\times[0,1]\to X$ としよう. 定義9.1の(i)(ii)により $H(t,0)=l(t), H(t,1)=l'(t)(\forall t\in[0,1])$ であり,また,$H(0,s)=p, H(1,s)=q(\forall s\in[0,1])$ が成り立つ.

m から m' へのホモトピーを $K:[0,1]\times[0,1]\to X$ とする. 定義9.1(i)(ii)によって,$K(t,0)=m(t), K(t,1)=m'(t)(\forall t\in[0,1])$ であり,また $K(0,s)=q, K(1,s)=r(\forall s\in[0,1])$ が成り立つ.

H の定義域(=正方形 $[0,1]\times[0,1]$)の右辺($t=1$)は,H により1点 q に写され,また,K の定義域(正方形)の左辺($t=0$)も,K によって,同じ点 q に写される.この2つの定義域(正方形)の右辺と左辺を貼り合わせて横長の長方形 $[0,2]\times[0,1]$ をつくる.そして,図9.6のように,左側の正方形では H に一致し,右側の正方形では K に一致する連続写像 $J:[0,2]\times[0,1]\to X$ を構成する.J の具体的な式は

$$J(t,s) = \begin{cases} H(t,s), & (t,s)\in[0,1]\times[0,1] \\ K(t-1,s), & (t,s)\in[1,2]\times[0,1] \end{cases}$$

である.ここでも,前の補題9.2の証明中と同じく,K の本来の定義域 $[0,1]\times[0,1]$ を右の方へ動かしたので,その分,K の中で t のところが1だけずれているのである.

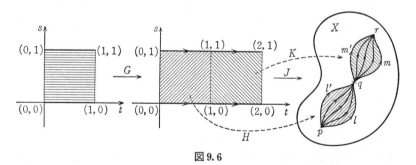

図9.6

次に正方形 $[0,1]\times[0,1]$ を横に2倍に引き延ばす同相写像を $G:[0,1]\times[0,1]\to[0,2]\times[0,1]$ とする(図9.6). 具体的には

$$G(t,s) = (2t,s) \quad (t,s)\in[0,1]\times[0,1]$$

である.G と J を合成した写像 $J\circ G:[0,1]\times[0,1]\to X$ が求めるホモトピーで

§9 道 の 変 形　　　127

ある. 実際, $L = J \circ G$ とおくと

$$L(t, s) = J(G(t, s)) = J(2t, s)$$

$$= \begin{cases} H(2t, s), & (t, s) \in \left[0, \dfrac{1}{2}\right] \times [0, 1] \\ K(2t-1, s), & (t, s) \in \left[\dfrac{1}{2}, 1\right] \times [0, 1] \end{cases}$$

がわかる. よって

(i)　$L(t, 0) = (l \cdot m)(t),\ L(t, 1) = (l' \cdot m')(t)$　　$(\forall t \in [0, 1])$,

(ii)　$L(0, s) = p,\ L(1, s) = r$　　$(\forall s \in [0, 1])$

となり, L は, $l \cdot m$ から $l' \cdot m'$ へのホモトピーになる. したがって $l \cdot m \simeq l' \cdot m'$ がいえた. なお, はじめから上の式で L を与えてしまえば, $l \cdot m \simeq l' \cdot m'$ の証明も数行でできたのである. □

　よく知られているように, 実数の積に関しては結合法則 $(a \cdot b) \cdot c = a \cdot (b \cdot c)$ が成立する. 道の積についてもこれに似た法則がある.

　補題 9.4　l, m, n を X の道とし, $l(1) = m(0),\ m(1) = n(0)$ と仮定する. そのとき, $(l \cdot m) \cdot n \simeq l \cdot (m \cdot n)$ が成り立つ.

　証明　$(l \cdot m) \cdot n$ も $l \cdot (m \cdot n)$ も, 要するに, l, m, n をこの順につないだ道であるが, 同じ道筋でも, 点の動き方が違う. 積の定義式にしたがって, $(l \cdot m) \cdot n$ と $l \cdot (m \cdot n)$ を実際に書いてみよう.

$$((l \cdot m) \cdot n)(t) = \begin{cases} (l \cdot m)(2t), & 0 \leq t \leq \dfrac{1}{2} \\ n(2t-1), & \dfrac{1}{2} \leq t \leq 1 \end{cases} = \begin{cases} l(4t), & 0 \leq t \leq \dfrac{1}{4} \\ m(4t-1), & \dfrac{1}{4} \leq t \leq \dfrac{1}{2} \\ n(2t-1), & \dfrac{1}{2} \leq t \leq 1. \end{cases}$$

$$(l \cdot (m \cdot n))(t) = \begin{cases} l(2t), & 0 \leq t \leq \dfrac{1}{2} \\ (m \cdot n)(2t-1), & \dfrac{1}{2} \leq t \leq 1 \end{cases} = \begin{cases} l(2t), & 0 \leq t \leq \dfrac{1}{2} \\ m(4t-2), & \dfrac{1}{2} \leq t \leq \dfrac{3}{4} \\ n(4t-3), & \dfrac{3}{4} \leq t \leq 1. \end{cases}$$

　$(l \cdot m) \cdot n$ と $l \cdot (m \cdot n)$ では, 道 l から m へ, また m から n へと乗り換える時の t の値が, 違うことがわかる. （$(l \cdot m) \cdot n$ では $t = 1/4$ と $1/2$, $l \cdot (m \cdot n)$ では $t = 1/2$ と $3/4$.）したがって, $(l \cdot m) \cdot n$ から $l \cdot (m \cdot n)$ へのホモトピーを得るには,

128　　　　　　　　第4章 基 本 群

変形のパラメター s によって，この乗り換え時の t の値を連続的に変えてやればよい．

　第1の $(l$ から m への)乗り換え時点：$(l\cdot m)\cdot n$ では 1/4，$l\cdot(m\cdot n)$ では 1/2.
パラメター $s\,(\in[0,1])$ によって 1/4 を 1/2 に変えるには

$$\frac{1+s}{4}\qquad(0\leqq s\leqq1)$$

を使えばよい．

　第2の $(m$ から n への)乗り換え時点：$(l\cdot m)\cdot n$ では 1/2，$l\cdot(m\cdot n)$ では 3/4.
パラメター $s\,(\in[0,1])$ によって 1/2 を 3/4 に変えるには

$$\frac{2+s}{4}\qquad(0\leqq s\leqq1)$$

を使えばよい．

　このことに注意すると，やや天下り的であるが，$(l\cdot m)\cdot n$ から $l\cdot(m\cdot n)$ へのホモトピー H を次のように与えることができる（s は $0\leqq s\leqq1$）．

$$H(t,s)=\begin{cases} l\!\left(\dfrac{4t}{1+s}\right), & 0\leqq t\leqq\dfrac{1+s}{4} \\[2mm] m(4t-(1+s)), & \dfrac{1+s}{4}\leqq t\leqq\dfrac{2+s}{4} \\[2mm] n\!\left(\dfrac{4t-(2+s)}{2-s}\right), & \dfrac{2+s}{4}\leqq t\leqq1. \end{cases}$$

　この式において，$s=$一定 としてみると，$l(\ )$ の中の $4t/(1+s)$ は，t が，指定された範囲，0 から $(1+s)/4$ まで動くと，0 から 1 まで動く．$m(\ )$ の中の $4t-(1+s)$ も t が $(1+s)/4$ から $(2+s)/4$ まで動くと，0 から 1 まで動くし，また $n(\ )$ の中の $(4t-(2+s))/(2-s)$ も，t が $(2+s)/4$ から 1 まで動くと，0 から 1 まで動く，ようになっている．

　図 9.7 が示すように，この H は，3 つの領域 A, B, C にわけて定義されている．それぞれの領域で H が連続のこと，また A と B の境界 $(t=(1+s)/4)$，B と C の境界 $(t=(2+s)/4)$ の上で，それぞれ，H が矛盾なく定義されること，は容易にわかる．（実際，A, B の境界は 1 点 $l(1)=m(0)$ に写り，B, C の境界は 1 点 $m(1)=n(0)$ に写る．）この H のように，いくつかの連続写像を矛盾なく貼り合わせて得られる写像は，全体として連続であるから（演習問題 9.1），$H:$

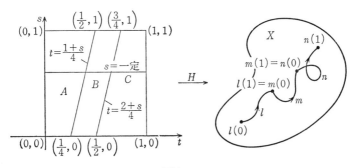

図 9.7

$[0,1] \times [0,1] \to X$ は連続になる．

H の式と p.127 の式から

(i) $H(t, 0) = ((l \cdot m) \cdot n)(t),\ H(t, 1) = (l \cdot (m \cdot n))(t)$ $(\forall t \in [0, 1])$,

(ii) $H(0, s) = l(0),\ H(1, s) = n(1)$ $(\forall s \in [0, 1])$

が確かめられる．

したがって，H は $(l \cdot m) \cdot n$ から $l \cdot (m \cdot n)$ へのホモトピーになり，$(l \cdot m) \cdot n \simeq l \cdot (m \cdot n)$ が証明された． □

逆 の 道

$l : [0, 1] \to X$ を任意の道とすると，l を逆方向にたどる道が考えられる．この道を l の逆とよぶ．記号で $l^{-1} : [0, 1] \to X$ と表わす（図 9.8）．

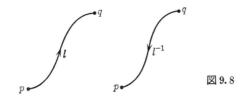

図 9.8

道のパラメーター t を使って書くと

$$l^{-1}(t) = l(1-t), \quad 0 \leqq t \leqq 1$$

となり，これを $l^{-1} : [0, 1] \to X$ の定義と考えてよい．

明らかに，l^{-1} の始点は l の終点 $(l^{-1}(0) = l(1))$ であり，l^{-1} の終点は l の始点 $(l^{-1}(1) = l(0))$ である．l^{-1} の逆 $(l^{-1})^{-1}$ がもとの l に一致することも，上の定義式から直ぐ確かめられる．$(l$ の終点$) = (l^{-1}$ の始点$)$ であるから，l と l^{-1} の積

$l \cdot l^{-1}$ を考えることができる. $l \cdot l^{-1}$ は $l(0)(=p)$ から出発して, $l^{-1}(1)=l(0)=p$ に到る道, つまり, p から出て p にもどる道である. $l \cdot l^{-1}$ の始点も終点も p である.

いま, 始めから終りまで p に留まる'道'を $\tilde{p}$ と書こう. $\tilde{p}$ は $\tilde{p}(t)=p$ $(\forall t \in [0,1])$ で定義される定値写像 $\tilde{p}:[0,1] \to X$ である.

このとき, 次の補題が成り立つ.

補題 9.5 $l \cdot l^{-1} \simeq \tilde{p}$ である.

証明 $l \cdot l^{-1}$ から $\tilde{p}$ へのホモトピー H は次の式で与えられる (s は $0 \leq s \leq 1$).

$$H(t,s) = \begin{cases} l(2t), & 0 \leq t \leq \dfrac{1-s}{2} \\ l(1-s), & \dfrac{1-s}{2} \leq t \leq \dfrac{1+s}{2} \\ l(2-2t), & \dfrac{1+s}{2} \leq t \leq 1. \end{cases}$$

$s=$ 一定として, t を 0 から 1 まで変化させて上の式に代入し, 点 $H(t,s)$ の動きを追ってみよう. t が 0 から $(1-s)/2$ まで動くと, $l(2t)$ は, 始点 $l(0)=p$ から $l(1-s)$ まで, l に沿って動く. t が $(1-s)/2$ から $(1+s)/2$ まで動く間は, 点 $l(1-s)$ のところに静止している. そして, 最後に t が $(1+s)/2$ から 1 まで変化すると, $l(2-2t)$ は点 $l(1-s)$ から $l(0)=p$ まで, l 上を逆に動いて p に戻る. 結局, t が 0 から 1 まで動く間に $H(t,s)$ は, p から出発して, l の途中の点 $l(1-s)$ まで行き, そこにしばらく留まったあと, p に戻る, という動き方をするわけである.

H は, 図 9.9 のように, 3 つの領域 A, B, C に分けて定義される. それぞれの領域上で H は連続であり, また A, B の境界 ($t=(1-s)/2$), B, C の境界 ($t=$

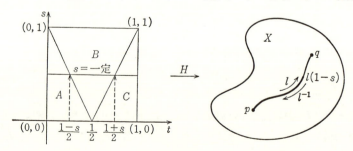

図 9.9

$(1+s)/2)$ において，矛盾なく定義されている．H は全体として連続である．
H の式から，

(i) $H(t, 0) = \begin{cases} l(2t), & 0 \leq t \leq \dfrac{1}{2} \\ l(2-2t), & \dfrac{1}{2} \leq t \leq 1 \end{cases}$

$= \begin{cases} l(2t), & 0 \leq t \leq \dfrac{1}{2} \\ l^{-1}(2t-1), & \dfrac{1}{2} \leq t \leq 1 \end{cases} = (l \cdot l^{-1})(t),$

$H(t, 1) = l(0) = \tilde{p}(t) \quad (\forall t \in [0, 1]),$

(ii) $H(0, s) = p, \ H(1, s) = p \quad (\forall s \in [0, 1])$

がわかる．よって H は $l \cdot l^{-1}$ から $\tilde{p}$ へのホモトピーとなり，これで $l \cdot l^{-1} \simeq \tilde{p}$ が示された．□

上と全く同様にして，$l^{-1} \cdot l \simeq \tilde{q}$ が示せる．ただし $q = l(1)$ である．

閉じた道

始点と終点の一致する道を**閉じた道**（または，**閉道**，**ループ**）とよぶ（図 9.10）．その 始点=終点 を，その閉道の**基点**という．

図 9.10 閉じた道

X を位相空間とする．ある点 p_0 を基点とする X の閉道全体の集合を記号で

$$\Omega(X, p_0)$$

と表わす．ここでギリシア文字の Ω を使ったのは，閉じた道の形からの連想である．

閉じた道を考える利点は何かというと，$\Omega(X, p_0)$ に属する道については，それらの積がいつでも考えられることである．一般の道の場合には，道 l と道 m の積 $l \cdot m$ は，l の終点と m の始点が一致しない限り考えられない．ところが，始点も終点もあらかじめ定めておいた点 p_0 に一致するような閉道だけを考え

ることにすれば，それらの積は常に可能になるわけである．

　$\Omega(X, p_0)$ に属する閉道 l と m の積 $l \cdot m$ は，また p_0 を基点とする閉道になるから，$\Omega(X, p_0)$ に属す．こうして，集合 $\Omega(X, p_0)$ は積演算を持つ集合になる．この積演算は一般には可換でない．つまり，$l \cdot m$ と $m \cdot l$ とは通常一致しない．ここで閉道の変形に関連する注意を2つ述べる．第1に，道の変形は，変形の間じゅう，その道の始点と終点を止めたままにしておかねばならなかったから，$\Omega(X, p_0)$ に属する閉道 l の場合にも，l を変形して l' を得たとすれば，l' の始点も終点も l と同じく p_0 でなければならない．よって l' も $\Omega(X, p_0)$ に属す．

　第2に，$\Omega(X, p_0)$ の2つの閉道 l, m の積 $l \cdot m$ を変形する場合，$l \cdot m$ の始点と終点は p_0 に止めたままであるが，l と m の'継ぎ目'は p_0 から離れて動いてよいということである．つまり，$l \cdot m$ を $[0,1]$ から X への連続写像とみなすとき，$t=1/2$ の時点で $(l \cdot m)(t)$ は l から m へ（p_0 において）乗り移るが，$t=1/2$ に対応する継ぎ目の点 $(l \cdot m)(1/2)$ は，積 $l \cdot m$ の変形では，p_0 から離れてよいのである（図9.11）．$(l \cdot m)(1/2)$ は，もはや $(l \cdot m)$ の始点でも終点でもないからである．

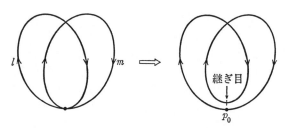

図9.11　積 $l \cdot m$ の変形

　ホモトピーの関係 $\simeq$ は道の間の同値関係であった（補題9.2）．とくに閉道の間の同値関係であり，閉道の集合 $\Omega(X, p_0)$ にはこの同値関係 $\simeq$ が入っている．一方，$\Omega(X, p_0)$ には積の演算も定まっており，それは同値関係 $\simeq$ と両立していた（p.125の補題9.3をもう一度見よ）．

　以下でみるように，このことから，商集合 $\Omega(X, p_0)/\simeq$ に積演算が誘導され，'基本群'の定義が得られるのである．

　まず，集合 $\Omega(X, p_0)$ をホモトピーの関係 $\simeq$ によって同値類別しよう（§8参照）．

§9 道 の 変 形 133

定理 8.7 によれば，$\Omega(X, p_0)$ は同値類の族 $\{C_\lambda\}_{\lambda \in \Lambda}$ に分割される．（添字集合 Λ は $\Omega(X, p_0)$ と $\simeq$ によってきまる．）すなわち，

(i) $\Omega(X, p_0) = \bigcup_{\lambda \in \Lambda} C_\lambda$.

(ii) $\lambda \neq \mu$ のとき，C_λ に属する閉道と，C_μ に属する閉道とは，決してホモトープにならない．とくに $C_\lambda \cap C_\mu = \phi$ である．

(iii) $C_\lambda \neq \phi$ であり，C_λ に属する任意の 2 つの閉道は互いにホモトープになる $(\forall \lambda \in \Lambda)$. ──

各同値類 C_λ を（p_0 を基点にする X の閉道の）ホモトピー類とよぶ．

商集合 $\Omega(X, p_0)/\simeq$ を考える．習慣的に，この商集合を $\pi_1(X, p_0)$ という記号で表わす：

$$\pi_1(X, p_0) = \Omega(X, p_0)/\simeq.$$

（記号 $\pi_1(X, p_0)$ に添えた数字 1 は，この集合が，閉道という 1 次元的なもので定義されたものであることを表わしている．）

§8 で説明したように，商集合 $\pi_1(X, p_0)$ は，$\Omega(X, p_0)$ をホモトピー類の族 $\{C_\lambda\}_{\lambda \in \Lambda}$ に分割するときの添字集合 Λ と，本質的に同じものであった．$\Omega(X, p_0)$ から商集合 $\pi_1(X, p_0)$ の上への商写像を

$$\pi : \Omega(X, p_0) \longrightarrow \pi_1(X, p_0) \quad (= \Lambda)$$

とすると，π は，ホモトピー類 $C_\lambda, C_\mu, C_\nu, \cdots$, etc. をそれぞれ，$\lambda, \mu, \nu$ という名前のついた‘点’につぶす写像と考えてよい（図 8.10 参照）．$l \in C_\lambda$ なら $\pi(l) = \lambda$，$m \in C_\mu$ なら $\pi(m) = \mu$，という具合である．

そして，$l \simeq m$ であるための必要十分条件は $\pi(l) = \pi(m)$ となることである．

§8 でも注意しておいたが，$\lambda, \mu, \nu, \cdots$, etc. のことも，対応する $C_\lambda, C_\mu, C_\nu, \cdots$, etc. と同じく，ホモトピー類とよぶことがある．$\lambda = \pi(l)$ のとき，λ のことを‘l の属するホモトピー類’といってよいわけである．この意味で，$\pi_1(X, p_0)$ は，p_0 を基点とする X の閉道のホモトピー類全部の集合 $\{\lambda, \mu, \nu, \cdots\}$ である．

さて，集合 $\Omega(X, p_0)$ には，閉道の積という積演算・がきまっていた．これから $\pi_1(X, p_0)$ の積演算が次のように誘導される．

λ, μ を $\pi_1(X, p_0)$ のかってな 2 要素とし，λ と μ の積 $\lambda \cdot \mu \in \pi_1(X, p_0)$ を定義したい．

$\pi : \Omega(X, p_0) \to \pi_1(X, p_0)$ は‘上へ’の写像であったから $\lambda = \pi(l)$，$\mu = \pi(m)$ である

ような閉道 $l, m \in \Omega(X, p_0)$ が存在する. 閉道 l と m の積 $l \cdot m$（すなわち，道の積）を作る. この積 $l \cdot m$ の属するホモトピー類 $\pi(l \cdot m) = \nu$ を λ と μ の**積** $\lambda \cdot \mu$ と定義するのである：$\lambda \cdot \mu = \nu$.

この定義が意味を持つためには，最後の結果 ν が λ と μ だけできまり，途中で選んだ閉道 l, m のとり方によらないことを確かめねばならない. 次の主張がそれに当る.

主張 $\lambda = \pi(l) = \pi(l')$, $\mu = \pi(m) = \pi(m')$ なら, $\pi(l \cdot m) = \pi(l' \cdot m')$ である.

証明 $\pi(l) = \pi(l')$ ゆえ $l \simeq l'$ である. また, $\pi(m) = \pi(m')$ ゆえ $m \simeq m'$ である. すると補題 9.3 によって, $l \cdot m \simeq l' \cdot m'$ が成り立つ. これから $\pi(l \cdot m) = \pi(l' \cdot m')$ がわかる. □

これで, 商集合 $\pi_1(X, p_0)$ に積演算・が矛盾なく定義されることがわかった.

この積の性質を調べるため, 簡単な記号 [ ] を導入する. $l \in \Omega(X, p_0)$ の属するホモトピー類 $\pi(l) \in \pi_1(X, p_0)$ を $[l]$ と書く（$\pi(l) = [l]$）. たとえば, $l \in C_\lambda$ なら $\pi(l) = \lambda$ だから, $[l] = \lambda$, また $m \in C_\mu$ なら $[m] = \mu$, $\cdots$, etc., という具合である.

$l \simeq m \Leftrightarrow \pi(l) = \pi(m)$ という必要十分条件の関係を [ ] を使って書くと,

$$l \simeq m \Longleftrightarrow [l] = [m].$$

また, $\lambda = [l]$ と $\mu = [m]$ の積 $\lambda \cdot \mu$ は $\nu = [l \cdot m]$ である, と定義されたから,

$$[l] \cdot [m] = [l \cdot m].$$

（左辺の積が, 右辺で定義されている.）

最初から最後まで基点 p_0 に静止している‘閉道’を $\tilde{p}_0$ とする. この特別な閉道 $\tilde{p}_0$ の属するホモトピー類を e と書く：$e = [\tilde{p}_0]$.

$\pi_1(X, p_0)$ の積演算・に関して次の補題が成立する.

補題 9.6 (i) $\forall \lambda \in \pi_1(X, p_0)$ について $\lambda \cdot e = e \cdot \lambda = \lambda$.

(ii) $\lambda \in \pi_1(X, p_0)$ を定めるごとに, $\lambda \cdot \lambda^{-1} = \lambda^{-1} \cdot \lambda = e$ となるような $\lambda^{-1} \in \pi_1(X, p_0)$ が存在する.

(iii) $\forall \lambda, \mu, \nu \in \pi_1(X, p_0)$ について, $(\lambda \cdot \mu) \cdot \nu = \lambda \cdot (\mu \cdot \nu)$ が成り立つ.（結合法則）

証明 (i)は後まわしにして, 先に (ii) と (iii) を示す.

(ii) ホモトピー類 λ に属する閉道 $l \in \Omega(X, p_0)$ をひとつ選ぶ. すなわち, $\lambda = [l]$ とする. 閉道 l の逆の道を l^{-1} としよう. l^{-1} は l を逆向きにたどる閉道である. 補題 9.5 により $l \cdot l^{-1} \simeq \tilde{p}_0$. また $l^{-1} \cdot l \simeq \tilde{p}_0$ が成り立つ. l^{-1} の属するホモ

§9 道 の 変 形　　135

トピー類を λ^{-1} と書こう．すると $\lambda\cdot\lambda^{-1}=[l]\cdot[l^{-1}]=[l\cdot l^{-1}]=[\tilde{p}_0]=e$．同様に $\lambda^{-1}\cdot\lambda=[l^{-1}]\cdot[l]=[l^{-1}\cdot l]=[\tilde{p}_0]=e$.

(iii) $\lambda=[l]$, $\mu=[m]$, $\nu=[n]$ とする．補題 9.4 により，$(l\cdot m)\cdot n\simeq l\cdot(m\cdot n)$ である．すなわち $[(l\cdot m)\cdot n]=[l\cdot(m\cdot n)]$ が成り立つ．よって，$(\lambda\cdot\mu)\cdot\nu=([l]\cdot[m])\cdot[n]=[l\cdot m]\cdot[n]=[(l\cdot m)\cdot n]=[l\cdot(m\cdot n)]=[l]\cdot[m\cdot n]=[l]\cdot([m]\cdot[n])=\lambda\cdot(\mu\cdot\nu)$.

(i)は次の補題 9.7 からわかる．□

補題 9.7　$\forall l\in\Omega(X,p_0)$ について，$\tilde{p}_0\cdot l\simeq l\simeq l\cdot\tilde{p}_0$ である．

証明　$\tilde{p}_0\cdot l$ から l へのホモトピー $H:[0,1]\times[0,1]\to X$ は次式で与えられる．

$$H(t,s)=\begin{cases} p_0, & 0\leqq t\leqq\dfrac{1}{2}(1-s) \\ l\!\left(\dfrac{2t-(1-s)}{1+s}\right), & \dfrac{1}{2}(1-s)\leqq t\leqq 1. \end{cases}$$

$s=$ 一定 として，t を 0 から 1 まで動かしてみると，点 $H(t,s)$ は，まず t が 0 から $(1-s)/2$ まで動く間は p_0 に留まっており，t が $(1-s)/2$ から 1 まで動く間に，一定の速さで l を 1 周する．H が，$\tilde{p}_0\cdot l\simeq l$ のホモトピーであること（定義 9.1 の(i)(ii)）は容易に確かめられる．$l\simeq l\cdot\tilde{p}_0$ の証明も同様である．□

一般に，ある集合 G に，積演算・が定まっており，それについて補題 9.6 の 3 性質が成り立つとき，G を**群**（group）という．$\pi_1(X,p_0)$ は群である．

$\pi_1(X,p_0)$ は位相空間 X の性質を反映する群と考えられる．これを（p_0 を基点とする）X の**基本群**（fundamental group）とよぶ．

基本群 $\pi_1(X,p_0)$ については，§11 以降で詳しく調べるが，その前に，次の節で群の一般論をまとめておくことにする．

演習問題

9.1　X, Y を E^n の閉集合とし，Z を位相空間とする．写像 $H:X\cup Y\to Z$ があり，制限 $H|X:X\to Z$, $H|Y:Y\to Z$ が両方とも連続写像なら，$H:X\cup Y\to Z$ も連続写像であることを証明せよ．（ヒント：Z の閉集合 C の逆像 $H^{-1}(C)$ が，$X\cup Y$ の閉集合になることを示す．§8, 補題 8.6 の証明参照．）

9.2　U, V を位相空間 X の開集合とし，$U, V, U\cup V$ には X からの相対位相を入れる．Y を位相空間とし，写像 $H:U\cup V\to Y$ の制限 $H|U:U\to Y$, $H|V:V\to Y$ がともに連続であるとすると $H:U\cup V\to Y$ も連続写像であることを証明せよ．

9.3　X, Y のどちらかが E^n の閉集合でない場合に，前問 9.1 の反例を作れ．

136　　　　　　　　第 4 章　基　本　群

§10　群

　群は，'積'の演算を持つ一種の代数系であり，数学のあらゆる部門に顔を出す重要な対象である．この節では，群に関する基本事項を説明しておこう．

　定義10.1　集合 G の要素の間に，'積'と称する演算・が定まっていて，それが次の 3 条件を満たすとき，G を**群**(group)という．

　(i)　G の中にある特別の要素 e が存在して，すべての $a \in G$ について $a \cdot e = e \cdot a = a$ が成り立つ．（このような e を G の**単位元**とよぶ．）

　(ii)　G の要素 a を定める毎に，$a \cdot a' = a' \cdot a = e$ となる $a' \in G$ が存在する．（このような a' を a の**逆元**とよぶ．）

　(iii)　G の任意の 3 要素 a, b, c について，$(a \cdot b) \cdot c = a \cdot (b \cdot c)$ が成り立つ．（結合法則）

　注意　(1)　G の単位元はただ 1 個である．もし，e と e' がともに G の単位元であれば，単位元の性質により $e' = e \cdot e' = e$ となるからである．

　(2)　a の逆元 a' は，a によって一意的にきまる．もし a' と a'' がともに a の逆元であれば，$a' = a' \cdot e = a' \cdot (a \cdot a'') = (a' \cdot a) \cdot a'' = e \cdot a'' = a''$，よって $a' = a''$ となるからである．以後，a の逆元を a^{-1} と表わす．$a \cdot a^{-1} = a^{-1} \cdot a = e$．また，この式により a^{-1} の逆元は a に一致することがわかる：$(a^{-1})^{-1} = a$．

　(3)　結合法則により $(a \cdot b) \cdot c = a \cdot (b \cdot c)$ であるから，この積の括弧をはずして単に $a \cdot b \cdot c$ と書いてよい．同様に，何個の要素の積についても括弧は不要である．

　例 1°　$G = \boldsymbol{R} - \{0\}$ とおく．0 以外の実数全部の集合である．この集合には，通常の意味の実数の積・が定まっている．$\forall a \in G$ について，$a \cdot 1 = 1 \cdot a = a$ であるから，この場合，1 が単位元である．また $a \cdot (1/a) = (1/a) \cdot a = 1$ であるから，a の逆元 a^{-1} は $(1/a)$ にほかならない．結合法則は明らかである．よって $\boldsymbol{R} - \{0\}$ は通常の積に関して群になる．これを **0 でない実数のなす乗法群**とよぶ．

　例 2°　$G = \boldsymbol{R}$ とおく．$\boldsymbol{R}$ には和（足し算）＋の演算があって

　(i)　$0 + a = a + 0 = a$　　　$(\forall a \in G)$,

　(ii)　$a + (-a) = (-a) + a = 0$　　　$(\forall a \in G)$,

　(iii)　$(a + b) + c = a + (b + c)$　　　$(\forall a, b, c \in G)$

が成り立つ．

　したがって，$\boldsymbol{R}$ は，和（＋）を'積'演算にして群になる．この場合の単位元は

§10 群 137

0, a の逆元は $(-a)$ である. これを, **実数のなす加法群**とよぶ.

このように, 群 G の '積' 演算といっても, それはただ名前だけのことで, 場合によってはその演算が '和' であったりするのである. '積' とは 'ある2項演算', というくらいの意味にすぎない.

例 3° $G=\mathbf{Z}$ とおく. 整数全体のなす集合である. この集合も和 $(+)$ を '積' 演算にして群をなす. 0 が単位元であり, m の逆元は $(-m)$ である. $\mathbf{Z}$ を**整数の加法群**という.

例 4° 2×2 行列 $A=\begin{bmatrix} a & b \\ c & d \end{bmatrix}$ の**行列式** $\det(A)$ は
$$\det(A) = ad-bc$$
で定義される. いま, 実数を要素とする 2×2 行列のうち $\det(A)\neq 0$ であるもの全部を集めた集合を $GL(2,\mathbf{R})$ と書く:
$$GL(2,\mathbf{R}) = \left\{ A=\begin{bmatrix} a & b \\ c & d \end{bmatrix} \middle| a,b,c,d\in\mathbf{R}, \det(A)\neq 0 \right\}.$$

$A=\begin{bmatrix} a & b \\ c & d \end{bmatrix}$, $B=\begin{bmatrix} e & f \\ g & h \end{bmatrix}$ について A と B の積 AB を
$$AB = \begin{bmatrix} ae+bg & af+bh \\ ce+dg & cf+dh \end{bmatrix}$$
と定義すると, この積に関して $GL(2,\mathbf{R})$ は群をなす. 単位元は $E=\begin{bmatrix} 1 & 0 \\ 0 & 1 \end{bmatrix}$ という行列 (**単位行列**) である. また $\begin{bmatrix} a & b \\ c & d \end{bmatrix}$ の逆元 (**逆行列**) は $\begin{bmatrix} d/\delta & -b/\delta \\ -c/\delta & a/\delta \end{bmatrix}$ (ただし $\delta=\det(A)$) である.

例 5° 整数を要素とする 2×2 行列のうち, $\det(A)=\pm 1$ であるようなもの全部の集合を $GL(2,\mathbf{Z})$ とする. $GL(2,\mathbf{Z})$ も, 行列の積に関して群をなす.

例 6° $G=\{e\}$ とおく. ただひとつの要素 e からなる集合である. $e\cdot e=e$ と定義すると, この積に関して G は群になる. これを**自明群**とよぶ. 単位元は e, また, e の逆元も e である: $e^{-1}=e$. これは一番つまらない群である.

例 7° 1 から n までの自然数の集合 $\{1,2,\cdots,n\}$ を考える. 集合 $\{1,2,\cdots,n\}$ からそれ自身への全単射すべてのなす集合 S_n は, 写像の合成 $\circ$ を '積' として群になる. これを n 次の**置換群**または**対称群**とよぶ. ——

全単射 $\sigma: \{1,2,\cdots,n\}\to\{1,2,\cdots,n\}$ を次のような記号で表わすと便利である:

$$\sigma = \begin{pmatrix} 1 & 2 & \cdots & n \\ \sigma(1) & \sigma(2) & \cdots & \sigma(n) \end{pmatrix}.$$

たとえば，$\sigma:\{1,2,3\}\to\{1,2,3\}$ が，$\sigma(1)=3$, $\sigma(2)=1$, $\sigma(3)=2$ で定義される全単射なら

$$\sigma = \begin{pmatrix} 1 & 2 & 3 \\ 3 & 1 & 2 \end{pmatrix}$$

と書くわけである．

この記号法を使うと，σ と τ の合成 $\sigma\circ\tau$ がすぐに読みとれる．たとえば，

$$\sigma = \begin{pmatrix} 1 & 2 & 3 & 4 \\ 3 & 2 & 1 & 4 \end{pmatrix}, \quad \tau = \begin{pmatrix} 1 & 2 & 3 & 4 \\ 2 & 3 & 4 & 1 \end{pmatrix}$$

のとき，$\sigma\circ\tau=\begin{pmatrix} 1 & 2 & 3 & 4 \\ 2 & 1 & 4 & 3 \end{pmatrix}$ である：

$$\sigma\circ\tau = \begin{pmatrix} 1 & 2 & 3 & 4 \\ 3 & 2 & 1 & 4 \end{pmatrix}\circ\begin{pmatrix} 1 & 2 & 3 & 4 \\ 2 & 3 & 4 & 1 \end{pmatrix} = \begin{pmatrix} 1 & 2 & 3 & 4 \\ 2 & 1 & 4 & 3 \end{pmatrix}.$$

（なお，本によっては，積 $\sigma\circ\tau$ の計算法が上と逆に，はじめに σ で写してから，次に τ で写すことによって定義してあるものもある．）

同じ σ と τ について，順序を逆にした積 $\tau\circ\sigma$ を同じ方法で計算してみると $\tau\circ\sigma=\begin{pmatrix} 1 & 2 & 3 & 4 \\ 4 & 3 & 2 & 1 \end{pmatrix}$. これから，

$$\sigma\circ\tau \neq \tau\circ\sigma$$

がわかる．

群 S_n の単位元は $e=\begin{pmatrix} 1 & 2 & \cdots & n \\ 1 & 2 & \cdots & n \end{pmatrix}$，すなわち恒等写像 $id:\{1,2,\cdots,n\}\to\{1,2,\cdots,n\}$ であり，また σ の逆元 σ^{-1} は全単射 σ の逆写像 σ^{-1} である．たとえば，

$$\tau = \begin{pmatrix} 1 & 2 & 3 & 4 \\ 2 & 3 & 4 & 1 \end{pmatrix} \quad \text{のとき} \quad \tau^{-1} = \begin{pmatrix} 1 & 2 & 3 & 4 \\ 4 & 1 & 2 & 3 \end{pmatrix}$$

である．

$\sigma\,(\in S_n)$ を n 文字の**置換**とよぶことがある．それは $1,2,\cdots,n$ と並べた n 個の数字を $\sigma(1),\sigma(2),\cdots,\sigma(n)$ と並べ換える操作と考えられるからである．

n 次対称群 S_n は $n!\,(=1\times2\times\cdots\times n)$ 個の要素からなる**有限群**である．これに対し，$\mathbf{Z}$ のように無限個の要素を含む群を**無限群**という．

群 G の任意の 2 要素 a, b について，定義 10.1 の (i) (ii) (iii) の他に，次の

(iv)　$a \cdot b = b \cdot a$　　　（交換法則）

の成り立つような群を**可換群**（または**加群**）という．0 でない実数のなす乗法群 $\boldsymbol{R} - \{0\}$ や，実数のなす加法群 $\boldsymbol{R}$，あるいは $\boldsymbol{Z}$ などは，可換群の例である．また $GL(2, \boldsymbol{R}), GL(2, \boldsymbol{Z})$，あるいは n 次対称群 S_n $(n \geqq 3)$ などは，可換群でない群の例である．可換群でない群を**非可換群**という．

例 8°　$G = \{\pm 1\} = \{1, -1\}$ は乗法に関して群になる．G の中の積をすべて書き上げると，

$$1 \cdot 1 = 1, \quad 1 \cdot (-1) = -1, \quad (-1) \cdot 1 = (-1), \quad (-1) \cdot (-1) = 1$$

の 4 つである．G はただ 2 つの要素 $1, -1$，からなる有限可換群である．

準同型と同型*)

定義 10.2　G, H を群，$f: G \to H$ を写像とする．f が**準同型写像**（略して**準同型**）であるとは，G の任意の 2 要素 a, b について

$$f(a \cdot b) = f(a) \cdot f(b)$$

が成り立つことである．（ここで，左辺の $f(\ )$ 内の積 $a \cdot b$ は群 G の中の積であり，右辺の積 $f(a) \cdot f(b)$ は H の中の積である．）

注意　(1)　$f: G \to H$ が準同型のとき $f(e) = e$ が成り立つ．証明：G の任意の要素 a をひとつ固定する．$f(a) = f(a \cdot e) = f(a) \cdot f(e)$ である．群 H の中で，$f(a)$ の逆元 $f(a)^{-1}$ を考え，これを $f(a) = f(a) \cdot f(e)$ の左側から掛けると次のようになる．

$$e = f(a)^{-1} \cdot f(a) = f(a)^{-1} \cdot (f(a) \cdot f(e)) = (f(a)^{-1} \cdot f(a)) \cdot f(e)$$
$$= e \cdot f(e) = f(e).$$

(2)　$f: G \to H$ が準同型のとき，$\forall a \in G$ について $f(a^{-1}) = f(a)^{-1}$ が成り立つ．証明：$f(a^{-1}) \cdot f(a) = f(a^{-1} \cdot a) = f(e) = e$，また，$f(a) \cdot f(a^{-1}) = f(a \cdot a^{-1}) = f(e) = e$．ゆえ，$H$ の中で，$f(a^{-1})$ は $f(a)$ の逆元になる．すなわち $f(a^{-1}) = f(a)^{-1}$．

(3)　G, H, K を群，$f: G \to H$，$g: H \to K$ を準同型とする．このとき，f と g の合成写像 $g \circ f: G \to K$ は，また準同型になる．証明：$\forall a, b \in G$ について $(g \circ f)(a \cdot b) = (g \circ f)(a) \cdot (g \circ f)(b)$ を確かめればよい．$(g \circ f)(a \cdot b) = g(f(a \cdot b)) = g(f(a) \cdot f(b)) = g(f(a)) \cdot g(f(b)) = (g \circ f)(a) \cdot (g \circ f)(b)$．よって確かめられた．

例 1°　$G = \boldsymbol{R}$（実数の加法群），$H = \boldsymbol{R} - \{0\}$（0 でない実数のなす乗法群）とす

---

*)　幾何学的な写像や関係には ‘形’ の字を用い，代数的な写像や関係には ‘型’ の字を用いることにした．（位相同形，準同型，のように．）

140　　　　　　第4章　基　本　群

る．写像 $\exp:G\to H$ を $\exp(x)=e^x$ とおいて定義する．e^x は $(e=2.7182\cdots$ を底とする)指数関数である．指数法則から，$\forall x,y\in\boldsymbol{R}$ について $e^{x+y}=e^x\cdot e^y$ が成り立つ．よって $\exp(x+y)=\exp(x)\cdot\exp(y)$ となり，$\exp:G\to H$ が準同型であることがわかる．（もちろん，ここでの e と単位元の e とは無関係である．）

　例2°　$G=GL(2,\boldsymbol{R})$, $H=\boldsymbol{R}-\{0\}$ とする．写像 $\det:G\to H$ を，2×2 行列 A に $\det(A)$ を対応させることにより定義する．よく知られているように(または，容易に確かめられるように)$\det(AB)=\det(A)\det(B)$ が成り立つ．よって $\det:G\to H$ は準同型である．

　同様に $\det:GL(2,\boldsymbol{Z})\to\{\pm1\}$ も準同型である．ここに，$\{\pm1\}$ は前の例8°の乗法群である．

　例3°　写像 $\mathrm{sign}:\boldsymbol{R}-\{0\}\to\{\pm1\}$ を，

$$\mathrm{sign}(a)=\left\{\begin{array}{ll}1&(a>0)\\-1&(a<0)\end{array}\right.$$

とおいて定義する．$\mathrm{sign}(ab)=\mathrm{sign}(a)\mathrm{sign}(b)$ が成り立ち，この写像も準同型になる．

　例4°　次のように定義される準同型

$$\varepsilon:S_n(n\text{ 次対称群})\longrightarrow\{\pm1\}$$

は大切である．

　まず，n 個の変数 $x_1,x_2,\cdots,x_n$ を定め，それらの**差積**とよばれる多項式 P を

$$P=\prod_{i<j}(x_i-x_j)$$

で定義する．P は，$x_1,x_2,\cdots,x_n$ から，相異なる2変数 x_i,x_j を選び出し，番号 i の小さな方の x_i から番号 j の大きな方の x_j を引いた差を作る，このような差 (x_i-x_j) を，相異なる2変数の取り出し方すべてについて考え，その積を作ったものである．$x_1,x_2,\cdots,x_n$ から異なる2変数の取り出し方は全部で $n(n-1)/2$ 通りあるから，P は $n(n-1)/2$ 次の多項式である．たとえば

　　　$n=2$ のとき　$P=(x_1-x_2)$,

　　　$n=3$ のとき　$P=(x_1-x_2)(x_1-x_3)(x_2-x_3)$,

　　　$n=4$ のとき　$P=(x_1-x_2)(x_1-x_3)(x_1-x_4)(x_2-x_3)(x_2-x_4)(x_3-x_4)$,

　　　　　　　$\cdots$, etc.

　さて，$\sigma\in S_n$ について，$x_1,x_2,\cdots,x_n$ の多項式 P_σ を

$$P_\sigma = \prod_{i<j}(x_{\sigma(i)} - x_{\sigma(j)})$$

と定義する. $\sigma(1), \sigma(2), \cdots, \sigma(n)$ は, $1, 2, \cdots, n$ を並べ換えたものである. したがって P_σ はもとの差積 P に, $+$, $-$ の符号を除いて一致する. この符号は σ によってきまるから, それを $\varepsilon(\sigma)$ ($\varepsilon\{\pm 1\}$) とおく:

$$P_\sigma = \varepsilon(\sigma)P.$$

例として $n=3$, $\sigma = \begin{pmatrix} 1 & 2 & 3 \\ 2 & 1 & 3 \end{pmatrix}$ の場合,

$$\begin{aligned}
P_\sigma &= (x_{\sigma(1)} - x_{\sigma(2)})(x_{\sigma(1)} - x_{\sigma(3)})(x_{\sigma(2)} - x_{\sigma(3)}) \\
&= (x_2 - x_1)(x_2 - x_3)(x_1 - x_3) \\
&= -(x_1 - x_2)(x_1 - x_3)(x_2 - x_3) \\
&= -P.
\end{aligned}$$

よって, $\quad \varepsilon\begin{pmatrix} 1 & 2 & 3 \\ 2 & 1 & 3 \end{pmatrix} = -1.$

$\varepsilon(\sigma)$ のことを置換 σ の**符号**とよぶ. $\sigma \in S_n$ に, その符号 $\varepsilon(\sigma)$ を対応させて, 写像 $\varepsilon: S_n \to \{\pm 1\}$ を定める.

この写像が準同型であることを示すため, $\sigma, \tau \in S_n$ の積 $\sigma \circ \tau$ の符号 $\varepsilon(\sigma \circ \tau)$ を調べよう. 以下, σ, τ は任意に選んで固定する.

準備として, 新たな変数 $y_1, y_2, \cdots, y_n$ を

$$y_1 = x_{\sigma(1)}, \quad y_2 = x_{\sigma(2)}, \quad \cdots, \quad y_n = x_{\sigma(n)}$$

と定める. ($y_1, \cdots, y_n$ と $x_1, \cdots, x_n$ とは単に並べ方が違うだけである.) つまり任意の j ($1 \leqq j \leqq n$) につき, $y_j = x_{\sigma(j)}$ とおくわけである. とくに, $j = \tau(i)$ ($i = 1, 2, \cdots, n$) の場合には ($y_j = x_{\sigma(j)}$ に $j = \tau(i)$ を代入して), $y_{\tau(i)} = x_{\sigma(\tau(i))}$ が成り立つ.

さて, $P_{\sigma \circ \tau}$ を計算してみると,

$$\begin{aligned}
P_{\sigma \circ \tau} &= \prod_{i<j}(x_{\sigma(\tau(i))} - x_{\sigma(\tau(j))}) = \prod_{i<j}(y_{\tau(i)} - y_{\tau(j)}) \\
&= \varepsilon(\tau)\prod_{i<j}(y_i - y_j) = \varepsilon(\tau)\prod_{i<j}(x_{\sigma(i)} - x_{\sigma(j)}) \\
&= \varepsilon(\tau)\varepsilon(\sigma)\prod_{i<j}(x_i - x_j) = \varepsilon(\sigma)\varepsilon(\tau)P
\end{aligned}$$

となる. よって $\varepsilon(\sigma \circ \tau) = \varepsilon(\sigma)\varepsilon(\tau)$ であり, ε が準同型であることが証明できた.

注意 $\varepsilon(\sigma) = 1$ であるような置換 σ を**偶置換**, $\varepsilon(\sigma) = -1$ であるような置換 σ を**奇置換**とよぶ. これは次のような理由による.

$\{1, 2, \cdots, n\}$ の中の特定の異なる 2 数字 i, j を入れかえる置換を**互換**という. たとえば,

$$\begin{pmatrix} 1 & 2 & 3 & 4 & \cdots & n \\ 2 & 1 & 3 & 4 & \cdots & n \end{pmatrix}, \begin{pmatrix} 1 & 2 & 3 & 4 & \cdots & n \\ 3 & 2 & 1 & 4 & \cdots & n \end{pmatrix}, \begin{pmatrix} 1 & 2 & 3 & 4 & \cdots & n \\ 1 & 3 & 2 & 4 & \cdots & n \end{pmatrix}$$

は互換である。次の2つの事実が知られている(演習問題10.2).

(i) 互換 $\sigma (\in S_n)$ について $\varepsilon(\sigma) = -1$ が成り立つ.

(ii) 任意の置換 $\sigma (\in S_n)$ は，有限個の互換の積である.

これから直ちに，置換 σ の符号が 1 であるための必要十分条件は，σ が偶数個の互換の積になることであり，符号が -1 であるための必要十分条件は奇数個の互換の積になることである，ということがわかる．これが偶置換，奇置換という呼び方の由来である．

定義 10.3 全単射であるような準同型写像 $f: G \to H$ を**同型写像**(略して**同型**)とよぶ．G から H への同型 $f: G \to H$ が存在するとき，群 G は群 H に**同型**であるといい，$G \cong H$ という記号で表わす．

注意 (1) $f: G \to H$ が同型なら，その逆写像 $f^{-1}: H \to G$ も同型である．また $f: G \to H$, $g: H \to K$ がともに同型なら，それらの合成 $g \circ f: G \to K$ も同型である．

(2) $f: G \to H$, $g: H \to G$ がともに準同型であり，しかも $g \circ f = id_G$, $f \circ g = id_H$ が成り立つならば，f も g も同型である．また，このとき $g = f^{-1}$ である．

(3) 群の間の，同型 $\cong$ という関係について，同値律が成立する．すなわち，(i) $G \cong G$, … 同一律，(ii) $G \cong H \Rightarrow H \cong G$, … 対称律，(iii) $G \cong H$, $H \cong K \Rightarrow G \cong K$, … 推移律.

例5° $R_+ = \{x \in R \mid x > 0\}$ とおく．R_+ は通常の積を'積'として群になる．$\exp: R \to R_+$ を $\exp(x) = e^x$ と定義すれば，$\exp$ は実数の加法群 R から乗法群 R_+ への同型写像になる．$\exp$ の逆写像は $\log: R_+ \to R$ である．

部分群と正規部分群

定義 10.4 群 G の空集合でない部分集合 H が，次の(i)(ii)の性質を持つとき，H を G の**部分群**(subgroup)という．

(i) 任意の $a, b \in H$ について，積 $a \cdot b$ は H に属す：$a, b \in H \Rightarrow a \cdot b \in H$.

(ii) 任意の $a \in H$ について，群 G の中で a の逆元 a^{-1} を考えると，その a^{-1} は H に属す：$a \in H \Rightarrow a^{-1} \in H$. ——

H が G の部分群なら，G の単位元 e は H に属することに注意しよう．なぜなら，$H \neq \phi$ であるから，適当な $a \in H$ が存在する．(ii)の性質により，$a^{-1} \in H$ である．そして(i)の性質により $a \cdot a^{-1} \in H$ である．$a \cdot a^{-1} = e$ であるから，$e \in H$ がわかる．

したがって，G の部分群 H は，G の積を積としてそれ自身，群になる．H

の単位元は G の単位元 e であり，H の要素 a の逆元 a^{-1} は，G の中での a の逆元に一致する．H の中で結合法則の成り立つことも，G の中でそれが成り立つことから明らかである．

例 1° R_+（正の実数のなす乗法群）は $R-\{0\}$（0 でない実数のなす乗法群）の部分群である．実際，$a,b>0\Rightarrow ab>0$．また $a>0\Rightarrow a^{-1}>0$．

例 2° Z（整数の加法群）は R（実数の加法群）の部分群である．実際，$m,n\in Z\Rightarrow m+n\in Z$，また $m\in Z\Rightarrow(-m)\in Z$．

例 3° ひとつの整数 m を固定する．記号 mZ により，m の倍数全体のなす集合を表わす．すなわち，$mZ=\{mx\,|\,x\in Z\}$．mZ は Z の部分群になる．

例 4° $GL(2,Z)$ は $GL(2,R)$ の部分群である．

例 5° 偶置換全部のなす S_n の部分集合を A_n とおくと，A_n は S_n の部分群になる．（なぜか？）A_n を **n 次交代群**とよぶ．——

例 5° は，次の一般的構成の特別な場合である．

$f:G\to H$ を群 G から群 H への準同型とする．このとき，f による $e\,(\in H)$ の逆像 $f^{-1}(e)$ を考える．すなわち

$$f^{-1}(e)=\{a\in G\,|\,f(a)=e\}$$

である．$f^{-1}(e)$ を準同型 $f:G\to H$ の**核**(kernel)とよび，

$$\mathrm{Ker}(f)$$

という記号で表わす．

主張 $\mathrm{Ker}(f)\,(=f^{-1}(e))$ は G の部分群である．

証明 定義 10.4 の 2 条件 (i)(ii) を確かめればよい．

(i) $a,b\in\mathrm{Ker}(f)$ を任意にとる．$f(a)=e,\ f(b)=e$ である．これから，$f(a\cdot b)=f(a)\cdot f(b)=e\cdot e=e$ となり，$a\cdot b\in\mathrm{Ker}(f)$ がわかる．

(ii) $a\in\mathrm{Ker}(f)$ を任意にとる．$f(a^{-1})=f(a)^{-1}=e^{-1}=e$．よって $a^{-1}\in\mathrm{Ker}(f)$ である．□

n 次交代群 A_n は，符号の準同型 $\varepsilon:S_n\to\{\pm1\}$ の核である：$A_n=\mathrm{Ker}(\varepsilon)$．

補題 10.5 '上へ' の準同型写像 $f:G\to H$ が同型写像であるための必要十分条件は，$\mathrm{Ker}(f)=\{e\}$ となることである．

証明 $f:G\to H$ が同型であれば，とくに 1 対 1 の写像であるから，$f(a)=e=f(e)$ から $a=e$ が従う．したがって $\mathrm{Ker}(f)=\{e\}$ がいえる．

逆に $\mathrm{Ker}(f)=\{e\}$ と仮定して，f が1対1であることを証明しよう．f が
'上へ'の写像であることは仮定してあるから，これが示せれば，f は全単射に
なり，したがって同型である．

$f(a)=f(b)$ と仮定しよう．これから $a=b$ が示せればよい．$f(a\cdot b^{-1})=f(a)\cdot$
$f(b^{-1})=f(a)\cdot f(b)^{-1}=f(b)\cdot f(b)^{-1}=e$（仮定 $f(a)=f(b)$ を使った），したがって
$a\cdot b^{-1}\in\mathrm{Ker}(f)$．ここで，$\mathrm{Ker}(f)=\{e\}$ の仮定により $a\cdot b^{-1}=e$．ゆえに $b=e\cdot$
$b=(a\cdot b^{-1})\cdot b=a\cdot(b^{-1}\cdot b)=a\cdot e=a$．これで $a=b$ がいえた． $\square$

準同型写像 $f:G\to H$ の核 $\mathrm{Ker}(f)$ と双対的に，f の像 $f(G)$ を考えてみよう．
（$f(G)$ を $\mathrm{Im}(f)$ という記号で表わすこともある．Im は image の省略形であ
る．）

主張 準同型 $f:G\to H$ の像 $f(G)$ は H の部分群である．

証明 定義10.4の2条件(i)(ii)を確かめる．

(i) $x,y\in f(G)$ を任意にとる．$x=f(a)$, $y=f(b)$ となるような $a,b\in G$ があ
るはずである．$x\cdot y=f(a)\cdot f(b)=f(a\cdot b)$ であるから，積 $x\cdot y$ も $f(G)$ に属す．

(ii) $x\in f(G)$ を任意にとる．$x=f(a)$ であるとする．$x^{-1}=(f(a))^{-1}=f(a^{-1})$
であるから，x^{-1} も $f(G)$ に属す． $\square$

たとえば，$\exp:\boldsymbol{R}\to\boldsymbol{R}-\{0\}$ の像は部分群 $\boldsymbol{R}_+$ である．

定義10.6 群 G の部分群 H が次の条件(∗)を満たすとき，H を G の**正規部
分群**（normal subgroup）という．

(∗) 任意の $h\in H$ と任意の $a\in G$ について，積 $a^{-1}\cdot h\cdot a$ は H に属す：$\forall h\in$
$H, \forall a\in G$ について $a^{-1}\cdot h\cdot a\in H$．

注意 (1) G の部分集合 $a^{-1}Ha$ を $a^{-1}Ha=\{a^{-1}\cdot h\cdot a|h\in H\}$ と定義すると，H が G
の正規部分群であるための条件は，$\forall a\in G$ について，$a^{-1}Ha\subset H$ が成り立つこと，である．

(2) H が G の正規部分群のとき，$a^{-1}Ha=H$ が成り立つ（$\forall a\in G$）．**証明**：$a^{-1}Ha\subset$
H は(1)で述べた．逆の包含関係を示す．H が正規部分群であるから，$\forall h\in H$ について
$a\cdot h\cdot a^{-1}=(a^{-1})^{-1}\cdot h\cdot(a^{-1})\in H$．よって，$h=(a^{-1}\cdot a)\cdot h\cdot(a^{-1}\cdot a)=a^{-1}\cdot(a\cdot h\cdot a^{-1})\cdot a\in a^{-1}Ha$
となり，$H\subset a^{-1}Ha$ が示せた．

G が可換群なら，G の**任意の部分群** H は正規部分群である．なぜなら，$\forall h\in$
$H, \forall a\in G$ について，$a^{-1}\cdot h\cdot a=h\cdot a^{-1}\cdot a=h\cdot e=h\in H$ となるからである．たと
えば，$\boldsymbol{Z}$ は $\boldsymbol{R}$ の正規部分群である．

R_+ (正の実数のなす乗法群) は，$R-\{0\}$ (0 でない実数のなす乗法群) の正規部分群である．また mZ は Z の正規部分群である．

例 6° $GL(2, Z)$ は $GL(2, R)$ の正規部分群ではない．$\left(\begin{bmatrix} 0 & 1 \\ -1 & 0 \end{bmatrix} \in GL(2, Z),\right.$

$\begin{bmatrix} 1 & 1/2 \\ 0 & 1 \end{bmatrix} \in GL(2, R)$ について，$\begin{bmatrix} 1 & 1/2 \\ 0 & 1 \end{bmatrix}^{-1} \begin{bmatrix} 0 & 1 \\ -1 & 0 \end{bmatrix} \begin{bmatrix} 1 & 1/2 \\ 0 & 1 \end{bmatrix} = \begin{bmatrix} 1 & -1/2 \\ 0 & 1 \end{bmatrix} \begin{bmatrix} 0 & 1 \\ -1 & 0 \end{bmatrix}$

$\begin{bmatrix} 1 & 1/2 \\ 0 & 1 \end{bmatrix} = \begin{bmatrix} 1/2 & 5/4 \\ -1 & -1/2 \end{bmatrix} \notin GL(2, Z).\left.\right)$

補題 10.7 任意の準同型写像 $f\colon G \to H$ の核 $\mathrm{Ker}(f)$ は G の正規部分群である．

証明 $\forall a \in G$，$\forall h \in \mathrm{Ker}(f)$ について

$$f(a^{-1} \cdot h \cdot a) = f(a)^{-1} \cdot f(h) \cdot f(a) = f(a)^{-1} \cdot e \cdot f(a) = f(a)^{-1} \cdot f(a) = e$$

が成り立つ．よって，$a^{-1} \cdot h \cdot a \in \mathrm{Ker}(f)$ がわかる． □

n 次代代群 A_n は準同型 $\varepsilon\colon S_n \to \{\pm 1\}$ の核であった．したがって，A_n は S_n の正規部分群である．

注意 準同型写像 $f\colon G \to H$ の像 $f(G)$ は，必ずしも H の正規部分群にならない．

正規部分群を考える意味は，次の，剰余群の項の中で明らかになる．

剰 余 群

G を群，H を G の (当面は，必ずしも正規でない) 部分群とする．以下，このような G と H をしばらく固定して話を進める．

G の要素の間に，次のような関係 $\overset{H}{\sim}$ を考える．すなわち，H の適当な要素 h があって，$a \cdot h = b$ となるとき，$a \overset{H}{\sim} b$ と定義する：

$$a \overset{H}{\sim} b \Longleftrightarrow \exists h \in H, \ a \cdot h = b.$$

$a \overset{H}{\sim} b$ とは，H の要素を (右から) 掛けることによって a を '動かす' と，b にすることができる，ということであり，あるいは，もっと記号的には $b \in aH$ ($= \{ah \mid h \in H\}$) ということである．

以下，簡単のため，$\overset{H}{\sim}$ を $\sim$ と書く．

補題 10.8 関係 $\sim$ は G の中の同値関係である．

証明 **同一律** $\forall a \in G$ につき，$a \cdot e = a$ (e は H の単位元)，よって $a \sim a$ が成り立つ．

対称律 a, b を $a \sim b$ の関係にある G の 2 要素とする．$\sim$ の定義により，H

146   第4章 基 本 群

の要素 h を適当にとると，$a \cdot h = b$ となる．したがって，$b \cdot h^{-1} = (a \cdot h) \cdot h^{-1} = a \cdot (h \cdot h^{-1}) = a$（$h^{-1}$ は H に属す）であり，$b \sim a$ がわかる．

  推移律 $a, b, c \in G$ とし，$a \sim b$, $b \sim c$ であると仮定する．H の要素 h, k を適当にとると，$a \cdot h = b$, $b \cdot k = c$ が成り立つ．よって $a \cdot (h \cdot k) = (a \cdot h) \cdot k = b \cdot k = c$（$h \cdot k$ は H に属す）となり $a \sim c$ がわかる．□

  G を上の同値関係 $\sim$ に関して同値類別する．定理 8.7 によれば，$(G, \sim)$ によってきまる添字集合 $\varLambda$ と，$\varLambda$ の中に添え字をもつ部分集合の族 $\{C_\lambda\}_{\lambda \in \varLambda}$ があり，G は次のように分割される．

  (i) $G = \bigcup_{\lambda \in \varLambda} C_\lambda$.

  (ii) $\lambda \neq \mu$ ならば，C_λ の要素 a と C_μ の要素 b とは，決して $a \sim b$ の関係にない．とくに $C_\lambda \cap C_\mu = \phi$.

  (iii) $C_\lambda \neq \phi \; (\forall \lambda \in \varLambda)$ であって，C_λ の中の任意の 2 要素 a, b について $a \sim b$.
——

  各同値類 C_λ を，G の H による **(右)剰余類** とよぶ．

  上の性質 (ii) と (iii) から明らかなように，$a, b \,(\in G)$ が $a \sim b$ という関係にあるための必要十分条件は，a と b が同一の剰余類 C_λ に属することである．$a \sim b$ とは，$b = a \cdot h \; (\exists h \in H)$ となることであったから，ひとつの剰余類 C_λ から，任意に a を選び出すと，C_λ の他の要素はすべて $a \cdot h \, (h \in H)$ という形をしている．また，$a \cdot h \, (h \in H)$ と書ける要素は，すべて C_λ に属す．したがって，各剰余類 C_λ は，それに属する任意の a をひとつ選び出して

$$C_\lambda = aH$$

と書ける．ただし，$aH = \{a \cdot h \,|\, h \in H\}$ である．とくに G の単位元 e の属する剰余類は部分群 H に一致する：$eH = H$.

  さて，各剰余類を ‘1 点’ とみなして得られる商集合 $G/\sim$ を考える．習慣に従い，$G/\sim$ を

$$G/H$$

という記号で表わす．商写像 $\pi : G \to G/H$ は，剰余類 $C_\lambda, C_\mu, C_\nu, \cdots$, etc. をそれぞれ $\lambda, \mu, \nu, \cdots$, etc. という名前の ‘点’ につぶす写像である．$a, b \in G$ について $a \overset{H}{\sim} b$ のための必要十分条件は $\pi(a) = \pi(b)$ である．

  §§8, 9 と同様に言葉の意味を拡張して，G/H の要素 $\lambda, \mu, \cdots$, etc. のことも対

応する $C_\lambda, C_\mu, \cdots$, etc. と同じく(右)剰余類とよぶ. $\lambda=\pi(a)$ のとき, λ を 'a の属する剰余類' といってよい. この意味で G/H は, G の H による(右)剰余類全部の集合 $\{\lambda, \mu, \nu, \cdots\}$ である.

　群 G の積演算を用いて剰余類の集合 G/H に積演算を定義することを考えてみる. しかし実は, 一般の部分群 H については, これはうまく行かない. それは, G の積演算・と, 同値関係 $\overset{H}{\sim}$ とが, 一般には '両立' しないからである.

　次の補題が示すように, H が G の正規部分群なら, 両者は '両立' する. ここに, 正規部分群を考える必然性があるのである.

　補題 10.9　H が G の正規部分群のとき次のことがいえる : $\pi(a)=\pi(a')$ かつ $\pi(b)=\pi(b')$ ならば $\pi(a \cdot b)=\pi(a' \cdot b')$.

　証明　$\pi(a)=\pi(a')$ ゆえ $a \overset{H}{\sim} a'$. したがって $a'=a \cdot h$ $(\exists h \in H)$ と書ける. 同様に $\pi(b)=\pi(b')$ ゆえ $b'=b \cdot k$ $(\exists k \in H)$ と書ける. 積 $a' \cdot b'$ を計算すると

$$a' \cdot b' = a \cdot h \cdot b \cdot k = a \cdot e \cdot h \cdot b \cdot k$$
$$= a \cdot (b \cdot b^{-1}) \cdot h \cdot b \cdot k = (a \cdot b) \cdot (b^{-1} \cdot h \cdot b) \cdot k$$

となる. ここで H が G の正規部分群であることを使うと, $b^{-1} \cdot h \cdot b \in H$. したがって, $j=(b^{-1} \cdot h \cdot b) \cdot k$ とおくと, $j \in H$ であり, かつ $a' \cdot b'=(a \cdot b) \cdot j$ が成り立つ. これから, $a \cdot b \overset{H}{\sim} a' \cdot b'$ となり, $\pi(a \cdot b)=\pi(a' \cdot b')$ がわかる. □

　H が正規部分群のとき $\lambda=\pi(a)$ と $\mu=\pi(b)$ の積 $\lambda \cdot \mu$ を $\nu=\pi(a \cdot b)$ と定義すれば, 補題 10.9 により ν は λ と μ だけできまり, $\lambda=\pi(a)$, $\mu=\pi(b)$ であるような a, b のとり方によらない. したがって $\lambda \cdot \mu=\nu$ とおいて G/H に積演算が定まる.

　以後, 簡単のため, $a \in G$ の属する剰余類 $\pi(a) \in G/H$ を $[a] \in G/H$ と書く. (閉道 l の属するホモトピー類 $[l]$ と同じ記号を使うが, 話の内容が違うので紛れることはなかろう.)

　明らかに, $a \overset{H}{\sim} b$ のための必要十分条件は $[a]=[b]$ である. 記号 $[\ ]$ を使って G/H の積の定義を書くと,

$$[a] \cdot [b]=[a \cdot b]$$

となる. (左辺の積・が右辺で定義されている.)

　補題 10.10　H が G の正規部分群のとき, G/H はこの積に関して群になる.

　証明　(i) 単位元 $e \in G$ の属する剰余類 $[e] \in G/H$ が G/H の単位元になる. 実際, $[e] \cdot [a]=[e \cdot a]=[a]$, また $[a] \cdot [e]=[a \cdot e]=[a]$ $(\forall [a] \in G/H)$.

(ii) $[a]$ の逆元は $[a^{-1}]$ である．なぜなら $[a]\cdot[a^{-1}]=[a\cdot a^{-1}]=[e]$，また $[a^{-1}]\cdot[a]=[a^{-1}\cdot a]=[e]$ であるから．

(iii) $\forall[a],[b],[c]\in G/H$ について，$([a]\cdot[b])\cdot[c]=[a\cdot b]\cdot[c]=[(a\cdot b)\cdot c]$ $=[a\cdot(b\cdot c)]=[a]\cdot[b\cdot c]=[a]\cdot([b]\cdot[c])$ が成り立つ． □

定義 10.11 G/H を，群 G の正規部分群 H による**剰余群**という．——

商写像 $\pi:G\to G/H$ は準同型写像になる：$\pi(a\cdot b)=[a\cdot b]=[a]\cdot[b]=\pi(a)\cdot\pi(b)$．

H の任意の要素は G/H に移れば単位元 $[e]$ になってしまうし，その逆もいえる．すなわち，

主張 準同型 $\pi:G\to G/H$ の核 $\mathrm{Ker}(\pi)$ は H に一致する．

証明 $a\in\mathrm{Ker}(\pi)=\pi^{-1}([e])$ ならば $\pi(a)=[e]$，よって $\pi(a)=\pi(e)$，よって $a\overset{H}{\sim}e$，よって $a=e\cdot h\,(\exists h\in H)$，よって $a\in H$．同様に，$a\in H$ ならば $a\in\mathrm{Ker}(\tau)$ も示せる． □

2つの極端な場合

(1) $H=G$ の場合，$G/G\cong\{e\}$ （自明群），

(2) $H=\{e\}$ の場合，$G/\{e\}\cong G$．

証明 (1) 任意の $a,b\in G$ について $b=a\cdot(a^{-1}\cdot b)$，また明らかに $(a^{-1}\cdot b)\in G$ であるから，$a\overset{G}{\sim}b$ である．したがって任意の $a\in G$ について $a\overset{G}{\sim}e$ となる．これは G/G が，ただひとつの要素 $[e]$ からなる群であることを示している．

(2) 商写像 $\pi:G\to G/\{e\}$ は '上へ' の写像である．上で証明した**主張**により，$\mathrm{Ker}(\pi)=\{e\}$ である．補題 10.5 によれば，これは $\pi:G\to G/\{e\}$ が同型写像であることを意味している． □

例 $\boldsymbol{Z}$ の，部分群 $m\boldsymbol{Z}$ による剰余群 $\boldsymbol{Z}/m\boldsymbol{Z}$ を考えてみよう．

加法群 $\boldsymbol{Z}$ の '積' 演算は足し算 $+$ であった．$m\boldsymbol{Z}$ は，整数 m の倍数全体からなる $\boldsymbol{Z}$ の部分群である．$(-m)\boldsymbol{Z}=m\boldsymbol{Z}$ であるから，$m\geqq0$ と仮定してよい．

$m=0$ の場合，$m\boldsymbol{Z}=\{0\}$（自明な加法群）であるから，$\boldsymbol{Z}/m\boldsymbol{Z}=\boldsymbol{Z}/\{0\}\cong\boldsymbol{Z}$．

$m=1$ の場合，$m\boldsymbol{Z}=\boldsymbol{Z}$．よって $\boldsymbol{Z}/m\boldsymbol{Z}=\boldsymbol{Z}/\boldsymbol{Z}=\{0\}$．

以下 $m\geqq2$ と仮定する．

$a\sim b$（詳しくは $a\overset{m\boldsymbol{Z}}{\sim}b$）であるための必要十分条件を求めよう．$\overset{m\boldsymbol{Z}}{\sim}$ の定義によって，$a\sim b\Leftrightarrow b=a+h\,(\exists h\in m\boldsymbol{Z})\Leftrightarrow b-a\in m\boldsymbol{Z}$．つまり，$a\sim b$ のための必要十

§10 群   149

分条件は，差 $b-a$ が m で割り切れることである．

$$0, 1, \cdots, m-1$$

という m 個の整数は，どの（異なる）2つの差も，m の倍数ではないから，$\overset{m\mathbf{Z}}{\sim}$ の関係にない．したがって，それらの属する剰余類 $[0], [1], \cdots, [m-1]$ は，みな互いに異なる．剰余群 $\mathbf{Z}/m\mathbf{Z}$ は，少なくとも，これら m 個の要素を含む．

a を任意の整数とする．a を m で割った商を q，余りを r とすると

$$a = qm + r \qquad (0 \le r < m)$$

となる．$a-r = qm \in m\mathbf{Z}$ ゆえ，$a \overset{m\mathbf{Z}}{\sim} r$．ここで，$r$ は $0, 1, \cdots, m-1$ のどれかである．a の剰余類 $[a]$ は $[0], [1], \cdots, [m-1]$ のどれかであることがわかった．したがって，剰余群 $\mathbf{Z}/m\mathbf{Z}$ は，ちょうど m 個の要素 $[0], [1], \cdots, [m-1]$ からなる集合である：$\mathbf{Z}/m\mathbf{Z} = \{[0], [1], \cdots, [m-1]\}$．

$\mathbf{Z}/m\mathbf{Z}$ の'積'演算（実は和）は，次の式で定義される．

$$[r] + [s] = [r+s].$$

（左辺の $+$ を右辺で定義する．）ここで，$r+s$ が m 以上になったら，m で割った余り（剰余）t を求めて，$[r+s] = [t]$ と考えるのである．剰余群という名称は，元来，このような操作から由来したものである．

簡単に，$\mathbf{Z}/m\mathbf{Z}$ を $\mathbf{Z}/m$ と書き，剰余類 $[0], [1], \cdots, [m-1]$ を，$0, 1, \cdots, m-1$ と書くことがある：$\mathbf{Z}/m = \{0, 1, \cdots, m-1\}$．

具体例．$m = 2$ の場合．$\mathbf{Z}/2 = \{0, 1\}$．和の公式は，

$$0+0 = 0, \quad 0+1 = 1, \quad 1+0 = 1, \quad 1+1 = 0.$$

写像 $f: \mathbf{Z}/2 \to \{\pm 1\}$ を，$f(0) = 1$，$f(1) = -1$ と定義すると f は，和を積に変換する同型写像になる：$\mathbf{Z}/2 \cong \{\pm 1\}$．

$m = 3$ の場合．$\mathbf{Z}/3 = \{0, 1, 2\}$．和の公式は，

$$0+0 = 0, \quad 0+1 = 1, \quad 0+2 = 2$$
$$1+0 = 1, \quad 1+1 = 2, \quad 1+2 = 0$$
$$2+0 = 2, \quad 2+1 = 0, \quad 2+2 = 1$$

である．

準同型定理

最後に，準同型定理とよばれる次の定理を証明しよう．

定理 10.12 G, K を群，$f: G \to K$ を準同型写像とすると，同型写像 $\tilde{f}: G/\mathrm{Ker}$

150　　　　　　　第4章 基 本 群

$(f) \to f(G)$ が存在する：$G/\mathrm{Ker}(f) \cong f(G)$.

　証明　$\mathrm{Ker}(f)$ は G の正規部分群であるから（補題10.7），剰余群 $G/\mathrm{Ker}(f)$ が考えられる．$a(\in G)$ の属する剰余類を $[a]$ と書こう．$a \overset{\mathrm{Ker}(f)}{\sim} b$ のための必要十分条件は $[a] = [b]$ であり，$G/\mathrm{Ker}(f)$ は，このような $[a]$ の全体であった．

　写像 $\tilde{f}: G/\mathrm{Ker}(f) \to f(G)$ を次のように定義する．$[a] (\in G/\mathrm{Ker}(f))$ に，$f(a)$ $(\in f(G))$ を対応させるのである：

$$\tilde{f}([a]) = f(a).$$

　この式で $\tilde{f}$ が矛盾なく定義されるためには，'$[a] = [b] \Rightarrow f(a) = f(b)$' が確かめられなければならない．（またそれが確かめられれば十分である．）

$$[a] = [b] \Longrightarrow a \overset{\mathrm{Ker}(f)}{\sim} b \Longrightarrow b = a \cdot h \qquad (\exists h \in \mathrm{Ker}(f)).$$

したがって

$$f(b) = f(a \cdot h) = f(a) \cdot f(h) = f(a) \cdot e = f(a)$$

となり，'$[a] = [b] \Rightarrow f(a) = f(b)$' がわかった．これで，$\tilde{f}: G/\mathrm{Ker}(f) \to f(G)$ という（'上へ' の）写像の存在がいえた．

　次に $\tilde{f}$ が準同型であることを確かめる．実際，

$$\tilde{f}([a] \cdot [b]) = \tilde{f}([a \cdot b]) = f(a \cdot b) = f(a) \cdot f(b) = \tilde{f}([a]) \cdot \tilde{f}([b])$$ であるから，

$\tilde{f}$ は（'上へ' の）準同型である．

　最後に，$\mathrm{Ker}(\tilde{f}) = \{[e]\}$ を示そう．それがいえれば，補題10.5により，$\tilde{f}$ が同型写像であることがわかる．

　$\mathrm{Ker}(\tilde{f})$ は $G/\mathrm{Ker}(f)$ の部分群である．さて，$[a] \in \mathrm{Ker}(\tilde{f}) \Leftrightarrow \tilde{f}([a]) = e \Leftrightarrow f(a)$ $= e \Leftrightarrow a \in \mathrm{Ker}(f) \Leftrightarrow a \overset{\mathrm{Ker}(f)}{\sim} e \Leftrightarrow [a] = [e]$．これで $\mathrm{Ker}(\tilde{f}) = \{[e]\}$ が確かめられた．□

　注意　$f: G \to K$ を準同型写像，$\pi: G \to G/\mathrm{Ker}(f)$ を商写像，また $j: f(G) \to K$ を包含写像とする．j は準同型写像である．このとき合成 $j \circ \tilde{f} \circ \pi$ は f に一致する．実際，$\forall a \in G$ について

$$j \circ \tilde{f} \circ \pi(a) = j \circ \tilde{f}([a]) = j(f(a)) = f(a) \quad (\in K).$$

この関係 $j \circ \tilde{f} \circ \pi = f$ を次のような**可換図式**で表わすことがある．

$$
\begin{array}{ccc}
G & \overset{f}{\longrightarrow} & K \\
\downarrow{\scriptstyle \pi} & & \uparrow{\scriptstyle j} \\
G/H & \underset{\cong}{\overset{\tilde{f}}{\longrightarrow}} & f(G)
\end{array}
\qquad
\left(
\begin{array}{ccc}
a & \overset{f}{\longmapsto} & f(a) \\
\pi\downarrow & & \uparrow j \\
[a] & \overset{\tilde{f}}{\longmapsto} & f(a)
\end{array}
\right)
$$

§11 基本群

いくつかの群と，その間の準同型(矢印)からなる図式が可換であるとは，その図式の中の任意の2つの群 A, B に注目したとき，A から B に矢印をたどって達する複数の道筋があれば，どの道筋についても，矢印の順に準同型を合成したものがすべて一致することである．たとえば，下の可換図式

は $h = g \circ f$ を意味する．A, B, C が位相空間，f, g, h が連続写像の場合も同様である．

例 1° $\mathrm{sign} : \boldsymbol{R} - \{0\} \to \{\pm 1\}$ は，'上へ'の準同型であり，$\mathrm{Ker}(\mathrm{sign}) = \boldsymbol{R}_+$ である．よって準同型定理により，$(\boldsymbol{R} - \{0\})/\boldsymbol{R}_+ \cong \{\pm 1\}$．

例 2° $\varepsilon : S_n \to \{\pm 1\}$ も '上へ' の準同型であり，$\mathrm{Ker}(\varepsilon) = A_n$ であった．よって $S_n / A_n \cong \{\pm 1\}$．

演習問題

10.1 (i) G が3個の要素からなる有限群ならば，G は可換群である．(実は，$G \cong Z/3$．)

(ii) G が4個の要素からなる有限群ならば，G は可換群である．

(iii) 5個，6個，…の場合はどうか．

10.2 (i) $\sigma \in S_n$ が，i と j $(1 \leq i < j \leq n)$ を入れ換える互換のとき，$\varepsilon(\sigma) = -1$ を証明せよ．

(ii) 任意の置換 $\sigma \in S_n$ は，有限個の互換の積になることを示せ．(n に関する帰納法を用いよ．)

10.3 (i) H, K がともに G の部分群なら，共通部分 $H \cap K$ も部分群である．

(ii) $\{H_\lambda\}_{\lambda \in \Lambda}$ が G の部分群の族ならば，共通部分 $\bigcap_{\lambda \in \Lambda} H_\lambda$ も G の部分群である．

(iii) $\{H_\lambda\}_{\lambda \in \Lambda}$ が G の正規部分群の族ならば，共通部分 $\bigcap_{\lambda \in \Lambda} H_\lambda$ も G の正規部分群である．

10.4 (i) H が G の部分群，$a (\in G)$ を任意の要素とするとき，$a^{-1} H a$ も G の部分群になる．

(ii) H が G の部分群のとき，$\bigcap_{a \in G} a^{-1} H a$ は G の正規部分群である．

§11 基本群

X を位相空間とし，p_0 を X の1点とする．§9の終りで基本群 $\pi_1(X, p_0)$ を導入した．この節では，基本群の性質(位相不変性など)を調べ，簡単な例につい

152   第4章 基 本 群

て計算しよう. 応用として, 不動点定理を証明する.

　まず, 基本群 $\pi_1(X, p_0)$ の定義を復習しておく. $\pi_1(X, p_0)$ は, p_0 を基点とする X の閉道全体を, 基点を止めたままの連続変形(ホモトピー)の関係 $\simeq$ で分類したホモトピー類の集合であった. p_0 を基点とする X の閉道全部の集合を $\Omega(X, p_0)$ とすると, $\pi_1(X, p_0) = \Omega(X, p_0)/\simeq$ (商集合)である. '積' は, 道の積から誘導された.

　$\pi : \Omega(X, p_0) \to \pi_1(X, p_0)$ を商写像とするとき, 閉道 $l\,(\in \Omega(X, p_0))$ の π による像 $\pi(l)$ を $[l]$ と書いて, l の属するホモトピー類とよんだ.

　$\pi_1(X, p_0)$ は, このような $[l]$ の全体である :

$$\pi_1(X, p_0) = \{[l] \mid l \in \Omega(X, p_0)\}.$$

ここで2つの事実が大切である.

　(I)　$l \simeq m$ のための必要十分条件は $[l] = [m]$.

　(II)　$[l] \cdot [m] = [l \cdot m]$.

　(I) (II)において $l, m \in \Omega(X, p_0)$ であり, $l \cdot m$ は道の積である. (II)においては左辺の積 ($\pi_1(X, p_0)$ における積)が右辺で定義されている.

　始めから終りまで基点 p_0 に留まっている自明な道を $\hat{p}_0$ とする. $\hat{p}_0$ の属するホモトピー類 $e\,(= [\hat{p}_0])$ が $\pi_1(X, p_0)$ の単位元になる. $[l]$ の逆元 $[l]^{-1}$ は $[l^{-1}]$ である. (l^{-1} は, l の逆の道.)

　定理 11.1　X を弧状連結な位相空間とすると, 任意の2点 $p_0, p_1 \in X$ について, 同型 $\pi_1(X, p_0) \cong \pi_1(X, p_1)$ が成り立つ. すなわち, X が弧状連結なら $\pi_1(X, p_0)$ の群構造は基点 p_0 のとり方によらない.

　証明　弧状連結性の定義により, X が弧状連結なら, p_0 を始点, p_1 を終点にする道 $m : [0, 1] \to X$ が存在する. このような道 m をひとつ選んでおく.

　p_1 を基点とする任意の閉道 l について, 道の積

$$(m \cdot l) \cdot m^{-1}$$

を作ると, これは p_0 を基点とする閉道になる(図 11.1 左).

　l のホモトピー類 $[l]$ に, $(m \cdot l) \cdot m^{-1}$ のホモトピー類 $[(m \cdot l) \cdot m^{-1}]$ を対応させることにより, 写像 $\varphi_m : \pi_1(X, p_1) \to \pi_1(X, p_0)$ が定義できる. (φ_m に添えた m は, 写像 φ_m が道 m によって定まることを表わしている.) すなわち,

$$\varphi_m([l]) = [(m \cdot l) \cdot m^{-1}].$$

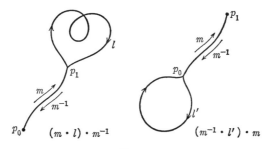

図 11.1

この式で φ_m が矛盾なく定義されるためには，'$[l]=[l'] \Rightarrow [(m \cdot l) \cdot m^{-1}] = [(m \cdot l') \cdot m^{-1}]$' が確かめられねばならない．実際，$[l]=[l']$ なら，前頁の事実(I)により $l \simeq l'$．これと補題9.3によって $(m \cdot l) \simeq (m \cdot l')$ がでる．ふたたび補題9.3により $(m \cdot l) \cdot m^{-1} \simeq (m \cdot l') \cdot m^{-1}$．事実(I)により，$[(m \cdot l) \cdot m^{-1}] = [(m \cdot l') \cdot m^{-1}]$．これでよい．

なお，補題9.4によれば，$(m \cdot l) \cdot m^{-1} \simeq m \cdot (l \cdot m^{-1})$，したがって $[(m \cdot l) \cdot m^{-1}] = [m \cdot (l \cdot m^{-1})]$ であるから，ホモトピー類 [ ] を問題にするかぎり，括弧 ( ) のつけ方は重要でなく，括弧抜きで $[m \cdot l \cdot m^{-1}]$ と書いてよいわけである．したがって $\varphi_m : \pi_1(X, p_1) \to \pi_1(X, p_0)$ の定義式も

$$\varphi_m([l]) = [m \cdot l \cdot m^{-1}]$$

と，括弧 ( ) を付けずに書いてよい．

4個以上の道の積についても同様に，括弧のつけ方は本質的でない．

次に φ_m とは反対向きの写像 $\varphi_{m^{-1}} : \pi_1(X, p_0) \to \pi_1(X, p_1)$ を定義する．

p_0 を基点とする任意の閉道 l' について，道の積 $(m^{-1} \cdot l') \cdot m$ を考えると，これは p_1 を基点とする閉道になる（図11.1右）．l' のホモトピー類 $[l']$ に $(m^{-1} \cdot l') \cdot m$ のホモトピー類 $[m^{-1} \cdot l' \cdot m]$ を対応させる写像として，$\varphi_{m^{-1}} : \pi_1(X, p_0) \to \pi_1(X, p_1)$ が定まる：$\varphi_{m^{-1}}([l']) = [m^{-1} \cdot l' \cdot m]$．$\varphi_m$ と同様にこの $\varphi_{m^{-1}}$ も矛盾なく定義される．

φ_m と $\varphi_{m^{-1}}$ は準同型写像である

実際，$\varphi_m([l] \cdot [l']) = \varphi_m([l \cdot l']) = [m \cdot (l \cdot l') \cdot m^{-1}] = [(m \cdot l) \cdot (l' \cdot m^{-1})] = [(m \cdot l) \cdot p_1 \cdot (l' \cdot m^{-1})] = [(m \cdot l) \cdot (m^{-1} \cdot m) \cdot (l' \cdot m^{-1})] = [(m \cdot l \cdot m^{-1}) \cdot (m \cdot l' \cdot m^{-1})] = [m \cdot l \cdot m^{-1}] \cdot [m \cdot l' \cdot m^{-1}] = \varphi_m([l]) \cdot \varphi_m([l'])$ である．$\varphi_{m^{-1}}$ についても同様である．

154   第4章 基 本 群

合成について $\varphi_{m^{-1}}\circ\varphi_m=id_{\pi_1(X,p_1)}$ **が成り立つ**

実際，任意の $[l]\in\pi_1(X,p_1)$ について

$$\varphi_{m^{-1}}\circ\varphi_m([l]) = \varphi_{m^{-1}}([m\cdot l\cdot m^{-1}]) = [m^{-1}\cdot(m\cdot l\cdot m^{-1})\cdot m]$$
$$= [(m^{-1}\cdot m)\cdot l\cdot(m^{-1}\cdot m)] = [\check{p}_1\cdot l\cdot\check{p}_1]$$
$$= [l]$$

である．同様にして $\varphi_m\circ\varphi_{m^{-1}}=id_{\pi_1(X,p_0)}$ がわかる．

こうして，φ_m と $\varphi_{m^{-1}}$ は互いに他の逆写像になり，$\varphi_m:\pi_1(X,p_1)\to\pi_1(X,p_0)$ が同型写像であることが示せた．□

以上のように，基点の定められた位相空間 (X,p_0) という幾何学的対象は，その基本群 $\pi_1(X,p_0)$ を考えることによって，群という代数的対象に変換される．同じことが，対象の間の写像についてもいえる．つまり，次の補題が示すように，位相空間の間の連続写像（これは'幾何学的写像'である）は，基本群の間の準同型写像（これは'代数的写像'である）に変換されるのである．

記号 $(X,p_0),(Y,q_0)$ が基点の定まった位相空間のとき，基点 p_0 を基点 q_0 に写す連続写像 $f:X\to Y$ のことを，簡単に $f:(X,p_0)\to(Y,q_0)$ と書くことにする．

補題11.2 連続写像 $f:(X,p_0)\to(Y,q_0)$ が与えられると，基本群の間の準同型写像

$$f_*:\pi_1(X,p_0)\longrightarrow\pi_1(Y,q_0)$$

が定まる．（これを f から**誘導された準同型写像**とよぶ.）

f_* は次の2性質を持つ．

(i) 恒等写像 $id_X:(X,p_0)\to(X,p_0)$ から誘導された $(id_X)_*$ は，基本群の恒等写像 $id_{\pi_1(X,p_0)}:\pi_1(X,p_0)\to\pi_1(X,p_0)$ である．

(ii) $f:(X,p_0)\to(Y,q_0)$ と $g:(Y,q_0)\to(Z,r_0)$ の合成 $g\circ f$ から誘導された $(g\circ f)_*$ は，f,g から誘導された準同型 f_*,g_* の合成 $g_*\circ f_*$ である：$(g\circ f)_*=g_*\circ f_*$．

証明 $l\in\Omega(X,p_0)$ を任意にとる．l は連続写像 $l:[0,1]\to X$ である．この l と $f:X\to Y$ の合成 $f\circ l:[0,1]\to Y$ は，Y の道になる．しかも $(f\circ l)(0)=f(l(0))=f(p_0)=q_0$，$(f\circ l)(1)=f(l(1))=f(p_0)=q_0$ であるから，$f\circ l$ は q_0 を基点とする Y の閉道である（図11.2）．

$l,l'\in\Omega(X,p_0)$ について，$l\simeq l'$ なら $f\circ l\simeq f\circ l'$ である．なぜなら，$H:[0,1]\times[0,1]\to X$ を，$l\simeq l'$ のホモトピーとすると，H と f の合成 $f\circ H:[0,1]\times[0,1]$

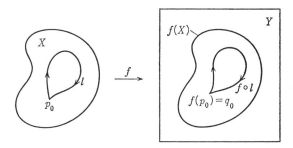

図11.2

→Y が $f \circ l \simeq f \circ l'$ のホモトピーになるからである.($f \circ H$ について定義9.1の条件(i)(ii)を確かめればよい.)

したがって,l の属するホモトピー類 $[l]$ ($\in \pi_1(X, p_0)$) に,$f \circ l$ の属するホモトピー類 $[f \circ l]$ ($\in \pi_1(Y, q_0)$) を対応させる写像 $f_\sharp : \pi_1(X, p_0) \to \pi_1(Y, q_0)$ が矛盾なく定義できる:

$$f_\sharp([l]) = [f \circ l] \qquad (\text{これが } f_\sharp \text{ の定義式}).$$

すぐわかるように,$l, m \in \Omega(X, p_0)$ について,$f \circ (l \cdot m) = (f \circ l) \cdot (f \circ m)$ である.(ただし・は道の積を表わす.)よって $f_\sharp([l] \cdot [m]) = f_\sharp([l \cdot m]) = [f \circ (l \cdot m)] = [(f \circ l) \cdot (f \circ m)] = [f \circ l] \cdot [f \circ m] = f_\sharp([l]) \cdot f_\sharp([m])$ がわかり,$f_\sharp$ は準同型写像になる.

$f_\sharp$ の性質(i)は明らかであろう.性質(ii)の証明も容易である.実際,$\forall l \in \Omega(X, p_0)$ について,$(g \circ f)_\sharp([l]) = [(g \circ f) \circ l] = [g \circ (f \circ l)] = g_\sharp([f \circ l]) = g_\sharp(f_\sharp[l]) = (g_\sharp \circ f_\sharp)([l])$. □

系11.2.1 $f : (X, p_0) \to (Y, q_0)$ が同相写像なら,f から誘導された準同型 $f_\sharp : \pi_1(X, p_0) \to \pi_1(Y, q_0)$ は同型である.

証明 f の逆写像 $f^{-1} : (Y, q_0) \to (X, p_0)$ も同相写像である.そして $f^{-1} \circ f = id_X$,$f \circ f^{-1} = id_Y$ が成り立つ.補題11.2の(i)(ii)を適用すると,

$$(f^{-1})_\sharp \circ f_\sharp = (f^{-1} \circ f)_\sharp = (id_X)_\sharp = id_{\pi_1(X, p_0)},$$
$$f_\sharp \circ (f^{-1})_\sharp = (f \circ f^{-1})_\sharp = (id_Y)_\sharp = id_{\pi_1(Y, q_0)}.$$

よって $f_\sharp : \pi_1(X, p_0) \to \pi_1(Y, q_0)$ と $(f^{-1})_\sharp : \pi_1(Y, q_0) \to \pi_1(X, p_0)$ は互いに他の逆写像になり,$f_\sharp$ も $(f^{-1})_\sharp$ も同型写像である. □

系11.2.1の事実を,**基本群の位相不変性**という.

156　　　　　　　　　第4章 基 本 群

系 11.2.1 は，あらかじめ基点を指定した形で位相不変性を述べているが，X, Y が弧状連結の場合は，$X \approx Y$（位相同形）という仮定から，勝手な基点 $p_0 \in X$, $q_0 \in Y$ を定めて計算した $\pi_1(X, p_0)$, $\pi_1(Y, q_0)$ が互いに同型なこと $\pi_1(X, p_0) \cong \pi_1(Y, q_0)$ が結論される．実際 $f: X \to Y$ を同相写像とすると，$f_* : \pi_1(X, p_0) \to \pi_1(Y, f(p_0))$ は系 11.2.1 により同型となり，また定理 11.1 を弧状連結な空間 Y に適用して，$\pi_1(Y, f(p_0)) \cong \pi_1(Y, q_0)$ となるからである．

計 算 例

1°　n **次元球体** D^n：$\pi_1(D^n, p_0) \cong \{e\}$（自明群）

証明　D^n は弧状連結であるから（§8），$\pi_1(D^n, p_0)$ の群構造は，基点 $p_0 \in D^n$ のとり方によらない．$p_0 = O$（原点）と仮定して計算する．ここで，D^n は，$D^n = \{(x_1, x_2, \cdots, x_n) \in \boldsymbol{E}^n \mid x_1^2 + x_2^2 + \cdots + x_n^2 \leqq 1\}$ と考えている．

常に原点 $O = (0, 0, \cdots, 0)$ に留まる道を $\tilde{O}$ とする．以下証明するのは，$\forall l \in \Omega(D^n, O)$ について，$l \simeq \tilde{O}$ となることである．それがいえれば $[l] = [\tilde{O}] = e$ となり，$\pi_1(D^n, O) = \{e\}$ がわかる．

閉道 $l: [0, 1] \to D^n$ を，$\boldsymbol{E}^n$ の座標 $x_1, x_2, \cdots, x_n$ を使って

$$l(t) = (x_1(t), x_2(t), \cdots, x_n(t)) \in D^n$$

と表示する．ここに各 $x_i(t)$ は t を変数とする連続関数である．$x_1(t)^2 + x_2(t)^2 + \cdots + x_n(t)^2 \leqq 1$ が成り立つ（$\forall t \in [0, 1]$）．また，$l(0) = l(1) = (0, 0, \cdots, 0)$ から，$x_i(0) = x_i(1) = 0$ $(i = 1, 2, \cdots, n)$ がわかる．

l から $\tilde{O}$ へのホモトピー $H: [0, 1] \times [0, 1] \to D^n$ は

$$H(t, s) = ((1-s)x_1(t), (1-s)x_2(t), \cdots, (1-s)x_n(t))$$

で与えられる．各座標に実数 $(1-s)$ を掛けたものである．H は，明らかに，正方形 $[0, 1] \times [0, 1]$ から D^n への連続写像になる．H について，§9, 定義 9.1 のホモトピーの2条件を確かめてみると：

(i)　$H(t, 0) = (x_1(t), x_2(t), \cdots, x_n(t)) = l(t)$　　　$(\forall t \in [0, 1])$,

　　　$H(t, 1) = (0, 0, \cdots, 0) = \tilde{O}(t)$　　　$(\forall t \in [0, 1])$,

(ii)　$H(0, s) = ((1-s)x_1(0), (1-s)x_2(0), \cdots, (1-s)x_n(0))$

　　　　　　　$= (0, 0, \cdots, 0) = O$　　　$(\forall s \in [0, 1])$,

　　　$H(1, s) = (0, 0, \cdots, 0) = O$　　　$(\forall s \in [0, 1])$.

したがって，H は，$l \simeq \tilde{O}$ のホモトピーである．□

上の証明のアイデアは明らかであろう．中心 O を基点にする D^n の閉道 l が与えられたとき，l を，D^n の中で次第に相似縮小して行き，ついに $\tilde{O}$ にしてしまったのである(図 11.3)．

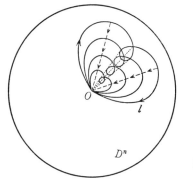

図 11.3

2° n 次元ユークリッド空間 E^n：$\pi_1(E^n, p_0) = \{e\}$

証明は D^n の場合と全く同じである．

D^n や E^n のように，$\pi_1(X, p_0) = \{e\}$ であるような弧状連結空間 X を**単連結な空間**という．

3° **円周** S^1：$\pi_1(S^1, p_0) \cong Z$ (整数のなす加法群)

証明 S^1 も弧状連結であるから，$\pi_1(S^1, p_0)$ の群構造は，基点 p_0 のとり方によらない．S^1 を xy 平面上の単位円周
$$S^1 = \{(x, y) \mid x^2 + y^2 = 1\}$$
として表わして，基点 p_0 は点 $(1, 0)$ にとることにする．

$\pi_1(S^1, p_0) \cong Z$ の証明のアイデアは次のようなものである．p_0 を基点とする S^1 の閉道 l は，p_0 を出て p_0 にもどる間に S^1 を何回かまわる．この回数を閉道 l の**回転数** (degree) とよび，$\deg(l)$ という記号で表わす．l が l' にホモトープならば，両者の回転数は一致する：$\deg(l) = \deg(l')$．したがって，l のホモトピー類 $[l]$ に $\deg(l)$ を対応させる写像 $\deg : \pi_1(S^1, p_0) \to Z$ が矛盾なく定義され，これが同型写像になるのである．以下に述べる証明は次の 3 段階に分れる．

(1) $l \, (\in \Omega(S^1, p_0))$ の回転数 $\deg(l) \, (\in Z)$ を厳密に定義すること．

(2) $l \simeq l' \Rightarrow \deg(l) = \deg(l')$，を示すこと．

(3) $\deg : \pi_1(S^1, p_0) \to Z$ が同型であることを証明すること．

158   第4章 基 本 群

(1)　deg(l) の定義(この頁から p.167 まで続く)

$l:[0,1]\to S^1$ を, $l(0)=l(1)=p_0$ であるような, S^1 の任意の閉道とする. l は, xy 座標によって $l(t)=(x(t), y(t))$ と表わせる. ただし, 任意の $t\in[0,1]$ について $x(t)^2+y(t)^2=1$ が成り立つ.

さて, $x^2+y^2=1$ を満たす点 (x, y) に対し,
$$x = \cos\theta, \quad y = \sin\theta$$
となるような実数 $\theta\in \mathbf{R}$ が存在する. いうまでもなく, θ は, 点 (x, y) と原点 O を結ぶ線分と, x 軸の正方向のなす角度であるが, 図11.4にみるように, 一般には点 (x, y) をきめても θ の方は 2π の整数倍だけの不定性が残ることに注意する. deg(l) を定義するための準備として, 次の定理を証明しよう.

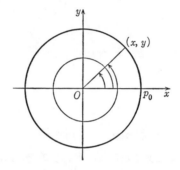

図 11.4

定理 11.3　閉道 $l\in\Omega(S^1, p_0)$ を与えるごとに次の (i)(ii) を満たす連続関数 $\tilde{l}:[0,1]\to\mathbf{R}$ が(上のような不定性なく)一意的に定まる.

(i)　$\tilde{l}(0) = 0$,

(ii)　$l(t) = (\cos(\tilde{l}(t)), \sin(\tilde{l}(t)))$　　($\forall t\in[0,1]$).──

証明の前に, 連続写像 $\tilde{l}:[0,1]\to \mathbf{R}$ の図形的な意味を考えておこう. まず, 連続写像 $h:\mathbf{R}\to S^1$ を
$$h(\theta) = (\cos\theta, \sin\theta)$$
と定義しよう. ここで, θ を 0 から 2π まで変化させると, 点 $h(\theta)$ は $p_0=(1, 0)$ から出発して, S^1 を正の向きに1周し, p_0 にもどる. θ が更に 2π から 4π まで増えると, $h(\theta)$ は S^1 をもう1周する. 反対に, θ が 0 から -2π まで変化するときには, $h(\theta)$ は S^1 を負の向きに1周する.

図11.5のように, $\mathbf{R}$ ($=$実数直線 $\mathbf{E}^1$) をらせん状に巻いてみると, θ と $h(\theta)$

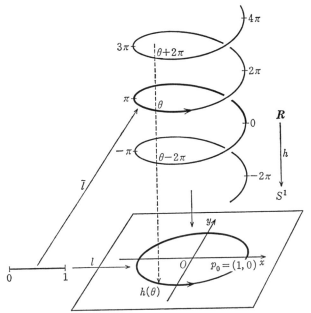

図11.5

の位置関係がよくわかる．この図で，R は'らせん'になっている．そして $h: R \to S^1$ は，らせんを，垂直に，水平面上に投影する射影である．らせんの影 $(=像 h(R))$ は，水平面上の円周 S^1 になる．$\theta\,(\in R)$ の影が，$h(\theta)\,(\in S^1)$ である．

$h: R \to S^1$ によって，$0, \pm 2\pi, \pm 4\pi, \cdots, \text{etc.}$ という無限個の点が基点 p_0 の上に落ちている．$(h(0)=h(2\pi)=h(4\pi)=\cdots=p_0.)$ また，一般に $h(\theta)=h(\theta')$ のための必要十分条件は，$\theta-\theta'=2n\pi\,(\exists n \in Z)$ である．

証明すべき定理 11.3 の条件 (ii) を，$h: R \to S^1$ を使って書き直すと
$$l(t) = h(\tilde{l}(t)), \quad \forall t \in [0, 1]$$
となる．結局，写像 $\tilde{l}: [0,1] \to R$ は，パラメター t につれて連続的に動くらせん上の点 $\tilde{l}(t)$ を表わすものと考えられ，そう考えたとき，$l(t)$ は，その動きを S^1 上に投影したものになる．

定理 11.3 が主張しているのは，$l(t)$ という，S^1 上の'影の点'の動きから，らせん上の点の動き $\tilde{l}(t)$ が再構成できる，ということである．しかも，$t=0$ における初期位置を $\tilde{l}(0)=0$ ときめておけば（定理 11.3 条件 (i)），$\tilde{l}(t)$ は $l(t)$ によって一意的に不定性なくきまる，というのである．

160　　　　　　　　第4章 基　本　群

　ここで，現実のらせん階段とその影を想像してみよう．いま，太陽が真上に
あって，らせん階段の影が円周状に地上に落ちているとする．らせん階段を1
人の人が昇ったり降りたりしており，われわれは地上にいてこの人の動きを監
視しているとしよう．

　定理11.3によれば，らせん階段上のこの人の位置を知るには，この人自身
を始終見守っている必要はない．ある瞬間（たとえば $t=0$）において，その人の
位置が（2階の非常口のあたり，という具合に）確認できたとすると，あとは，
らせん階段の影（＝円周）の中のその人の影の動きだけに注目していればよいの
である．

　たとえばその人の影が，階段の影であるところの円周を正の方向に1周すれ
ば，現実の人はちょうど1階分だけらせん階段を昇って，いまは3階の非常口
あたりにいるはずだということがわかる．影が更に正の方向にぐるぐる回れば，
その人はどんどん昇り続けていることがわかるし，反対向きに回り出せば，降
り始めたことがわかる，等々．

　$l(t)$ から $\tilde{l}(t)$ が一意的に構成できるとは，こういうことである．

　定理11.3の証明はもう少しあとで述べるが，その方針は，閉道 $l:[0,1]\to S^1$
が与えられたとき，求める連続写像 $\tilde{l}:[0,1]\to \boldsymbol{R}$ を，$\tilde{l}(0)=0$ から始めて少しず
つ構成して行くことである．$\tilde{l}$ を‘少しずつ’構成することの可能性は，次の補
題で保証される．まず，この補題を証明しよう．この中で，$h:\boldsymbol{R}\to S^1$ は，すで
に述べたように $h(\theta)=(\cos\theta,\sin\theta)$ で定義される写像である．

　補題11.4　Y を連結な位相空間とし，q_0 を Y の勝手な1点とする．連続写
像 $f:Y\to S^1$ と，$f(q_0)=h(\theta_0)$ であるような $\theta_0\in\boldsymbol{R}$ が与えられたとき，もし S^1 の
中で像 $f(Y)$ が十分小さければ，次の (i)(ii) を満たす連続写像 $\tilde{f}:Y\to\boldsymbol{R}$ が一意
的に存在する．

　(i)　$\tilde{f}(q_0)=\theta_0$,

　(ii)　$f(y)=h(\tilde{f}(y))$,　　$\forall y\in Y$.　——

　同じ内容を（位相空間と連続写像からなる）**図式**を使って次のようにいい換え
られる：Y を連結な位相空間，$q_0\in Y$, $\theta_0\in\boldsymbol{R}$ とする．次の図式で表わされる状
況を考える．

§11 基本群

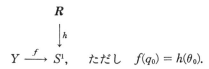

このとき，像 $f(Y)$ が S^1 の中で十分小さければ，次の (i)(ii) を満たす連続写像 $\tilde{f}: Y \to \boldsymbol{R}$ が一意的に存在する．

(i) $\tilde{f}(q_0) = \theta_0$,

(ii) 図式

$$\begin{array}{ccc} & & \boldsymbol{R} \\ & \tilde{f} \nearrow & \downarrow h \\ Y & \xrightarrow{f} & S^1 \end{array}$$

は可換である．（すなわち，$f = h \circ \tilde{f}$ である．）

補題 11.4 の証明 '$f: Y \to S^1$ の像 $f(Y)$ が S^1 の中で十分小さければ'，と仮定されているが，実は，'$f(Y)$ が S^1 全体と一致しなければ' という程度の緩い仮定で十分なのである．以下の証明では，もう少し強く，'$f(Y)$ が S^1 の**ある半円に含まれるならば**' と仮定して話を進める．

この半円の位置がどこにあっても証明の本筋には関係がないので，簡単のため，それが

$$\{(x, y) \mid x^2 + y^2 = 1, x \leqq 0\}$$

で定義される半円，すなわち S^1 の左半分，であるとしよう．この左半分の半円を L と書くことにする．以下しばらく証明のための準備的考察をする．

われわれの状況を図示すると図 11.6 のようになる．

射影 $h: \boldsymbol{R} \to S^1$ による半円 L の逆像 $h^{-1}(L)$ を考える．図 11.6 からも明らかなように，$h^{-1}(L)$ は，

$$\cdots, \left[-\frac{3}{2}\pi, -\frac{1}{2}\pi\right], \left[\frac{\pi}{2}, \frac{3}{2}\pi\right], \left[\frac{5}{2}\pi, \frac{7}{2}\pi\right], \text{etc.}, \cdots$$

という無限個の閉区間からなる $\boldsymbol{R}$ の部分集合である．ちゃんと書くと

$$h^{-1}(L) = \bigcup_{n \in Z} \left[\frac{\pi}{2} + 2n\pi, \frac{3}{2}\pi + 2n\pi\right]$$

であり，各々の区間 $[\pi/2 + 2n\pi, 3\pi/2 + 2n\pi]$ が $h^{-1}(L)$ の弧状連結成分である．

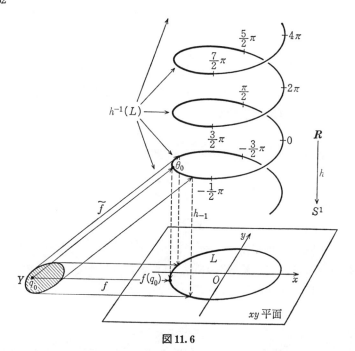

図 11.6

$h:R\to S^1$ を個々の区間 $[\pi/2+2n\pi, 3\pi/2+2n\pi]$ に制限すると, $[\pi/2+2n\pi, 3\pi/2+2n\pi]$ から L への同相写像になる (図 11.6). h を制限した同相写像を

$$h_n:\left[\frac{\pi}{2}+2n\pi, \frac{3}{2}\pi+2n\pi\right]\longrightarrow L$$

と書こう.

あらかじめ与えられた R の点 θ_0 は, $f(q_0)=h(\theta_0)$ であると仮定された. $f(q_0)\in f(Y)\subset L$ であるから, $h(\theta_0)\in L$. よって $\theta_0\in h^{-1}(L)$ である.

したがって, θ_0 はどれかひとつの特定の区間 $[\pi/2+2n\pi, 3\pi/2+2n\pi]$ に含まれている. θ_0 を含むような区間 $[\pi/2+2n\pi, 3\pi/2+2n\pi]$ を固定し, それを I_n とおく : $I_n=[\pi/2+2n\pi, 3\pi/2+2n\pi]\ni\theta_0$.

同相写像 $h_n:I_n\to L$ の逆写像 $h_n^{-1}:L\to I_n$ は, もちろん同相写像である.

$f:Y\to S^1$ について, その像 $f(Y)$ は半円 L に含まれていると仮定したから, f を, Y から L への写像 $f:Y\to L$ と考えることもできる. そう考えた上で, $f:Y\to L$ と, $h_n^{-1}:L\to I_n$ との合成写像 $h_n^{-1}\circ f:Y\to I_n$ を構成する (図 11.6 参

照.この図では，$n=-1$ になっている）．

　求める $\tilde{f}: Y \to \boldsymbol{R}$ は，この合成写像 $h_n{}^{-1} \circ f$ にほかならない：

$$\tilde{f} = h_n{}^{-1} \circ f.$$

　本来，$h_n{}^{-1} \circ f$ は，Y から I_n への写像なのであるが，I_n は $\boldsymbol{R}$ の部分空間であるから，同じ $h_n{}^{-1} \circ f$ が Y から $\boldsymbol{R}$ への写像とも考えられるのである．$\tilde{f} = h_n{}^{-1} \circ f$ とおいたとき，$\tilde{f}$ は，こうして，Y から $\boldsymbol{R}$ への写像と考える．

　$\tilde{f}: Y \to \boldsymbol{R}$ は明らかに連続である．（連続写像の合成だから．）以上の観察に基づき，$\tilde{f}$ について補題 11.4 の (i)(ii) を証明しよう．

　(i)　$\tilde{f}(q_0) = \theta_0$ の証明：$\theta_0 \in I_n$ であったから，$h(\theta_0) = h_n(\theta_0)$ である．また，仮定により $f(q_0) = h(\theta_0)$ である．この 2 式から次のようになる．

$$\tilde{f}(q_0) \underset{\tilde{f} \text{の定義}}{=} h_n{}^{-1}(f(q_0)) = h_n{}^{-1}(h(\theta_0)) = h_n{}^{-1}(h_n(\theta_0)) = \theta_0.$$

　(ii)　$f(y) = h(\tilde{f}(y))$，$\forall y \in Y$，の証明：$\tilde{f} = h_n{}^{-1} \circ f$ はもともと，Y から I_n への写像であった．よって，$\forall y \in Y$ について $\tilde{f}(y) \in I_n$ であり，したがって，$h(\tilde{f}(y)) = h_n(\tilde{f}(y))$ である．これから

$$h(\tilde{f}(y)) = h_n(\tilde{f}(y)) = h_n(h_n{}^{-1}(f(y))) = f(y)$$

がわかる．

　以上で $\tilde{f}: Y \to \boldsymbol{R}$ の存在証明を終る．（ここまでの証明では，$f(Y)$ が S^1 の半円に含まれる，という仮定は使ったが，Y の連結性の仮定は使われていない．連結の仮定は，$\tilde{f}: Y \to \boldsymbol{R}$ の一意性の証明に必要である．）

　補題 11.4 の条件 (i)(ii) を満たす $\tilde{f}: Y \to \boldsymbol{R}$ の一意性を証明しよう．

　2 つの連続写像 $\tilde{f}_1, \tilde{f}_2: Y \to \boldsymbol{R}$ が，ともに (i)(ii) を満たすとする．このとき $\tilde{f}_1(y) = \tilde{f}_2(y)$，$\forall y \in Y$，を示せばよい．

　条件 (ii) により，$h(\tilde{f}_1(y)) = f(y) = h(\tilde{f}_2(y))$，$\forall y \in Y$，が成り立つ．よって，$\forall y \in Y$ につき，差 $\tilde{f}_1(y) - \tilde{f}_2(y)$ は 2π の整数倍である．

　$\tilde{f}_1, \tilde{f}_2$ がともに Y 上の連続関数であるから，差 $\tilde{f}_1(y) - \tilde{f}_2(y)$ も Y 上の連続関数である．しかも，いまみたように，この関数は 2π の整数倍というとびとびの値しかとらない．§7, 定理 7.8 によれば，連結な位相空間上の連続関数で，とびとびの値しかとらない関数は，定数関数しかない．よって，差 $\tilde{f}_1(y) - \tilde{f}_2(y)$ は，Y 上一定である．

ところで,条件(i)によれば,点 q_0 において $\tilde{f}_1$ と $\tilde{f}_2$ はともに θ_0 であり,一致する:$\tilde{f}_1(q_0)-\tilde{f}_2(q_0)=\theta_0-\theta_0=0$.

よって,差 $\tilde{f}_1(y)-\tilde{f}_2(y)$ は到る処で 0 でなければならない.これで,$\tilde{f}_1(y)=\tilde{f}_2(y)$, $\forall y\in Y$, が証明された.補題 11.4 の証明終り.□

定義 11.5 $h:\mathbf{R}\to S^1$ を $h(\theta)=(\cos\theta,\sin\theta)$ で定まる写像とする.連続写像 $f:Y\to S^1$ に対し,$f(y)=h(\tilde{f}(y))$, $\forall y\in Y$, であるような連続写像 $\tilde{f}:Y\to\mathbf{R}$ を,h に関する f の**持ち上げ**(リフト)という.

すなわち,図式

を可換にするような $\tilde{f}$ が f の持ち上げである.——

任意の $f:Y\to S^1$ について f の持ち上げ $\tilde{f}:Y\to\mathbf{R}$ が存在するとは限らない.

補題 11.4 で証明したのは,像 $f(Y)$ が S^1 の中で十分小さければ,f の持ち上げが存在するということである.しかも,$q_0\in Y$ と $\theta_0\in\mathbf{R}$ が $f(q_0)=h(\theta_0)$ となるようにあらかじめ与えられていれば,f の持ち上げ $\tilde{f}$ を,q_0 を θ_0 にうつすようにとれる,というのである.また Y が連結の場合,f の持ち上げが 2 つ与えられているとして,それらを $\tilde{f}_1,\tilde{f}_2$ とする.そしてもし $\tilde{f}_1(q_0)=\tilde{f}_2(q_0)$ であれば,$\tilde{f}_1$ と $\tilde{f}_2$ は Y 全体で一致する,というのである.

補題 11.4 の中の,この意味の**一意性**の証明を検討して見ると,そこには Y の連結性の仮定は使われているが,$f(Y)$ が小さいという仮定は不必要であることがわかる.($f(Y)$ が小さいという仮定は $\tilde{f}$ の**存在**の証明に使われた.)そこで,$f(Y)$ が必ずしも小さくない場合にも通用する形で一意性の部分だけをもう一度補題として述べておく.

補題 11.6 Y を**連結**な位相空間とし,$f:Y\to S^1$ を,持ち上げが存在するような連続写像とする.f の持ち上げが 2 つ与えられている場合,それらを $\tilde{f}_1,\tilde{f}_2:Y\to\mathbf{R}$ とすると,$\tilde{f}_1$ と $\tilde{f}_2$ の差 $\tilde{f}_1-\tilde{f}_2$ は Y 全体で定数であって,その値は 2π の整数倍である.とくに,$\tilde{f}_1,\tilde{f}_2$ が Y のどこか 1 点 q_0 で一致すれば,Y 全体で一致する.——

以上を準備した上で,いよいよ定理 11.3 を証明しよう.

§11 基 本 群　　　　165

定理 11.3 の証明　閉区間 $[0,1]$ はコンパクトである（§6, 定理 6.2）．したがって，任意の連続写像 $f:[0,1] \to S^1$ は一様連続である（§6, 定理 6.8）．

$l:[0,1] \to S^1$ を，$l(0)=l(1)=p_0$ であるような S^1 の閉道としよう．上の注意により，l は一様連続である．

一様連続性の定義を思い出すと，正数 $\varepsilon>0$ を与えるごとに，適当な $\delta>0$ が存在して，次のことがいえる：$[0,1]$ の 2 点 t,t' の距離 $|t-t'|$ が δ 未満ならば，$d_{S^1}(l(t),l(t'))<\varepsilon$ が成り立つ．（ただし，d_{S^1} は S^1 の距離.）

いま，S^1 の半径が 1 であることを考慮して，$\varepsilon=1$ とおこう．上の意味で $\varepsilon=1$ に対応する $\delta(>0)$ をひとつ選んでおく．

n をある自然数とし，区間 $[0,1]$ を n 等分する：

$$[0,1] = \left[0, \frac{1}{n}\right] \cup \left[\frac{1}{n}, \frac{2}{n}\right] \cup \ldots \cup \left[\frac{n-1}{n}, 1\right].$$

n が十分大ならば，各小区間の長さ（$=1/n$）は，上で選んでおいた δ よりも小さくなるはずである．n をこのように十分大にとると，各小区間 $[(i-1)/n, i/n]$ の中の任意の 2 点 t,t' について $|t-t'|<\delta$，したがって，$d_{S^1}(l(t),l(t'))<1$ が成り立ち，小区間 $[(i-1)/n, i/n]$ の像 $l([(i-1)/n, i/n])$ は，S^1 のある半円に含まれることになる．

こうして，$l:[0,1] \to S^1$ を，各小区間に制限した写像 $l|[(i-1)/n, i/n]:[(i-1)/n, i/n] \to S^1$ に補題 11.4 を適用することが可能になる．簡単のため，l を i 番目の小区間に制限した写像を $l_i=l|[(i-1)/n, i/n]$ $(i=1,2,\cdots,n)$ と書こう．

1 番目の小区間 $[0,1/n]$ から S^1 への連続写像 l_1 があり，$l_1(0)=p_0=h(0)$ である（$l_1:[0,1/n] \to S^1$, $l_1(0)=h(0)$）という状況に，（$Y=[0,1/n]$, $f=l_1$, $q_0=0 \in [0,1/n]$, $\theta_0=0 \in \boldsymbol{R}$ とおいて）補題 11.4 を適用すると，次の 2 条件を満たす連続写像（l_1 の持ち上げ）$\tilde{l}_1:[0,1/n] \to \boldsymbol{R}$ がみつかる：

(i)　$\tilde{l}_1(0) = 0 \in \boldsymbol{R}$,

(ii)　$l_1(t) = h(\tilde{l}_1(t))$　　$(\forall t \in [0,1/n])$.

つぎに，$[0,1/n]$ の右隣の小区間 $[1/n, 2/n]$ と，$l_2=l|[1/n, 2/n]$ を考える．$l_2(1/n)=l(1/n)=l_1(1/n)=h(\tilde{l}_1(1/n))$ に注意しよう．$l_2:[1/n, 2/n] \to S^1$, $l_2(1/n)=h(\tilde{l}_1(1/n))$，という状況に，（$Y=[1/n, 2/n]$, $f=l_2$, $q_0=1/n$, $\theta_0=\tilde{l}_1(1/n)$ とおいて）補題 11.4 を適用すると，次の 2 条件を満たす連続写像（l_2 の持ち上げ）$\tilde{l}_2:$

166　　　　　　第4章　基　本　群

$[1/n, 2/n] \to \boldsymbol{R}$ がみつかる:

(i)　$\tilde{l}_2(1/n) = \tilde{l}_1(1/n)$,

(ii)　$l_2(t) = h(\tilde{l}_2(t))$　　　$(\forall t \in [1/n, 2/n])$.

同様にして, $l_3, \cdots, l_i$ の持ち上げ $\tilde{l}_3: [2/n, 3/n] \to \boldsymbol{R}, \cdots, \tilde{l}_i: [(i-1)/n, i/n] \to \boldsymbol{R}$ がみつかり,

$$\tilde{l}_i\left(\frac{i-1}{n}\right) = \tilde{l}_{i-1}\left(\frac{i-1}{n}\right), \quad l_i(t) = h(\tilde{l}_i(t)) \quad \left(\forall t \in \left[\frac{i-1}{n}, \frac{i}{n}\right]\right)$$

が成り立つとする.

　もし, $i < n$ であれば, $[(i-1)/n, i/n]$ の更に右隣に小区間 $[i/n, (i+1)/n]$ がある. この小区間 $[i/n, (i+1)/n]$ と $l_{i+1} = l|[i/n, (i+1)/n]$ を考える. $l_{i+1}(i/n) = l(i/n) = l_i(i/n) = h(\tilde{l}_i(i/n))$ に注意しておく. $l_{i+1}: [i/n, (i+1)/n] \to S^1$, $l_{i+1}(i/n) = h(\tilde{l}_i(i/n))$, という状況に補題11.4を適用すると, 次の2条件を満たす l_{i+1} の持ち上げ $\tilde{l}_{i+1}: [i/n, (i+1)/n] \to \boldsymbol{R}$ がみつかる:

(i)　$\tilde{l}_{i+1}(i/n) = \tilde{l}_i(i/n)$,

(ii)　$l_{i+1}(t) = h(\tilde{l}_{i+1}(t))$　　　$(\forall t \in [i/n, (i+1)/n])$.

こうして, $i = n$ まで同じ議論を繰返して, $l_1, l_2, \cdots, l_n$ の持ち上げ $\tilde{l}_1, \tilde{l}_2, \cdots, \tilde{l}_n$ が順次構成される.

　定理11.3の $\tilde{l}: [0, 1] \to \boldsymbol{R}$ は, これら n 個の持ち上げ $\tilde{l}_1, \tilde{l}_2, \cdots, \tilde{l}_n$ をつなぎ合わせたものである.

　すなわち

$$\tilde{l}(t) = \begin{cases} \tilde{l}_1(t), & 0 \leqq t \leqq \dfrac{1}{n} \\[2mm] \tilde{l}_2(t), & \dfrac{1}{n} \leqq t \leqq \dfrac{2}{n} \\ \quad \vdots & \\ \tilde{l}_n(t), & \dfrac{n-1}{n} \leqq t \leqq 1 \end{cases}$$

で定義される $\tilde{l}: [0, 1] \to \boldsymbol{R}$ がそれである.

　$i = 1, 2, \cdots, n-1$ について $\tilde{l}_i(i/n) = \tilde{l}_{i+1}(i/n)$ が成り立つように $\tilde{l}_1, \tilde{l}_2, \cdots, \tilde{l}_n$ が構成されているから, これらは $[0, 1]$ の n 等分点 $1/n, 2/n, \cdots, (n-1)/n$ で矛盾なくつながり, $\tilde{l}$ が定義できる.

§11 基本群

また，$i=1,2,\cdots,n$ について $l_i(t)=h(\tilde{l}_i(t))$ $(\forall t\in[(i-1)/n, i/n])$ が成り立つから，$l(t)=h(\tilde{l}(t))$ $(\forall t\in[0,1])$ がわかる．これは定理11.3の主張(ii)である．

$\tilde{l}(0)=\tilde{l}_1(0)=0$ である．これは定理11.3の主張(i)である．

(i)(ii)を満たす $\tilde{l}:[0,1]\to\boldsymbol{R}$ の一意性は補題11.6から従う．これで定理11.3が示せた．□

図11.7は，例として，ある特別な閉道 l と，その持ち上げ $\tilde{l}$ を表わしている．l は，p_0 から出発して S^1 を正の向きに1周する閉道であり，らせん上で少し太く描いた道は，$\tilde{l}(0)=0$ であるような l の持ち上げ $\tilde{l}:[0,1]\to\boldsymbol{R}$ である．このように，$\tilde{l}$ は閉道とは限らない．

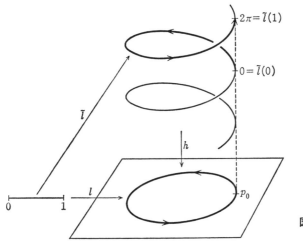

図11.7

定理11.3の説明と証明が長くなったが，この定理を用いると，閉道 l の回転数 $\deg(l)$ を定義することができる．$l:[0,1]\to S^1$ を $l(0)=l(1)=p_0$ であるような S^1 の閉道とする．定理11.3によれば，l の持ち上げで，$\tilde{l}(0)=0$ を満たすもの $\tilde{l}:[0,1]\to\boldsymbol{R}$ が l に対して一意的に存在する．

図11.7にみるように，$\tilde{l}(1)$ は $\tilde{l}(0)$ と同じく（$h:\boldsymbol{R}\to S^1$ に関して）p_0 の'真上'にある．すなわち，$h(\tilde{l}(1))=l(1)=p_0$ であるから，$\tilde{l}(1)=2n\pi$ となる．整数 n は $\tilde{l}$ できまり，その $\tilde{l}$ は l できまるから，n は閉道 l によって一意的にきまる．

定義11.7 $\tilde{l}(1)=2n\pi$ のとき，n を閉道 l の**回転数**とよび，$\deg(l)$ という記号で表わす．（この定義により，$\tilde{l}(1)=2\deg(l)\pi$ がなりたつ．）

168　　　　　　　　第4章　基　本　群

(2)　$l \simeq l' \Rightarrow \deg(l) = \deg(l')$ の証明

l, l' を, p_0 を基点とする S^1 の閉道とし, $\tilde{l}:[0,1] \to \boldsymbol{R}$, $\tilde{l}':[0,1] \to \boldsymbol{R}$ をそれぞれ, l, l' に対して定理 11.3 で存在の保証された持ち上げとする. ($\tilde{l}(0) = \tilde{l}'(0) = 0$.) $\tilde{l}(1) = 2(\deg(l))\pi$, $\tilde{l}'(1) = 2(\deg(l'))\pi$ であるから, 次の補題が証明できれば十分である.

補題 11.8　$l \simeq l'$ ならば $\tilde{l}(1) = \tilde{l}'(1)$ である.

証明　$l \simeq l'$ のホモトピーを $H:[0,1] \times [0,1] \to S^1$ とすれば §9, 定義 9.1 のホモトピーの条件から

(i)　$H(t,0) = l(t)$,　$H(t,1) = l'(t)$　　　$(\forall t \in [0,1])$,

(ii)　$H(0,s) = p_0$,　$H(1,s) = p_0$　　$(\forall s \in [0,1])$

が成り立つ.

$h:\boldsymbol{R} \to S^1$ に関する H の持ち上げ $\tilde{H}:[0,1] \times [0,1] \to \boldsymbol{R}$ を構成したい.

以下, $\tilde{H}(0,0) = 0$ であるような $\tilde{H}$ を構成する. 実は, $\tilde{H}$ は, $\boldsymbol{R}$ の道としての $\tilde{l}$ と $\tilde{l}'$ の間のホモトピーになるのである.

定理 11.3 の証明と同様に, 補題 11.4 を利用しながら少しずつ H を持ち上げて行く.

正方形 $[0,1] \times [0,1]$ は $\boldsymbol{E}^2$ の有界閉集合, よってコンパクトであるから, $H:[0,1] \times [0,1] \to S^1$ は一様連続である. 定理 11.3 の証明の中の議論と同様に, 正方形 $[0,1] \times [0,1]$ を縦, 横に十分細かく n 等分すると, 各々の小正方形 I_{ij} の H による像 $H(I_{ij})$ は, S^1 のある半円に含まれるようになる (図 11.8).

$H:[0,1] \times [0,1] \to S^1$ を小正方形 I_{ij} に制限したものを $H_{ij} = H|I_{ij}:I_{ij} \to S^1$ とする. (I_{ij} の番号のつけ方に注意. $I_{11}, I_{21}, I_{31}, \cdots, I_{n1}$ が第1段に並ぶようになっている. 図 11.8.)

左下偶の $H_{11}:I_{11} \to S^1$ から持ち上げて行く.

$H_{11}:I_{11} \to S^1$, $H_{11}(0,0) = p_0 = h(0)$, という状況に補題 11.4 を使うと, $\tilde{H}_{11}(0,0) = 0 \, (\in \boldsymbol{R})$ となるような H_{11} の持ち上げ $\tilde{H}_{11}:I_{11} \to \boldsymbol{R}$ が得られる.

次に, 右隣の $H_{21}:I_{21} \to S^1$ を考える. $H_{21}(1/n,0) = H(1/n,0) = H_{11}(1/n,0) = h(\tilde{H}_{11}(1/n,0))$ に注意しておく.

$H_{21}:I_{21} \to S^1$, $H_{21}(1/n,0) = h(\tilde{H}_{11}(1/n,0))$, という状況に補題 11.4 を使うと, $\tilde{H}_{21}(1/n,0) = \tilde{H}_{11}(1/n,0)$ となるような H_{21} の持ち上げ $\tilde{H}_{21}:I_{21} \to \boldsymbol{R}$ が得られる.

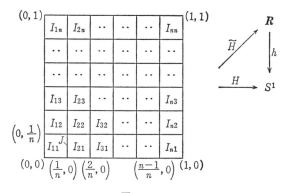

図 11.8

ここで，I_{11} と I_{21} の共通辺 J を考える．J は点 $(1/n, 0)$ と点 $(1/n, 1/n)$ を結ぶ線分である（図 11.8）．

$\tilde{H}_{11}$ と $\tilde{H}_{21}$ を J に制限した $\tilde{H}_{11}|J$ と $\tilde{H}_{21}|J$ は，ともに $H|J:J\to S^1$ の持ち上げになっていて，しかも，$\tilde{H}_{11}(1/n, 0) = \tilde{H}_{21}(1/n, 0)$，つまり J の端点で一致する．（そうなるように $\tilde{H}_{21}$ を構成した．）J は連結であるから，補題 11.6 により，それらは J 全体で一致する：$\tilde{H}_{11}|J = \tilde{H}_{21}|J$．

こうして，$\tilde{H}_{11}:I_{11}\to \boldsymbol{R}$ と $\tilde{H}_{21}:I_{21}\to \boldsymbol{R}$ は，I_{11} と I_{21} の共通部分 J で矛盾なくつながり，$H|(I_{11}\cup I_{21})$ の持ち上げ $(\tilde{H}_{11}\cup \tilde{H}_{21}):I_{11}\cup I_{21}\to \boldsymbol{R}$ に拡張される．

以下同様に，$I_{31}, \cdots, I_{n1}$（1 段目の残り），$I_{12}, I_{22}, \cdots, I_{n2}$（2 段目），$\cdots$，$I_{1n}, I_{2n}$，$\cdots, I_{nn}$（$n$ 段目）の順序で進む．

H_{ij} の持ち上げ $\tilde{H}_{ij}:I_{ij}\to \boldsymbol{R}$ を構成する際，I_{ij} の左下隅の点 $((i-1)/n, (j-1)/n)$ では，すでに構成されている持ち上げと一致するように $\tilde{H}_{ij}$ を構成するのである．すると，補題 11.6 により，この $\tilde{H}_{ij}$ は，すでに構成されている持ち上げと，定義域の共通部分（それは連結）で一致する．

こうして，次第に広い範囲に持ち上げを拡張して行き，最後に，目指す H 全体の持ち上げ $\tilde{H}:[0,1]\times[0,1]\to \boldsymbol{R}$ を得る．$\tilde{H}$ による $(0,0)$ の行き先は，$\tilde{H}(0,0) = \tilde{H}_{11}(0,0) = 0$ である．

さて，このような $\tilde{H}$ が構成されると，目標の式 $\tilde{l}(1) = \tilde{l}'(1)$ は，持ち上げの一意性（補題 11.6）を次々と使って，以下のように証明される．

(I) (H の定義域の正方形 $[0,1]\times[0,1]$ の左辺 $t=0$ における議論） $h(\tilde{H}(0,$

s))$=H(0,s)=p_0$ $(\forall s\in[0,1])$ ゆえ, $\forall s\in[0,1]$ について $\tilde{H}(0,s)$ は 2π の整数倍である. $[0,1]$ は連結だから, $\tilde{H}(0,s)$ は s によらず一定でなければならない(§7, 定理7.8). とくに $\tilde{H}(0,1)=\tilde{H}(0,0)=0$.

(II) (正方形の下辺 $s=0$ における議論) 次に $h(\tilde{H}(t,0))=H(t,0)=l(t)$ $(\forall t\in[0,1])$ ゆえ, $\tilde{H}(t,0)$ は(t を変数とする連続写像 $[0,1]\to\boldsymbol{R}$ と考えて), $l:[0,1]\to S^1$ の持ち上げであり, しかも $t=0$ のとき, $\tilde{H}(0,0)=0$ である. $[0,1]$ の連結性と, 持ち上げの一意性(補題11.6)から $\tilde{H}(t,0)=\tilde{l}(t)$ $(\forall t\in[0,1])$ がでる.

(III) (正方形の上辺 $s=1$ における議論) 同様に, $h(\tilde{H}(t,1))=H(t,1)=l'(t)$ $(\forall t\in[0,1])$ ゆえ, $\tilde{H}(t,1)$ は $l'(t)$ の持ち上げであり, しかも (I) で示したように $t=0$ のとき $\tilde{H}(0,1)=0$ である. よって, $[0,1]$ の連結性と補題11.6から, $\tilde{H}(t,1)=\tilde{l}'(t)$ $(\forall t\in[0,1])$ がでる.

(IV) (正方形の右辺 $t=1$ における議論) 最後に, $h(\tilde{H}(1,s))=H(1,s)=p_0$ $(\forall s\in[0,1])$ ゆえ, $\tilde{H}(1,s)$ は $\forall s\in[0,1]$ について 2π の整数倍であり, $[0,1]$ は連結だから, $\tilde{H}(1,s)$ は s によらず一定である(§7, 定理7.8). とくに $\tilde{H}(1,0)=\tilde{H}(1,1)$.

以上をあわせて $\tilde{l}(1)=\tilde{H}(1,0)=\tilde{H}(1,1)=\tilde{l}'(1)$ が証明された.

なお, $\tilde{H}:[0,1]\times[0,1]\to\boldsymbol{R}$ が, $\boldsymbol{R}$ の道 $\tilde{l},\tilde{l}'$ の間の(始点, 終点を止めた)ホモトピーであることが上で同時に示されている. $\square$

(2)で示されたことにより, $l\in\Omega(S^1,p_0)$ の属するホモトピー類 $[l]$ に整数 $\deg(l)$ を対応させる写像 $\deg:\pi_1(S^1,p_0)\to\boldsymbol{Z}$ が矛盾なく定義できる.

(3) $\deg:\pi_1(S^1,p_0)\to\boldsymbol{Z}$ は同型写像である

補題11.9 $l,l'\in\Omega(S^1,p_0)$ について, $\deg(l\cdot l')=\deg(l)+\deg(l')$ が成り立つ.

証明 $\tilde{l}:[0,1]\to\boldsymbol{R}$, $\tilde{l}':[0,1]\to\boldsymbol{R}$ をそれぞれ, l,l' に対して, 定理11.3で存在の保証された持ち上げとする. $\tilde{l}(0)=\tilde{l}'(0)=0$ である. $n_0=\deg(l)$, $n_1=\deg(l')$ とおく. $\tilde{l}'':[0,1]\to\boldsymbol{R}$ を次の式で定義しよう.

$$\tilde{l}''(t)=\begin{cases} \tilde{l}(2t), & 0\leqq t\leqq\dfrac{1}{2} \\ 2n_0\pi+\tilde{l}'(2t-1), & \dfrac{1}{2}\leqq t\leqq 1. \end{cases}$$

$t=1/2$ のとき, 右辺第1式は $\tilde{l}(1)=2\deg(l)\pi=2n_0\pi$, 第2式も $2n_0\pi+\tilde{l}'(0)=2n_0\pi$ となるから, この式により, 連続写像 $\tilde{l}'':[0,1]\to\boldsymbol{R}$ が矛盾なく定義される.

§11 基 本 群　　　　　　　　171

$h:\boldsymbol{R}\to S^1$ を使って $\tilde{l}''$ を S^1 に落してみると

$$h(\tilde{l}''(t)) = \begin{cases} h(\tilde{l}(2t)) = l(2t), & 0\leqq t\leqq\dfrac{1}{2} \\[2mm] h(2n_0\pi+\tilde{l}'(2t-1)) = h(\tilde{l}'(2t-1)) = l'(2t-1), & \dfrac{1}{2}\leqq t\leqq 1 \end{cases}$$

となり，$h(\tilde{l}''(t))=(l\cdot l')(t)$ $(\forall t\in[0,1])$ がわかる．すなわち，$\tilde{l}'':[0,1]\to\boldsymbol{R}$ は，積 $l\cdot l'$ の持ち上げである．

$\tilde{l}''(0)=\tilde{l}(0)=0$ に注意すると $\deg$ の定義によって $\tilde{l}''(1)=2(\deg(l\cdot l'))\pi$ である．

一方，$\tilde{l}''$ の定義式から，$\tilde{l}''(1)=2n_0\pi+\tilde{l}'(1)=2n_0\pi+2n_1\pi=2(n_0+n_1)\pi$，したがって $\deg(l\cdot l')=n_0+n_1=\deg(l)+\deg(l')$ がいえた． $\square$

補題 11.9 は，$\deg:\pi_1(S^1,p_0)\to\boldsymbol{Z}$ が準同型であることを示している．

残るのは $\deg:\pi_1(S^1,p)\to\boldsymbol{Z}$ が全単射の証明である．

deg が '上へ' の写像のこと：$\forall n\in\boldsymbol{Z}$ を勝手に与えたとき，$\deg([l_n])=n$ となるような $l_n\in\Omega(S^1,p_0)$ があることをいえばよい．

$l_n\in\Omega(S^1,p_0)$ を次のように定義する．

$$l_n(t) = (\cos(2n\pi t),\sin(2n\pi t)),\qquad t\in[0,1].$$

l_n は p_0 を基点として S^1 を 'n 回まわる' 閉道である．$\tilde{l}_n(t)=2n\pi t$ とおくと，$\tilde{l}_n(0)=0$ かつ $l_n(t)=h(\tilde{l}_n(t))$ $(\forall t\in[0,1])$ であるから，$\tilde{l}_n:[0,1]\to\boldsymbol{R}$ は定理 11.3 の意味での l_n の持ち上げである．そして，$\tilde{l}_n(1)=2n\pi$．これは $\deg(l_n)=n$ を意味している．

deg が 1 対 1 の写像のこと：$l,l'\in\Omega(S^1,p_0)$ について $\deg([l])=\deg([l'])$ とする．このとき $[l]=[l']$，すなわち $l\simeq l'$ を示せばよい．

$\tilde{l},\tilde{l}':[0,1]\to\boldsymbol{R}$ を定理 11.3 の意味での l,l' の持ち上げとする．$\tilde{l}(0)=\tilde{l}'(0)=0$ であり，また $\deg(l)=\deg(l')$ という仮定から $\tilde{l}(1)=\tilde{l}'(1)$ も成り立つ．

この $\tilde{l},\tilde{l}'$ を $\boldsymbol{R}$ の道と考えて，その間のホモトピー $\tilde{H}:[0,1]\times[0,1]\to\boldsymbol{R}$ を次のように構成する．

$$\tilde{H}(t,s) = (1-s)\tilde{l}(t)+s\tilde{l}'(t)\ \in\boldsymbol{R}.$$

$\tilde{H}$ が定義 9.1 のホモトピーの条件 (i)(ii) を満たすことはすぐに確かめられる．(定義 9.1 の p,q はここではそれぞれ $0,\tilde{l}(1)$.)

$h:\boldsymbol{R}\to S^1$ により $\tilde{H}$ を S^1 に落したものを $H:[0,1]\times[0,1]\to S^1$ とする．すなわち，$H(t,s)=h(\tilde{H}(t,s))$, $\forall(t,s)\in[0,1]\times[0,1]$ とおく．

172   第4章 基　本　群

すると

(i)　$H(t, 0) = h(\tilde{H}(t, 0)) = h(\tilde{l}(t)) = l(t),$

　　$H(t, 1) = h(\tilde{H}(t, 1)) = h(\tilde{l}'(t)) = l'(t),$　　$\forall t \in [0, 1],$

(ii)　$H(0, s) = h(\tilde{H}(0, s)) = h(0) = p_0,$

　　$H(1, s) = h(\tilde{H}(1, s)) = h(\tilde{l}(1)) = p_0,$　　$\forall s \in [0, 1]$

となり，H が l から l' へのホモトピーであることがわかる.

　よって，deg は 1:1 である.

　以上で $\mathrm{deg} : \pi_1(S^1, p_0) \to \mathbf{Z}$ が同型であることが完全に証明された.　□

応用（不動点定理）

　X を位相空間，$f : X \to X$ を，X からそれ自身への連続写像とする.　$f(x_0) = x_0$ となるような点 $x_0 \in X$ を，写像 f の**不動点**とよぶ.

　$f = id_X : X \to X$ の場合は，すべての $x \in X$ が f の不動点である.

　$f : E^2 \to E^2$ が，原点を中心とする（たとえば 90° の）回転の場合，f の不動点は原点だけである.

　$f : E^2 \to E^2$ が，xy 座標で $f(x, y) = (x + \alpha, y + \beta)$ $((\alpha, \beta) \neq (0, 0))$ と定義される平行移動の場合には，f の不動点は存在しない.

　このように $f : X \to X$ の不動点は存在する場合もしない場合もあるが，次の定理が主張するように，X が円板 D^2 のときには，どんな連続写像 $f : D^2 \to D^2$ についても必ず f の不動点が存在する. 基本群を応用してこの事実を証明しよう.

　定理 11.10（ブラウエルの不動点定理）　D^2 を 2 次元の円板とするとき，任意の連続写像 $f : D^2 \to D^2$ には少なくともひとつの不動点が存在する.

　注意　この定理で，'2 次元' という条件は本質的でなく，一般の n 次元球体 D^n についても同じ定理が成立することが知られている.（あとがきの文献[5]を見よ.）

　不動点定理の証明のため，次の補題を準備する.

　補題 11.11　円板 D^2 からその周囲（円周 S^1）への連続写像 $g : D^2 \to S^1$ で，次の性質(*)を持つようなものは存在しない.

　(*)　S^1 を D^2 の部分集合（周囲）とみなしたとき，$\forall p \in S^1$ について $g(p) = p$ が成り立つ.

　証明　このような $g : D^2 \to S^1$ が存在すると仮定して矛盾をだす. $i : S^1 \to D^2$ を，円周 S^1 を D^2 の部分集合（周囲）とみなしたときの包含写像とする. g の性質

§11 基 本 群   173

(∗)から，$i:S^1 \to D^2$ と $g:D^2 \to S^1$ の合成 $g \circ i$ は id_{S^1} に一致する．実際，$\forall p \in S^1$ について，$(g \circ i)(p) = g(i(p)) = g(p) = p$．

このことは，次の図式が可換であるということと同値である．

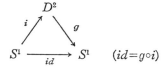

この図式から，群と準同型からなる図式

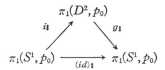

が誘導される．（基本群の基点 p_0 は S^1 の中にとる．）

補題11.2によって，$g_\sharp \circ i_\sharp = (g \circ i)_\sharp = (id)_\sharp = id_{\pi_1(S^1, p_0)}$ であるから，誘導された図式も可換である．

ところで，計算例に示したように，$\pi_1(D^2, p_0) = \{e\}$（例1°），$\pi_1(S^1, p_0) \cong \mathbf{Z}$（例3°）であった．

上の可換図式は $\pi_1(S^1, p_0)$ からそれ自身への恒等写像が，$\pi_1(D^2, p_0)$ という自明群を間に挟んだ準同型の合成 $g_\sharp \circ i_\sharp$ として表わされることを意味しており，不合理である．よって，性質(∗)を持つ連続写像 $g:D^2 \to S^1$ は存在しない（演習問題11.2参照）．□

定理11.10（不動点定理）の証明　不動点を持たない連続写像 $f:D^2 \to D^2$ が存在すると仮定して矛盾をだそう．f は不動点を持たないから，$\forall p \in D^2$ について $f(p) \ne p$ である．よって，D^2 の中で，点 $f(p)$ と点 p を結ぶ線分が一意的にき

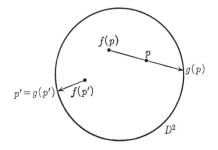

図11.9

まる．この線分を p を越えて延長し，D^2 の周 S^1 と交わる点を求める．この交点は $p \in D^2$ によってきまるから，それを $g(p)$ と表わす（図 11.9）．

$p \in D^2$ に関して $f(p) \in D^2$ は連続的に動くから線分 $\overline{f(p)p}$ と S^1 の交点 $g(p)$ も p に関して連続的に動く．（このことは座標を用いて示すこともできる．）よって，$g : D^2 \to S^1$ は連続である．

p がもともと S^1 上にあれば，線分 $\overline{f(p)p}$ と S^1 の交点は p に一致する．つまり $g(p)=p\,(\forall p \in S^1)$．しかし，このような連続写像 $g: D^2 \to S^1$ の存在は補題 11.11 によって禁じられていたはずだった．こうして矛盾が導かれたから，$f: D^2 \to D^2$ は不動点を（少なくともひとつ）持たねばならない．□

演習問題

11.1 中間値の定理を用いて，閉区間 $[0,1]$ からそれ自身への連続写像 $f: [0,1] \to [0,1]$ には少なくともひとつの不動点があることを証明せよ．

11.2 群と準同型からなる可換図式

がある．もし $h(G) \neq \{e\}$ ならば $H \neq \{e\}$ である．

11.3 X を円板 D^2 に位相同形な位相空間とするとき，任意の連続写像 $f: X \to X$ は少なくともひとつ不動点を持つことを示せ．（ヒント：$h: X \to D^2$ を同相写像とし，連続写像 $h \circ f \circ h^{-1} : D^2 \to D^2$ に定理 11.10 を適用せよ．$p \in D^2$ が $h \circ f \circ h^{-1}$ の不動点なら $h^{-1}(p) \in X$ が f の不動点である．）

11.4 (X, p_0) を基点の定まった位相空間とする．p_0 を含む X の弧状連結成分を X_0 とすると $\pi_1(X, p_0) \cong \pi_1(X_0, p_0)$ である．

§12 写像のホモトピー

'道'を連続的に変形するのが道のホモトピーであったように，与えられた連続写像 $f: X \to Y$ を連続的に変形するのが写像のホモトピーである．X 内の道は，閉区間 $[0,1]$ から X への連続写像 $l: [0,1] \to X$ であるから，道のホモトピーは写像のホモトピーの特別な場合である．

写像のホモトピーを通じて空間の間のホモトピー同値の概念が定式化される．あとで証明するように，互いにホモトピー同値であるような 2 つの弧状連結な

§12 写像のホモトピー

位相空間の基本群は互いに同型である．この事実を基本群の**ホモトピー不変性**という．基本群に限らず，トポロジーで扱う代数的不変量の多くは，ホモトピー不変であり，したがって，写像のホモトピーはトポロジーにおいて特別の重要性を持っている．

道の変形は，変形のパラメター s ($0 \leq s \leq 1$) に'連続的に'依存する道の系列 $\{l_s\}_{0 \leq s \leq 1}$ とも考えられたが，それと同時に，正方形 $[0,1] \times [0,1]$ から位相空間 X への'ホモトピー'とよばれる連続写像 $H:[0,1] \times [0,1] \to X$ を用いて定式化することもできた．同様に，写像のホモトピーは，変形のパラメター s ($0 \leq s \leq 1$) に'連続的に'依存する写像の系列 $\{f_s\}_{0 \leq s \leq 1}$ とも考えられるし，あるいは'ホモトピー'とよばれる連続写像 $H: X \times [0,1] \to Y$ とも考えられる．

さて，ここで，位相空間 X と閉区間 $[0,1]$ の直積 $X \times [0,1]$ が登場した．

この本では，いままで，2つの位相空間 A, B の直積 $A \times B$ にどのような位相を入れるか全く説明しなかったので，この機会に，位相空間の直積について簡単に説明しておこう．'写像のホモトピー'を述べる前提としては，少し迂遠なようであるが，基本的な事項であるから我慢して読み進んで頂きたい．

直積空間

A, B を位相空間，$\mathcal{O}_A, \mathcal{O}_B$ をそれぞれ A, B の開集合系(位相)とする(§5, 定義5.15)．A と B の集合としての直積 $A \times B$ に自然に位相を入れ，位相空間にしたい．

いうまでもなく，集合としての直積 $A \times B$ とは，A の点 x と B の点 y の対 (x, y) の全体のなす集合である．

$A \times B$ に位相を入れようとするとき，A の開集合 $U (\in \mathcal{O}_A)$ と B の開集合 $V (\in$

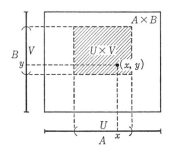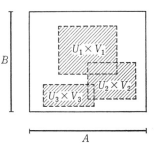

図 12.1

$\mathcal{O}_B)$ の直積 $U\times V$ を $A\times B$ の開集合と考えることは自然であろう(図12.1左). そして,もし $U\times V(U\in\mathcal{O}_A, V\in\mathcal{O}_B)$ の形の部分集合を $A\times B$ の開集合として認めると,そのような形の部分集合の任意の和集合 $\bigcup_{\lambda\in\Lambda}(U_\lambda\times V_\lambda)$ もまた,$A\times B$ の開集合と認めなければならない(定義5.15の条件(iii)による. 図12.1右).

このことから $A\times B$ の位相(開集合系) $\mathcal{O}_{A\times B}$ を次のように定義する.

定義 12.1 適当な族 $\{U_\lambda\times V_\lambda\}_{\lambda\in\Lambda}$ を用いて $W=\bigcup_{\lambda\in\Lambda}(U_\lambda\times V_\lambda)$ と表わされるような $A\times B$ の部分集合 W を $A\times B$ の開集合と考える. ここに $U_\lambda\in\mathcal{O}_A, V_\lambda\in\mathcal{O}_B$. その全体を $\mathcal{O}_{A\times B}$ とする. すなわち

$$W\in\mathcal{O}_{A\times B}\Longleftrightarrow W=\bigcup_{\lambda\in\Lambda}(U_\lambda\times V_\lambda), \quad U_\lambda\in\mathcal{O}_A, V_\lambda\in\mathcal{O}_B.$$

$\mathcal{O}_{A\times B}$ が,定義5.15の位相の3条件を満たすことはすぐに確かめられ,$\mathcal{O}_{A\times B}$ は $A\times B$ の位相になる. $\mathcal{O}_{A\times B}$ を $\mathcal{O}_A$ と $\mathcal{O}_B$ の**直積位相**とよび,直積位相の入った $A\times B$ を A と B の位相空間としての**直積**,あるいは,**直積空間**という.

──

直積空間 $(A\times B, \mathcal{O}_{A\times B})$ を簡単に,$A\times B$ と表わす.

補題 12.2 A, B を位相空間,$A\times B$ をその直積空間とする. W が $A\times B$ の開集合であるための必要十分条件は,任意の点 $p\in W$ をきめるごとに,$p\in U\times V\subset W$ となるような,A の開集合 U と B の開集合 V が存在することである.

証明 W を $A\times B$ の開集合とすると,適当な族 $\{U_\lambda\times V_\lambda\}(U_\lambda\in\mathcal{O}_A, V_\lambda\in\mathcal{O}_B)$ があって,$W=\bigcup_{\lambda\in\Lambda}(U_\lambda\times V_\lambda)$ と表わせる(定義12.1). よって,任意の $p\in W$ につき,$p\in U_\lambda\times V_\lambda\subset W$ となる $U_\lambda\times V_\lambda$ が存在する.

逆に,$\forall p\in W$ について $p\in U_p\times V_p\subset W$ となる $U_p\in\mathcal{O}_A, V_p\in\mathcal{O}_B$ があったとすると,W は W 自身を添字集合とする族 $\{U_p\times V_p\}_{p\in W}$ によって $W=\bigcup_{p\in W}(U_p\times V_p)$ と表わされる. 定義12.1により,W は $A\times B$ の開集合である. □

例 1° 平面 $\boldsymbol{E}^2$ は,定義12.1の意味での直線の直積 $\boldsymbol{E}^1\times\boldsymbol{E}^1$ に一致する.

実際,$\boldsymbol{E}^1$ の開集合 U, V の直積 $U\times V$ を作ると,これが平面 $\boldsymbol{E}^2$ の(通常の意味の)開集合になることは,すぐわかる. このような $U\times V$ の形の部分集合の和集合は,また $\boldsymbol{E}^2$ の開集合になるから,結局,$\boldsymbol{E}^1\times\boldsymbol{E}^1$ の(定義12.1の意味の)開集合は,平面 $\boldsymbol{E}^2$ の(通常の意味の)開集合である.

逆に,W を平面 $\boldsymbol{E}^2$ の開集合とする. $\forall p=(x, y)\in W$ について,U, V をそれぞれ $x\in U, y\in V$ となるような十分小さい $\boldsymbol{E}^1$ の開集合とすれば,$p\in U\times V\subset W$

§12 写像のホモトピー　　　177

が成り立つ. したがって, 補題 12.2 によって W は直積空間 $\boldsymbol{E}^1 \times \boldsymbol{E}^1$ の開集合である.

例 2°　同様に, $\boldsymbol{E}^l\,(l=m+n)$ は, $\boldsymbol{E}^m \times \boldsymbol{E}^n$ に一致する.

例 3°　$\boldsymbol{E}^2$ 内の正方形 $\{(x,y)\,|\,0 \leqq x \leqq 1, 0 \leqq y \leqq 1\}$ は, 閉区間 $[0,1]$ とそれ自身の直積空間 $[0,1] \times [0,1]$ に一致する.

写像のホモトピー

連続写像 $f:X{\to}Y$ を '連続的に' 変形して $g:X{\to}Y$ を得るとき, f は g にホモトープであるという. 道の変形の場合と同様に, これを次のように定式化する.

定義 12.3　X, Y を位相空間, $f, g:X{\to}Y$ を連続写像とする. f が g にホモトープであるとは, 直積空間 $X\times[0,1]$ から Y への連続写像 $H:X\times[0,1]{\to}Y$ が存在して

$$H(x, 0) = f(x), \qquad H(x, 1) = g(x) \qquad (\forall x \in X)$$

が成り立つことである. H を f から g へのホモトピーとよぶ. f が g にホモトープのことを記号で,

$$f \simeq g$$

と表わす. ——

$s\in[0,1]$ をきめて, $f_s(x)=H(x,s)$ とおくと, 写像

$$f_s:X \longrightarrow Y$$

が得られる. 次の注意で説明するように f_s は連続写像であり, 写像の系列 $\{f_s\}_{0 \leqq s \leqq 1}$ は, 変形のパラメーター s に伴い f が g に '連続的に' 変形して行く様子を表わしていると考えられる. $f_0=f$, $f_1=g$ である.

注意　上で定義された $f_s:X{\to}Y$ が連続写像であることを証明しよう. これは当然なようであるが, 直積空間 $X\times[0,1]$ の定義に基づいて一応証明しておく.

$s\in[0,1]$ をひとつきめて, 写像 $i_s:X{\to}X\times[0,1]$ を, $i_s(x)=(x,s)$ と定義する. i_s は, X を直積 $X\times[0,1]$ の '高さ s のレベル' に埋め込む一種の包含写像である. 明らかに, $f_s=H\circ i_s$ (合成)であって, H は連続であるから, f_s が連続のことをいうためには $i_s:X{\to}X\times[0,1]$ の連続性さえ証明すればよい.

W を $X\times[0,1]$ の任意の開集合とする. 定義 12.1 により, $W=\bigcup_{\lambda \in \Lambda}(U_\lambda \times V_\lambda)\,(U_\lambda \in \mathcal{O}_A,\ V_\lambda \in \mathcal{O}_B)$ と表わされる. $i_s^{-1}(W)=\bigcup_\mu U_\mu$ が分る. ここに μ は, $s\in V_\mu$ であるような $\mu \in \Lambda$ 全部にわたって動く. したがって $i_s^{-1}(W)$ は開集合 U_μ 達の和集合であり, X の開集合

になる. これで, $i_s: X \to X \times [0,1]$ の連続性がいえた.

定義12.3のホモトピーの定義は, 空間の'基点'を考慮していないが, X, Y にそれぞれ基点 p_0, q_0 が定められていて, f, g が基点を止める(つまり, p_0 を q_0 にうつす)写像の場合には, 変形の系列 $\{f_s\}_{0 \leq s \leq 1}$ の中のすべての f_s も p_0 を q_0 にうつすと仮定することが多い. その場合のホモトピーの定義は次のようになる.

定義12.3′ $f, g: (X, p_0) \to (Y, q_0)$ を, 基点を止めた連続写像とする. f が g に基点を止めたままホモトープであるとは, 次の条件(i)(ii)を満たす連続写像 $H: X \times [0,1] \to Y$ が存在することである.

(i) $H(x, 0) = f(x)$, $H(x, 1) = g(x)$ $\quad (\forall x \in X)$,

(ii) $H(p_0, s) = q_0$ $\quad (\forall s \in [0, 1])$.

このような H を, f から g への**基点を止めたホモトピー**とよぶ. ——

f が g に基点を止めたままホモトープのことも, 記号で $f \simeq g$ と表わす. 基点を問題にしない場合と同じ記号 $\simeq$ を用いて混乱が起きそうであるが, 基点を問題にしない場合は $f \simeq g: X \to Y$, 問題にする場合は $f \simeq g: (X, p_0) \to (Y, q_0)$ と書きわけることにすれば心配ない.

補題12.4 ホモトピーの関係 $f \simeq g$ は, X から Y への連続写像の間の同値関係である. (基点を止めたホモトピーについても同じことがいえる.)

証明 同一律 ($f \simeq f$) : $H(x, s) = f(x)$ と定義すれば, H が $f \simeq f$ のホモトピーになる.

対称律 ($f \simeq g \Rightarrow g \simeq f$) : H が $f \simeq g$ のホモトピーのとき, $g \simeq f$ のホモトピー H' は, $H'(x, s) = H(x, 1-s)$ で与えられる.

推移律 ($f \simeq g, g \simeq h \Rightarrow f \simeq h$) : H, H' がそれぞれ $f \simeq g$, $g \simeq h$ のホモトピーのとき,

$$H''(x, s) = \begin{cases} H(x, 2s), & 0 \leq s \leq \dfrac{1}{2} \\ H'(x, 2s-1), & \dfrac{1}{2} \leq s \leq 1 \end{cases}$$

の式で定まる H'' が $f \simeq h$ のホモトピーになる. H'' の連続性については演習問題12.6をみよ. $\square$

写像の合成とホモトピーとは互いに'両立する'. すなわち,

§12 写像のホモトピー   179

補題 12.5 $f\simeq f':X\to Y$, $g\simeq g':Y\to Z$ ならば，合成写像についても $g\circ f\simeq g'\circ f':X\to Z$ である．（基点を止めた場合にも同じことがいえる．）

証明 $H:X\times[0,1]\to Y$, $K:Y\times[0,1]\to Z$ をそれぞれ，$f\simeq f'$, $g\simeq g'$ のホモトピーとする．$L:X\times[0,1]\to Z$ を，$L(x,s)=K(H(x,s),s)$ と定義すれば，L が $g\circ f\simeq g'\circ f'$ のホモトピーになる． $\square$

写像のホモトピーの定義を述べて，ホモトピーの関係が同値関係であることとそれが写像の合成と両立することを証明した．次に，写像のホモトピーと基本群の関係について述べよう．

基点を止めた連続写像 $f:(X,p_0)\to(Y,q_0)$ は基本群の間の準同型写像 $f_!:\pi_1(X,p_0)\to\pi_1(Y,q_0)$ を誘導した（補題11.2）．$f_!$ に関して次の事実がある．

定理 12.6 $f,g:(X,p_0)\to(Y,q_0)$ を基点を止めた連続写像とする．f が g に基点を止めたままホモトープならば，f,g から誘導される準同型 $f_!,g_!$ は互いに一致する：$f_!=g_!:\pi_1(X,p_0)\to\pi_1(Y,q_0)$.

証明 まず，$f_!,g_!$ の定義を思い出そう．閉道 $l\in\Omega(X,p_0)$ について，$f_!([l])=[f\circ l]$, $g_!([l])=[g\circ l]$ であった．ここに，[ ] は閉道のホモトピー類を表わす．$H:X\times[0,1]\to Y$ を，$f\simeq g$ の（基点を止めたままの）ホモトピーとするとき，閉道 $f\circ l$ から閉道 $g\circ l$ への道のホモトピー $K:[0,1]\times[0,1]\to Y$ が，次のように定義できる．

$$K(t,s)=H(l(t),s)\qquad(l(t)\in X\text{ に注意}).$$

定義9.1の道のホモトピーの条件(i)(ii)を確かめると

(i)　$K(t,0)=H(l(t),0)=f(l(t))=(f\circ l)(t)$,
　　$K(t,1)=H(l(t),1)=g(l(t))=(g\circ l)(t)$, 　$\forall t\in[0,1]$,

(ii)　$K(0,s)=H(l(0),s)=H(p_0,s)=q_0$,
　　$K(1,s)=H(l(1),s)=H(p_0,s)=q_0$, 　$\forall s\in[0,1]$.

これで，Y の閉道として $f\circ l\simeq g\circ l$ であることがわかり，$[f\circ l]=[g\circ l]$．よって，$f_!([l])=[f\circ l]=[g\circ l]=g_!([l])$ が証明できた． $\square$

では，f,g が必ずしも基点を止めないホモトピーで移り合う場合には，$f_!$ と $g_!$ とはどんな関係にあるのだろうか．いま，空間 X には基点 p_0 が定まっているが，Y には基点が与えられていないとする．$f(p_0)=q_0$, $g(p_0)=q_1$ とおく．（q_0,q_1 を，この式により定める．）f は $f_!:\pi_1(X,p_0)\to\pi_1(Y,q_0)$ を誘導し，g は

$g_\sharp : \pi_1(X, p_0) \to \pi_1(Y, q_1)$ を誘導する. $H : X \times [0,1] \to Y$ を f から g への必ずしも基点を止めないホモトピーとしよう. $m(t) = H(p_0, t)$ $(t \in [0,1])$ とおくと, $m : [0,1] \to Y$ は Y の道になり, 始点は $m(0) = H(p_0, 0) = f(p_0) = q_0$, 終点は $m(1) = H(p_0, 1) = g(p_0) = q_1$ である (図12.2を見よ). この Y の道 m によって, 定理11.1の証明の中で導入した同型写像 $\varphi_m : \pi_1(Y, q_1) \to \pi_1(Y, q_0)$ がきまる. このとき次の定理が成り立つ.

定理 12.7 $f_\sharp = \varphi_m \circ g_\sharp : \pi_1(X, p_0) \to \pi_1(Y, q_0)$ である.

証明 (図12.2) $\forall l \in \Omega(X, p_0)$ をひとつ固定する. f から g への写像のホモトピー $H : X \times [0,1] \to Y$ を使って, 次のように $(Y$ の$)$ 道のホモトピー $K : [0,1] \times [0,1] \to Y$ を構成しよう.

$$K(t, s) = \begin{cases} H(l(0), 2t), & 0 \leq t \leq \dfrac{s}{2} \\ H\left(l\left(\dfrac{t - \dfrac{s}{2}}{1 - \dfrac{3}{4}s}\right), s\right), & \dfrac{s}{2} \leq t \leq 1 - \dfrac{s}{4} \\ H(l(1), 4(1-t)), & 1 - \dfrac{s}{4} \leq t \leq 1. \end{cases}$$

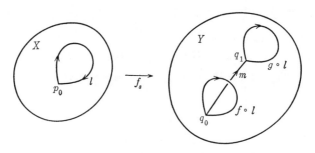

図 12.2

例によって, $s = $ 一定 とおいて t を 0 から 1 まで動かしてみると, $t = s/2$, $1 - s/4$ のところで右辺の式が矛盾なくつながることがわかる. (実際 $t = s/2$ のとき右辺の第2式は $H(l(0), s)$ となり, 第1式の $t = s/2$ の値と一致する. $t = 1 - s/4$ のとき右辺の第2式は $H(l(1), s)$ となり第3式の $t = 1 - s/4$ の値と一致する.) また明らかに $K : [0,1] \times [0,1] \to Y$ は連続である. $s = 0$ を代入すると

$$K(t, 0) = H(l(t), 0) = f(l(t)) = (f \circ l)(t)$$

§12 写像のホモトピー

となる．また，$s=1$ を代入すると ($l(0)=l(1)=p_0$ に注意して) 次式を得る．

$$K(t,1) = \begin{cases} H(p_0, 2t) = m(2t), & 0 \leq t \leq \dfrac{1}{2} \\ H(l(4t-2), 1) = (g \circ l)(4t-2), & \dfrac{1}{2} \leq t \leq \dfrac{3}{4} \\ H(p_0, 4(1-t)) = m(4(1-t)), & \dfrac{3}{4} \leq t \leq 1. \end{cases}$$

この式の右辺は，3つの道 $m, g \circ l, m^{-1}$ の積 $m \cdot ((g \circ l) \cdot m^{-1})$ にほかならない．($m(1-t)=m^{-1}(t)$, したがって，$m(4(1-t))=m^{-1}(4t-3)$ であることに注意．)

$t=0$ を代入すると $K(0,s)=H(l(0),0)=f(p_0)=q_0$ ($\forall s \in [0,1]$). $t=1$ を代入すると，$K(1,s)=H(l(1),0)=f(p_0)=q_0$ ($\forall s \in [0,1]$) となる．

以上から，K は，q_0 を基点とする Y の 2 つの閉道 $f \circ l$ と $m \cdot ((g \circ l) \cdot m^{-1})$ の間の (閉道としての) ホモトピーになっていることがわかる (定義 9.1)．よって $f \circ l \simeq m \cdot ((g \circ l) \cdot m^{-1})$. したがって，$f_\sharp([l]) = [f \circ l] = [m \cdot (g \circ l) \cdot m^{-1}] = \varphi_m([g \circ l]) = \varphi_m(g_\sharp[l]) = \varphi_m \circ g_\sharp([l])$ がいえた．□

直観的には，K は図 12.3 のような写像である．

次に，基点を止めた連続写像 $f, g:(X, p_0) \to (Y, q_0)$ があり，それらが，必ずしも基点を止めないホモトピーで移り合う，という定理 12.6 と定理 12.7 の中間的な状況を考えてみよう．$f, g:(X, p_0) \to (Y, q_0)$ の間の，必ずしも基点を止めないホモトピーを $H: X \times [0,1] \to Y$ とする．$m(t)=H(p_0, t)$ とおく．$m(t)$ はホモトピー H によって基点 q_0 が Y の中を動いて行く様子を表わしている．$m(0)=H(p_0,0)=f(p_0)=q_0, m(1)=H(p_0,1)=g(p_0)=q_0$ であるから，$m(t)$ は q_0 を基点とする Y の閉道になっている．定理 12.7 の特別な場合として次の系を得る．

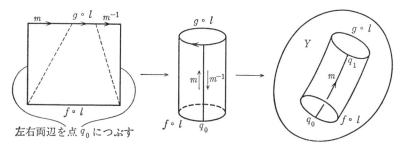

図 12.3

182　　　　　　　第4章　基　本　群

系 12.7.1　上の状況において $f_*([l])=[m]\cdot g_*([l])\cdot[m]^{-1}\,(\forall[l]\in\pi_1(X,p_0))$ が成り立つ.

証明　定理 12.7 により $f_*=\varphi_m\circ g_*$. ところが, m が閉道の場合には, $\varphi_m([l'])=[m\cdot l'\cdot m^{-1}]=[m]\cdot[l']\cdot[m]^{-1}\,(\forall[l']\in\pi_1(Y,q_0))$, である. したがって系 12.7.1 の主張がいえた. □

注意　μ を群 G のある要素とし, G の各要素 λ に $\mu\lambda\mu^{-1}$ を対応させる写像を $i_\mu:G\to G$ とすると, i_μ は同型写像になる. これを(μ に対応する)G の**内部自己同型**とよぶ.

系 12.7.1 は $f_*=i_{[m]}\circ g_*$ と書けるから, $f,g:(X,p_0)\to(Y,q_0)$ が必ずしも基点を止めずにホモトープの場合には, f_*,g_* は $\pi_1(Y,q_0)$ の内部自己同型を除いて一致するのである.

定理 12.7 のもうひとつの特別な場合として**零ホモトープ**な連続写像について述べよう. 連続写像 $f:X\to Y$ がある定値写像 $X\to Y$ にホモトープのとき, f を**零ホモトープ**な連続写像とよぶ. ここに, 定値写像 $X\to Y$ とは, いうまでもなく, X のすべての点を Y のある 1 点に写す写像である.

系 12.7.2　$f:X\to Y$ が零ホモトープならば, 任意の基点 $p_0\in X$ について, $f_*:\pi_1(X,p_0)\to\pi_1(Y,f(p_0))$ は自明な準同型である. すなわち, $\forall[l]\in\pi_1(X,p_0)$ に対して $f_*([l])=e$ が成り立つ.

証明　$f\simeq g:X\to Y$ とし, g は定値写像であるものとする. 定理 12.7 により, $f(p_0)$ と $g(p_0)$ を結ぶ Y 内の道 m があって, $f_*=\varphi_m\circ g_*$ が成り立つ. g は定値写像であるから, g から誘導される準同型 $g_*:\pi_1(X,p_0)\to\pi_1(Y,g(p_0))$ は自明である. したがって f_* も自明な準同型である. □

ホモトピー同値

'ホモトピー同値' は '位相同形' と並ぶ重要な概念である.

まず定義を述べよう. X,Y は位相空間である.

定義 12.8　連続写像 $f:X\to Y$ が**ホモトピー同値写像**であるとは, f と逆向きの連続写像 $g:Y\to X$ があって

$$g\circ f\simeq id_X:X\longrightarrow X\quad かつ\quad f\circ g\simeq id_Y:Y\longrightarrow Y$$

が成り立つことである. g を f の**ホモトピー逆写像**とよぶ. (この定義は f と g について対称的であるから, このとき, $g:Y\to X$ もホモトピー同値写像であり, f は g のホモトピー逆写像である.)

注意　X,Y に基点 p_0,q_0 を定め, $(X,p_0),(Y,q_0)$ の間の基点を止めたホモトピー同値

§12 写像のホモトピー　　　183

写像を考えることもある．その場合は，$g \circ f \simeq id_X$，$f \circ g \simeq id_Y$ のホモトピーを基点を止めたままのホモトピーとするのである．本書では，専ら定義12.8のように基点を考慮しないホモトピー同値写像のみを考えることにする．

定義 12.9　ホモトピー同値写像 $f:X \to Y$ が存在するとき，X は Y にホモトピー同値であるといい，記号で

$$X \simeq Y$$

と表わす．（X が Y にホモトピー同値のことを，X は Y と同じホモトピー型を持つということもある．）——

$f:X \to Y$ が同相写像のとき，$g = f^{-1}:Y \to X$ とおけば，明らかに $g \circ f = id_X$，$f \circ g = id_Y$ が成り立つ．したがって同相写像 $f:X \to Y$ はホモトピー同値写像であり，X と Y が位相同形 $(X \approx Y)$ ならそれらはホモトピー同値 $(X \simeq Y)$ である．しかし，あとで見るように逆は成り立たない．

ホモトピー同値は，位相同形よりもずっと大雑把な空間の分類を与えるのである．

初めのうちは，ホモトピー同値の概念は直観的に分りにくいかも知れないが，しばらく定義12.8，12.9をそのまま認めて以下の議論を追ってほしい．

位相同形 $\approx$ と同じく，ホモトピー同値 $\simeq$ も同値律を満たす．同一律 $(X \simeq X)$，対称律 $(X \simeq Y \Rightarrow Y \simeq X)$ は明らかである．推移律 $(X \simeq Y, Y \simeq Z \Rightarrow X \simeq Z)$ を示すには，次のことがいえればよい．$f:X \to Y$ と $f':Y \to Z$ がホモトピー同値写像なら，合成 $f' \circ f:X \to Z$ もホモトピー同値写像である．実際，$g:Y \to X$，$g':Z \to Y$ をそれぞれ f, f' のホモトピー逆写像とするとき，$(g \circ g') \circ (f' \circ f) = g \circ (g' \circ f') \circ f \simeq g \circ (id_Y) \circ f = g \circ f \simeq id_X$，（ここに，補題12.5を使った）がいえ，同様に $(f' \circ f) \circ (g \circ g') \simeq id_Z$ がいえる．したがって $f' \circ f:X \to Z$ はホモトピー同値写像であり，$g \circ g':Z \to X$ がそのホモトピー逆写像になる．

次の定理からわかるように，ホモトピー同値写像 $f:X \to Y$ は基本群の同型を誘導する．この事実を**基本群のホモトピー不変性**という．以下，不必要に一般的になることを避けて，X, Y は**弧状連結**と仮定する．（その正当性については§11，演習問題11.4を参照のこと．）

定理 12.10　$f:X \to Y$ がホモトピー同値写像ならば，任意の基点 $p_0 \in X$ につ

いて, $f_{\sharp}:\pi_1(X,p_0)\to\pi_1(Y,f(p_0))$ は同型写像になる.

証明 $f:X\to Y$ のホモトピー逆写像を $g:Y\to X$ とする. 任意の基点 $p_0\in X$ を選んで固定する.

(I) まず, $p_0\in g(Y)$ と仮定して定理を示そう. このとき $p_0=g(q_0)$ となる点 $q_0\in Y$ が(少なくともひとつ)ある(図12.4).

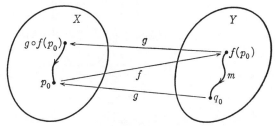

図12.4

$g_{\sharp}:\pi_1(Y,q_0)\to\pi_1(X,p_0)$ と $f_{\sharp}:\pi_1(X,p_0)\to\pi_1(Y,f(p_0))$ の合成 $f_{\sharp}\circ g_{\sharp}:\pi_1(Y,q_0)\to\pi_1(Y,f(p_0))$ を考える. (基点のとり方に注目.) $f_{\sharp}\circ g_{\sharp}=(f\circ g)_{\sharp}$ であり, $f\circ g\simeq id_Y:Y\to Y$ であるから, 定理12.7により, $f\circ g(q_0)=f(p_0)$ と $id_Y(q_0)=q_0$ を結ぶ Y 内の適当な道 m があって

$$f_{\sharp}\circ g_{\sharp} = \varphi_m\circ(id_Y)_{\sharp} = \varphi_m$$

となる. ここに $\varphi_m:\pi_1(Y,q_0)\to\pi_1(Y,f(p_0))$ は同型であり, とくに'上へ'の写像であるから, $f_{\sharp}:\pi_1(X,p_0)\to\pi_1(Y,f(p_0))$ も'上へ'の写像になる. (一般に, 集合 A,B,C と写像 $k:A\to B$, $h:B\to C$ があるとき, 合成 $h\circ k:A\to C$ が'上へ'の写像であれば, h は'上へ'の写像である. 何故か?)

次に, $f_{\sharp}:\pi_1(X,p_0)\to\pi_1(Y,f(p_0))$ と $g_{\sharp}:\pi_1(Y,f(p_0))\to\pi_1(X,g(f(p_0)))$ の合成 $g_{\sharp}\circ f_{\sharp}:\pi_1(X,p_0)\to\pi_1(X,g(f(p_0)))$ を考える. (基点に注意.) $g_{\sharp}\circ f_{\sharp}=(g\circ f)_{\sharp}$ であり, $g\circ f\simeq id_X:X\to X$ であるから, 定理12.7により, $g(f(p_0))$ と p_0 を結ぶ X 内の適当な道 n があって

$$g_{\sharp}\circ f_{\sharp} = \varphi_n\circ(id_X)_{\sharp} = \varphi_n$$

となる. ここに $\varphi_n:\pi_1(X,p_0)\to\pi_1(X,g(f(p_0)))$ は同型であり, とくに1対1であるから, $f_{\sharp}:\pi_1(X,p_0)\to\pi_1(Y,f(p_0))$ も1対1の写像である. (一般に, 集合 A,B,C と写像 $k:A\to B$, $h:B\to C$ があるとき, 合成 $h\circ k:A\to C$ が1対1の写像なら, $k:A\to B$ も1対1である.)

以上で $f_\sharp : \pi_1(X, p_0) \to \pi_1(Y, f(p_0))$ が全単射(1 対 1 かつ '上へ' の写像)であることがいえた. よって $f_\sharp$ は同型写像である.

(II) 基点 p_0 が必ずしも $p_0 \in g(Y)$ でない場合. $g(Y)$ の中から点 p_1 を選ぶ. (I) により $f_\sharp : \pi_1(X, p_1) \to \pi_1(Y, f(p_1))$ は同型写像である.

X は弧状連結と仮定したから, p_0 を始点, p_1 を終点とする X 内の道 m が存在する. この m できまる同型 $\varphi_m : \pi_1(X, p_1) \to \pi_1(X, p_0)$ を考えると, 次の可換図式が成り立つ. このことから $f_\sharp : \pi_1(X, p_0) \to \pi_1(Y, f(p_0))$ が同型写像になる.

$$\begin{array}{ccc} \pi_1(X, p_1) & \xrightarrow[\cong]{f_\sharp} & \pi_1(Y, f(p_1)) \\ \varphi_m \downarrow \cong & & \cong \downarrow \varphi_{f \circ m} \\ \pi_1(X, p_0) & \xrightarrow[\cong]{f_\sharp} & \pi_1(Y, f(p_0)). \end{array}$$

上の図式が可換になること(すなわち $f_\sharp \circ \varphi_m = \varphi_{f \circ m} \circ f_\sharp$)を証明しよう. $\forall [l] \in \pi_1(X, p_1)$ について, $f_\sharp \circ \varphi_m([l]) = f_\sharp([m \cdot l \cdot m^{-1}]) = [f \circ (m \cdot l \cdot m^{-1})] = [(f \circ m) \cdot (f \circ l) \cdot (f \circ m)^{-1}] = \varphi_{f \circ m}([f \circ l]) = \varphi_{f \circ m} \circ f_\sharp([l])$. これでいえた. □

変位レトラクト

図 12.5 に示すように, メビウスの帯 M は '中心線' とよばれる円周 S^1 に沿って, これに直交する無限本の線分がずらっと並んだ図形と考えることができる. 各線分はその中点で中心線 S^1 と交わっている.

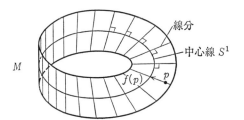

図 12.5

各点 $p \in M$ は, ただ 1 本の線分上にあり, p を通る線分の中点 $f(p)$(それは中心線 S^1 上にある)を p に対応させることによって, M から S^1 への連続写像 $f : M \to S^1$ が得られる(図 12.5).

$f : M \to S^1$ は, M を中心線の上に 'つぶす' 写像である.

明らかに, 点 p がもともと中心線 S^1 上にあれば $f(p) = p$ が成り立つ.

このような状況を一般化したのが**レトラクト**の概念である.

186   第4章 基 本 群

定義 12.11 A を位相空間 X の部分空間とする．連続写像 $f:X\to A$ があって，$f(p)=p\,(\forall p\in A)$ が成り立つとき，A を X のレトラクト (retract)，f をレトラクション (retraction) とよぶ．――

メビウスの帯 M の中心線 S^1 は M のレトラクトである．

また，不動点定理を証明する準備として補題 11.11 で証明したのは，円周 S^1 は円板 D^2 のレトラクトでない，という事実である．

メビウスの帯の場合，M から中心線 S^1 へのレトラクション $f:M\to S^1$ を（包含写像 $S^1\to M$ を合成することによって），M から M の中への写像 $f:M\to M$ とみなすと，この f は恒等写像 $id_M:M\to M$ にホモトープなことがわかる．実際，中心線を動かさずに，M の幅を $(1-s)$ 倍に縮める写像を $f_s:M\to M$ とすると，$\{f_s\}_{0\le s\le 1}$ が id_M から f へのホモトピーを与える．

このように，恒等写像 $id_X:X\to X$ が，A の各点を止めたまま，あるレトラクション $X\to A\subset X$ にホモトープのとき A を X の変位レトラクトとよぶ．次のようにいってもよい．

定義 12.12 A を位相空間 X の部分空間とする．連続写像 $H:X\times[0,1]\to X$ があって

(i) $H(p,0)=p,\quad \forall p\in X,$

(ii) $H(p,1)\in A,\quad \forall p\in X,$

(iii) $H(p,s)=p,\quad \forall p\in A,\ \forall s\in[0,1]$

の3条件が成り立つとき，A を X の**変位レトラクト**とよぶ．

$f_s(p)=H(p,s)$ で定義される写像 $f_s:X\to X$ の系列 $\{f_s\}_{0\le s\le 1}$ を使って上の3条件をいい換えると，

(i) $f_0=id_X,$

(ii) $f_1(X)=A,$

(iii) $f_s(p)=p,\quad \forall p\in A,\ \forall s\in[0,1]$

となる．（$f_1:X\to A$ はレトラクションである．）

直観的には，A が X の変位レトラクトであるとは，A を動かさずに，X を A の上に連続的に縮めて行けるということである．メビウスの帯 M の中心線 S^1 は M の変位レトラクトである．

補題 12.13 A が位相空間 X の変位レトラクトならば包含写像 $i:A\to X$ は

§12 写像のホモトピー　　　187

ホモトピー同値写像である.

証明　$H:X \times [0, 1] \to X$ を定義12.12にいう連続写像とし, $f_s(p) = H(p, s)$ とおく. $f_1:X \to A$ が $i:A \to X$ のホモトピー逆写像である. 実際, $H:X \times [0, 1] \to X$ は, 合成 $i \circ f_1$ と id_X の間のホモトピーを与え, また合成 $f_1 \circ i$ は(Hの条件(iii)により)id_A に等しい. したがって $i \circ f_1 \simeq id_X$, $f_1 \circ i = id_A$ がいえた. □

ホモトピー同値の例としては, 変位レトラクトが最もわかりやすいものと思われる.

例 1°　M をメビウスの帯とすると, 任意の基点 $p_0 \in M$ について $\pi_1(M, p_0) \cong \mathbf{Z}$.

証明　M は弧状連結だから, 基点 p_0 をどこにとっても基本群は同型である. p_0 を中心線 S^1 上にとる. $i:S^1 \to M$ はホモトピー同値であるから, $i_*:\pi_1(S^1, p_0) \to \pi_1(M, p_0)$ は同型である. §11 の結果により $\pi_1(S^1, p_0) \cong \mathbf{Z}$. よって $\pi_1(M, p_0) \cong \mathbf{Z}$. □

位相空間 X 内に1点 p_0 があり, $\{p_0\}$ が X の変位レトラクトであるとき, X は(強い意味で)**可縮**であるという. また, $id_X:X \to X$ が零ホモトープのとき, X は(弱い意味で)**可縮**であるという. X が強い意味で可縮なら, 弱い意味でも可縮である. X が強い意味で可縮なら, id_X は, すべての点を p_0 にうつす定値写像にホモトープになるからである. 強い意味と弱い意味の違いは, $id_X \simeq$ 定値写像, というホモトピーの間に基点 p_0 が止まっているか, それとも動いてもよいか, の違いである. n 次元円板 D^n や n 次元ユークリッド空間 $\mathbf{E}^n$ は(強い意味で)可縮な空間である.

例 2°　X が弱い意味で可縮なら, 任意の基点 $p_0 \in X$ について $\pi_1(X, p_0) = \{e\}$ である.

系 12.7.2 を用いて証明できる.

演習問題

12.1　A, B を位相空間とする. 直積 $A \times B$ から A への写像 $p_A:A \times B \to A$ を, $p_A(x, y) = x$ と定義する. また $p_B:A \times B \to B$ を, $p_A(x, y) = y$ と定義する. p_A も p_B も連続写像であることを示せ. ($\forall U \in \mathcal{O}_A$ につき, $p_A^{-1}(U) \in \mathcal{O}_{A \times B}$ をいえ.)

12.2　A, B, C を位相空間とする. $f:C \to A \times B$ が連続写像であるための必要十分条件は, 合成写像 $p_A \circ f:C \to A$ と $p_B \circ f:C \to B$ が連続写像であることである. これを証明

188   第4章 基 本 群

せよ.

12.3 A, B, C を位相空間, $f, g : C \to A \times B$ を連続写像とするとき, $f \simeq g$ であるための必要十分条件は, $p_A \circ f \simeq p_A \circ g$ かつ $p_B \circ f \simeq p_B \circ g$ であることである.

12.4 A, B を位相空間, $x_0 \in A$, $y_0 \in B$ とするとき, $\pi_1(A \times B, p_0) \cong \pi_1(A, x_0) \times \pi_1(B, y_0)$ を示せ. ここに $p_0 = (x_0, y_0) \in A \times B$. なお, 群 G と H の直積 $G \times H$ には, $(g_1, h_1) \cdot (g_2, h_2) = (g_1 \cdot g_2, h_1 \cdot h_2)$ により積演算を入れる.

12.5 $f : A \to A'$, $g : B \to B'$ がともに連続写像なら $f \times g : A \times B \to A' \times B'$ も連続写像である. ここに $(f \times g)(x, y) = (f(x), g(y))$.

12.6 X, Y を位相空間とする. 写像 $H : X \times [0, 1] \to Y$ があって, $H|X \times [0, 1/2]$ と $H|X \times [1/2, 1]$ が連続ならば, H も連続である. これを示せ.

12.7 位相空間 X が弱い意味で可縮なら, X は弧状連結である.

12.8 円板 D^2 から半径の小さい同心開円板をくり抜いて得られる図形(アニュラス)の基本群を求めよ.

189

第5章　ファンカンペンの定理

§13　自由積と融合積

位相空間 X の基本群を計算しようとするとき，X を簡単な部分に分割して各部分の基本群を計算すると，その結果から X 全体の基本群を知ることができれば便利であろう．この章で証明するファンカンペンの定理は，このような計算法を述べたものである．

この定理は次のような状況を取扱う．X が2つの弧状連結な開集合 X_1, X_2 の和集合になっており，X_1 と X_2 は空でない共通部分 $X_0 = X_1 \cap X_2$ を持つとする．そして，共通部分 X_0 も弧状連結であるとする．基点 p_0 を X_0 内にとる．このとき，全体の基本群 $\pi_1(X, p_0)$ を，各部分の基本群 $\pi_1(X_1, p_0)$, $\pi_1(X_2, p_0)$, $\pi_1(X_0, p_0)$ によって表わそうというのである．

その結果によれば，$\pi_1(X_0, p_0) = \{e\}$ の場合には，$\pi_1(X, p_0)$ は $\pi_1(X_1, p_0)$ と $\pi_1(X_2, p_0)$ の**自由積**とよばれるものになり，$\pi_1(X_0, p_0)$ が必ずしも自明群でない場合には $\pi_1(X, p_0)$ は $\pi_1(X_1, p_0)$ と $\pi_1(X_2, p_0)$ の**融合積**とよばれるものになる．

ファンカンペンの定理の幾何学的内容は次の節で説明するが，この節では，ここに現われた群の'自由積'と'融合積'とを，代数的観点からやや詳しくみておくことにする．

自由積

G, H をかってな群とする．G と H の単位元をそれぞれ e_G, e_H と書く．

G と H の元(要素)を任意の順序に有限個並べた列を(G, H の元を文字とする)**語**(word)とよぶ．語の一般的な形は

$$x_1, x_2, \cdots, x_n \qquad (x_i \in G \text{ または } x_i \in H)$$

である．n を，この語の**長さ**という．

個々の語を $w, v, \cdots$ 等の記号で表わす．たとえば，

$$w = g_1, h_1, g_2, h_2, h_3 \qquad (g_i \in G, h_j \in H, \text{ 語 } w \text{ の長さは5})$$

$$v = g \qquad\qquad\qquad (g \in G, \text{ 長さ1の語})$$

$$\cdots\cdots$$

190　　　　第5章　ファンカンペンの定理

という具合である．何も並んでいない空なる列もひとつの特殊な語と考え，これをeという記号で表わす．すなわち，

$$e = \qquad ,$$

である．空なる語eの長さは0である．

　語は，文字の間のコンマを省略して，$w=g_1h_1g_2h_2h_3, v=g, \cdots$, etc. と書くのが普通であるが，次に，語の変換操作を述べる関係上，しばらくコンマを入れたままの形で扱っておく．

　語に関する2つの基本操作を考える．

　(I)　語 $w=x_1, x_2, \cdots, x_n$ の前，後，あるいは文字の間に，e_G または e_H を挿入すること．（この操作 I により，語の長さは1だけ増える．）

　(II)　語 $w=x_1, x_2, \cdots, x_n$ の中の隣り合う x_i, x_{i+1} で，ともに G（またはともに H）に属するものがあれば，その x_i, x_{i+1} の部分を（G または H の中の）積 $x_i \cdot x_{i+1}$ でおきかえること．したがって $w=x_1, x_2, \cdots, x_{i-1}, x_i, x_{i+1}, x_{i+2}, \cdots, x_n$ は，$w'=x_1, x_2, \cdots, x_{i-1}, x_i \cdot x_{i+1}, x_{i+2}, \cdots, x_n$ になる．（この操作 II により，語の長さは1だけ減る．）

　G, H の元を文字とする語全体の集合を $W(G, H)$ としよう．$W(G, H)$ に，次の関係 ～ を入れる．

　　$w \sim v \Longleftrightarrow$ 操作 I, II またはそれらの逆 $((I)^{-1}, (II)^{-1})$ を有限回施すことにより，w が v に変換できる．

　たとえば

$$e_G, h_1, g_1, h_2, h_2^{-1}, g_2 \xrightarrow{(I)^{-1}} h_1, g_1, h_2, h_2^{-1}, g_2$$
$$\xrightarrow{(II)} h_1, g_1, h_2 \cdot h_2^{-1}, g_2 = h_1, g_1, e_H, g_2 \quad \text{（語としてのイコール）}$$
$$\xrightarrow{(I)^{-1}} h_1, g_1, g_2 \xrightarrow{(II)} h_1, g_1 \cdot g_2 \xrightarrow{(I)} h_1, g_1 \cdot g_2, e_H$$

であるから，語 $w=e_G, h_1, g_1, h_2, h_2^{-1}, g_2$ と語 $v=h_1, g_1 \cdot g_2, e_H$ とは $w \sim v$ の関係にある．（ここで，語 w の長さは6，v の長さは3．）

　関係 ～ が集合 $W(G, H)$ における同値関係であることを確かめよう．

　同一律：$w \sim w$ は明らかである．

　対称律：$w \sim v$ であれば，w を v に変換する時の各ステップを逆にたどることにより，v を w に変換できる．よって $v \sim w$．

§13 自由積と融合積　　　191

推移律：$w \sim v$, $v \sim u$ ならば $w \sim u$. これも，w が v に変換でき，v が u に変換できれば，その変換を続けて行うことにより，w は u に変換できる，ということから明らかである．——

集合 $W(G, H)$ には自然な積の演算が考えられる．$w = x_1, x_2, \cdots, x_n$ と $v = y_1, y_2, \cdots, y_m$ の積 $w \cdot v$ を，$w \cdot v = x_1, x_2, \cdots, x_n, y_1, y_2, \cdots, y_m$（単に並べたもの）として定義するのである．明らかに，w と空なる語 e との積は w と同じである：$w \cdot e = w = e \cdot w$. 結合法則 $(w \cdot v) \cdot u = w \cdot (v \cdot u)$ も明らかである．

また，$w \sim w'$, $v \sim v'$ であれば $w \cdot v \sim w' \cdot v'$ が成り立つ．$(w \cdot v \sim w' \cdot v \sim w' \cdot v'.)$

このことから，集合 $W(G, H)$ を同値類別して得られる商集合 $W(G, H)/\sim$ に積演算が定義される．

実際，$\pi : W(G, H) \to W(G, H)/\sim$ を商写像とし，語 $w \in W(G, H)$ の π による像 $\pi(w)$ を，簡単のため $(w) \in W(G, H)/\sim$ と書くことにして $(w), (v) \in W(G, H)/\sim$ の積 $(w) \cdot (v)$ を

$$(w) \cdot (v) = (w \cdot v)$$

と定義するのである．（左辺の積を右辺で定義する．）この定義が意味ある定義であることは次のように示せる．（同じ議論は §§ 9, 10 でも行った．）$(w) = (w')$, $(v) = (v')$ ならば $w \sim w'$, $v \sim v'$. したがって，上に述べた注意により，$w \cdot v \sim w' \cdot v'$ となり，$(w \cdot v) = (w' \cdot v')$ がわかる．ゆえに，$(w \cdot v)$ は (w) と (v) だけできまり，上の積の定義は意味ある定義である．

補題 13.1　この積演算に関し $W(G, H)/\sim$ は群になる．

証明　(i)　単位元の存在：空なる語 e に対応する (e) が $W(G, H)/\sim$ の単位元になる．なぜなら $(w) \cdot (e) = (w \cdot e) = (w)$, $(e) \cdot (w) = (e \cdot w) = (w)$ だから．

(ii)　逆元の存在：$(x_1, x_2, \cdots, x_n)$ の逆元は $(x_n^{-1}, \cdots, x_2^{-1}, x_1^{-1})$ である．たとえば，$w = g_1, g_2, h$（長さ 3）の場合に，(w) の逆元が $(h^{-1}, g_2^{-1}, g_1^{-1})$ であることを確かめてみる．

$$(g_1, g_2, h) \cdot (h^{-1}, g_2^{-1}, g_1^{-1}) \overset{\text{積の定義}}{=} (g_1, g_2, h, h^{-1}, g_2^{-1}, g_1^{-1})$$
$$\overset{(\text{II})}{=} (g_1, g_2, h \cdot h^{-1}, g_2^{-1}, g_1^{-1}) = (g_1, g_2, e_H, g_2^{-1}, g_1^{-1})$$
$$\overset{(\text{I})^{-1}}{=} (g_1, g_2, g_2^{-1}, g_1^{-1}) \overset{(\text{II})}{=} (g_1, g_2 \cdot g_2^{-1}, g_1^{-1}) = (g_1, e_G, g_1^{-1})$$
$$\overset{(\text{I})^{-1}}{=} (g_1, g_1^{-1}) \overset{(\text{II})}{=} (g_1 \cdot g_1^{-1}) = (e_G) \overset{(\text{I})^{-1}}{=} (e).$$

192   第5章　ファンカンペンの定理

同様に $(h^{-1}, g_2^{-1}, g_1^{-1}) \cdot (g_1, g_2, h) = (e)$.

(iii)　結合法則：$\{(w) \cdot (v)\} \cdot (u) = (w \cdot v) \cdot (u) = (\{w \cdot v\} \cdot u) = (w \cdot \{v \cdot u\}) = (w) \cdot (v \cdot u) = (w) \cdot \{(v) \cdot (u)\}$. （ここで記号の混乱を防ぐため，演算の順序を表わす括弧として $\{\ \}$ を使った.）

(i)(ii)(iii)がいえたから，$W(G, H)/\sim$ は群である.　□

定義 13.2　群 $W(G, H)/\sim$ を群 G と H の**自由積**とよび，$G*H$ または $H*G$ の記号で表わす.　──

$W(G, H)/\sim$ の構成は G と H に関して対称的であった. よって G と H の自由積を表わすのに，$G*H$, $H*G$ のどちらの記号を用いても差支えない：$G*H = H*G = W(G, H)/\sim$ である.

先に注意したように，語 $w = x_1, x_2, \cdots, x_n$ の文字の間のコンマを省いて $w = x_1 x_2 \cdots x_n$ と書くのがふつうである. また，$w \in W(G, H)$ に対応する $(w) \in G*H$ も，括弧を省いて簡単に $w \in G*H$ と書く. G と H における積演算を表わす点・や $W(G, H)/\sim$ の積演算を表わす点・もみんな省いてしまうのが便利である.

このような記法を用いて，上に述べた自由積 $G*H$ の定義をもう一度まとめると，次のようになる.

$G*H$ の任意の元は

$$x_1 x_2 \cdots x_n \qquad (x_i \in G \text{ または } x_i \in H)$$

の形の語である. 特に空なる語も許し，それを e と書く. そして，

$$x_1 x_2 \cdots x_n = y_1 y_2 \cdots y_m$$

であるための必要十分条件は，基本操作(I), (II) またはその逆 (I)$^{-1}$, (II)$^{-1}$ を有限回施すことによって，語 $x_1 x_2 \cdots x_n$ が語 $y_1 y_2 \cdots y_m$ に変換できることである. $x_1 x_2 \cdots x_n$ と $y_1 y_2 \cdots y_m$ の積は $x_1 x_2 \cdots x_n y_1 y_2 \cdots y_m$ である.

たとえば，$G*H$ の中で等式

$$e_G h_1 g_1 h_2 h_2^{-1} g_2 \overset{\text{(I)}^{-1}}{=} h_1 g_1 h_2 h_2^{-1} g_2 \overset{\text{(II)}}{=} h_1 g_1 e_H g_2 \overset{\text{(I)}^{-1}}{=} h_1 g_1 g_2$$

が成り立つ.

先にやった逆元の計算は

$$(g_1 g_2 h)(h^{-1} g_2^{-1} g_1^{-1}) = g_1 g_2 h h^{-1} g_2^{-1} g_1^{-1} = g_1 g_2 e_H g_2^{-1} g_1^{-1} = g_1 g_2 g_2^{-1} g_1^{-1}$$
$$= g_1 e_G g_1^{-1} = g_1 g_1^{-1} = e_G = e$$

§13 自由積と融合積　　193

となる.

　自由積 $G*H$ を考える利点は, G, H という**異なる**群の元 g, h の積 gh が, $G*H$ の中では意味を持つことである.

　注意　$G \cong \{e\}$, $H \cong \{e\}$ のとき $G*H \cong \{e\}$ である.

　次の補題13.3は $G*H$ の性質を調べる上で基本的である. まず, 次のような記号を導入する:$x_1, x_2, \cdots, x_n$ を G または H の元を並べた語とするとき, $[x_1, x_2, \cdots, x_n]_G$ という記号で, $x_1, x_2, \cdots, x_n$ **の中から G の元だけをすべて選び出して, 並ぶ順序を変えずに G の中で積を作ったもの**, を表わすことにする. $[x_1, x_2, \cdots, x_n]_G$ は, したがって G の元になる.

　たとえば ($g_i \in G$, $h_j \in H$ として)

$$[g_1, h_1, g_2, g_3, h_2]_G = g_1 g_2 g_3 \in G.$$

　同様の記号 $[x_1, x_2, \cdots, x_n]_H$ も同じ意味の H の元を表わすとする. たとえば, $[g_1, h_1, g_2, g_3, h_2]_H = h_1 h_2 \in H$.

　ただし, $x_1, x_2, \cdots, x_n$ の中に G の元が含まれていないときは, $[x_1, x_2, \cdots, x_n]_G = e_G$ と約束する. H に関しても同じ規約を設ける.

　補題 13.3　$x_1, x_2, \cdots, x_n, y_1, y_2, \cdots, y_m$ を G または H の元とする. $G*H$ の中で $x_1 x_2 \cdots x_n = y_1 y_2 \cdots y_m$ であれば, $[x_1, x_2, \cdots, x_n]_G = [y_1, y_2, \cdots, y_m]_G$ が成り立つ. また同じ仮定の下で, $[x_1, x_2, \cdots, x_n]_H = [y_1, y_2, \cdots, y_m]_H$ も成り立つ.

　証明　$[\ ]_G$ に関する等式を証明する. ($[\ ]_H$ についても証明は同じである.) $x_1 x_2 \cdots x_n = y_1 y_2 \cdots y_m$ であれば, 語 $x_1, x_2, \cdots x_n$ に操作(I), (II), (I)$^{-1}$, (II)$^{-1}$ を有限回施すことにより, 語 $y_1, y_2, \cdots, y_m$ に変換できる. したがって, 語 $x_1, x_2, \cdots, x_n$ に各操作を1回だけ施したときに $[\ ]_G$ が不変なことを証明すればよい.

　(I)　$x_1, x_2, \cdots, x_n$ の前, 後, あるいは中間に, e_H または e_G を挿入したとき:e_H を挿入しても $[\ ]_G$ が不変なことは明らかである. e_G を挿入すると, $x_1, x_2, \cdots, x_n$ の中の G の元は, e_G の分だけ増えるが, それらの積は G の元として変らない.

　例.　$[e_G, g_1, h_1]_G = e_G \cdot g_1 = g_1 = [g_1, h_1]_G.$

　(I)の操作で $[\ ]_G$ が不変だから, 逆の操作 (I)$^{-1}$ でも不変である.

　(II)　x_i, x_{i+1} がともに G あるいは H の元のとき, x_i, x_{i+1} を積 $x_i \cdot x_{i+1}$ で置き換えた場合:$x_i, x_{i+1} \in H$ の場合は, この操作で語 $x_1, x_2, \cdots, x_n$ の中の G の

元は変らない．よって $[\ \ ]_G$ も不変である．$x_i, x_{i+1} \in G$ の場合は，語の中の G の元は，$g_1, \cdots, g_r, x_i, x_{i+1}, g_s, \cdots, g_t$ から $g_1, \cdots, g_r, x_i \cdot x_{i+1}, g_s, \cdots, g_t$ に変るが，明らかにこれらの積は不変である．

(II)の操作で $[\ \ ]_G$ が不変だから，(II)$^{-1}$ でも不変である．□

自由積 $G*H$ は，G, H に同型な部分群 G', H' を含んでいる．このことを証明しよう．

$$G' = \{g_1 g_2 \cdots g_n \in G*H \mid n \geqq 0, g_i \in G, i = 1, \cdots, n\},$$
$$H' = \{h_1 h_2 \cdots h_m \in G*H \mid m \geqq 0, h_i \in H, i = 1, \cdots, m\}$$

とおく．すなわち，G の元だけを並べた語の全体を G' とし，同様に，H の元だけを並べた語の全体を H' とする．G' の2つの元の積は G' に属し，また G' の元の逆元も G' に属す．よって G' は $G*H$ の部分群である．同様に H' も $G*H$ の部分群である．

補題 13.4 $G' \cap H' = \{e\}$ （e は $G*H$ の単位元）．

証明 $z \in G' \cap H'$ とする．$z \in G'$ であるから，$z = g_1 g_2 \cdots g_n \ (g_i \in G)$ と書ける．また $z \in H'$ であるから，$z = h_1 h_2 \cdots h_m \ (h_j \in H)$ とも書ける．そして $G*H$ の元として $g_1 g_2 \cdots g_n = z = h_1 h_2 \cdots h_m$ が成り立つ．この関係に補題 13.3 を適用すると，$[g_1, g_2, \cdots, g_n]_G = [h_1, h_2, \cdots, h_m]_G$ を得る．左辺は $g_1 g_2 \cdots g_n \ (\in G)$ に等しく，右辺は（$[\ \ ]_G$ の規約により）e_G に等しい．よって $g_1 g_2 \cdots g_n = e_G$．

これで $z = g_1 g_2 \cdots g_n = e_G = e \in G*H$ が示せた．□

$G' \cong G$, $H' \cong H$ をいうため，準同型 $P_G : G*H \to G$, $P_H : G*H \to H$ を

$$P_G(x_1 x_2 \cdots x_n) = [x_1, x_2, \cdots, x_n]_G, \qquad P_H(x_1 x_2 \cdots x_n) = [x_1, x_2, \cdots, x_n]_H$$

と定義する．

補題 13.3 により，P_G, P_H は矛盾なく定義される．P_G, P_H は容易にわかるように準同型である．

また，準同型 $i_G : G \to G*H$, $i_H : H \to G*H$ を

$$i_G(g) = g \in G*H, \qquad i_H(h) = h \in G*H$$

と定義する．（すなわち，$i_G(g)$ は，G の元 g を $G*H$ の元 g とみなしたものである．$i_H(h)$ についても同様．）

明らかに i_G の像 $i_G(G)$ は G' に含まれ，i_H の像 $i_H(H)$ は H' に含まれる．

$P_G : G*H \to G$ の定義域を部分群 G' に制限したものを $P_G' : G' \to G$ とする．同

様に $P_{H'}:H'\to H$ を定義する.

　$P_{G'}\circ i_G=id_G,\ i_G\circ P_{G'}=id_{G'}$ を示そう.

　実際, $\forall g\in G$ について $P_{G'}(i_G(g))=P_{G'}(g)=[g]_G=g$. よって $P_{G'}\circ i_G=id_G$. また $\forall g_1g_2\cdots g_n\in G'$ について $i_G(P_{G'}(g_1g_2\cdots g_n))=i_G([g_1,g_2,\cdots,g_n]_G)=i_G(g_1g_2\cdots g_n)$ $=g_1g_2\cdots g_n$. よって $i_G\circ P_{G'}=id_{G'}$. これで示せた.

　したがって, $P_{G'}$ と i_G とは互いに逆の同型写像である.

　同様に, $P_{H'}$ と i_H とは互いに逆の同型写像である.

　この同型 $i_G:G\to G',\ i_H:H\to H'$ により, G, H を $G*H$ の部分群 G', H' と同一視することができる.

　$i_G:G\to G*H,\ i_H:H\to G*H$ を **標準的な包含写像**とよぶ. また $P_G:G*H\to G$, $P_H:G*H\to H$ を**射影**とよぶ.

　補題 13.5(写像に関する普遍性)　L を任意の群とし
$$f_1:G\longrightarrow L,\qquad f_2:H\longrightarrow L$$
を任意の準同型とすれば,

　(*)　　　　　　　　　　$F\circ i_G=f_1,\qquad F\circ i_H=f_2$

であるような準同型 $F:G*H\to L$ が一意的に存在する. (この F を $f_1*f_2:G*H\to L$ という記号で表わす.)

　注意　条件(*)を満たす準同型 $F:G*H\to L$ の存在を仮定すると, その一意性は次のように容易に示される.

　まず, $\forall g\in G$ を $G*H$ の元とみなしたとき, $F(g)=f_1(g)$ である. なぜなら, $G*H$ の元としての g は $i_G(g)$ であるが, 条件(*)を使って, $F(g)=F(i_G(g))=f_1(g)$ となるからである. 同様に $\forall h\in H$ を $G*H$ の元とみなしたとき $F(h)=f_2(h)$ となる. f_1 と f_2 は与えられているから, G の元 g と H の元 h の上で F が一意的に決まることが言えた.

　$G*H$ の元は G の元と H の元の有限積であるから, 結局, 準同型 F は $G*H$ 全体で一意的にきまる. たとえば
$$F(g_1g_2h_1g_3h_2)=F(g_1)F(g_2)F(h_1)F(g_3)F(h_2)$$
$$=f_1(g_1)f_1(g_2)f_2(h_1)f_1(g_3)f_2(h_2).$$

　補題 13.5 の証明　$\forall x_1x_2\cdots x_n\in G*H$ について, F を
$$F(x_1x_2\cdots x_n)=f(x_1)f(x_2)\cdots f(x_n)\in L$$
と定義する. ただし右辺の $f(x_i)$ は,

196　　　第5章　ファンカンペンの定理

$x_i \in G$　なら　$f(x_i) = f_1(x_i)$,　　$x_i \in H$　なら　$f(x_i) = f_2(x_i)$
の意味であるとする.

この定義が意味ある定義であることを示そう. つまり

$(**)$　　$\begin{cases} x_1 x_2 \cdots x_n = y_1 y_2 \cdots y_m \in G*H & \text{ならば} \\ f(x_1)f(x_2)\cdots f(x_n) = f(y_1)f(y_2)\cdots f(y_m) \in L \end{cases}$

を示すのである.

$x_1 x_2 \cdots x_n = y_1 y_2 \cdots y_m$ ならば, 語 $x_1 x_2 \cdots x_n$ に操作 (I), (II), (I)$^{-1}$, (II)$^{-1}$ を有限回施して語 $y_1 y_2 \cdots y_m$ に変換できる. よって, $y_1 y_2 \cdots y_m$ が $x_1 x_2 \cdots x_n$ からただ1回の操作で得られる場合に $(**)$ を証明すれば十分である.

(I)　$y_1 y_2 \cdots y_m$ が, $x_1 x_2 \cdots x_n$ のどこかに e_G(または e_H)を挿入して得られる場合. たとえば語 $y_1 y_2 \cdots y_m$ が語 $x_1 e_G x_2 \cdots x_n$ である場合. (この場合, $m = n + 1$.)

$$\begin{aligned} f(y_1)f(y_2)\cdots f(y_m) &= f(x_1)f(e_G)f(x_2)\cdots f(x_n) \\ &= f(x_1)f_1(e_G)f(x_2)\cdots f(x_n) \\ &= f(x_1)e_L f(x_2)\cdots f(x_n) \\ &= f(x_1)f(x_2)\cdots f(x_n) \in L. \end{aligned}$$

このようにして (I) の操作に関して $(**)$ がいえる.

操作 (I)$^{-1}$ に関する議論も同様である.

(II)　$y_1 y_2 \cdots y_m$ が $x_1 x_2 \cdots (x_i \cdot x_{i+1}) \cdots x_n$ である場合. (この場合 $m = n-1$.)

$$\begin{aligned} f(y_1)f(y_2)\cdots f(y_m) &= f(x_1)f(x_2)\cdots f(x_i \cdot x_{i+1})\cdots f(x_n) \\ &= f(x_1)f(x_2)\cdots f(x_i)f(x_{i+1})\cdots f(x_n) \in L. \end{aligned}$$

よって操作 (II) の下で, $(**)$ がいえた. (II)$^{-1}$ に関しても同様である.

したがって $F: G*H \to L$ が矛盾なく定義できる. F が準同型であること, また条件 $(*)$ を満たすことは, F の定義から明らかである.

条件 $(*)$ を満たす準同型 F の一意性については, 証明の前の注意で述べた通りである. □

融合積

まず, 予備的な考察をしよう. (以下の定義 13.6, 補題 13.7 および 13.8.) $\mathcal{G}$ を任意の群とする. (あとで, 群 $G, H,$ etc. を扱うので, ここでは区別して筆記体の $\mathcal{G}$ を用いる.) T を $\mathcal{G}$ のかってな部分集合とする.

§13 自由積と融合積　　197

定義 13.6　T を含むような $\mathcal{G}$ の正規部分群 $\mathcal{H}$ を全部考えて，その共通部分を，T によって**生成される正規部分群**とよび，$|T|$ という記号で表わす：$|T|$ $= \bigcap_{\mathcal{H} \supset T} \mathcal{H}$. ——

　T を含むような $\mathcal{G}$ の正規部分群 $\mathcal{H}$ は確かに少なくともひとつ存在する．たとえば，群 $\mathcal{G}$ 自身がそのような正規部分群である．また正規部分群の族の共通部分はまた正規部分群であるから（§10, 演習問題 10.3 (iii)），$|T|$ は $\mathcal{G}$ の正規部分群である．T を含む正規部分群 $\mathcal{H}$ は必ず $|T|$ を含む．したがって，$|T|$ は，部分集合 T を含むような正規部分群のうちの**最小**のものである．

　もう少し具体的に $|T|$ を記述してみよう．$|T| \supset T$ であって，$|T|$ は $\mathcal{G}$ の部分群であるから，T の任意の元 t が $|T|$ に含まれるのはもちろん，$\mathcal{G}$ におけるその逆元 t^{-1} も $|T|$ に属している．$|T|$ は $\mathcal{G}$ の正規部分群であるから，$\forall t \in T$ と $\forall g \in \mathcal{G}$ について，$g^{-1}tg$ および $g^{-1}t^{-1}g$ はみな $|T|$ に属し，そのような形の元の有限個の積も $|T|$ に属す：$(g_1^{-1}t_1^{\varepsilon(1)}g_1)(g_2^{-1}t_2^{\varepsilon(2)}g_2)\cdots(g_k^{-1}t_k^{\varepsilon(k)}g_k) \in |T|$，ただし $\varepsilon(i) = \pm 1$．（以下，群の積演算を表わす点・をしばしば省略する．）

　実は，$|T|$ はこのような形の有限積の全体と一致するのである：

$$|T| = \{(g_1^{-1}t_1^{\varepsilon(1)}g_1)(g_2^{-1}t_2^{\varepsilon(2)}g_2)\cdots(g_k^{-1}t_k^{\varepsilon(k)}g_k) \mid k \geq 0, g_i \in \mathcal{G}, t_i \in T, \varepsilon(i) = \pm 1\}$$

　このことを証明しよう．$|T|$ が右辺の集合を含むことは既にいった．逆の包含関係を示せばよい．それには，$|T|$ の最小性により，右辺の集合が，T を含む正規部分群であることをいえば十分である．右辺の集合を $\mathscr{A}(T)$ とおく．

　$\mathscr{A}(T) \supset T$ は明らかである．$\mathscr{A}(T)$ の 2 元の積がまた $\mathscr{A}(T)$ に含まれることもよい．逆元については，$(g_1^{-1}t_1^{\varepsilon(1)}g_1)(g_2^{-1}t_2^{\varepsilon(2)}g_2)\cdots(g_k^{-1}t_k^{\varepsilon(k)}g_k)$ の逆元は $(g_k^{-1}t_k^{-\varepsilon(k)}g_k)\cdots(g_2^{-1}t_2^{-\varepsilon(2)}g_2)(g_1^{-1}t_1^{-\varepsilon(1)}g_1)$ であるから $\mathscr{A}(T)$ に属す．これで $\mathscr{A}(T)$ が $\mathcal{G}$ の部分群であることがわかった．

　また，

$$\begin{aligned}
&g^{-1}\{(g_1^{-1}t_1^{\varepsilon(1)}g_1)(g_2^{-1}t_2^{\varepsilon(2)}g_2)\cdots(g_k^{-1}t_k^{\varepsilon(k)}g_k)\}g \\
&= g^{-1}(g_1^{-1}t_1^{\varepsilon(1)}g_1)e(g_2^{-1}t_2^{\varepsilon(2)}g_2)e\cdots e(g_k^{-1}t_k^{\varepsilon(k)}g_k)g \\
&= g^{-1}(g_1^{-1}t_1^{\varepsilon(1)}g_1)gg^{-1}(g_2^{-1}t_2^{\varepsilon(2)}g_2)gg^{-1}\cdots gg^{-1}(g_k^{-1}t_k^{\varepsilon(k)}g_k)g \\
&= ((g_1g)^{-1}t_1^{\varepsilon(1)}(g_1g))((g_2g)^{-1}t_2^{\varepsilon(2)}(g_2g))\cdots((g_kg)^{-1}t_k^{\varepsilon(k)}(g_kg)) \\
&\quad \in \mathscr{A}(T)
\end{aligned}$$

であるから，$\mathscr{A}(T)$ は $\mathcal{G}$ の正規部分群になる．これで $|T| = \mathscr{A}(T)$ がいえた．

198　　第5章　ファンカンペンの定理

$|T|=\mathcal{N}(T)$ の元の形 $(g_1^{-1}t_1^{\varepsilon(1)}g_1)(g_2^{-1}t_2^{\varepsilon(2)}g_2)\cdots(g_k^{-1}t_k^{\varepsilon(k)}g_k)$ から次のことがわかる．ただし，$\mathcal{K}$ は任意の群，$f:\mathcal{G}\to\mathcal{K}$ は準同型である．

補題 13.7　準同型 $f:\mathcal{G}\to\mathcal{K}$ が $\mathcal{G}$ の部分集合 T の元をすべて $\mathcal{K}$ の単位元 e に写せば，f は T によって生成される正規部分群 $|T|$ の元もすべて $\mathcal{K}$ の単位元 e にうつす．

証明　$\forall t\in T$ について $f(t)=e$ と仮定した．したがって，

$$f((g_1^{-1}t_1^{\varepsilon(1)}g_1)(g_2^{-1}t_2^{\varepsilon(2)}g_2)\cdots(g_k^{-1}t_k^{\varepsilon(k)}g_k))$$
$$= f(g_1^{-1}t_1^{\varepsilon(1)}g_1)f(g_2^{-1}t_2^{\varepsilon(2)}g_2)\cdots f(g_k^{-1}t_k^{\varepsilon(k)}g_k)$$
$$= f(g_1)^{-1}f(t_1)^{\varepsilon(1)}f(g_1)f(g_2)^{-1}f(t_2)^{\varepsilon(2)}f(g_2)\cdots f(g_k)^{-1}f(t_k)^{\varepsilon(k)}f(g_k)$$
$$= f(g_1)^{-1}f(g_1)\cdot f(g_2)^{-1}f(g_2)\cdot\cdots\cdot f(g_k)^{-1}f(g_k) = e. \qquad \square$$

剰余群 $\mathcal{G}/|T|$ を考えよう．$\mathcal{G}/|T|$ の中では $|T|$ のすべての元が単位元に同一視される．$\pi:\mathcal{G}\to\mathcal{G}/|T|$ を商写像とする．

補題 13.8　準同型 $f:\mathcal{G}\to\mathcal{K}$ が $\mathcal{G}$ の部分集合 T の元をすべて $\mathcal{K}$ の単位元に写せば，$f=f'\circ\pi$ となるような準同型 $f':\mathcal{G}/|T|\to\mathcal{K}$ が一意的に存在する．すなわち，$f:\mathcal{G}\to\mathcal{K}$ は $\mathcal{G}\overset{\pi}{\to}\mathcal{G}/|T|\overset{f'}{\to}\mathcal{K}$ と一意的に分解される．

証明　π による $g\in\mathcal{G}$ の像 $\pi(g)$ を $[g]\in\mathcal{G}/|T|$ と書く．準同型 $f':\mathcal{G}/|T|\to\mathcal{K}$ を

$$f'([g]) = f(g)$$

という式で定義する．これが意味ある定義であることをいわねばならない．それには $[g]=[g']$ ならば $f(g)=f(g')$ であること，いいかえれば，定義式の右辺は $\mathcal{G}/|T|$ の元 $[g]$ だけできまることを示せばよい．$[g]=[g']$ なら適当な $h\in |T|$ により $g=g'\cdot h$ と書ける．補題 13.7 により $f(h)=e$．よって $f(g)=f(g'\cdot h)$ $=f(g')f(h)=f(g')$．これでいえた．

$f':\mathcal{G}/|T|\to\mathcal{K}$ が準同型のことは容易にわかる．また，$(f'\circ\pi)(g)=f'(\pi(g))=$ $f'([g])=f(g)$ であるから $f'\circ\pi=f$ が成り立つ．$f'\circ\pi=f$ であるような f' は，上のように定義しなければならないこと（f' の一意性）も明白である．$\square$

以上を前置きとして群の**融合積**を説明しよう．G, H, K を任意の群，$\varphi:K\to G$, $\psi:K\to H$ を任意の準同型とする．次の図式で表わされる状況を考えるのである．

§13 自由積と融合積

$$K \begin{array}{c} \xrightarrow{\varphi} G \\ \xrightarrow[\phi]{} H \end{array}$$

まず，G と H の自由積 $G*H$ を作る．$\forall k \in K$ について，G の元 $\varphi(k)^{-1}$ と H の元 $\phi(k)$ との積 $\varphi(k)^{-1}\phi(k) \in G*H$ を考える．ここに，$\varphi(k)^{-1}$ は G における $\varphi(k)$ の逆元である．このような積 $\varphi(k)^{-1}\phi(k)$ 全体のなす $G*H$ の部分集合を記号的に $\varphi(K)^{-1}\phi(K)$ と書こう．そして，この部分集合 $\varphi(K)^{-1}\phi(K)$ の生成する $G*H$ の正規部分群 $|\varphi(K)^{-1}\phi(K)|$ を考える．

定義 13.9 自由積 $G*H$ の正規部分群 $|\varphi(K)^{-1}\phi(K)|$ による剰余群 $G*H/|\varphi(K)^{-1}\phi(K)|$ を，図式

$$K \begin{array}{c} \xrightarrow{\varphi} G \\ \xrightarrow[\phi]{} H \end{array}$$

から導かれた**融合積**とよび，$G \underset{K}{*} H$ という記号で表わす．（この記号に φ, ϕ は表われていないが，$G \underset{K}{*} H$ の構造はもちろん φ, ϕ に依存してきまる．）

融合積 $G \underset{K}{*} H = G*H/|\varphi(K)^{-1}\phi(K)|$ の中では，$|\varphi(K)^{-1}\phi(K)|$ の元はすべて $G \underset{K}{*} H$ の単位元 e に同一視される．とくに，$\forall k \in K$ について，$\varphi(k)^{-1}\phi(k) = e \in G \underset{K}{*} H$ となり，したがって $\varphi(k) = \phi(k) \in G \underset{K}{*} H$ である．$\varphi: K \to G$ と $\phi: K \to H$ とを，ともに融合積への準同型とみなすと，それらは全く同じ準同型 $K \to G \underset{K}{*} H$ になってしまうわけである．

このことを正確に述べたのが下の補題 13.10 である．

$i_G: G \to G*H$, $i_H: H \to G*H$ を自由積の項で述べた標準的な包含写像とし，$\pi: G*H \to G*H/|\varphi(K)^{-1}\phi(K)|$ $(= G \underset{K}{*} H)$ を剰余群への商写像とする．$i_G': G \to G \underset{K}{*} H$, $i_H': H \to G \underset{K}{*} H$ を $i_G' = \pi \circ i_G$, $i_H' = \pi \circ i_H$ という合成によって定義する．i_G', i_H' はそれぞれ，G, H の元を融合積 $G \underset{K}{*} H$ の元とみなす写像であって，G, H から $G \underset{K}{*} H$ への**標準的な準同型**とよばれる．ただし，自由積 $G*H$ の場合と異なり，i_G', i_H' は1対1の写像とは限らない．

補題 13.10 $i_G' \circ \varphi = i_H' \circ \phi$ が成り立つ．すなわち，次の図式は可換である．

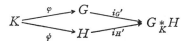

証明 $i_G' \circ \varphi(k) = \pi \circ i_G \circ \varphi(k) = \pi(\varphi(k))$, $i_H' \circ \psi(k) = \pi \circ i_H \circ \psi(k) = \pi(\psi(k))$ であるから，$\varphi(k), \psi(k)$ をともに自由積 $G*H$ の元と考えたとき，$\varphi(k), \psi(k)$ が $|\varphi(K)^{-1}\psi(K)|$ に関して同じ剰余類に属することを示せばよい．実際，$h = \varphi(k)^{-1}\psi(k)$ とおくと，$h \in |\varphi(K)^{-1}\psi(K)|$ であり，かつ $\varphi(k)h = \varphi(k)(\varphi(k)^{-1}\psi(k)) = \psi(k)$ である．これで $\varphi(k) \sim \psi(k)$ が示せた．よって $\pi(\varphi(k)) = \pi(\psi(k))$ となり，$i_G' \circ \varphi(k) = i_H' \circ \psi(k)$ $(\forall k \in K)$ がいえた．□

補題 13.10 の可換図式は次の意味の普遍性を持っている．

補題 13.11 L を任意の群，$f_1: G \to L$, $f_2: H \to L$ を準同型とし，$f_1 \circ \varphi = f_2 \circ \psi$ が成り立つとする．すなわち，次の図式

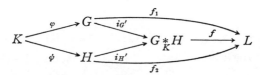

が可換であるとする．このとき，準同型 $f: G \underset{K}{*} H \to L$ があって

(*)′ $\qquad\qquad f \circ i_G' = f_1, \qquad f \circ i_H' = f_2$

となる．すなわち，次の図式が可換になる．

また，このような準同型 $f: G \underset{K}{*} H \to L$ は一意的に定まる．(この f を記号で $f_1 \underset{K}{*} f_2$ と表わすことがある．)

注意 $f = f_1 \underset{K}{*} f_2$ は，$f_1 \circ \varphi = f_2 \circ \psi$ のときかつそのときに限って定義される準同型である．

上の条件 (*)′ を満たす準同型 $f: G \underset{K}{*} H \to L$ の存在を仮定すると，この f の一意性の証明は次のように簡単である．

$$\pi: G*H \longrightarrow G*H/|\varphi(K)^{-1}\psi(K)| = G \underset{K}{*} H$$

は '上へ' の準同型であるから，$G \underset{K}{*} H$ の任意の元は，$G*H$ の適当な元 (それは G の元と H の元の有限積) を π で写したものである．$i_G' = \pi \circ i_G$, $i_H' = \pi \circ i_H$ であることを思い出すと，$G \underset{K}{*} H$ の任意の元は

$$i'(x_1) i'(x_2) \cdots i'(x_n) \qquad (x_i \in G \text{ または } x_i \in H)$$

の形の有限積であることがわかる．ここに $i'(x_i)$ は，$x_i \in G$ ならば $i_G'(x_i)$, $x_i \in H$ ならば $i_H'(x_i)$ を表わすものとする．準同型 $f: G \underset{K}{*} H \to L$ によってこの積を L に写すと (上

§13 自由積と融合積　　201

の条件 $(*)'$ によって)

$$f(i'(x_1)i'(x_2)\cdots i'(x_n)) = f(x_1)f(x_2)\cdots f(x_n)$$

であることがわかる．ただし，右辺の $f(x_i)$ は，前と同様に，$x_i \in G$ なら $f_1(x_i)$，$x_i \in H$ なら $f_2(x_i)$ を表わしている．f_1, f_2 は与えられているから，この式で $f: G \underset{K}{*} H \to L$ は一意的にきまってしまうのである．たとえば，

$$f(i_{G'}(g_1)i_{G'}(g_2)i_{H'}(h)) = f(i_{G'}(g_1))f(i_{G'}(g_2))f(i_{H'}(h))$$
$$= f_1(g_1)f_1(g_2)f_2(h) \quad (\in L).$$

補題 13.11 の証明　準同型 $f_1: G \to L$ と $f_2: H \to L$ から，準同型 $F = f_1 * f_2: G*H \to L$ が定まる（補題 13.5）．

$G*H$ の部分集合 $\varphi(K)^{-1}\psi(K)$ のすべての元が F によって L の単位元に写されることを示そう．

実際，F の構成から $F(\varphi(k)^{-1}\psi(k)) = f_1(\varphi(k)^{-1})f_2(\psi(k)) = f_1(\varphi(k))^{-1}f_2(\psi(k))$ であるが，ここで仮定 $f_1 \circ \varphi = f_2 \circ \psi$ を使うと，$f_1(\varphi(k))^{-1}f_2(\psi(k)) = f_2(\psi(k))^{-1}f_2(\psi(k)) = e$ がわかる．

したがって，補題 13.8 により，$F: G*H \to L$ から，$F': G*H/|\varphi(K)^{-1}\psi(K)| \to L$ が導かれる．（ただし $F = F' \circ \pi$.）この F' が求める $f: G \underset{K}{*} H \to L$ に他ならない：$f = F'$.

$f \circ i_{G'} = f_1$ を示そう．$i_{G'} = \pi \circ i_G$ に注意して計算すると，$f \circ i_{G'} = f \circ \pi \circ i_G = F' \circ \pi \circ i_G = F \circ i_G = f_1$.（最後の等号は，補題 13.5 による．）これでよい．同様に $f \circ i_{H'} = f_2$ も示せる．

こうして条件 $(*)'$ を満たす準同型 $f: G \underset{K}{*} H \to L$ の存在がいえた．一意性は，すでに証明の前の注意の中で示されている．□

ファンカンペンの定理を応用する際，しばしば使われる融合積の性質をいくつか述べておこう．

補題 13.12　$\varphi: K \to G$, $\psi: K \to H$ がともに自明な準同型なら，$G \underset{K}{*} H = G*H$（自由積）である．とくに $K = \{e\}$（自明群）の場合，$G \underset{*}{} H = G*H$ である．

証明　$\varphi(K) = \{e\}$，$\psi(K) = \{e\}$ であるから $|\varphi(K)^{-1}\psi(K)|$ は，$G*H$ の自明な部分群 $\{e\}$ になる．したがって $G \underset{K}{*} H = G*H/|\varphi(K)^{-1}\psi(K)| = G*H/\{e\} = G*H$ である．□

補題 13.13　$G = \{e\}$ の場合，$\{e\} \underset{K}{*} H$ は $H/|\psi(K)|$ に一致する．

202　　　第5章　ファンカンペンの定理

証明　自由積 $\{e\}*H$ は H に一致する．またその正規部分群 $|\varphi(K)^{-1}\psi(K)|$ は $|\psi(K)|$ に一致する．（なぜなら $\varphi(K)=\{e\}$ であるから．）したがって $\{e\}\underset{K}{*}H= H/|\psi(K)|$.　□

系13.13.1　$G=\{e\}$ かつ $\psi:K\to H$ が'上へ'の準同型ならば $\{e\}\underset{K}{*}H=\{e\}$ である．

次の補題はこの本では用いないから，とばして読んでも差支えない．

補題13.14　図式

$$K\underset{\psi}{\overset{\varphi}{\rightleftarrows}}\begin{matrix}G\\H\end{matrix}\underset{i_{H}'}{\overset{i_{G}'}{\rightrightarrows}}G\underset{K}{*}H$$

において，$\varphi:K\to G$ が'上へ'の準同型なら，$i_{H}':H\to G\underset{K}{*}H$ も'上へ'の準同型になり，その核は $\mathrm{Ker}(i_{H}')=|\psi(\mathrm{Ker}\,\varphi)|$ である．したがって，（準同型定理10.12により）この場合 $G\underset{K}{*}H\cong H/|\psi(\mathrm{Ker}\,\varphi)|$ が成立する．

証明　$i_{H}':H\to G\underset{K}{*}H$ が'上へ'の準同型であることを示そう．

補題13.11の証明の前で注意したように，$G\underset{K}{*}H$ の任意の元は，$i_{G}':G\to G\underset{K}{*}H$ の像に属する元と，$i_{H}':H\to G\underset{K}{*}H$ の像に属する元の有限積になる．ところが，$\varphi:K\to G$ が'上へ'の準同型という仮定により $i_{G}':G\to G\underset{K}{*}H$ の像は，合成 $i_{G}'\circ\varphi:K\to G\underset{K}{*}H$ の像に一致し，そして補題13.10により $i_{G}'\circ\varphi=i_{H}'\circ\psi$ であるから，この合成 $i_{G}'\circ\varphi$ の像は i_{H}' の像に含まれる．こうして，i_{G}' の像が i_{H}' の像に含まれることがわかったから，$G\underset{K}{*}H$ の任意の元は i_{H}' の像に含まれる元の有限積になり，したがって，それ自身，i_{H}' の像に含まれることになる．こうして，$i_{H}':H\to G\underset{K}{*}H$ が'上へ'の準同型であることがいえた．

i_{H}' の核 $\mathrm{Ker}(i_{H}')$ をきめるため，まず，準同型 $h:G\to H/|\psi(\mathrm{Ker}\,\varphi)|$ を次のように定義する．仮定により $\varphi:K\to G$ が'上へ'の写像であるから，$\forall g\in G$ は適当な $k\in K$ によって $g=\varphi(k)$ と書ける．準同型 h をこの k を使って，

$$h(g)=[\psi(k)]\in H/|\psi(\mathrm{Ker}\,\varphi)|$$

と定義するのである．

この定義が意味ある定義であることをいおう．それには，$g=\varphi(k)=\varphi(k')$ のとき，$[\psi(k)]=[\psi(k')]$ を証明すればよい．

実際，$\varphi(k)=\varphi(k')$ なら $\varphi(k^{-1}k')=\varphi(k)^{-1}\varphi(k')=\varphi(k')^{-1}\varphi(k')=e$. よって $k^{-1}k'\in \mathrm{Ker}\,\varphi$. これから $\psi(k)^{-1}\psi(k')=\psi(k^{-1}k')\in\psi(\mathrm{Ker}\,\varphi)$ となり，$l=\psi(k)^{-1}\psi(k')$ とお

§13 自由積と融合積

けば，$l∈|\phi(\mathrm{Ker}\,\varphi)|$ かつ $\phi(k)l=\phi(k')$ がわかる．よって $|\phi(\mathrm{Ker}\,\varphi)|$ による剰余類にうつって $[\phi(k)]=[\phi(k')]$ が成り立つ．これでいえた．

準同型 h の定義から直ちに，次の図式が可換であること $(h\circ\varphi=\pi\circ\phi)$ がわかる．$(h(\varphi(k))=[\phi(k)]=\pi(\phi(k)).)$

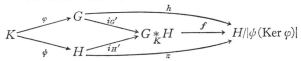

すると融合積の'普遍性'(補題13.11)により，準同型 $f:G\underset{K}{*}H\to H/|\phi(\mathrm{Ker}\,\varphi)|$ がきまって次の図式が可換になる．

$$K \xrightarrow{\varphi} G \xrightarrow{i_{G'}} G\underset{K}{*}H \xrightarrow{f} H/|\phi(\mathrm{Ker}\,\varphi)|$$
$$K \xrightarrow{\phi} H \xrightarrow{i_{H'}} \quad\quad \xrightarrow{\pi}$$

f が同型であることを示そう．

この図式において，π が'上へ'の準同型であるから，f も'上へ'の準同型である．

$\mathrm{Ker}(f)=\{e\}$ を示せば，補題10.5によって f は同型写像になる．

任意の $x\in\mathrm{Ker}(f)$ を考える．$i_{H'}:H\to G\underset{K}{*}H$ は'上へ'の写像であることがいえているから，適当な $z\in H$ によって $x=i_{H'}(z)$ と書ける．

図式の可換性を使って，$\pi(z)=f(i_{H'}(z))=f(x)=e$．($x\in\mathrm{Ker}(f)$ であったことに注意．) よって $z\in\mathrm{Ker}(\pi)=|\phi(\mathrm{Ker}\,\varphi)|$ がわかる．

ところで，H の部分集合 $\phi(\mathrm{Ker}\,\varphi)$ の元は，すべて，$i_{H'}:H\to G\underset{K}{*}H$ により $G\underset{K}{*}H$ の単位元にうつる．実際，$\forall k\in\mathrm{Ker}(\varphi)$ について，$i_{H'}(\phi(k))=i_{G'}\varphi(k)=e$ であるから．したがって，補題13.7を使うと，正規部分群 $|\phi(\mathrm{Ker}\,\varphi)|$ のすべての元が $i_{H'}$ により $G\underset{K}{*}H$ の単位元にうつることがわかる．とくに，上にとった $z\in|\phi(\mathrm{Ker}\,\varphi)|$ についてこのことを使うと，$x=i_{H'}(z)=e$．x は $\mathrm{Ker}(f)$ の任意の元であった．よって $\mathrm{Ker}(f)=\{e\}$．したがって，$f:G\underset{K}{*}H\to H/|\phi(\mathrm{Ker}\,\varphi)|$ が同型であることがいえた．

$i_{H'}:H\to G\underset{K}{*}H$ の核 $\mathrm{Ker}(i_{H'})$ についてであるが，f が同型なことから，それは $f\circ i_{H'}(=\pi):H\to H/|\phi(\mathrm{Ker}\,\varphi)|$ の核，すなわち $|\phi(\mathrm{Ker}\,\varphi)|$ に等しい．これで補題13.14のすべての主張が証明できた．□

次の定理も応用上しばしば使われる．証明はやや複雑であり，この本では述

べない．(Magnus, Karrass, Solitar ; "Combinatorial Group Theory", Dover, 1976, Theorem 4.3 参照．)

定理 13.15 図式

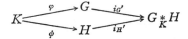

において，φ の像 $\varphi(K)$ と ϕ の像 $\phi(K)$ とが互いに同型になり，かつ，$\chi\circ\varphi=\phi$ であるような同型写像 $\chi:\varphi(K)\to\phi(K)$ が存在すれば，$i_G':G\to G\underset{K}{*}H$ と $i_H':H\to G\underset{K}{*}H$ は 1 対 1 の準同型写像になる．

系 13.15.1 図式

$$K \underset{\phi}{\overset{\varphi}{\rightleftarrows}} \begin{matrix} G \\ H \end{matrix} \overset{i_{G'}}{\underset{i_{H'}}{\rightrightarrows}} G\underset{K}{*}H$$

において，φ,ϕ が 1 対 1 であれば，$i_G':G\to G\underset{K}{*}H$ も $i_H':H\to G\underset{K}{*}H$ も 1 対 1 である．

証明 $\chi:\varphi(K)\to\phi(K)$ を $\chi=\phi\circ\varphi^{-1}$ とおいて上の定理を適用すればよい． □

演習問題

13.1 群と準同型からなる図式

$$K \underset{\phi}{\overset{\varphi}{\rightleftarrows}} \begin{matrix} G \\ H \end{matrix}$$

を考える．

(i) 自由積 $G*H$ の中で，$\forall k\in K$ につき $\phi(k)^{-1}\varphi(k)\in|\varphi(K)^{-1}\phi(K)|$ であることを示せ．[ヒント：$\phi(k)^{-1}\varphi(k)=(\varphi(k)^{-1}\phi(k))^{-1}$．]

(ii) $\phi(K)^{-1}\varphi(K)=\{\phi(k)^{-1}\varphi(k)\in G*H|k\in K\}$ とおくとき，包含関係 $\phi(K)^{-1}\varphi(K)\subset|\varphi(K)^{-1}\phi(K)|$ を示せ．

(iii) 包含関係 $|\phi(K)^{-1}\varphi(K)|\subset|\varphi(K)^{-1}\phi(K)|$ を示せ．

(iv) $|\phi(K)^{-1}\varphi(K)|=|\varphi(K)^{-1}\phi(K)|$ を示せ．

(v) $G\underset{K}{*}H=H\underset{K}{*}G$ を証明せよ．

§14 ファンカンペンの定理

ファンカンペンの定理の扱う状況を図示すると図 14.1 のようになる．
ここで，X_1,X_2 は位相空間 X の開集合，X_0 は X_1,X_2 の共通部分である．

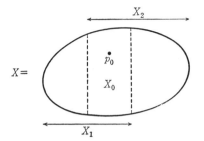

図14.1

X_0, X_1, X_2, X は空でなく，しかも**弧状連結**であると仮定する．基点 p_0 を X_0 の中にとる．

このとき全体の基本群 $\pi_1(X, p_0)$ を，部分空間の基本群 $\pi_1(X_1, p_0)$, $\pi_1(X_2, p_0)$, $\pi_1(X_0, p_0)$ を使って記述しようというのである．

空間 X, X_1, X_2, X_0 とそれらの間の包含写像 j_1, j_2, i_1, i_2 からなる可換図式(図式1)を考える．

図式1　$X_0 \underset{j_2}{\overset{j_1}{\rightrightarrows}} \begin{matrix} X_1 \\ X_2 \end{matrix} \underset{i_2}{\overset{i_1}{\rightrightarrows}} X \quad (i_1 \circ j_1 = i_2 \circ j_2)$

これから，基本群の間の可換図式(図式2)が誘導される．

図式2　$\pi_1(X_0, p_0) \underset{(j_2)_\sharp}{\overset{(j_1)_\sharp}{\rightrightarrows}} \begin{matrix} \pi_1(X_1, p_0) \\ \pi_1(X_2, p_0) \end{matrix} \underset{(i_2)_\sharp}{\overset{(i_1)_\sharp}{\rightrightarrows}} \pi_1(X, p_0)$

(補題11.2により $(i_1)_\sharp \circ (j_1)_\sharp = (i_1 \circ j_1)_\sharp = (i_2 \circ j_2)_\sharp = (i_2)_\sharp \circ (j_2)_\sharp$. よって，図式2は可換である．)

次のファンカンペンの定理の主張は，$\pi_1(X, p_0)$ が，図式

$$\pi_1(X_0, p_0) \underset{(j_2)_\sharp}{\overset{(j_1)_\sharp}{\rightrightarrows}} \begin{matrix} \pi_1(X_1, p_0) \\ \pi_1(X_2, p_0) \end{matrix}$$

から導かれた融合積 $\pi_1(X_1, p_0) \underset{\pi_1(X_0, p_0)}{*} \pi_1(X_2, p_0)$ に一致するということである．

これをもう少し正確に述べよう．融合積の'普遍性'(補題13.11)を図式2に適用すると，次の図式(図式3)を可換にする準同型 $f: \pi_1(X_1, p_0) \underset{\pi_1(X_0, p_0)}{*} \pi_1(X_2, p_0) \to \pi_1(X, p_0)$ が一意的に存在する．

206　　　　　　　第5章　ファンカンペンの定理

図式3

$$\pi_1(X_0,p_0) \xrightarrow[(j_2)_{\sharp}]{(j_1)_{\sharp}} \begin{array}{c} \pi_1(X_1,p_0) \xrightarrow{i_1'} \\ \pi_1(X_2,p_0) \xrightarrow{i_2'} \end{array} \pi_1(X_1,p_0)_{\pi_1(X_0,p_0)}^{*}\pi_1(X_2,p_0) \xrightarrow{f} \pi_1(X,p_0)$$

図式3における $i_1':\pi_1(X_1,p_0)\to\pi_1(X_1,p_0)_{\pi_1(X_0,p_0)}^{*}\pi_1(X_2,p_0)$, $i_2':\pi_1(X_2,p_0)\to$ $\pi_1(X_1,p_0)_{\pi_1(X_0,p_0)}^{*}\pi_1(X_2,p_0)$ は，融合積への標準的な準同型である（補題13.10 参照）．

ファンカンペンの定理を述べると，

定理 14.1（ファンカンペンの定理）　準同型 $f:\pi_1(X_1,p_0)_{\pi_1(X_0,p_0)}^{*}\pi_1(X_2,p_0)\to$ $\pi_1(X,p_0)$ は同型である．——

同型 f を通じて基本群 $\pi_1(X,p_0)$ は融合積 $\pi_1(X_1,p_0)_{\pi_1(X_0,p_0)}^{*}\pi_1(X_2,p_0)$ と同一視でき，2つの図式

$$\pi_1(X_0,p_0) \xrightarrow[(j_2)_{\sharp}]{(j_1)_{\sharp}} \begin{array}{c} \pi_1(X_1,p_0) \xrightarrow{(i_1)_{\sharp}} \\ \pi_1(X_2,p_0) \xrightarrow{(i_2)_{\sharp}} \end{array} \pi_1(X,p_0)$$

$$\pi_1(X_0,p_0) \xrightarrow[(j_2)_{\sharp}]{(j_1)_{\sharp}} \begin{array}{c} \pi_1(X_1,p_0) \xrightarrow{i_1'} \\ \pi_1(X_2,p_0) \xrightarrow{i_2'} \end{array} \pi_1(X_1,p_0)_{\pi_1(X_0,p_0)}^{*}\pi_1(X_2,p_0)$$

を‘同じ図式’と考えてよいわけである．（上は，包含写像から誘導された幾何的な図式，下は，融合積の構成の際に現われた代数的な図式である．）

注意　定理14.1の準同型 $f:\pi_1(X_1,p_0)_{\pi_1(X_0,p_0)}^{*}\pi_1(X_2,p_0)\to\pi_1(X,p_0)$ の具体的な形を求めておこう．$\pi_1(X_1,p_0)_{\pi_1(X_0,p_0)}^{*}\pi_1(X_2,p_0)$ の任意の元は，

$$i_{\varepsilon(1)}'(\lambda_1)i_{\varepsilon(2)}'(\lambda_2)\cdots i_{\varepsilon(n)}'(\lambda_n)$$

の形の積であった．ここに $\lambda_k\in\pi_1(X_1,p_0)$ または $\lambda_k\in\pi_1(X_2,p_0)$ $(k=1,2,\cdots,n)$，であり，i_1',i_2' は融合積への標準的な準同型である．$i_{\varepsilon(k)}'(\lambda_k)$ の添え字 $\varepsilon(k)$ $(=1,2)$ は，$\lambda_k\in\pi_1(X_1,p_0)$ または $\lambda_k\in\pi_1(X_2,p_0)$ に応じて $\varepsilon(k)=1$ または $\varepsilon(k)=2$ であるものとする．補題13.11 の証明の前の注意によって

$$f(i_{\varepsilon(1)}'(\lambda_1)i_{\varepsilon(2)}'(\lambda_2)\cdots i_{\varepsilon(n)}'(\lambda_n)) = (i_{\varepsilon(1)})_{\sharp}(\lambda_1)\cdot(i_{\varepsilon(2)})_{\sharp}(\lambda_2)\cdot\cdots\cdot(i_{\varepsilon(n)})_{\sharp}(\lambda_n)$$

がわかる．$(i_{\varepsilon(k)})_{\sharp}(\lambda_k)$ の意味は，部分空間 $X_{\varepsilon(k)}$ $(=X_1$ または $X_2)$ の閉道のホモトピー類 λ_k を，全体の空間 X の中の閉道のホモトピー類と思うということだから，上式の右辺は，$\lambda_1,\lambda_2,\cdots,\lambda_n$ をみな X の中の閉道のホモトピー類と思ってその積をとったもの $\lambda_1\cdot$ $\lambda_2\cdot\cdots\cdot\lambda_n$ $(\in\pi_1(X,p_0))$ に過ぎない．したがって上式をもっと簡単に書きなおせば

§14 ファンカンペンの定理　　207

$$f(i_{\varepsilon(1)}{}'(\lambda_1)i_{\varepsilon(2)}{}'(\lambda_2)\cdots i_{\varepsilon(n)}{}'(\lambda_n)) = \lambda_1\cdot\lambda_2\cdot\cdots\cdot\lambda_n$$

となる. これが f の具体的な形である.

定理 14.1 の証明は少し長いので, それに入る前にだいたいの方針を述べておく. いま X の閉道 l が‘大きな’閉道であるとは, l が開集合 X_1 または X_2 のどちらかに完全に含まれてしまわ**ない**ことであるとし, l が‘小さな’閉道であるとは, $l \subset X_1$ または $l \subset X_2$ であることであるとする. $\pi_1(X, p_0)$ の任意の元 λ を与えた場合, $\lambda = [l]$ であるような閉道 l は, 一般には, ‘大きな’閉道であろう. それがいくつかの‘小さな’閉道 $l_1, l_2, \cdots, l_n$ の積 $l_1 \cdot l_2 \cdot \cdots \cdot l_n$ に(ホモトピーの範囲で)分解できれば, われわれの準同型 $f: \pi_1(X_1, p_0) \underset{\pi_1(X_0, p_0)}{*} \pi_1(X_2, p_0) \to \pi_1(X, p_0)$ が‘上へ’の写像であることが示せる.

f が1対1の写像であることを示すために, $\mathrm{Ker}(f)$ の任意の元 $(i_{\varepsilon(1)}{}'(\lambda_1)$ $i_{\varepsilon(2)}{}'(\lambda_2)\cdots i_{\varepsilon(n)}{}'(\lambda_n))$ をとる. すると, $f(i_{\varepsilon(1)}{}'(\lambda_1)i_{\varepsilon(2)}{}'(\lambda_2)\cdots i_{\varepsilon(n)}{}'(\lambda_n)) = e = [\tilde{p}_0]$ であり, 上で注意したように $f(i_{\varepsilon(1)}{}'(\lambda_1)i_{\varepsilon(2)}{}'(\lambda_2)\cdots i_{\varepsilon(n)}{}'(\lambda_n)) = \lambda_1\cdot\lambda_2\cdot\cdots\cdot\lambda_n$ であるから, 積 $\lambda_1\cdot\lambda_2\cdot\cdots\cdot\lambda_n$ と $\tilde{p}_0$ の間のホモトピー $H: [0,1] \times [0,1] \to X$ があるはずである. 一般には H は‘大きな’ホモトピー, つまり, その像 $H([0,1] \times [0,1])$ が X_1 または X_2 に含まれてしまわないようなホモトピーであるが, 定義域 $[0,1] \times [0,1]$ を縦, 横に細かく分割すると H は‘小さな’ホモトピーに分解する. この‘小さな’ホモトピーを利用して, はじめにとった元 $(i_{\varepsilon(1)}{}'(\lambda_1)i_{\varepsilon(2)}{}'(\lambda_2)\cdots i_{\varepsilon(n)}{}'(\lambda_n))$ が, $\pi_1(X_1, p_0) \underset{\pi_1(X_0, p_0)}{*} \pi_1(X_2, p_0)$ の単位元に等しいことをいうのである.

次の補題およびその系は, ‘大きな’閉道を‘小さな’閉道に分解するのに使われる. ここで, Y は弧状連結な任意の位相空間である.

補題 14.2　$l: [0,1] \to Y$ を, ある点 $q_0 \in Y$ を基点とする閉道とする. 定義域 $[0,1]$ の中に1点 t_1(ただし $0 < t_1 < 1$)をとり, q_0 を始点, $l(t_1)$ を終点とする Y 内の任意の道 $c: [0,1] \to Y$ を考える.

q_0 を出発して l に沿って $l(t_1)$ に行き, そこから c^{-1}(道 c を逆方向にたどる道)に沿って q_0 に戻る閉道を l_0 とし, また, q_0 を出発し, c をたどって $l(t_1)$ に達し, そこから l に沿って q_0 に戻る閉道を l_1 とすると, Y の中で $l \simeq l_0 \cdot l_1$ というホモトピーの関係が成り立つ. したがって, $\pi_1(Y, q_0)$ の元として $[l] = [l_0] \cdot [l_1]$ である(図 14.2 を見よ).

証明　図 14.3 が $l_0 \cdot l_1$ から l へのホモトピーである. ただし, この図の中で,

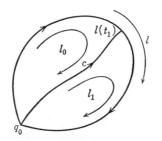

図 14.2 $l \simeq l_0 \cdot l_1$

道 c の上を往復する道は本来は1本に重ねて描くべきであるが，見易いように少し離して描いてある．□

閉道 l_0, l_1 に適当なパラメーター表示を与えて，図 14.3 のホモトピー $H:[0,1] \times [0,1] \to Y$ を具体的な式で与えることもできる．その式は少し複雑になるので省略する．

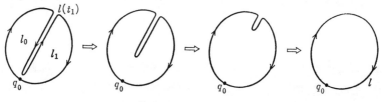

図 14.3 $l_0 \cdot l_1$

読者の中には，l_0, l_1 のパラメーター表示の与え方によって，$l \simeq l_0 \cdot l_1$ という結論が影響を受けないか，と心配される方もあるかも知れないので，この点について注意しておく．一般に，道 $l:[0,1] \to Y$ があるとき，l の始点から出発して l に沿って動き l の終点に到る限り，l の上をどのように点が動こうと（つまり，l にどのようなパラメーター表示を与えようと）その道はすべて互いにホモトープになるのである．

実際，$h:[0,1] \to [0,1]$ を $h(0)=0, h(1)=1$ であるようなかってな連続写像とし，h と l を合成した道 $l \circ h:[0,1] \to Y$ を考えると，l と $l \circ h$ とは '同じ道筋' の上を異なる動き方で動く2つの道と考えられるが，このとき，$l \simeq l \circ h$ が示せる．$l \circ h \simeq l$ のホモトピー $K:[0,1] \times [0,1] \to Y$ を $K(t,s) = l((1-s)h(t)+st)$ と定義すればよい．

これからわかるように，道のホモトピー類にとって本質的なのはその '道筋'

であって，その上を点がどのように動いて行くかというパラメター表示ではない．そこで，たとえば補題 14.2 の l_0, l_1 を表わすのに
$$l_0 = (q_0 \xrightarrow{l} l(t_1) \xrightarrow{c^{-1}} q_0), \quad l_1 = (q_0 \xrightarrow{c} l(t_1) \xrightarrow{l} q_0)$$
という'道筋'だけを示す記号を用いることができる．これだけの記号で，l_0, l_1 の属するホモトピー類が一意的にきまってしまうのである．

補題 14.2 は，l_0, l_1 の具体的なパラメター表示抜きで主張が述べられているが，l_0, l_1 にどんなパラメター表示を与えようと，$l \simeq l_0 \cdot l_1$ が成り立つのである．

補題 14.2 と数学的帰納法により，次の系を得る．

系 14.2.1 $l:[0,1] \to Y$ を q_0 を基点とする閉道とする．定義域 $[0,1]$ の中に n 個の点 $t_1, t_2, \cdots, t_n$ をとる．ただし，$0 < t_1 < t_2 < \cdots < t_n < 1$ である．各 t_k につき，q_0 を始点，$l(t_k)$ を終点とする Y の道 c_k をかってに選ぶ．$(n+1)$ 個の閉道 $l_0, l_1, \cdots, l_n$ を

$$l_0 = (q_0 \xrightarrow{l} l(t_1) \xrightarrow{c_1^{-1}} q_0)$$
$$l_1 = (q_0 \xrightarrow{c_1} l(t_1) \xrightarrow{l} l(t_2) \xrightarrow{c_2^{-1}} q_0)$$
$$\cdots\cdots$$
$$l_{n-1} = (q_0 \xrightarrow{c_{n-1}} l(t_{n-1}) \xrightarrow{l} l(t_n) \xrightarrow{c_n^{-1}} q_0)$$
$$l_n = (q_0 \xrightarrow{c_n} l(t_n) \xrightarrow{l} q_0)$$

と定義すると，Y の中で $l \simeq l_0 \cdot l_1 \cdots l_n$ というホモトピーの関係が成り立つ．したがって $\pi_1(Y, q_0)$ の元として $[l] = [l_0] \cdot [l_1] \cdots [l_n]$ である（図 14.4）．

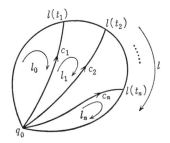

図 14.4 $l \simeq l_0 \cdot l_1 \cdots l_n$

定理 14.1（ファンカンペンの定理）の証明 記号を簡単にするため，$G = \pi_1(X, p_0)$, $G_1 = \pi_1(X_1, p_0)$, $G_2 = \pi_1(X_2, p_0)$, $K = \pi_1(X_0, p_0)$ とおく．また包含写像から誘導された準同型 $(j_1)_\sharp, (j_2)_\sharp, (i_1)_\sharp, (i_2)_\sharp$ も，単に j_1, j_2, i_1, i_2 と書く．図式 3 は次のようになる．

210　第5章　ファンカンペンの定理

図式3

$$\begin{array}{c} & & G_1 & \xrightarrow{i_1'} & & \xrightarrow{i_1} & \\ & \nearrow^{j_1} & & \searrow^{i_1'} & & & \\ K & & & & G_1 \underset{K}{*} G_2 & \xrightarrow{f} & G \\ & \searrow_{j_2} & & \nearrow_{i_2'} & & & \\ & & G_2 & & & \xrightarrow{i_2} & \end{array}$$

(I)　f が'上へ'の写像であること：$l:[0,1]\to X$ を p_0 を基点とする任意の閉道とし，$[l](\in G)$ が f の像に属することを証明する．証明のアイデアは，$[l]$ を'小さな'閉道のホモトピー類の積に分解することである．

閉区間 $[0,1]$ はコンパクト（定理 6.2）であるから，$[0,1]$ の開被覆 $\{l^{-1}(X_1), l^{-1}(X_2)\}$ に関して補題 6.12 が使え，次のことがわかる．（ここで $l^{-1}(X_1)$ は連続写像 $l:[0,1]\to X$ による X の開集合 X_1 のひきもどしである．$l^{-1}(X_2)$ も同様．）$[0,1]$ を分点 $0=t_0<t_1<t_2<\cdots<t_n<t_{n+1}=1$ によって十分細かく分割すると，各小区間 $[t_k,t_{k+1}]$ は $l^{-1}(X_1)$ または $l^{-1}(X_2)$ に含まれる．つまり $l([t_k,t_{k+1}])\subset X_1$ または $l([t_k,t_{k+1}])\subset X_2$ の少なくとも一方が成り立つ．k によっては，その両方が成り立つかも知れない．

曖昧さを除くために，各 $k=0,1,\cdots,n$ について，$l([t_k,t_{k+1}])\subset X_{\varepsilon(k)}$ であるような $\varepsilon(k)(=1$ または $2)$ をあらかじめ指定しておく．

さて，各 $k(=1,2,\cdots,n)$ につき，基点 p_0 を始点，$l(t_k)$ を終点とする X 内の道 c_k を選ぶ．はじめの閉道 l を'小さな'閉道に分解する目的で，c_k には次の条件 $(*)$ を課す．

$(*)$ $\varepsilon(k-1)=\varepsilon(k)$ の場合には c_k は $X_{\varepsilon(k-1)}=X_{\varepsilon(k)}$ 内の道とする．$\varepsilon(k-1)\ne\varepsilon(k)$ の場合には $l(t_k)\in X_{\varepsilon(k-1)}\cap X_{\varepsilon(k)}=X_1\cap X_2=X_0$ であることを考慮して，c_k として X_0 内の道を選ぶ．――

$\varepsilon(k-1)=\varepsilon(k)$ のとき，$X_{\varepsilon(k-1)}=X_{\varepsilon(k)}=X_{\varepsilon(k-1)}\cap X_{\varepsilon(k)}$ であるから，要するに，

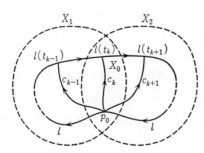

図 14.4′　$\varepsilon(k-1)=1$, $\varepsilon(k)=2$ の場合．c_k は $X_0=X_1\cap X_2$ 内の道

§14 ファンカンペンの定理　　211

いずれの場合にも，c_k は $X_{\varepsilon(k-1)} \cap X_{\varepsilon(k)}$ 内の道とするのである（図14.4'）．

X_1, X_2, X_0 はすべて弧状連結であるから，条件(*)をみたすように c_k を選ぶことができる．$c_1, c_2, \cdots, c_n$ を使って，p_0 を基点とする閉道 $l_0, l_1, \cdots, l_n$ を系 14.2.1（図14.4）のように定める．系14.2.1により，$G = \pi_1(X, p_0)$ の元として，$[l] = [l_0] \cdot [l_1] \cdot \cdots \cdot [l_n]$ が成り立つ．

ところで，$l_0, l_1, \cdots, l_n$ はどれも '小さな' 閉道である．実際，条件(*)によって $c_k \subset X_{\varepsilon(k-1)} \cap X_{\varepsilon(k)}$ であるから c_k は $X_{\varepsilon(k)}$ の道であり，同じ条件を c_{k+1} に適用して $c_{k+1} \subset X_{\varepsilon(k)} \cap X_{\varepsilon(k+1)}$ であるから c_{k+1} も $X_{\varepsilon(k)}$ の道である．また $l([t_k, t_{k+1}]) \subset X_{\varepsilon(k)}$ であった．よって，$c_k, l([t_k, t_{k+1}]), c_{k+1}$ をつないだ閉道 l_k は $X_{\varepsilon(k)}$ 内の閉道である．（l_0, l_n についても同様の議論で $l_0 \subset X_{\varepsilon(0)}, l_n \subset X_{\varepsilon(n)}$ が示せる．）

l_k の属するホモトピー類 $[l_k]$ を $G_{\varepsilon(k)} = \pi_1(X_{\varepsilon(k)}, p_0)$ の元と考える（$\varepsilon(k) = 1$ または2）．融合積 $G_1 \underset{K}{*} G_2$ の中の積

$$i_{\varepsilon(0)}'([l_0]) i_{\varepsilon(1)}'([l_1]) \cdots i_{\varepsilon(n)}'([l_n])$$

を $f : G_1 \underset{K}{*} G_2 \to G$ で写すと，定理14.1の主張を述べた後の注意によって，G の中の積 $[l_0] \cdot [l_1] \cdot \cdots \cdot [l_n]$ にうつる．系14.2.1により，これははじめにとった $[l]$ にほかならない．よって $f : G_1 \underset{K}{*} G_2 \to G$ は '上へ' の写像である．

(II)　f が1対1の写像であること：$l_0, l_1, \cdots, l_n \ (n \geqq 0)$ を，p_0 を基点とする X_1 または X_2 の閉道とする．融合積 $G_1 \underset{K}{*} G_2$ の中の積

$$i_{\varepsilon(0)}'([l_0]) i_{\varepsilon(1)}'([l_1]) \cdots i_{\varepsilon(n)}'([l_n])$$

が，$f : G_1 \underset{K}{*} G_2 \to G$ によって G の単位元にうつるとき，この積自身が $G_1 \underset{K}{*} G_2$ の単位元であることを証明する（補題10.5参照）．なお，上の積の表示中の $\varepsilon(0)$，$\varepsilon(1), \cdots, \varepsilon(n)$ は，$[l_k] \in G_1$ または $[l_k] \in G_2$ に応じて $\varepsilon(k) = 1$ または $\varepsilon(k) = 2$ であるとする．

$f(i_{\varepsilon(0)}'[l_0] i_{\varepsilon(1)}'[l_1] \cdots i_{\varepsilon(n)}'([l_n])) = [l_0] \cdot [l_1] \cdot \cdots \cdot [l_n] = e$ という仮定から，$l_0 \cdot l_1 \cdot \cdots \cdot l_n \simeq \tilde{p}_0$ のホモトピー $H : [0,1] \times [0,1] \to X$ が存在する．

ホモトピーの性質（定義9.1）により

(i)　$H(t, 0) = (l_0 \cdot l_1 \cdot \cdots \cdot l_n)(t)$, $H(t, 1) = p_0$, 　$\forall t \in [0,1]$,

(ii)　$H(0, s) = p_0$, $H(1, s) = p_0$, 　$\forall s \in [0,1]$

が成り立つ．

$H(t, 0) = (l_0 \cdot l_1 \cdot \cdots \cdot l_n)(t) \ (\forall t \in [0,1])$ であることから，区間 $[0,1]$ に n 個の分

点 $a_1, a_2, \cdots, a_n$ があり（ただし，$0=a_0<a_1<\cdots<a_n<a_{n+1}=1$ とする），パラメーター t が a_k から a_{k+1} まで動く間に，$H(t,0)$ は p_0 を基点とする $X_{\varepsilon(k)}$ 内の閉道 l_k に沿って回ることがわかる．したがって，

  (iii)　$H([a_k, a_{k+1}], 0) \subset X_{\varepsilon(k)}$　　$(k=0, 1, \cdots, n)$,
  (iv)　$H(a_k, 0) = p_0$　　$(k=0, 1, \cdots, n, n+1)$

である．

さて，H の像 $H([0,1]\times[0,1])$ は，X の中で一般には'大きい'．これを'小さな'ホモトピーに分解し，それを用いて $i_{\varepsilon(0)}{}'([l_0])i_{\varepsilon(1)}{}'([l_1])\cdots i_{\varepsilon(n)}{}'([l_n])=e(\in G_1 \underset{K}{*} G_2)$ を示すのが以下の議論の目標である．

H の定義域 $[0,1]\times[0,1]$ はコンパクトであるから，$[0,1]\times[0,1]$ の開被覆 $\{H^{-1}(X_1), H^{-1}(X_2)\}$ に補題 6.12 が適用でき，正方形 $[0,1]\times[0,1]$ を縦，横に十分細かく分割すると分割の結果得られた各々の長方形 I_{ij} は $H^{-1}(X_1)$ または $H^{-1}(X_2)$ の少なくとも一方に含まれる．つまり，各 (i,j) につき，$H(I_{ij})\subset X_1$ または $H(I_{ij})\subset X_2$ の少なくとも一方が成り立つ．H の定義域を小長方形 I_{ij} に制限すると，'小さな'ホモトピーになるわけである．

ここで，I_{ij} を具体的に記述するため，$[0,1]\times[0,1]$ を上のように分割する時の分点に名前をつける．t 軸上の分点を $0=t_0<t_1<\cdots<t_m<t_{m+1}=1$ とし，s 軸上の分点を $0=s_0<s_1<\cdots<s_m<s_{m+1}=1$ とする．（必要なら余分な分点をつけ加えて，分点の個数 m は ts 両軸で共通としてよい．）長方形 I_{ij} は

$$I_{ij} = [t_i, t_{i+1}]\times[s_j, s_{j+1}], \quad i,j = 0, 1, \cdots, m$$

である（図 14.5）.

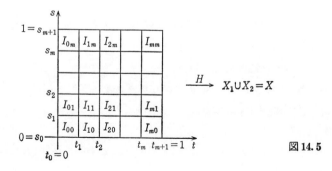

図 14.5

§14 ファンカンペンの定理　　213

この分割の際, t 軸上の分点 $0=t_0<t_1<\cdots<t_m<t_{m+1}=1$ は, 先に $H(t,0)=$ $l_0\cdot l_1\cdot\cdots\cdot l_n(t)$ に関連して述べた $[0,1]$ の分割 $0=a_0<a_1<\cdots<a_n<a_{n+1}=1$ を更に細分して構成すると仮定する. つまり a_k はどれかの t_i(それを $t_{i(k)}$ としよう)に一致するとする.

H を I_{ij} に制限すると '小さな' ホモトピーが得られ, $H(I_{ij})\subset X_1$ または $H(I_{ij})\subset X_2$ であった. (i,j) によってはこの両方が成り立つかも知れない.

議論の曖昧さを除くため, 各 (i,j) について, $H(I_{ij})$ を含む X_1 または X_2 をあらかじめ指定しておく. それは (i,j) を変数とし, 1 または 2 の値をとる関数 $\varepsilon(i,j)$ を, $H(I_{ij})\subset X_{\varepsilon(i,j)}$ となるように与えることにほかならない.

t 軸上の分点 $0=t_0<t_1<\cdots<t_m<t_{m+1}=1$ は, $0=a_0<a_1<\cdots<a_n<a_{n+1}=1$ を細分したものであったが, 後者に関しては, $H([a_k,a_{k+1}],0)\subset X_{\varepsilon(k)}$ であるような, 1 または 2 の値をとる関数 $\varepsilon(k)$ $(k\in\{0,1\cdots,n\})$ が既にきまっていた. (ホモトピー H について前頁で述べた性質 (iii) をみよ.) 新たに選ぶ関数 $\varepsilon(i,j)$ は, この $\varepsilon(k)$ と次の意味で '両立する' ようにとる.

図 14.5 でみるように, 一番下の長方形 I_{i0} は t 軸上の区間 $[t_i,t_{i+1}]$ で t 軸に接している. この i について, 適当な k をとると, $a_k\leqq t_i<t_{i+1}\leqq a_{k+1}$ となる. つまり, $[t_i,t_{i+1}]\subset[a_k,a_{k+1}]$ となる. $H([a_k,a_{k+1}],0)\subset X_{\varepsilon(k)}$ であること, および $X_{\varepsilon(k)}$ が X の開集合であることから, 図 14.5 の分割が十分細かければ, $[t_i,t_{i+1}]$ で t 軸に接する I_{i0} も, $H(I_{i0})\subset X_{\varepsilon(k)}$ であると考えてよい. そこで, 関数 $\varepsilon(i,j)$ の $j=0$ の時の値 $\varepsilon(i,0)$ に関して次の '両立条件' (II-1) を課すことにする. $(a_k=t_{i(k)}$ であったことを思い出そう. $k=0,1,\cdots,n$.)

(II-1)　　　$i(k)\leqq i<i+1\leqq i(k+1)$ のとき 　 $\varepsilon(i,0)=\varepsilon(k)$.

さて, (I) の証明でもやったように, 図 14.5 の各格子点 (t_i,s_j) に対応して, p_0 を始点, $H(t_i,s_j)$ を終点とする X 内の道 $c_{ij}:[0,1]\to X$ を選ぶ. あとで, この道を使って '小さな' 閉道を作る関係上, c_{ij} は次の指示に従って選ぶ.

(1)　正方形 $[0,1]\times[0,1]$ の左辺上の格子点 $(0,s_j)$, 上辺上の格子点 $(t_i,1)$, または右辺上の格子点 $(1,s_j)$ については c_{ij} の選び方は簡単である. これらの格子点は H によってみな基点 p_0 にうつされる. (2 頁前の H の性質 (i)(ii).) 対応して, c_{ij} も自明な道 $\tilde{p}_0$(いつも p_0 に留まっている道)とする.

(2)　下辺の格子点 $(t_i,0)$ については 2 つの場合がある.

(2-1) $t_i = a_k$ の場合. $(t_i, 0) = (a_k, 0)$ は H によって基点 p_0 に写される. (H の性質 (iv).) この格子点 $(t_i, 0)$ に対応する道 c_{i0} も (1) と同じく $\hat{p}_0$ とする.

(2-2) $a_k < t_i < a_{k+1}$ の場合. 対応する c_{i0} は $X_{\varepsilon(i,0)} = X_{\varepsilon(k)}$ 内の道 (始点 p_0, 終点 $H(t_i, 0)$) を選ぶ.

(3) 上記 (1)(2) 以外の場合. 格子点 (t_i, s_j) は $[0,1] \times [0,1]$ の内部の格子点になり, その点を頂点とする4つの小長方形 $I_{i-1, j-1}, I_{i, j-1}, I_{i-1, j}, I_{i,j}$ がある. $((t_i, s_j)$ は I_{ij} の左下隅の頂点である.) このとき c_{ij} として, 共通部分 $X_{\varepsilon(i-1, j-1)} \cap X_{\varepsilon(i, j-1)} \cap X_{\varepsilon(i-1, j)} \cap X_{\varepsilon(i, j)}$ 内の道 (始点 p_0, 終点 $H(t_i, s_j)$) を選ぶ.

なお, $\varepsilon(i-1, j-1) = \varepsilon(i, j-1) = \varepsilon(i-1, j) = \varepsilon(i, j) = 1$ または 2 のとき, この共通部分は X_1 または X_2 にほかならないし, $\varepsilon(i-1, j-1), \varepsilon(i, j-1), \varepsilon(i-1, j), \varepsilon(i, j)$ の中に 1 と 2 の両方が現われるときは, 共通部分は $X_0 (= X_1 \cap X_2)$ にほかならない.

以上で, すべての格子点 (t_i, s_j) について道 c_{ij} の指定ができた.

(1)(2)(3) のどの場合にも次のことがいえる: (t_i, s_j) が $I_{\alpha\beta}$ の頂点ならば c_{ij} は $X_{\varepsilon(\alpha, \beta)}$ に含まれる. (ここに $(\alpha, \beta) = (i-1, j-1), (i, j-1), (i-1, j), (i, j)$.)

同じことは次のようにいい換えられる.

(II-2) I_{ij} の4つの頂点に対応する道 $c_{ij}, c_{i+1, j}, c_{i, j+1}, c_{i+1, j+1}$ はすべて $X_{\varepsilon(i, j)}$ に含まれる.

次に, 格子点間の小線分の各々に対応して X 内の道がきまる. 実際, (t_i, s_j) と (t_{i+1}, s_j) を結ぶ横方向の小線分 $x_{ij} (= [t_i, t_{i+1}] \times \{s_j\})$ については, これを $H : [0,1] \times [0,1] \to X$ でうつして, $H(t_i, s_j)$ を始点, $H(t_{i+1}, s_j)$ を終点とする X 内の道 l_{ij} がきまる (図 14.6). 同様に, (t_i, s_j) と (t_i, s_{j+1}) を結ぶ縦方向の小線分

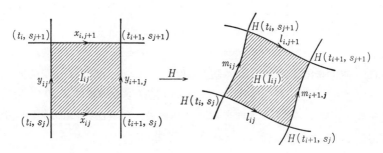

図 14.6

$y_{ij}(=\{t_i\}\times[s_j,s_{j+1}])$ を $H:[0,1]\times[0,1]\to X$ でうつして,$H(t_i,s_j)$ を始点,$H(t_i,s_{j+1})$ を終点とする X 内の道 m_{ij} を得る(図14.6).

$H(I_{ij})\subset X_{\varepsilon(i,j)}$ であるから,$l_{ij}, m_{ij}, l_{i,j+1}, m_{i+1,j}$ は $X_{\varepsilon(i,j)}$ 内の道である(図14.6).

これらの道は,H を I_{ij} に制限した'小さな'ホモトピーで相互に関連している.

まず,小長方形 I_{ij} の中で,道の積 $y_{ij}^{-1}\cdot x_{ij}$ を考えると,これは,始点 (t_i, s_{j+1}) と終点 (t_{i+1}, s_j) を止めたまま,道の積 $x_{i,j+1}\cdot y_{i+1,j}^{-1}$ にホモトープである.この間のホモトピーについては図14.7を参照のこと.

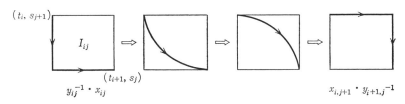

図14.7

これを $H|I_{ij}:I_{ij}\to X$ で X の中にうつせば($H(I_{ij})\subset X_{\varepsilon(i,j)}$ であるから),

(II-3) $X_{\varepsilon(i,j)}$ の中で $m_{ij}^{-1}\cdot l_{ij}\simeq l_{i,j+1}\cdot m_{i+1,j}^{-1}$

というホモトピーの関係が得られる.

先に用意しておいた c_{ij} 達とこれらの l_{ij}, m_{ij} をつないで,p_0 を基点とする'小さな'閉道を構成する.
$$l_{ij}'=(p_0\xrightarrow{c_{ij}}H(t_i,s_j)\xrightarrow{l_{ij}}H(t_{i+1},s_j)\xrightarrow{c_{i+1,j}^{-1}}p_0),$$
$$m_{ij}'=(p_0\xrightarrow{c_{ij}}H(t_i,s_j)\xrightarrow{m_{ij}}H(t_i,s_{j+1})\xrightarrow{c_{i,j+1}^{-1}}p_0)$$
がそれである.

命題A $l_{ij}', m_{ij}', l_{i,j+1}', m_{i+1,j}'\subset X_{\varepsilon(i,j)}$ である.

証明 $l_{ij}, m_{ij}, l_{i,j+1}, m_{i+1,j}\subset X_{\varepsilon(i,j)}$ であることは,$H(I_{ij})\subset X_{\varepsilon(i,j)}$ であることから明らかである.また,$c_{ij}, c_{i+1,j}, c_{i,j+1}, c_{i+1,j+1}\subset X_{\varepsilon(i,j)}$ であることは前頁の(II-2)で注意しておいた.$l_{ij}', m_{ij}', l_{i,j+1}', m_{i+1,j}'$ はこれらの道をつないだものだから,やはり $X_{\varepsilon(i,j)}$ に含まれる.(よって'小さな'閉道である.) □

閉道 $l_{ij}', m_{ij}', l_{i,j+1}', m_{i+1,j}'$ の属するホモトピー類を $\lambda_{ij}, \mu_{ij}, \lambda_{i,j+1}, \mu_{i+1,j}\in$

$\pi_1(X_{\varepsilon(i,j)}, p_0)$ とおく.

命題 B $\pi_1(X_{\varepsilon(i,j)}, p_0)$ の中で $\mu_{ij}^{-1}\cdot\lambda_{ij}=\lambda_{i,j+1}\cdot\mu_{i+1,j}^{-1}$ が成り立つ.

証明 p.207 の補題 14.2 により,閉道の積 $(m_{ij}')^{-1}\cdot l_{ij}'$ と閉道

$$(p_0 \xrightarrow{c_{i,j+1}} H(t_i, s_{j+1}) \xrightarrow{m_{ij}^{-1}} H(t_i, s_j) \xrightarrow{l_{ij}} H(t_{i+1}, s_j) \xrightarrow{c_{i+1,j}^{-1}} p_0)$$

とは同じホモトピー類 $\in\pi_1(X_{\varepsilon(i,j)}, p_0)$ に属す.前頁の (II-3) から,後者は閉道

$$(p_0 \xrightarrow{c_{i,j+1}} H(t_i, s_{j+1}) \xrightarrow{l_{i,j+1}} H(t_{i+1}, s_{j+1}) \xrightarrow{m_{i+1,j}^{-1}} H(t_{i+1}, s_j) \xrightarrow{c_{i+1,j}^{-1}} p_0)$$

と同じホモトピー類 $\in\pi_1(X_{\varepsilon(i,j)}, p_0)$ に属し,それはまた補題 14.2 により,積 $[l_{i,j+1}']\cdot[(m_{i+1,j}')^{-1}]$ に等しい.よって,$\mu_{ij}^{-1}\cdot\lambda_{ij}=[(m_{ij}')^{-1}]\cdot[l_{ij}']=[l_{i,j+1}']\cdot[(m_{i+1,j}')^{-1}]=\lambda_{i,j+1}\cdot\mu_{i+1,j}^{-1}$. $\square$

$l_{ij}', l_{i,j+1}'\subset X_{\varepsilon(i,j)}$ (命題 A) であるから,$0<j\leqq m$ のとき番号 j をひとつずらせば,$l_{ij}'\subset X_{\varepsilon(i,j)}$ かつ $l_{ij}'\subset X_{\varepsilon(i,j-1)}$ がわかる.同じ閉道 l_{ij}' の定める $\pi_1(X_{\varepsilon(i,j)}, p_0)$ の元と $\pi_1(X_{\varepsilon(i,j-1)}, p_0)$ の元を同じ記号 λ_{ij} で表わす.同様に,命題 A から,$0<i\leqq m$ のとき $m_{ij}'\subset X_{\varepsilon(i,j)}\cap X_{\varepsilon(i-1,j)}$ であるが,同じ閉道 m_{ij}' の表わす $\pi_1(X_{\varepsilon(i,j)}, p_0)$ の元と $\pi_1(X_{\varepsilon(i-1,j)}, p_0)$ の元を同じ記号 μ_{ij} で表わす.

$G_1=\pi_1(X_1, p_0)$, $G_2=\pi_1(X_2, p_0)$, $K=\pi_1(X_0, p_0)$ とおいたことを思い出そう.次の命題において,$i_1':G_1\rightarrow G_1 \underset{K}{*} G_2$, $i_2':G_2\rightarrow G_1 \underset{K}{*} G_2$ は融合積への標準的な準同型である.

命題 C $0<j\leqq m$ のとき,$G_1 \underset{K}{*} G_2$ の元として $i_{\varepsilon(i,j-1)}'(\lambda_{ij})=i_{\varepsilon(i,j)}'(\lambda_{ij})$ である.また,$0<i\leqq m$ のとき,$G_1 \underset{K}{*} G_2$ の元として $i_{\varepsilon(i-1,j)}'(\mu_{ij})=i_{\varepsilon(i,j)}'(\mu_{ij})$ である.

証明 第1の等式 $i_{\varepsilon(i,j-1)}'(\lambda_{ij})=i_{\varepsilon(i,j)}'(\lambda_{ij})$ を証明する.

$\varepsilon(i,j-1)=\varepsilon(i,j)$ の場合 証明すべき等式の両辺は全く同じものである.

$\varepsilon(i,j-1)\neq\varepsilon(i,j)$ の場合 閉道 l_{ij}' は $X_{\varepsilon(i,j-1)}\cap X_{\varepsilon(i,j)}=X_0$ に含まれることになり,$K=\pi_1(X_0, p_0)$ の元 κ_{ij} を定める:$\kappa_{ij}=[l_{ij}']$.包含写像から誘導された準同型を $j_1:K\rightarrow G_1$, $j_2:K\rightarrow G_2$ とすると '$G_{\varepsilon(i,j-1)}$ の元としての λ_{ij}' は $j_{\varepsilon(i,j-1)}(\kappa_{ij})$ であり,'$G_{\varepsilon(i,j)}$ の元としての λ_{ij}' は $j_{\varepsilon(i,j)}(\kappa_{ij})$ である.

よって $i_{\varepsilon(i,j-1)}'(\lambda_{ij})=i_{\varepsilon(i,j-1)}'(j_{\varepsilon(i,j-1)}(\kappa_{ij}))=i_{\varepsilon(i,j)}'(j_{\varepsilon(i,j)}(\kappa_{ij}))=i_{\varepsilon(i,j)}'(\lambda_{ij})$ が成り立つ.(2番目の等号のところで,融合積の性質 $i_1'\circ j_1=i_2'\circ j_2$——補題 13.10——を使った.) これで示せた.

等式 $i_{\varepsilon(i-1,j)}'(\mu_{ij})=i_{\varepsilon(i,j)}'(\mu_{ij})$ の証明も同様である. $\square$

いよいよ,$f:G_1 \underset{K}{*} G_2\rightarrow G$ が1対1であることの最終段階に入る.$G_1 \underset{K}{*} G_2$ の

§14　ファンカンペンの定理　217

元

$$i_{\varepsilon(0)}'([l_0])i_{\varepsilon(1)}'([l_1])\cdots i_{\varepsilon(n)}'([l_n])$$

をとり，$f(i_{\varepsilon(0)}'([l_0])i_{\varepsilon(1)}'([l_1])\cdots i_{\varepsilon(n)}'([l_n]))=e\,(\in G)$ と仮定したのだった．この仮定の下に，$i_{\varepsilon(0)}'([l_0])i_{\varepsilon(1)}'([l_1])\cdots i_{\varepsilon(n)}'([l_n])=e\,(\in G_1\underset{K}{*}G_2)$ を示せばよい．

先にとっておいたホモトピー $H:[0,1]\times[0,1]\to X$ は，t が a_k から a_{k+1} まで動くとき，$H(t,0)$ が閉道 l_k に沿って動くようになっていた．$[a_k,a_{k+1}]$ が $a_k=t_{i(k)}<t_{i(k)+1}<\cdots<t_{i(k+1)-1}<t_{i(k+1)}=a_{k+1}$ と分割されていること，および p. 209 の系 14.2.1 によって

$$l_k\simeq l_{i(k),0}'\cdot l_{i(k)+1,0}'\cdots\cdot l_{i(k+1)-1,0}'$$

であることがわかる．ここに，l_{i0}' は命題 A の閉道 l_{ij}' の，$j=0$ の場合である．

命題 A によって $l_{i0}'\subset X_{\varepsilon(i,0)}$ であるが，先に述べた'両立条件'(II-1) により，$i(k)\le i<i+1\le i(k+1)$ ならば $\varepsilon(i,0)=\varepsilon(k)$ であった．よって，上のホモトピーの関係は（系 14.2.1 により），$X_{\varepsilon(k)}$ 内のホモトピーであると考えられ，$\pi_1(X_{\varepsilon(k)},p_0)=G_{\varepsilon(k)}$ の元として

$$[l_k]=[l_{i(k),0}']\cdot[l_{i(k)+1,0}']\cdots\cdot[l_{i(k+1)-1,0}']$$

が成り立つ．これを標準的な準同型 $i_{\varepsilon(k)}':G_{\varepsilon(k)}\to G_1\underset{K}{*}G_2$ によって $G_1\underset{K}{*}G_2$ の中に写すと，

$$\begin{aligned}
i_{\varepsilon(k)}'([l_k])&=i_{\varepsilon(k)}'([l_{i(k),0}'])i_{\varepsilon(k)}'([l_{i(k)+1,0}'])\cdots i_{\varepsilon(k)}'([l_{i(k+1)-1,0}'])\\
&=i_{\varepsilon(i(k),0)}'([l_{i(k),0}'])i_{\varepsilon(i(k)+1,0)}'([l_{i(k)+1,0}'])\cdots\\
&\quad i_{\varepsilon(i(k+1)-1,0)}'([l_{i(k+1)-1,0}'])
\end{aligned}$$

が得られる．（最後の等号のところで，'両立条件'(II-1)，$i_{\varepsilon(k)}'=i_{\varepsilon(i,0)}'$——もし $i(k)\le i<i+1\le i(k+1)$ ならば——を用いた．）

上で得られた式の左辺，右辺をそれぞれ，k を 0 から n まで動かして掛け合わせると，左辺ははじめにとった $G_1\underset{K}{*}G_2$ の元

$$i_{\varepsilon(0)}'([l_0])i_{\varepsilon(1)}'([l_1])\cdots i_{\varepsilon(n)}'([l_n])$$

になり，右辺は

$$i_{\varepsilon(0,0)}'([l_{00}'])i_{\varepsilon(1,0)}'([l_{10}'])\cdots i_{\varepsilon(m,0)}'([l_{m0}'])$$

になる．$[l_{i0}']=\lambda_{i0}$ であったから，この積は

$$i_{\varepsilon(0,0)}'(\lambda_{00})i_{\varepsilon(1,0)}'(\lambda_{10})\cdots i_{\varepsilon(m,0)}'(\lambda_{m0})$$

である．これが融合積 $G_1\underset{K}{*}G_2$ の単位元に等しいことを証明すればよい．以下，

218　　　　　　第5章　ファンカンペンの定理

命題B, Cを使って，この積を次々に変形して行く.

われわれのとったホモトピー H は，定義域の左辺 $(t=0)$ を1点 p_0 に写した. このことと c_{ij} の選び方(1)により，$m_{0j}{}'=\hat{p}_0 \,(\forall j=0,1,\cdots,m)$ である. よって $i_{\varepsilon(0,j)}{}'(\mu_{0j})=i_{\varepsilon(0,j)}{}'([m_{0j}{}'])=e\in G_1 \underset{K}{*} G_2$.

前頁の積に左から単位元 $i_{\varepsilon(0,0)}{}'(\mu_{00}{}^{-1})$ を掛けても変わらないから，この積は

$$i_{\varepsilon(0,0)}{}'(\mu_{00}{}^{-1})i_{\varepsilon(0,0)}{}'(\lambda_{00})i_{\varepsilon(1,0)}{}'(\lambda_{10})\cdots i_{\varepsilon(m,0)}{}'(\lambda_{m0})$$

に等しい. (波形下線は変形したりつけ加えたりした部分を表わす.) $G_{\varepsilon(0,0)}$ の中で $\mu_{00}{}^{-1}\cdot\lambda_{00}=\lambda_{01}\cdot\mu_{10}{}^{-1}$ (命題B) が成り立つことを使うと，この新しい積は

$$i_{\varepsilon(0,0)}{}'(\lambda_{01})i_{\varepsilon(0,0)}{}'(\mu_{10}{}^{-1})i_{\varepsilon(1,0)}{}'(\lambda_{10})\cdots i_{\varepsilon(m,0)}{}'(\lambda_{m0})$$

に ($G_1 \underset{K}{*} G_2$ の元として) 等しい.

更に $i_{\varepsilon(0,0)}{}'(\mu_{10}{}^{-1})=i_{\varepsilon(1,0)}{}'(\mu_{10}{}^{-1})$ であるから (命題C)，

$$i_{\varepsilon(0,0)}{}'(\lambda_{01})i_{\varepsilon(1,0)}{}'(\mu_{10}{}^{-1})i_{\varepsilon(1,0)}{}'(\lambda_{10})\cdots i_{\varepsilon(m,0)}{}'(\lambda_{m0})$$

と変形される.

$G_{\varepsilon(1,0)}$ の中で $\mu_{10}{}^{-1}\cdot\lambda_{10}=\lambda_{11}\cdot\mu_{20}{}^{-1}$ だから (命題B)，この積は

$$i_{\varepsilon(0,0)}{}'(\lambda_{01})i_{\varepsilon(1,0)}{}'(\lambda_{11})i_{\varepsilon(1,0)}{}'(\mu_{20}{}^{-1})i_{\varepsilon(2,0)}{}'(\lambda_{20})\cdots i_{\varepsilon(m,0)}{}'(\lambda_{m0})$$

となり，命題Cにより $i_{\varepsilon(1,0)}{}'(\mu_{20}{}^{-1})=i_{\varepsilon(2,0)}{}'(\mu_{20}{}^{-1})$ だから

$$i_{\varepsilon(0,0)}{}'(\lambda_{01})i_{\varepsilon(1,0)}{}'(\lambda_{11})i_{\varepsilon(2,0)}{}'(\mu_{20}{}^{-1})i_{\varepsilon(2,0)}{}'(\lambda_{20})\cdots i_{\varepsilon(m,0)}{}'(\lambda_{m0})$$

に変る. この積は更に，$G_{\varepsilon(2,0)}$ の中での関係 $\mu_{20}{}^{-1}\cdot\lambda_{20}=\lambda_{21}\cdot\mu_{30}{}^{-1}$ (命題B)を使って変形される. ….

以下同様に進んで，

$$i_{\varepsilon(0,0)}{}'(\lambda_{01})i_{\varepsilon(1,0)}{}'(\lambda_{11})\cdots i_{\varepsilon(m,0)}{}'(\lambda_{m1})i_{\varepsilon(m,0)}{}'(\mu_{m+1,0}{}^{-1})$$

に達する. 右端の因子 $i_{\varepsilon(m,0)}{}'(\mu_{m+1,0}{}^{-1})$ は $G_1 \underset{K}{*} G_2$ の単位元である. (H が，定義域の右辺 $(t=1)$ を p_0 にうつすこと，および c_{ij} のとり方(1).) したがって，この因子を取り除いて $i_{\varepsilon(0,0)}{}'(\lambda_{01})i_{\varepsilon(1,0)}{}'(\lambda_{11})\cdots i_{\varepsilon(m,0)}{}'(\lambda_{m1})$ としても $G_1 \underset{K}{*} G_2$ の元として変らない.

以上の変形をまとめて

(II-4)　$i_{\varepsilon(0,0)}{}'(\lambda_{00})i_{\varepsilon(1,0)}{}'(\lambda_{10})\cdots i_{\varepsilon(m,0)}{}'(\lambda_{m0}) = i_{\varepsilon(0,0)}{}'(\lambda_{01})i_{\varepsilon(1,0)}{}'(\lambda_{11})\cdots i_{\varepsilon(m,0)}{}'(\lambda_{m1})$

を得る. (左辺の $i_{\varepsilon(i,0)}{}'(\lambda_{i0})$ が右辺では $i_{\varepsilon(i,0)}{}'(\lambda_{i1})$ によって置き換えられている.) ここまでの変形を図式的に表わすと図14.8のようになる.

命題Cにより，$G_1 \underset{K}{*} G_2$ の中で $i_{\varepsilon(i,0)}{}'(\lambda_{i1})=i_{\varepsilon(i,1)}{}'(\lambda_{i1})$ が成り立つから，(II-4)

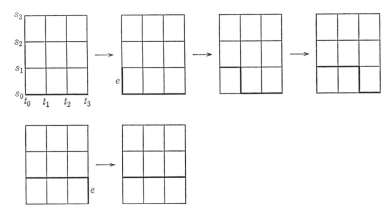

図 14.8

の右辺は
$$i_{\varepsilon(0,1)}{}'(\lambda_{01})i_{\varepsilon(1,1)}{}'(\lambda_{11})\cdots i_{\varepsilon(m,1)}{}'(\lambda_{m1})$$
に等しく，ここから出発して同じ変形(それは左側から $i_{\varepsilon(0,1)}{}'(\mu_{01}{}^{-1})=e$ を掛けることから始まる)を繰り返すことができる．

このように進んで行くと，λ_{ij} の j がひとつずつ増加して行き，最後に
$$i_{\varepsilon(0,m)}{}'(\lambda_{0,m+1})i_{\varepsilon(1,m)}{}'(\lambda_{1,m+1})\cdots i_{\varepsilon(m,m)}{}'(\lambda_{m,m+1})$$
に達する．

ところが，H が定義域の上辺($s=1$)を 1 点 p_0 にうつすこと，および c_{ij} のとり方(1)とから，$l_{i,m+1}{}'=\tilde{p}_0$ $(i=0,1,\cdots,m)$ がわかる．これは $\lambda_{i,m+1}=e$ $(i=0,1,\cdots,m)$ を示している．よって上の積は $e\in G_1\underset{K}{*}G_2$ に等しい．

これが(II)で示すべきことであった．

こうしてファンカンペンの定理が証明された．□

計 算 例

1° 円周のブーケ

2 つの円周を 1 点で合わせた 8 の字形の図形を，2 つの円周の**ブーケ**(bouquet, 花束)とよぶ．記号で $S^1\vee S^1$ と表わす(図 14.9)．

共通点 p_0 を基点にとる．$S^1\vee S^1$ の開集合 X_1, X_2 を図 14.9 のようにとる．X_1, X_2 は'ツノ'のはえた円周の形をしており，また，共通部分 $X_0=X_1\cap X_2$ は，x 字形の図形である(図 14.10)．

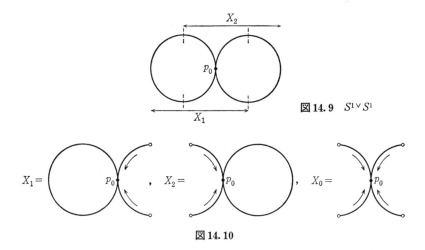

図 14.9 $S^1 \vee S^1$

図 14.10

矢印に沿ってツノを引込める変形により, X_1, X_2 は円周を変位レトラクトとして持つことがわかる. $X_1 \simeq S^1 \simeq X_2$ である. よって, $\pi_1(X_1, p_0) \cong \mathbf{Z} \cong \pi_1(X_2, p_0)$. X_0 は可縮であるから, $\pi_1(X_0, p_0) \cong \{e\}$ である.

ファンカンペンの定理によって, $\pi_1(S^1 \vee S^1, p_0) \cong \pi_1(X_1, p_0) \underset{K}{*} \pi_1(X_2, p_0)$. ここで $K = \pi_1(X_0, p_0) \cong \{e\}$ であるから, 融合積は自由積 $\pi_1(X_1, p_0) * \pi_1(X_2, p_0)$ に一致する(補題 13.12). こうして, $\pi_1(S^1 \vee S^1, p_0) \cong \mathbf{Z} * \mathbf{Z}$ を得た.

§13 で自由積 $G * H$ を定義したとき, G と H は乗法群(演算が積の形に書かれる群)と考えていた. そこで, $\mathbf{Z} * \mathbf{Z}$ を考える時にも, $\mathbf{Z}$ を, それと同型な乗法群に直しておくのがよい.

いま, 記号 $\langle x \rangle$ で, 文字 x の n 乗 x^n という形の元全体からなる集合を表わす:
$$\langle x \rangle = \{x^n | n \in \mathbf{Z}\} = \{\cdots, x^{-2}, x^{-1}, x^0, x^1, x^2, \cdots\}.$$
x^0 は 1 または e と書かれることもある. $x^1 = x$ である. 集合 $\langle x \rangle$ の元の間に, 次のような積を定義する.
$$x^n \cdot x^m = x^{n+m}.$$
この積によって $\langle x \rangle$ は群になる. 単位元は $x^0 = 1$, x^n の逆元は x^{-n} である. この積の意味で,

$$x^n = \begin{cases} x \cdot x \cdots x \quad (n \text{ 個}), & n \geq 0 \\ x^{-1} \cdot x^{-1} \cdots x^{-1} \quad (|n| \text{ 個}), & n < 0 \end{cases}$$

がわかる.

群 $\langle x \rangle$ は $\bm{Z}$ に同型な乗法群である.同型写像 $f: \bm{Z} \to \langle x \rangle$ を $f(n) = x^n$ と定義すればよい.群 $\langle x \rangle$ を,x を**生成元**とする**無限巡回群**とよぶ.($\langle x \rangle$ と同型な $\bm{Z}$ も無限巡回群とよぶことがある.)

ブーケ $S^1 \vee S^1$ の左右の S^1 にそれぞれ $\langle x \rangle, \langle y \rangle$ を対応させると,$\pi_1(S^1 \vee S^1, p_0) \cong \langle x \rangle * \langle y \rangle$ となる.自由積 $\langle x \rangle * \langle y \rangle$ を**階数 2 の自由群**という.

$\langle x \rangle * \langle y \rangle$ の元と $S^1 \vee S^1$ の閉道との対応は明らかであろう.たとえば,元 $x^2 y^{-1} x$ は,'左の S^1 を正の方向に 2 周し,次に右の S^1 を負の方向に 1 周し,最後に左の S^1 を正方向に 1 周するような(p_0 を基点とする)閉道'の属するホモトピー類を表わす.

3 つ以上の円周のブーケ $S^1 \vee S^1 \vee \cdots \vee S^1$ (r 個) も考えられる(図 14.11).

図 14.11 4 個の S^1 のブーケ $S^1 \vee S^1 \vee S^1 \vee S^1$

r 個の S^1 のブーケに,ファンカンペンの定理を帰納的に用いると,その基本群が,r 個の無限巡回群の自由積を次々にとったもの

$$(((\langle x_1 \rangle * \langle x_2 \rangle) * \cdots * \langle x_r \rangle))$$

に同型であることがわかる.この群を**階数 r の自由群**という(§15 参照).

2° 球面 S^n ($n \geq 2$)

$\pi_1(S^1, p_0) \cong \bm{Z}$ であったが,2 次元以上の球面 S^n は単連結である.これを証明しよう.図 14.12 のように,S^n を 2 つの開集合 U_+, U_- に分解する.

$$U_+ = \left\{ (x_1, x_2, \cdots, x_{n+1}) \in S^n \mid x_{n+1} > -\frac{1}{2} \right\},$$

$$U_- = \left\{ (x_1, x_2, \cdots, x_{n+1}) \in S^n \mid x_{n+1} < \frac{1}{2} \right\}.$$

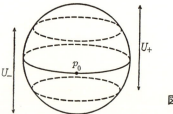

図14.12

　U_+, U_- は, n 次元円板 D^n の内部 $\mathring{D}^n$ に位相同形であり, したがって $\pi_1(U_+, p_0) \cong \pi_1(U_-, p_0) \cong \{e\}$ である ($p_0 \in U_+ \cap U_-$). また, $n \geq 2$ を使って, $U_+ \cap U_-$ が弧状連結なことがわかる. よって, ファンカンペンの定理から, $\pi_1(S^n, p_0) \cong \pi_1(U_+, p_0) \underset{K}{*} \pi_1(U_-, p_0) \cong \{e\} \underset{K}{*} \{e\} = \{e\}$. (ただし $K = \pi_1(U_+ \cap U_-, p_0)$.) これで示せた.

　注意　応用上, 図14.13のような状況にファンカンペンの定理を適用することがある. $X = Y_1 \cup Y_2$, $A = Y_1 \cap Y_2$ であって, Y_1, Y_2, A は X の閉集合であるとする. (そして, Y_1, Y_2, A は弧状連結であるとする.) ここで, もし, A が Y_1 のある開集合 U_1 の変位レトラクトになっており, また A が Y_2 のある開集合 U_2 の変位レトラクトになっていれば, やはり $\pi_1(X, p_0) \cong \pi_1(Y_1, p_0) \underset{K}{*} \pi_1(Y_2, p_0)$ ($K = \pi_1(A, p_0)$) が成り立つのである. 実際, $X_1 = Y_1 \cup U_2$, $X_2 = Y_2 \cup U_1$ とおけば, X_1, X_2 は X の開集合になり, ファンカンペンの定理が適用できる. $X_1 \simeq Y_1$, $X_2 \simeq Y_2$, $X_1 \cap X_2 = U_1 \cup U_2 \simeq A$ に注意して, $\pi_1(X, p_0) \cong \pi_1(X_1, p_0) \underset{K}{*} \pi_1(X_2, p_0) \cong \pi_1(Y_1, p_0) \underset{K}{*} \pi_1(Y_2, p_0)$ となるわけである.

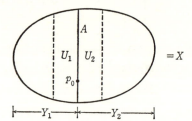

図14.13

　上の計算例1°では, $Y_1 = Y_2 = S^1$, $A = \{p_0\}$ とおけば (たしかに A は, Y_1, Y_2 の中でそれぞれ開区間の変位レトラクトになっているので), この注意が適用できて, $\pi_1(S^1 \vee S^1, p_0) \cong \pi_1(Y_1, p_0) \underset{\{e\}}{*} \pi_1(Y_2, p_0) \cong \pi_1(S^1, p_0) * \pi_1(S^1, p_0)$ と求められる. 例1°でやったような'ツノ'のはえた円周など考える必要はなくなる.

　例2°でも $Y_1 = \{(x_1, \cdots, x_{n+1}) \in S^n \mid x_{n+1} \geq 0\} \cong D^n$, $Y_2 = \{(x_1, \cdots, x_{n+1}) \mid x_{n+1} \leq 0\} \cong D^n$, $A = Y_1 \cap Y_2 = S^{n-1}$ とおいて, $\pi_1(S^n, p_0) \cong \pi_1(Y_1, p_0) \underset{K}{*} \pi_1(Y_2, p_0) \cong \{e\} \underset{K}{*}$

$\{e\} \cong \{e\}$ と求められる.

演習問題

14.1 '日の字形'をした1次元図形の基本群をファンカンペンの定理を使って求めよ. 基点は適当に定めること.

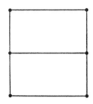

14.2 上図に示した'日の字形'は2つの S^1 のブーケ $S^1 \vee S^1$ と同じホモトピー型を持つことを示し, これを利用して'日の字形'の図形の基本群を求めよ.

14.3 2次元球面の南北両極を両端とする線分(軸)と, その2次元球面とを合わせた図形の基本群を求めよ.

14.4 2次元円板から n 個の円板をくり抜いて残った図形の基本群を求めよ. ($n=1$, 2の場合だけ考えてもよい.)

224

第6章 いくつかの応用

§15 群の表示

'群の表示'は，与えられた群を自由群の剰余群として表わす方法である．ファンカンペンの定理を応用していろいろな空間の基本群を求める時，得られた結果を記述するためにしばしば利用される．後の節での応用を見込んで，この節では群の表示を説明しよう．

まず，**自由群**についてであるが，これは前節の終りで，有限個（たとえば n 個）の無限巡回群 $\langle x_1 \rangle, \langle x_2 \rangle, \cdots, \langle x_n \rangle$ の自由積を次々にとったもの

$$((\langle x_1 \rangle * \langle x_2 \rangle) * \cdots * \langle x_n \rangle)$$

として定義された．自由積の定義（§13）にもどって考えてみると，自由群をあらためて次のように定義し直しても同じことである．

まず，$2n$ 個の文字 $x_1, x_2, \cdots, x_n, x_1^{-1}, x_2^{-1}, \cdots, x_n^{-1}$ を定める．これらの文字を任意の順序に有限個並べた列を（$x_1, \cdots, x_n, x_1^{-1}, \cdots, x_n^{-1}$ を文字とする）**語**という．たとえば，$x_1 x_2^{-1} x_2 x_3$ は語である．個々の語を w, v 等の文字で表わす：$w = x_1 x_2^{-1} x_2 x_3,\ v = x_1 x_3$ など．また**空なる語**（何もない文字列）も特別な語と考えて，これを e で表わす：$e=\ \ $．

2つの語 w, v の**積** wv は，単に w と v をこの順序に並べてくっつけたものである．たとえば，$w = x_1 x_2^{-1} x_2 x_3,\ v = x_1 x_3$ のとき，$wv = x_1 x_2^{-1} x_2 x_3 x_1 x_3$.（前に注意したように，群の積演算を表わす点 $w \cdot v$ は省略して wv と書くことにする．）

語 w と v が，$w \sim v$ の関係にある，ということを，語 w に $x_i x_i^{-1}$ または $x_i^{-1} x_i$ という語（i は $1, 2, \cdots, n$ のどれでもよい）を挿入したりまたは取り除いたりすることを何度か繰り返して語 v に変形できることである，と定義する．たとえば，$x_1 x_2^{-1} x_2 x_3$ から $x_2^{-1} x_2$ をとり除いて $x_1 x_3$ が得られるから，$x_1 x_2^{-1} x_2 x_3 \sim x_1 x_3$ である．あるいは，$x_1^{-1} x_2 x_2^{-1} x_1$ から $x_2 x_2^{-1}$ をとり除くと $x_1^{-1} x_1$ になり，さらにこれから $x_1^{-1} x_1$ をとり除くと空なる語 e になるから，$x_1^{-1} x_2 x_2^{-1} x_1 \sim e$ である．

§15 群 の 表 示　　　　225

この関係 $\sim$ は, $x_1, \cdots, x_n, x_1{}^{-1}, \cdots, x_n{}^{-1}$ を文字とする語全部の集合を $W(x_1,$ $\cdots, x_n)$ と書くことにすれば, $W(x_1, \cdots, x_n)$ における同値関係になる. そして, 語の間の'並べてくっつける積'と, 関係 $\sim$ とは両立する. すなわち, $w \sim w'$, $v \sim v'$ ならば $wv \sim w'v'$ が成り立つ.

このことから, 商集合 $W(x_1, \cdots, x_n)/\sim$ に積の演算が定義されるが, 自由積のときの補題 13.1 と全く同様に, $W(x_1, \cdots, x_n)/\sim$ が群になることがわかる.

定義 15.1　$W(x_1, \cdots, x_n)/\sim$ を $F(x_1, \cdots, x_n)$ と書いて, **階数 n の自由群**とよぶ. $F(x_1, \cdots, x_n)$ を簡単に F_n と書くこともある. $x_1, \cdots, x_n$ を $F(x_1, \cdots, x_n)$ の **生成元**という. ──

$x_i, x_i{}^{-1} \in W(x_1, \cdots, x_n)$ に対応する $F(x_1, \cdots, x_n)$ の元を再び $x_i, x_i{}^{-1}$ と書くことにすると, 群 $F(x_1, \cdots, x_n)$ の中で, たとえば次のような等式が成り立つ. (W における $\sim$ が F_n では $=$ におきかわる.): $x_1 x_2{}^{-1} x_2 x_3 = x_1 x_3$, $x_1{}^{-1} x_2 x_2{}^{-1}$ $x_1 = e$.

F_n の中で $x_i, x_i{}^{-1}$ は互いに他の逆元になる. また e は F_n の単位元である. 通常 $x_i x_i \cdots x_i$ (k 個の積)を $x_i{}^k$ と書き, $x_i{}^{-1} x_i{}^{-1} \cdots x_i{}^{-1}$ (k 個の積)を $x_i{}^{-k}$ と書く.

自由群は次の意味の**普遍性**を持っている.

補題 15.2　G を任意の群, $g_1, g_2, \cdots, g_n$ を G の任意の元とする. このとき, $f(x_1) = g_1, f(x_2) = g_2, \cdots, f(x_n) = g_n$ となるような準同型写像 $f: F(x_1, \cdots, x_n) \to$ G がただひとつ存在する.

証明　まず, $\tilde{f}: W(x_1, \cdots, x_n) \to G$ という写像を次のようにきめる: (i) $e \in$ $W(x_1, \cdots, x_n)$ について $\tilde{f}(e) = e_G$ とおく. e_G は G の単位元である. (ii) $x_1, \cdots,$ $x_n, x_1{}^{-1}, \cdots, x_n{}^{-1}$ を文字とする語 w については, w の中の x_i を g_i に, $x_i{}^{-1}$ を $g_i{}^{-1}$ に置きかえて得られる G の元を対応させる. 例: $\tilde{f}(x_1 x_2 x_1{}^{-1}) = g_1 g_2 g_1{}^{-1}$.

こうすると, $x_i x_i{}^{-1}$, $x_i{}^{-1} x_i$ は, $\tilde{f}$ により G の単位元 e_G に写ることは明らかである: $\tilde{f}(x_i x_i{}^{-1}) = g_i g_i{}^{-1} = e_G$. 2 つの語 w, v が $w \sim v$ の関係にあれば, v は, w から $x_i x_i{}^{-1}$ (または $x_i{}^{-1} x_i$)を次々に取り除いたり付け加えたりして得られるものであるから, w, v の $\tilde{f}$ による像は, e_G の分しか違わない. 結局, G の元としては同じものである. よって, $w \sim v \Rightarrow \tilde{f}(w) = \tilde{f}(v)$.

商集合に移って, $\tilde{f}$ は写像 $f: W(x_1, \cdots, x_n)/\sim \to G$ を導く. f は明らかに準同型で, $f(x_i) = g_i$ が成り立つ. f が求める準同型である. $f(x_i) = g_i$ という準

226   第6章　いくつかの応用

同型はこのように定義するほかはないから，f の一意性も明らかである．□

系 15.2.1　自由群 F_n は $n \geqq 2$ のとき非可換である．（$n=1$ の時は，F_1 は無限巡回群（$\langle x \rangle$ と同じもの）だから可換である．）

証明　何でもよいから非可換群をひとつ持ってくる．たとえば3次対称群 S_3（§10）としよう．S_3 は可換でないから，$\sigma\tau \neq \tau\sigma$ という元 $\sigma, \tau \in S_3$ がある．準同型 $f: F(x_1, \cdots, x_n) \to S_3$ を，$f(x_1)=\sigma, f(x_2)=\tau, f(x_i)=e \, (i \geqq 3)$ となるように定めよう．（補題15.2により，このような f は存在する．）$f(x_1 x_2)=\sigma\tau, f(x_2 x_1)=\tau\sigma$ であるから $f(x_1 x_2) \neq f(x_2 x_1)$．したがって $F_n = F(x_1, \cdots, x_n)$ の中で $x_1 x_2 \neq x_2 x_1$ である．同様に $x_i x_j \neq x_j x_i \, (i \neq j)$ がわかる．□

さて，**群の表示**を説明する．いま，群 G の中から有限個の元 $g_1, g_2, \cdots, g_n$ を適当に選び出すと，G のどんな元も，$g_1, \cdots, g_n, g_1^{-1}, \cdots, g_n^{-1}$ を使った積の形に書き表わせるとしよう．このような群 G を**有限生成**であるといい，$g_1, g_2, \cdots, g_n$ を G の**生成元**という．生成元の選び方は，一般には幾通りもある．

群 G を有限生成とし，$g_1, g_2, \cdots, g_n$ を生成元とする．補題15.2によって準同型写像 $f: F(x_1, \cdots, x_n) \to G$ が，$f(x_1)=g_1, f(x_2)=g_2, \cdots, f(x_n)=g_n$ となるようにきまる．$g_1, g_2, \cdots, g_n$ が G の生成元であることから，f は G の上への写像になる．（たとえば，$g_1 g_2 g_3^{-1}$ は $x_1 x_2 x_3^{-1}$ の像である．）

必要なら生成元 $g_1, g_2, \cdots, g_n$ のとり方を変えて，この f に関して更に次の仮定(*)が成り立つものとしよう．

(*)　f の核 $\mathrm{Ker}(f)\,(=f^{-1}(e))$ は，**有限個の元** $w_1, w_2, \cdots, w_r$ から生成される $F(x_1, \cdots, x_n)$ の正規部分群である．§13の記号 $|T|$ を使えば，$T=\{w_1, w_2, \cdots, w_r\}$ とおいて，$\mathrm{Ker}(f)=|\{w_1, w_2, \cdots, w_r\}|$ である．――

以後，簡単のため，$|\{w_1, w_2, \cdots, w_r\}|$ のことを $|w_1, w_2, \cdots, w_r|$ と書く．

上の仮定(*)は一般の群については満たされないが，トポロジーに現われる大部分の群はこの仮定を満たしている．仮定(*)のもとに，§10で述べた準同型定理（定理10.12）を，'上へ'の準同型 $f: F(x_1, \cdots, x_n) \to G$ に適用すると（$\mathrm{Ker}(f)=|w_1, \cdots, w_r|$ と仮定したから），

$$G \cong F(x_1, \cdots, x_n)/|w_1, \cdots, w_r|$$

を得る．これが群 G の（自由群の剰余群としての）**表示**である．右辺の剰余群 $F(x_1, \cdots, x_n)/|w_1, \cdots, w_r|$ のことを記号で

§15 群 の 表 示 227

$$\langle x_1, \cdots, x_n \,|\, w_1, \cdots, w_r \rangle$$

と表わすことが多い．この記号を群 G の**表示**とよぶこともある．$x_1, \cdots, x_n$ を表示の**生成元**，$w_1, \cdots, w_r$ を**関係子**という．群 G は，文字 $x_1, x_2, \cdots, x_n$ で生成される自由群の中で，$w_1, w_2, \cdots, w_r$ で表わされる語を単位元に同一視して得られる群，と考えられるわけである．この意味で，群の表示を表わすのに $\langle x_1, \cdots, x_n \,|\, w_1 = e, \cdots, w_r = e \rangle$ または $\langle x_1, \cdots, x_n \,|\, w_1 = w_2 = \cdots = w_r = e \rangle$ などの記号を使うこともある．有限生成群 G であって上述の仮定 (*) を満たす群を**有限表示群**とよぶ．有限表示群は $G \cong \langle x_1, \cdots, x_n \,|\, w_1 = e, \cdots, w_r = e \rangle$ のように表示できるわけである．

例　3次対称群 S_3 の表示　3次対称群は次の6つの置換からなる (p. 137, §10, 例7°)．

$$e = \begin{pmatrix} 1 & 2 & 3 \\ 1 & 2 & 3 \end{pmatrix}, \quad \sigma_1 = \begin{pmatrix} 1 & 2 & 3 \\ 1 & 3 & 2 \end{pmatrix}, \quad \sigma_2 = \begin{pmatrix} 1 & 2 & 3 \\ 3 & 2 & 1 \end{pmatrix}, \quad \sigma_3 = \begin{pmatrix} 1 & 2 & 3 \\ 2 & 1 & 3 \end{pmatrix}$$

$$\tau_1 = \begin{pmatrix} 1 & 2 & 3 \\ 2 & 3 & 1 \end{pmatrix}, \quad \tau_2 = \begin{pmatrix} 1 & 2 & 3 \\ 3 & 1 & 2 \end{pmatrix}.$$

S_3 の生成元として σ_1, σ_2 がとれる．実際，他の4つの元は $\sigma_1, \sigma_2, \sigma_1^{-1}, \sigma_2^{-1}$ の積で書ける：$e = \sigma_1 \sigma_1^{-1}$, $\sigma_3 = \sigma_1 \sigma_2 \sigma_1$, $\tau_1 = \sigma_1 \sigma_2$, $\tau_2 = \sigma_2 \sigma_1$．§10, 例7° で述べた方法で，このうち，たとえば $\tau_1 = \sigma_1 \sigma_2$ を示してみよう．

$$\sigma_1 \sigma_2 = \begin{pmatrix} 1 & 2 & 3 \\ 1 & 3 & 2 \end{pmatrix} \begin{pmatrix} 1 & 2 & 3 \\ 3 & 2 & 1 \end{pmatrix} = \begin{pmatrix} 1 & 2 & 3 \\ 2 & 3 & 1 \end{pmatrix} = \tau_1.$$

他の証明も同様である．

　x, y を文字とする階数2の自由群 $F(x, y)$ から S_3 の上への準同型 $f : F(x, y) \to S_3$ を，$f(x) = \sigma_1$, $f(y) = \sigma_2$ となるように定める．（補題15.2を使う．）

$$\sigma_1^2 = \sigma_1 \sigma_1 = \begin{pmatrix} 1 & 2 & 3 \\ 1 & 3 & 2 \end{pmatrix} \begin{pmatrix} 1 & 2 & 3 \\ 1 & 3 & 2 \end{pmatrix} = \begin{pmatrix} 1 & 2 & 3 \\ 1 & 2 & 3 \end{pmatrix} = e.$$

同様に $\sigma_2^2 = e$ であるから，$f(x^2) = f(x)^2 = \sigma_1^2 = e$, $f(y^2) = f(y)^2 = \sigma_2^2 = e$ となる．したがって $x^2, y^2 \in \mathrm{Ker}(f)$ がわかる．

　また，$(\tau_1)^3 = e$ であることおよび $\sigma_1 \sigma_2 = \tau_1$ であることから，$f((xy)^3) = f(xy)^3 = (\sigma_1 \sigma_2)^3 = (\tau_1)^3 = e$．すなわち $(xy)^3 \in \mathrm{Ker}(f)$ もわかる．

228 第6章 いくつかの応用

したがって，$f: F(x, y) \rightarrow S_3$ から準同型 $f': F(x, y)/|x^2, y^2, (xy)^3| \rightarrow S_3$ が導かれる（補題 13.8）．f' は '上へ' の写像であって，S_3 の元の個数は 6 であるから，群 $F(x, y)/|x^2, y^2, (xy)^3|$ の元の個数も 6 以上であるが，もし，それがちょうど 6 であることがわかれば，f' は同型であることがいえる．

$F(x, y)/|x^2, y^2, (xy)^3|$ の含む元の個数を調べよう．この剰余群の中では $x^2 = e$，$y^2 = e$ であるから，$x = x^{-1}$，$y = y^{-1}$ であり，語の中に x^{-1}, y^{-1} が現われないとしてよい．また，同じく $xx = x^2 = e$，$yy = y^2 = e$ から，語の中には，x, y が続けて 2 個以上現われないとしてよい．つまり，x, y が交互に並ぶ語だけを考えればよい．更に $(xy)^3 = e$ であるから，$xyxyxy$ という部分を含まないとしてよい．

結局，剰余群 $F(x, y)/|x^2, y^2, (xy)^3|$ の任意の元は，次のせいぜい 12 個の語で代表される．

$$e,\ x,\ y,\ xy,\ yx,\ xyx,\ yxy,\ xyxy,\ yxyx,$$
$$xyxyx,\ yxyxy,\ yxyxyx.$$

ところが，$xyxyxy = e$ の両辺に右側から $y^{-1}x^{-1}$ を掛けると，$xyxy = y^{-1}x^{-1}$ $= yx$ がでるから 8 番目の語 $xyxy$ は 5 番目と同じである．また $xyxy = yx$ から $xyx = yxy^{-1} = yxy$ がでるから，7 番目と 6 番目は一致し，6 番目を残せば 7 番目は不要である．同様にして，$yxyx$（9 番目）$= y(xyx) = yyxy = xy$，$xyxyx$（10 番目）$= x(yxyx) = xxy = y$，$yxyxy$（11 番目）$= x$，$yxyxyx$（12 番目）$= e$，がわかり，群 $F(x, y)/|x^2, y^2, (xy)^3|$ の含む元は $\{e, x, y, xy, yx, xyx\}$ の 6 個以下である．この群が 6 個以上の元を含むことは既にわかっている．よって $F(x, y)/$ $|x^2, y^2, (xy)^3|$ の含む元の個数はちょうど 6 であって f' は同型である．$F(x, y)/$ $|x^2, y^2, (xy)^3| \cong S_3$ がわかった：$S_3 \cong \langle x, y \mid x^2 = e, y^2 = e, (xy)^3 = e \rangle$.

S_3 はこのような表示を持つ有限表示群である．

S_3 の場合はたまたま有限群であったが，有限表示群は必ずしも有限群ではない．たとえば，自由群 $F(x_1, \cdots, x_n)$ は関係子のひとつもない表示 $\langle x_1, \cdots, x_n| \rangle$ で表わされる有限表示群であるが，これは無限群である．$\langle x_1, \cdots, x_n| \rangle$ を単に，$\langle x_1, \cdots, x_n \rangle$ と書くことにする．この記号によれば，$F(x_1, \cdots, x_n) = \langle x_1, \cdots, x_n \rangle$ である．

$w_1, \cdots, w_r$ を，$x_1, \cdots, x_n, x_1^{-1}, \cdots, x_n^{-1}$ を文字とする勝手な語とすると，$\langle x_1, \cdots, x_n | w_1, \cdots, w_r \rangle$ は必ず何らかの群の表示になっている．実際これは，少なく

§15 群 の 表 示　　　229

とも剰余群 $F(x_1, \cdots, x_n)/|w_1, \cdots, w_r|$ の表示である.

　与えられた有限表示群 G について, **その表示は一意的でないことを注意して**おこう. たとえば 3 次対称群 S_3 の生成元として σ_1, τ_1 を選ぶと, $S_3 \cong \langle x, y \mid x^2 = y^3 = (xy)^2 = e \rangle$ という前と異なる表示が得られる. (前の表示では, x, y は σ_1, σ_2 に対応したが, この表示では, x, y は σ_1, τ_1 に対応する.)

群の可換化

　可換群は非可換群より扱いやすい. そこで, 与えられた非可換群 G の性質を極く大雑把に摑むために, G のすべての元が互いに可換という関係をつけ加えて, G を可換群に直してみることがよく行われる. これが G の**可換化**である. いわば, G の群構造の '第 1 近似' となっているような可換群を構成するのである.

　非可換な群 G を可換群に直すとは正確にはどういうことであろうか. われわれは既に剰余群の構成を知っている. 群 G の中から任意の元 $v_1, v_2, \cdots, v_s$ を選び, 部分集合 $\{v_1, v_2, \cdots, v_s\}$ によって生成される G の正規部分群 $|v_1, v_2, \cdots, v_s|$ を考える. そして, 剰余群 $G/|v_1, v_2, \cdots, v_s|$ に移れば, **この群の中では** v_1, $v_2, \cdots, v_s$ がすべて単位元 e に同一視され, $v_1 = e, v_2 = e, \cdots, v_s = e$ という等式が成立するのであった.

　群 G の 2 元 g, h があるとき, g と h が**可換**であるとは $gh = hg$ が成り立つことである. いま, この等式の両辺に左から $g^{-1}h^{-1}$ を掛けてみると, 左辺は $g^{-1}h^{-1}gh$ となり, 右辺は $g^{-1}h^{-1}hg = e$ となって, $g^{-1}h^{-1}gh = e$ という式が得られる. 逆に $g^{-1}h^{-1}gh = e$ という等式から $gh = hg$ が得られることもすぐにわかる.

　非可換群 G の中では g と h が可換と限らず, したがって $g^{-1}h^{-1}gh = e$ とは限らないが, $g^{-1}h^{-1}gh$ で生成される正規部分群 $|g^{-1}h^{-1}gh|$ を考えて, それによる剰余群 $G/|g^{-1}h^{-1}gh|$ に移れば, この剰余群の中では $g^{-1}h^{-1}gh = e$ が成り立ち, したがって $gh = hg$ となるわけである. 結局, 群 G に, $gh = hg$ という関係を新たにつけ加えるということは, 剰余群 $G/|g^{-1}h^{-1}gh|$ を考えることにほかならない.

　ふつう, $g^{-1}h^{-1}gh$ を $[g, h]$ という記号で表わして, g と h の**交換子**とよぶ. (いま説明したことから, $[g, h] = e \Leftrightarrow gh = hg$.)

　'G のすべての元が互いに可換である' という新たな関係を G につけ加えるに

は，G のすべての交換子 $[g, h]$ を単位元 e に同一視してしまえばよい．すなわち，g, h を G の中でいろいろ変えて，交換子 $[g, h]$ 全部からなる G の部分集合 C を考える：$C=\{[g, h] \mid g, h \in G\}$．そして C から生成される正規部分群 $|C|$ による G の剰余群 $G/|C|$ を作ればよい．

正規部分群 $|C|$ を $[G, G]$ で表わして，G の**交換子群**とよぶ．交換子群 $[G, G]$ による剰余群 $G/[G, G]$ が G の**可換化**である．$G/[G, G]$ は可換群である．

G がもともと可換群ならば，$\forall g, h \in G$ について，$[g, h]=e$ である．よって $C=\{e\}$．これから $[G, G]=|C|=\{e\}$ となる．このとき，G の可換化 $G/[G, G]$ は G 自身に一致する．

G の可換化 $G/[G, G]$ を簡単に G^{ab} と書こう．ここに ab は abelian group（＝可換群）の頭 2 文字である．

G の可換化 G^{ab} は，G から可換群への準同型に関して次のような普遍性を持つ：

補題 15.3 $f: G \to H$ を，群 G から可換群 H への任意の準同型とすると，f は $G \xrightarrow{\pi} G^{\mathrm{ab}} \xrightarrow{f'} H$ と分解する．ただし準同型 $\pi: G \to G^{\mathrm{ab}}$ は商写像 $\pi: G \to G/[G, G]$ のことである．

証明 $\forall g, h \in G$ について
$$f([g, h]) = f(g^{-1}h^{-1}gh) = f(g)^{-1}f(h)^{-1}f(g)f(h) = [f(g), f(h)] \in H$$
であるが，H が可換なことから $[f(g), f(h)]=e$ となる．よって $\forall [g, h] \in C$ について $f([g, h])=e$ が成り立ち，補題 13.8 により，f は $G \xrightarrow{\pi} G/|C| \xrightarrow{f'} H$ と分解する．これが示したいことであった．□

群 G が有限生成の場合，$g_1, \cdots, g_n$ をその生成元とし，生成元同士の交換子全体からなる有限集合
$$\{[g_i, g_j]\}_{i, j=1, 2, \cdots, n}$$
を考えると，この有限集合から生成される G の正規部分群は交換子群 $[G, G]$ に一致する（演習問題 15.2 を参照）．したがって，G を可換化するには，$[g_i, g_j]=e \, (i<j)$ という**有限個**の関係をつけ加えるだけでよい．（$[g_i, g_j]=[g_j, g_i]^{-1}$ であるから，$i<j$ だけ考えればよい．）つまり，G のすべての元を互いに可換にするには，生成元 $g_1, \cdots, g_n$ を互いに可換とするだけでよいのである．

とくに，有限表示群 $G=\langle x_1, \cdots, x_n \mid w_1=\cdots=w_r=e \rangle$ を可換化するには，

§15 群の表示　　231

$[x_i, x_j]=e\,(i<j)$ という $n(n-1)/2$ 個の関係をつけ加えればよい：$G^{\mathrm{ab}}=\langle x_1,$ $\cdots, x_n\,|\,w_1=\cdots=w_r=e,\,[x_i, x_j]=e\,(i<j)\rangle.$

例　3次対称群 S_3 の可換化　まず，任意の可換群 H の中で，$\forall g, h\in H$ について，$(gh)^n=g^n h^n$ が成り立つことに注意する．n は整数．（非可換群の中では必ずしも成り立たない．）実際，$gh=hg$ であるから $(gh)^2=ghgh=gghh=g^2 h^2,$ $(gh)^3=ghghgh=g^3 h^3,\,\cdots,\,\mathrm{etc.}$

さて，3次対称群は $S_3\cong\langle x, y\,|\,x^2=y^2=(xy)^3=e\rangle$ と表示された．可換化 $(S_3)^{\mathrm{ab}}$ にうつると $x^3 y^3=(xy)^3=e$ が成り立つ．ここで $x^2=e$，$y^2=e$ を使うと $xy=x$ $(x^2)y(y^2)=x^3 y^3=e$ を得る．よって $(S_3)^{\mathrm{ab}}$ の中で，$x=y^{-1}=y$ となる．

S_3 の元は，e, x, y, xy, yx, xyx の 6 つの語のどれかに一致したが，$(S_3)^{\mathrm{ab}}$ の中では更に $x=y$ であるから，これらの元は e, x のどちらかに一致する．実際，4 番目の xy は $xy=y^2=e$．5 番目も $yx=e$．6 番目は $xyx=x^3=x$.

§10 で述べた準同型 $\varepsilon: S_3\to\{\pm1\}$ に，補題 15.3 を適用すると，'上へ' の準同型 $\varepsilon': (S_3)^{\mathrm{ab}}\to\{\pm1\}$ を得るから，$(S_3)^{\mathrm{ab}}$ は自明群ではない．よって $(S_3)^{\mathrm{ab}}$ は $\{e,$ $x\}$ より簡単になることはなく，$(S_3)^{\mathrm{ab}}=\{e, x\}$ である．ただし $x^2=e$．したがって $(S_3)^{\mathrm{ab}}\cong\langle x\,|\,x^2=e\rangle$ と表示できる．

容易にわかるように，この群 $\langle x\,|\,x^2=e\rangle$ は $\boldsymbol{Z}/2\,(0, 1$ からなる加法群，$0+0=$ $0,\,0+1=1,\,1+0=1,\,1+1=0)$ に同型である：$(S_3)^{\mathrm{ab}}\cong\boldsymbol{Z}/2.$

加群の直和

以後，可換群を**加群**と考えよう．すなわち，'積' を $+$（足し算）で表わし，単位元を 0，また g の逆元を $-g$ と書く．

$G_1, G_2, \cdots, G_n$ が加群のとき，その**直和**

$$G_1\oplus G_2\oplus\cdots\oplus G_n$$

を次のように定義する．$G_1\oplus G_2\oplus\cdots\oplus G_n$ の元は，G_1 の元 g_1，G_2 の元 g_2，$\cdots$，G_n の元 g_n，をこの順に並べた 'n 対' $(g_1, g_2, \cdots, g_n)$ である．そして，$(g_1, g_2, \cdots,$ $g_n), (h_1, h_2, \cdots, h_n)\in G_1\oplus G_2\oplus\cdots\oplus G_n$ の足し算を

$$(g_1, g_2, \cdots, g_n)+(h_1, h_2, \cdots, h_n)=(g_1+h_1, g_2+h_2, \cdots, g_n+h_n)$$

と定義する．要するに，ベクトルのように思って加えればよい．$G_1\oplus\cdots\oplus G_n$ の単位元は $(0, 0, \cdots, 0)$ である．これを簡単に $O=(0, 0, \cdots, 0)$ と書く．$(g_1, g_2,$ $\cdots, g_n)$ の逆元は $(-g_1, -g_2, \cdots, -g_n)$ である．

232　　第6章　いくつかの応用

G_i の元 g_i を $(0, \cdots, 0, \overset{i}{g_i}, 0, \cdots, 0)$ と同一視して，G_i を直和 $G_1 \oplus \cdots \oplus G_n$ の部分群と考えることができる．そのような同一視のもとで，$(g_1, g_2, \cdots, g_n) = (g_1, 0, \cdots, 0) + (0, g_2, 0, \cdots, 0) + \cdots + (0, \cdots, 0, g_n) = g_1 + g_2 + \cdots + g_n$ と書ける．つまり，直和 $G_1 \oplus \cdots \oplus G_n$ の中では，異なる加群に属する元 $g_1, \cdots, g_n$ の間の足し算が意味を持つのである．

例　自由群 $F(x_1, \cdots, x_n)$ の可換化　可換化した $F(x_1, \cdots, x_n)^{\mathrm{ab}}$ の中では，$x_i x_j = x_j x_i$ であるから，任意の語は，$x_1^{m(1)} x_2^{m(2)} \cdots x_n^{m(n)}$ (ただし，$m(i)$ は整数) の形の語に等しい．たとえば，$x_1^2 x_2 x_1^{-5} = x_1^2 x_1^{-5} x_2 = x_1^{-3} x_2$．また $x_1^{m(1)} x_2^{m(2)} \cdots x_n^{m(n)} = x_1^{l(1)} x_2^{l(2)} \cdots x_n^{l(n)}$ $(l(i) \in Z)$ ならば，$m(i) = l(i)$，$i = 1, 2, \cdots, n$ である (演習問題 15.3)．

準同型写像 $\varphi: F(x_1, \cdots, x_n)^{\mathrm{ab}} \to Z \oplus \cdots \oplus Z$ (n 個の Z の直和) を，$\varphi(x_1^{m(1)} x_2^{m(2)} \cdots x_n^{m(n)}) = (m(1), m(2), \cdots, m(n))$ と定義し，また，準同型写像 $\psi: Z \oplus \cdots \oplus Z \to F(x_1, \cdots, x_n)^{\mathrm{ab}}$ を，$\psi(m(1), m(2), \cdots, m(n)) = x_1^{m(1)} x_2^{m(2)} \cdots x_n^{m(n)}$ と定義する．φ と ψ は互いに他の逆写像になり，したがって同型である．

$F(x_1, \cdots, x_n)^{\mathrm{ab}} \cong Z \oplus \cdots \oplus Z$ (n 個の Z の直和) がわかった．右辺の $Z \oplus \cdots \oplus Z$ を，**階数 n の自由加群**とよぶ．――

有限生成加群に関する基本定理を述べよう．(証明はたとえば，田村一郎；"トポロジー"，岩波全書，1972年，p. 88 をみよ．)

定理 15.4　(i)　有限生成加群 G は次のような直和に同型になる：$G \cong Z \oplus \cdots \oplus Z \oplus A$．ここに A は有限な加群である．(A の元の個数は有限個．)

(ii)　$Z \oplus \cdots \oplus Z \oplus A \cong Z \oplus \cdots \oplus Z \oplus B$ (A, B は有限加群) なら，左右両辺に現われる Z の個数は等しく，また $A \cong B$ である．

定義 15.5　$G \cong Z \oplus \cdots \oplus Z \oplus A$ に現われる Z の個数を有限生成加群 G の**階数** (rank) という．また A を G の**ねじれ部分** (torsion part) という．――

G, G' が非可換のとき，$G \cong G'$ なら，その可換化 $G^{\mathrm{ab}}, (G')^{\mathrm{ab}}$ も同型であるから，$G^{\mathrm{ab}}, (G')^{\mathrm{ab}}$ の**階数やねじれ部分は一致**しなければならない．

演習問題

15.1　(i)　$g, h \in G$ について $[g, h]^{-1} = [h, g]$ を示せ．

(ii)　$g, h, k \in G$ について $[gh, k] = [g, k][[g, k], h][h, k]$ を示せ．

(iii)　同じく $[g, hk] = [g, k][g, h][[g, h], k]$ を示せ．((ii)(iii)をホールの公式とい

§16 空間の工作と閉曲面の基本群　　　233

う.)

15.2 前問を利用して次のことを証明せよ：G が $g_1, g_2, \cdots, g_n$ で生成される有限生成群のとき，任意の交換子 $[g, h]$ は正規部分群 $|\{[g_i, g_j]_{i<j}\}|$ に含まれる.

15.3 (i) $w, v \in F(x_1, \cdots, x_n)$ のとき，$[w, v]$ を語と考えると，$[w, v]$ の中の x_i の指数の和は各 i につき 0 である.

(ii) $F(x_1, \cdots, x_n)$ の交換子群 $[F(x_1, \cdots, x_n), F(x_1, \cdots, x_n)]$ に属する任意の元について，それを $x_1, \cdots, x_n$ についての語とみなしたとき，x_i の指数の和は，各 i につき 0 である.

(iii) 語 w と v が $F(x_1, \cdots, x_n)$ の可換化にうつって等しければ，それぞれの中の x_i の指数の和は，各 i につき等しい.

15.4 $\langle x \,|\, x^q = e \rangle \cong \mathbf{Z}/q$ を示せ．q は正整数.

15.5 $\langle x, y \,|\, x^5 = y^3, y^3 = (xy)^2, xy = yx \rangle \cong \{e\}$（自明群）を証明せよ．ここに $x^5 = y^3$ は $x^5 y^{-3} = e$ と同じことである．$y^3 = (xy)^2$, $xy = yx$ についても同様．この問題からわかるように，複雑な表示で与えられる群が必ずしも複雑な群とは限らない.

§16 空間の工作と閉曲面の基本群

2次元球面 S^2 を赤道に沿って切り離すと2枚の円板が得られる．逆に，2枚の円板をそれらの縁に沿って貼り合わせれば S^2 になる．また，長方形の2組の対辺を同一視してトーラス T^2 を得る（§1参照）.

このように空間を切り開いたり貼り合わせたりする工作を通じて研究を進めることは，トポロジーに特有の方法である．この節では，空間の工作を利用して閉曲面の基本群を計算してみよう．まず，空間の貼り合わせに関する一般論を述べる.

空間の貼り合わせ

空間の貼り合わせの基礎となるのは，**等化空間**の概念である.

いま，ある位相空間 X から（位相の入っていない）集合 Z の上への写像 $\pi: X \to Z$ が与えられているとする．問題は，集合 Z に適当な位相を入れることによって，この写像 $\pi: X \to Z$ が位相空間の間の連続写像になるようにできるか，ということである．最も安易な解決は，Z に自明な位相 $\mathcal{O} = \{\phi, Z\}$ を入れることであろう．$\pi^{-1}(\phi) = \phi$ と $\pi^{-1}(Z) = X$ とはともに X の開集合だから，こうすると確かに $\pi: X \to Z$ は連続になる.

234　　　　　　　第6章　いくつかの応用

　しかし，この解決は手軽すぎる．π が連続になると同時に，Z にはなるべく
たくさんの開集合があるようにしたいのである．そこで次のような位相を考え
る．

　定義16.1　Z の部分集合 U について，その π による逆像 $\pi^{-1}(U)$ が X の開
集合になるとき，かつ，そのときに限り U を Z の**開集合**とよぶことにする．
このような Z の '開集合' 全体を $\mathcal{O}_\pi$ と書く．——

　$\mathcal{O}_\pi$ が，定義5.15の意味の開集合系の条件(i)(ii)(iii)を満たすことはすぐに
確かめられるので，$\mathcal{O}_\pi$ は Z の位相になる．$\mathcal{O}_\pi$ を $\pi:X{\to}Z$ によってきまる**等化
位相**(または**商位相**)とよび，集合 Z に等化位相 $\mathcal{O}_\pi$ を入れた位相空間 $(Z,\mathcal{O}_\pi)$ を
等化空間(または**商空間**)とよぶ．Z に等化位相を入れれば，明らかに $\pi:X{\to}Z$
は(定義5.16の意味で)連続になる．

　空間の貼り合わせを説明する前に，より簡単な工作，すなわち，位相空間の
直和(disjoint union)について述べておこう．2つの位相空間 X,Y を，**ばらば
らに並べて置いたもの**を全体としてひとつの位相空間とみなして，これを X
と Y の**直和**という．記号で $X+Y$ と表わす．$X+Y$ の中では X と Y に共通部
分はない．$(X{\cap}Y{=}\phi.)$ また，$X+Y$ の開集合は，X の開集合か Y の開集合，
またはそれらの和集合である．とくに，X,Y 自身はそれぞれ $X+Y$ の開集合
であるから，$X{\neq}\phi, Y{\neq}\phi$ のとき，$X+Y$ は連結でない．

　さて，空間の貼り合わせであるが，これには2つの場合が考えられる．第1
は，2つの円板から S^2 を作る時のように，2つの位相空間 X,Y をそれぞれの
中の部分空間 A,B(いまの例では，A,B はそれぞれの円板の縁)に沿って貼り
合わせる場合，第2は長方形の1組の対辺を貼り合わせてアニュラスを作る時
のように，1つの位相空間の中の，互いに共通部分のない2つの部分空間 A,B
(いまの例では，長方形の左辺，右辺がそれぞれ A,B にあたる)を同一視する
ような場合である．なお，長方形の2組の対辺を同一視してトーラスを作るの
は，第2の型の貼り合わせを2度続けて行ったものである．

　第1の状況において，X と Y の直和 $X+Y$ をひとつの空間と思い，$A({\subset}X)$
と $B({\subset}Y)$ をともに $X+Y$ の部分空間とみなせば，これは第2の場合の状況に
相当する．したがって，第1の型の貼り合わせは第2の型の貼り合わせの特別

な場合になるから，以後，第2の型の貼り合わせのみを考えることにする．

位相空間 X の，互いに共通部分のない部分空間 A, B があって，互いに位相同形 $A \approx B$ であり，それらの間に同相写像 $\varphi: A \to B$ が与えられている，という状況を考える．（第2の場合の状況である．）

A, B を $\varphi: A \to B$ により同一視して（つまり貼り合わせて）X から新しい空間を作りたい（図 16.1）．

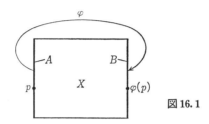

図 16.1

簡単にいえば，X において，A の各点 p をそれに対応する B の点 $\varphi(p)$ に同一視して同じ1点 ($p = \varphi(p)$) と思えばよいのである．上述の等化空間の考えを用いてこのことをもっと正確に述べてみよう．

'同一視'するという操作は，つねに，ある同値関係を伴うものである．いまの場合，空間 X の点の間に，次の4条件できまる同値関係 $\sim$ を導入する．

(a) $\forall p \in X$ につき $p \sim p$ とする．

(b) $\forall p \in A$ につき $p \sim \varphi(p)$ とする．（$\varphi(p)$ は B の点である．）

(c) $\forall p \in B$ につき $p \sim \varphi^{-1}(p)$ とする．（$\varphi^{-1}(p)$ は A の点である．）

(d) 上記 (a)(b)(c) 以外には，$p \sim q$ の関係はないとする．

この関係 $\sim$ が同値関係であることはすぐにわかる．点 $p \in X$ と同値な点は，$p \notin (A \cup B)$ なら p 自身しかないし，$p \in (A \cup B)$ なら，φ で対応し合う2点が同値な点になる．

商集合 $X/\sim$ を考え，これを Z とする．Z の中では，$p \in A$ と $\varphi(p) \in B$ が同一視されて1点になるわけである．商写像を $\pi: X \to Z$ としよう（図 16.2）．このとき，

定義 16.2 商集合 Z に，$\pi: X \to Z$ できまる等化位相を入れて得られる位相空間を，X の部分空間 A, B を同相写像 $\varphi: A \to B$ で貼り合わせて得られる空間 とよび，X/φ の記号で表わす（図 16.2）．――

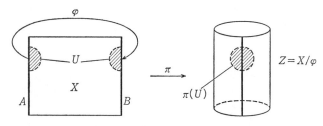

図 16.2

X/φ の開集合に関して次の補題が成り立つ．

補題 16.3　U が X の開集合であって，$\varphi(U \cap A) = U \cap B$ が成り立てば，$\pi(U)$ は X/φ の開集合になる．($\pi(U)$ は，U において $U \cap A$ と $U \cap B$ を $\varphi|(U \cap A) : U \cap A \to U \cap B$ で貼り合わせて得られた空間である．) 逆に，X/φ の任意の開集合は，このようにして得られる (図 16.2)．

系 16.3.1　U が X の開集合で，$U \cap A = \phi$ かつ $U \cap B = \phi$ なら，$\pi(U)$ は X/φ の開集合である．

補題 16.3 の証明　$\pi(U)$ が X/φ の開集合であることを示すには，等化位相の定義によって，$\pi^{-1}(\pi(U))$ が X の開集合であることを示せばよい．ところが $\varphi(U \cap A) = U \cap B$ の仮定から，$\pi^{-1}(\pi(U)) = U$ がわかる．U は X の開集合であった．よって $\pi^{-1}(\pi(U))$ は X の開集合．したがって $\pi(U)$ は X/φ の開集合になる．逆に，W を X/φ の任意の開集合とすれば，$\pi^{-1}(W)$ は X の開集合であり，$U = \pi^{-1}(W)$ とおけば，$\varphi(U \cap A) = U \cap B$ かつ，$W = \pi(U)$ がわかる．□

位相空間 X の中に，互いに共通部分のない部分空間 A, B があり，また別の位相空間 X' に，互いに共通部分のない部分空間 A', B' があるとする．そして，それぞれに，同相写像 $\varphi: A \to B$, $\psi: A' \to B'$ が与えられているとしよう．このとき，次の補題が成立する．

補題 16.4　$F(A) = A'$, $F(B) = B'$ であるような同相写像 $F: X \to X'$ があるとし，$\forall p \in A$ について $F(\varphi(p)) = \psi(F(p))$ が成り立てば (すなわち，$(F|B) \circ \varphi = \psi \circ (F|A)$ が成り立てば)，F から同相写像 $f: X/\varphi \to X'/\psi$ が導かれる．

証明　X/φ を構成する際 X に導入した同値関係を $\sim$ としよう．X' における同様の同値関係を $\sim'$ とする．$(F|B) \circ \varphi = \psi \circ (F|A)$ の仮定から X において $p \sim q$ なら X' においても $F(p) \sim' F(q)$ であることがわかる．(なぜか？ ヒント：

$q=\varphi(p)$ なら $F(q)=F(\varphi(p))=\psi(F(p))$，よって $F(p)\sim' F(q)$．)

したがって，F から，商集合の間の写像 $f:X/\varphi \to X'/\psi$ が導かれる．そして，次の図式が可換になる．

$$\begin{array}{ccc} X & \xrightarrow{F} & X' \\ \pi\downarrow & & \downarrow\pi' \\ X/\varphi & \xrightarrow{f} & X'/\psi \end{array} \quad (\pi'\circ F=f\circ\pi)$$

W' を X'/ψ の任意の開集合とする．$\pi^{-1}(f^{-1}(W'))=F^{-1}(\pi'^{-1}(W'))$ であるが，$\pi'^{-1}(W')$ は X' の開集合であり，また F の連続性より $F^{-1}(\pi'^{-1}(W'))$ は X の開集合である．結局，$\pi^{-1}(f^{-1}(W'))$ が X の開集合となり，X/φ の等化位相の定義から，$f^{-1}(W')$ は X/φ の開集合になる．したがって，$f:X/\varphi\to X'/\psi$ は連続である．

F の逆写像 $F^{-1}:X'\to X$ に関して今と同じ議論を繰り返せば，f の逆写像で，連続なものが得られる．よって，f は同相写像である．□

念のため，先に'第1の型の貼り合わせ'とよんだ工作についても述べておこう．2つの位相空間 X,Y があり，それぞれの空間の中に部分空間 A,B があるとする．そして $A\approx B$ であって，同相写像 $\varphi:A\to B$ が与えられている，と仮定する．このとき，A,B を直和 $X+Y$ の部分空間と考え，それらを $\varphi:A\to B$ で貼り合わせて得られる空間 $(X+Y)/\varphi$ のことを，X と Y を $\varphi:A\to B$ で**貼り合わせて得られる空間**とよび，$X\underset{\varphi}{\cup}Y$ という記号で表わす(図16.3)．

このとき，商写像 $\pi:X+Y\to X\underset{\varphi}{\cup}Y$ はもちろん連続になる．補題 16.3 の特別な場合として，$X\underset{\varphi}{\cup}Y$ の開集合に関する補題が得られる．また，補題 16.4 の特別な場合として，$X\underset{\varphi}{\cup}Y$ の位相同形類に関する補題が得られる．とくに後者を

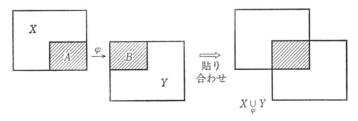

図 16.3

述べておく．

補題 16.5 A, B, A', B' をそれぞれ位相空間 X, Y, X', Y' の部分空間とし，同相写像 $\varphi: A \to B$, $\psi: A' \to B'$ が与えられているものとする．いま，同相写像 $f: X \to X'$ と $g: Y \to Y'$ があり，$f(A) = A'$, $g(B) = B'$, かつ $(g|B) \circ \varphi = \psi \circ (f|A)$ が成り立つなら，$X \underset{\varphi}{\cup} Y \approx X' \underset{\psi}{\cup} Y'$ である（図 16.4）．――

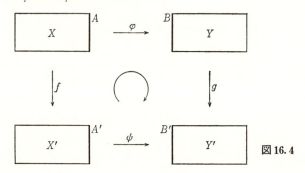

図 16.4

補題 16.5 を証明するには，X 上では f, Y 上では g であるような同相写像 $F:(X+Y) \to (X'+Y')$ を考え，それについて，補題 16.4 を適用すればよい．

注意 必ずしも同相写像でない，単なる連続写像 $\varphi: A \to B$ についても，φ による空間の貼り合わせを考えることがあるが，この本ではいつも $\varphi: A \to B$ は同相写像であるものとする．

円板の貼り合わせによる基本群の変化

ある位相空間に，円板を縁（円周）に沿って貼り合わせたとき，空間の基本群がどう変化するか，を調べよう．

円板 D^2 の縁を ∂D^2 と書く．$\partial D^2 \approx S^1$ である．

補題 16.6 X は弧状連結な位相空間で，S^1 に位相同形な部分空間 A を含むものとする．同相写像 $\varphi: \partial D^2 \to A$ によって，円板 D^2 と X を貼り合わせ，得られた空間を $D^2 \underset{\varphi}{\cup} X$ とする．A の中に基点 p_0 をとると，$A \approx S^1$ であるから（適当に方向を定めて），A は p_0 を基点とする X の閉道と考えられる．その属するホモトピー類を $[A] \in \pi_1(X, p_0)$ と書こう．このとき

$$\pi_1(D^2 \underset{\varphi}{\cup} X, p_0) \cong \pi_1(X, p_0)/|[A]|$$

が成り立つ（図 16.5）．ただし，$|[A]|$ は元 $[A]$ から生成された正規部分群．

証明 円板 D^2（'おわん'）をかぶせると，X の閉道 A が円板上を滑って零ホ

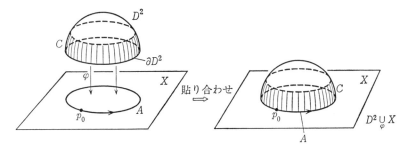

図 16.5

モトープになってしまう，というのがこの補題の直観的意味である．

円板 D^2 から，半径 $1/2$ の同心円板を除いた残りを C とする（図 16.5 の左図）．C は D^2 の開集合であり，しかも縁 ∂D^2 を変位レトラクトとして含む．（C はアニュラス（§1）から一方の縁を除いたものである．他方の縁が ∂D^2 である．C は連続的に ∂D^2 の上に縮む．）

補題 16.3 を $D^2 + X$ （直和）の開集合 $C + X$ に適用すると，$\pi(C+X) = C \cup_\varphi X$ が $D^2 \cup_\varphi X$ の開集合であることがわかる．$C \cup_\varphi X$ は X を変位レトラクトとして含む．なぜなら，図 16.5 の右図において，C は A に沿って立つ X 上の'フェンス'のようなものであるが，その高さをしだいに 0 にすると $C \cup_\varphi X$ は X 上に縮んでしまうからである．したがって $C \cup_\varphi X \simeq X$（ホモトピー同値）である．

一方，円板 D^2 の内部 $\mathring{D}^2 (= D^2 - \partial D^2)$ は縁 ∂D^2 と交わらないから，系 16.3.1 により，$\mathring{D}^2$ は $D^2 \cup_\varphi X$ の開集合である．

$D^2 \cup_\varphi X$ を，2 つの開集合，$\mathring{D}^2$ と $C \cup_\varphi X$，の和集合と考えてファンカンペンの定理 14.1 を適用する．この 2 つの開集合の共通部分は $\mathring{D}^2 \cap (C \cup_\varphi X) = \mathring{D}^2 \cap C (= C - \partial D^2)$ である．これは，アニュラスから両側の縁をとり除いたもので，S^1 と同じホモトピー型を持つ．

p_0 とは別に，$D^2 \cup_\varphi X$ の基点を，共通部分 $\mathring{D}^2 \cap C$ 内の点 p_1 にとろう．$K = \pi_1(\mathring{D}^2 \cap C, p_1)$ とおく．$\mathring{D}^2 \cap C \simeq S^1$ ゆえ $K \cong \mathbf{Z}$ である．

ファンカンペンの定理によって
$$\pi_1(D^2 \cup_\varphi X, p_1) \cong \pi_1(\mathring{D}^2, p_1) *_K \pi_1(C \cup_\varphi X, p_1)$$
である．ここで，$\pi_1(\mathring{D}^2, p_1) \cong \{e\}$（自明群）であるから，補題 13.13 が使えて，
$$\pi_1(D^2 \cup_\varphi X, p_1) \cong \pi_1(C \cup_\varphi X, p_1)/|j_*(K)|$$

となる. ただし, $j_{\sharp}: K=\pi_1(\mathring{D}^2\cap C, p_1) \to \pi_1(C\underset{\varphi}{\cup}X, p_1)$ は, 包含写像 $j:\mathring{D}^2\cap C \to C\underset{\varphi}{\cup}X$ から誘導された準同型写像である.

$C\underset{\varphi}{\cup}X$ は弧状連結ゆえ, 基点 p_1 をもとの p_0 に変えても基本群は同型: $\pi_1(C\underset{\varphi}{\cup}X, p_1) \cong \pi_1(C\underset{\varphi}{\cup}X, p_0)$. また, $C\underset{\varphi}{\cup}X \simeq X$ だから, $\pi_1(C\underset{\varphi}{\cup}X, p_0) \cong \pi_1(X, p_0)$. 2つの同型を合わせて $\pi_1(C\underset{\varphi}{\cup}X, p_1) \cong \pi_1(X, p_0)$ を得る. この同型によって $|j_{\sharp}(K)|$ が $|[A]|$ にうつることは図16.5の状況からわかる. よって,

$$\pi_1(D^2\underset{\varphi}{\cup}X, p_1) \cong \pi_1(C\underset{\varphi}{\cup}X, p_1)/|j_{\sharp}(K)| \cong \pi_1(X, p_0)/|[A]|$$

が示せた. $D^2\underset{\varphi}{\cup}X$ は弧状連結だから $\pi_1(D^2\underset{\varphi}{\cup}X, p_1) \cong \pi_1(D^2\underset{\varphi}{\cup}X, p_0)$. (基点を p_1 から p_0 に変えてよい.) □

閉 曲 面

閉曲面の定義を述べよう.

定義 16.7 次の3条件(i)(ii)(iii)を満たす連結な位相空間 X を**閉曲面**という.

(i) X はコンパクトである.

(ii) X はハウスドルフ空間である. (すなわち, 任意の, 相異なる $p, q \in X$ について, $p \in U$, $q \in V$ かつ, $U \cap V = \phi$, であるような開近傍 U, V がある. 定義5.22参照.)

(iii) X の各点 p について, 円板 D^2 の内部 $\mathring{D}^2$ (開円板) と位相同形な p の開近傍がある. ──

2次元球面 S^2 やトーラス $T^2 (\approx S^1 \times S^1)$ はこの意味の閉曲面である. 実際, それらは E^3 の有界閉集合であるからコンパクトであり, またハウスドルフ空間である. 各点が開円板と位相同形な開近傍を持つことも図16.6からわかる.

§1で構成された射影平面 P^2 も閉曲面の例である. その構成を思い出すと,

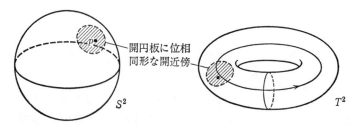

図 16.6

§16 空間の工作と閉曲面の基本群

まず，メビウスの帯 M と円板 D^2 を用意する．M の縁（それを ∂M と書く）は円板の縁 ∂D^2 と同じく円周 S^1 に位相同形であるから，適当な同相写像 $\varphi: \partial D^2 \to \partial M$ が存在する．φ によって D^2 と M を貼り合わせて得られる位相空間（§1 ではやや苦しまぎれに抽象的図形と呼んでおいた）が，**射影平面** P^2 である．

円板 D^2 もメビウスの帯 M もコンパクトである．これから直和 $D^2 + M$ もコンパクトであることが示せる．そして商写像 $\pi : D^2 + M \to D^2 \underset{\varphi}{\cup} M$ は'上へ'の連続写像であるから，補題 6.15 により $P^2 = D^2 \underset{\varphi}{\cup} M$ もコンパクトになる．

また下図 16.7 と補題 16.3 により，P^2 はハウスドルフ空間で，しかも各点の開近傍として開円板に位相同形なものがとれることがわかる．つまり，P^2 は定義 16.7 の意味の閉曲面である．

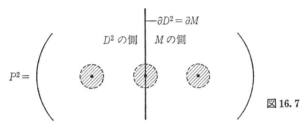

図 16.7

閉曲面の概念は，n 次元多様体の概念の特別な場合である．

定義 16.8 位相空間 X が次の 3 条件 (i)(ii)(iii) を満たすとき，X を n 次元**多様体**という．

(i) X はたかだか可算個の（すなわち，自然数全体と同じ程度にたくさんの）コンパクトな部分空間の和集合になる．

(ii) X はハウスドルフ空間である．

(iii) X の各点 p について，n 次元開球体 $\mathring{D}^n$（球体 D^n から表面 S^{n-1} をとり去ったもの）に位相同形な開近傍がある．——

n 次元ユークリッド空間 E^n や n 次元球面 S^n が n 次元多様体の例である．

このほかに，n 次元球体 D^n のように**境界を持つ** n 次元多様体の概念もあるが詳細は省く．（これと区別するため，定義 16.8 で述べた多様体を**境界を持たない** n 次元多様体とよぶこともある．）メビウスの帯 M や円板 D^2 は，境界を持つ 2 次元多様体であり，その縁が**境界**である．n 次元多様体 M^n の境界を表わすのに，∂M^n という記号が用いられる．たとえば $\partial D^n = S^{n-1}$．

境界を持たないコンパクトな n 次元多様体を n 次元閉多様体という．閉曲面とは連結な 2 次元閉多様体にほかならない．

射影平面の基本群

閉曲面の基本群の最初の例として，射影平面 P^2 の基本群を計算しよう．P^2 は，メビウスの帯 M に円板 D^2 を縁 ∂M にそって貼り付けたものであった：$P^2 = D^2 \cup_\varphi M$．したがって，上で証明した補題 16.6 が使えて，∂M 上に基点 p_0 をとると，$\pi_1(P^2, p_0) = \pi_1(D^2 \cup_\varphi M, p_0) \cong \pi_1(M, p_0)/|[\partial M]|$ となる．

M の中心線 S^1 は M の変位レトラクトであった（§12，図 12.5）．よって，基点を $p_1 \in S^1(\subset M)$ にとれば，$\pi_1(M, p_1) \cong \pi_1(S^1, p_1) \cong \mathbb{Z}$ である．M は弧状連結だから，基点のとり方は実は p_0 でも p_1 でもよく，$\pi_1(M, p_0) \cong \pi_1(M, p_1) \cong \mathbb{Z}$ となる．

$\mathbb{Z}$ を，それと同型な乗法群 $\langle x \rangle \, (= \{\cdots, x^{-1}, e, x^1, x^2, \cdots\})$ でおきかえておくと都合がよい：$\pi_1(M, p_0) \cong \langle x \rangle$．（$\langle x \rangle$ については §14, p.220 を見よ．）

p_0 をでて ∂M を 1 周する閉道は，M の中で，中心線を 2 回まわる道にホモトープである．すなわち，$[\partial M] = x^2 \in \pi_1(M, p_0)$（図 16.8）．

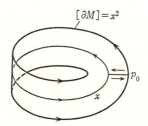

図 16.8

これから，$\pi_1(P^2, p_0) \cong \pi_1(M, p_0)/|[\partial M]| \cong \langle x \rangle / |x^2|$．この群は $\langle x \mid x^2 = e \rangle$ と表示されるが，§15 で S_3 の可換化の時に述べたように，$\langle x \mid x^2 = e \rangle \cong \mathbb{Z}/2$ である．

結局，$\pi_1(P^2, p_0) \cong \mathbb{Z}/2$ がわかった．

トーラス T^2 の基本群

トーラス T^2 上に小さな円板 D^2 をとり，その内部（開円板）を除いて穴をあける．残りの部分 $T^2 - \mathring{D}^2$ をしだいに変形すると，円板に 1 対のバンド（つまり 2 本のバンド）を，その足が交叉するようにとりつけた図形 $Y_{(1)}$ に位相同形になる（図 16.9）．

このバンドつき円板 $Y_{(1)}$ は，2 つの円周のブーケ $S^1 \vee S^1$ にホモトピー同値で

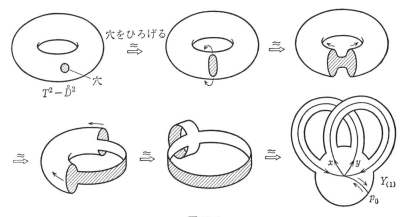

図 16.9

ある.よって $\pi_1(Y_{(1)}, p_0) \cong F(x, y)$. 自由群 $F(x, y)$ の生成元 x, y は図 16.10 のようにとった.また基点 p_0 は $\partial Y_{(1)}$ 上の点である.

$\varphi: \partial D^2 \to \partial Y_{(1)}$ を同相写像として,$T^2 = D^2 \underset{\varphi}{\cup} Y_{(1)}$ である.補題 16.6 によって,$\pi_1(T^2, p_0) \cong \pi_1(Y_{(1)}, p_0) / |[\partial Y_{(1)}]|$ が成り立つ.

基点 p_0 を出発して $\partial Y_{(1)}$ を 1 周する閉道のホモトピー類は,図 16.10 で見るように $x^{-1}y^{-1}xy$ (=交換子 $[x, y]$) に等しい.

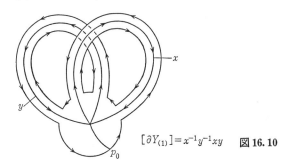

$[\partial Y_{(1)}] = x^{-1}y^{-1}xy$ **図 16.10**

したがって,$\pi_1(T^2, p_0) \cong \pi_1(Y_{(1)}, p_0) / |[\partial Y_{(1)}]| \cong F(x, y) / |[x, y]| \cong F(x, y)^{\mathrm{ab}}$ ($F(x, y)$ の可換化) $\cong \mathbf{Z} \oplus \mathbf{Z}$ である (§15).

こうして $\pi_1(T^2, p_0) \cong \mathbf{Z} \oplus \mathbf{Z}$ を得た.それぞれの $\mathbf{Z}$ の生成元 x, y は,T^2 の上では図 16.11 のような位置にある.なお,トーラスの基本群を,$T^2 = S^1 \times S^1$ と考え,演習問題 12.4 を適用して求めることもできる.

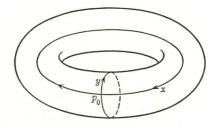

図 16.11

一般の閉曲面の基本群

まず，閉曲面の'足し算'に相当する**連結和**を定義しよう．閉曲面 X から，その上の円板 D^2 の内部(開円板)を取り去って，残った図形 $X - \mathring{D}^2$ を X_0 と書く．X に穴をあけたものが X_0 である．たとえば，$(P^2)_0 \approx M$ (メビウスの帯)である．X_0 は'境界を持つ曲面'になっていて，$\partial X_0 \approx S^1$ である．2つの閉曲面 $X^{(1)}, X^{(2)}$ が与えられたとき，それらから穴をあけた曲面 $X_0^{(1)}, X_0^{(2)}$ を作り，縁の間の同相写像 $\varphi: \partial X_0^{(1)} \to \partial X_0^{(2)}$ で $X_0^{(1)}$ と $X_0^{(2)}$ を貼り合わせた空間 $X_0^{(1)} \underset{\varphi}{\cup} X_0^{(2)}$ を構成する．これを $X^{(1)} \sharp X^{(2)}$ という記号で表わして，閉曲面 $X^{(1)}$ と $X^{(2)}$ の**連結和**とよぶ．$X^{(1)} \sharp X^{(2)}$ は再び閉曲面になる(図 16.12)．

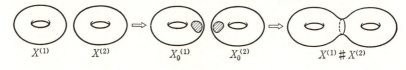

図 16.12

図 16.12 は $X^{(1)} \approx X^{(2)} \approx T^2$ の場合であって，2つのトーラスの連結和として'2人乗りの浮き袋'[*] $T^2 \sharp T^2$ が得られることを示している．

n 個のトーラス($n \geq 1$)を次々と連結和でつないで得られる閉曲面を nT^2 と書こう：$nT^2 = T^2 \sharp T^2 \sharp \cdots \sharp T^2$ (n個)．nT^2 は n 人乗りの浮き袋である(図 16.13)．

同様に，n 個の射影平面($n \geq 1$)を連結和で次々につないで得られる閉曲面を nP^2 と書く：$nP^2 = P^2 \sharp P^2 \sharp \cdots \sharp P^2$ (n個)．残念ながら nP^2 については，図

---

[*] ドクトル・クーガーの術語．

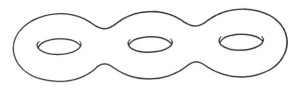

図 16.13　3 人乗りの浮き袋 $3T^2$

16.13 のようなわかりやすい絵は描けない．n を，nT^2 および nP^2 の種数(genus)とよぶ．

$n=2$ の場合を考えてみると，$2P^2 = P^2 \sharp P^2$ は，§1 で述べたクラインの壺である(図 1.12)．実際，$P_0^2 (= P^2 - \overset{\circ}{D}{}^2) \approx M$(メビウスの帯)であるから，$P^2 \sharp P^2 = P_0^2 \underset{\varphi}{\cup} P_0^2$ は，2 つのメビウスの帯を縁に沿って貼り合わせた空間，すなわちクラインの壺，になるわけである．

クラインの壺はまた，図 16.14 のようにアニュラスの両側の縁(2 つの円周)を，反対向きの矢印に従って貼り合わせても作れる．(同じ向きの矢印に従って貼り合わせれば T^2 になる．)

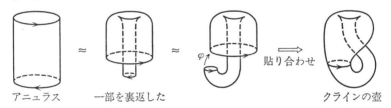

図 16.14

クラインの壺が出たついでに，(クラインの壺)$\sharp P^2$，すなわち $2P^2 \sharp P^2 = 3P^2$，は，$T^2 \sharp P^2$ と位相同形になることを示しておこう：

主張　$3P^2 \approx T^2 \sharp P^2$．

略証　円板に 2 つの穴を明けて，そこにアニュラスを U 字管のように曲げて貼り合わせた図 16.15(a) のような図形は，$T^2 - \overset{\circ}{D}{}^2$ に位相同形である．実際，この図形の縁 ($\approx S^1$) にそって円板 D^2 を貼りつけると，T^2 を得る．(図 16.15 の (b)(c)(d)(e).)

これに似たことであるが，円板に 2 つの穴を明けて，そこにアニュラスを今度は円板の裏と表から，図 16.16(a) のようにとりつけた図形は，クラインの壺から開円板をとり除いたものに位相同形である．実際，図 16.16(a) の図形に円

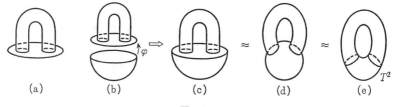

(a)　(b)　(c)　(d)　(e)

図 16.15

板でふたをすればクラインの壺になる．(図 16.16(b)(c)(d).)

連結和の定義から，図 16.15(a) の図形 ($=T^2-\mathring{D}^2$) とメビウスの帯 $M(=P^2-\mathring{D}^2)$ をその縁 ($\approx S^1$) に沿って貼り合わせたものが $T^2 \sharp P^2$ であるし，また，図 16.16(a) の図形 ($=$(クラインの壺)$-\mathring{D}^2$) とメビウスの帯を縁に沿って貼り合わせたものが，(クラインの壺)$\sharp P^2 = 3P^2$ である．

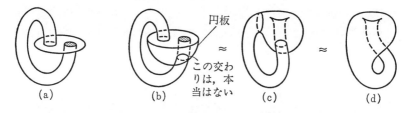

(a)　(b)　(c)　(d)

図 16.16

次のようにもいえる．メビウスの帯にその縁に沿って円板を貼りつけ(こうすると P^2 を得る)，その円板に2つの穴をあけて，そこにアニュラスをU字管のように曲げてとりつけたものが $T^2 \sharp P^2$ である．つまり，メビウスの帯に円板を貼りつけたあとで，図 16.15(a) のような図形を(その貼り合わせた円板を用いて)作ったのである．

さて，P^2 はメビウスの帯を含んでいるが，メビウスの帯の中心線に沿って円板を滑らせて行き，もとのところに戻ってくると，その裏と表が反対になる(メビウスの帯には裏表がない！)．$T^2 \sharp P^2$ は，P^2 に2つの穴をあけてアニュラスをとりつけたものであるといったが，とりつけたアニュラスの片方の足を今のようにメビウスの帯の中心線に沿って1周させると，ちょうどもとと反対の側からアニュラスの一方の足をとりつけたことになっている．これは結局，図 16.16(a) の図形にメビウスの帯を貼りつけたものと考えられるから，(クラインの壺)$\sharp P^2 = 3P^2$ である．こうして $T^2 \sharp P^2 \approx 3P^2$ が(やや直観的であるが)

§16　空間の工作と閉曲面の基本群　　　247

証明できた．

なお，連結和という足し算には，対応する引き算が考えられないので，$T^2\sharp$
$P^2\approx(P^2\sharp P^2)\sharp P^2$ だからといって，$T^2\approx P^2\sharp P^2$ は結論できない．実際，$T^2\not\approx$
$P^2\sharp P^2$ である．（この節の終りをみよ．）□

上の主張 $(T^2\sharp P^2\approx 3P^2)$ から次のことがわかる．p 個の T^2 と q 個の P^2 を
混ぜた連結和は，$(2p+q)$ 個の P^2 だけの連結和に位相同形である．（ただし $q\geqq$
1 とする．）：$pT^2\sharp qP^2\approx(2p+q)P^2$．

たとえば，$2T^2\sharp P^2\approx T^2\sharp(T^2\sharp P^2)\approx T^2\sharp 3P^2\approx(T^2\sharp P^2)\sharp 2P^2\approx 3P^2\sharp 2P^2\approx$
$5P^2$，$\cdots$, etc.

さて，**全ての閉曲面を分類**することは，今世紀初頭にはすでに解決されてい
る．次にその分類定理を述べるが，この本ではその証明まで紹介する余裕はな
い．興味ある読者は巻末（あとがき）に挙げた文献 [2], [3] などをみられたい．

定理 16.9　任意の閉曲面 X は次の 2 つの系列 (i)(ii) に含まれる閉曲面のひ
とつ，しかもただひとつに位相同形である．

(i)　S^2 または nT^2 $(n\geqq 1)$,

(ii)　nP^2 $(n\geqq 1)$. ——

系列 (i) の閉曲面を**向きづけ可能**(orientable) な閉曲面といい，系列 (ii) の閉
曲面を**向きづけ不可能**(non-orientable) な閉曲面という．向きづけ不可能な閉
曲面はメビウスの帯を含むが，向きづけ可能な曲面はそれを含んでいない．

nT^2 の基本群を計算しよう．nT^2 上に小円板 D^2 をとり，その内部 $\mathring{D}^2$（開円
板）をとり除いて残った図形 $(nT^2-\mathring{D}^2)$ を考えてみる．図 16.17 で示すように，
$nT^2-\mathring{D}^2$ は，図 16.10 のバンドつき円板 $Y_{(1)}$ を n 個持ってきて，境界上の小
線分 $J_1, J_2, \cdots, J_{n-1}$ に沿って貼り合わせて得られる図形に位相同形である．こ
の図形は n 対のバンド（つまり $2n$ 本のバンド）のついた円板である．これを
$Y_{(n)}$ と表わそう．

$Y_{(n)}$ は $2n$ 個の S^1 のブーケとホモトピー同値である．

基点 p_0 を $\partial Y_{(n)}$ 上にとる．$\pi_1(Y_{(n)}, p_0)\cong\pi_1(2n$ 個の S^1 のブーケ，$p_0)\cong F(x_1,$
$y_1, x_2, y_2, \cdots, x_n, y_n)$．ここで生成元 $x_1, y_1, \cdots, x_n, y_n$ は図 16.17 のようにとっ
た．この図からわかるように，p_0 をでて $\partial Y_{(n)}$ を 1 周する閉道のホモトピー類
は，

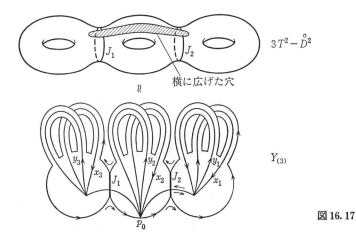

図 16.17

$$x_1^{-1}y_1^{-1}x_1y_1x_2^{-1}y_2^{-1}x_2y_2\cdots x_n^{-1}y_n^{-1}x_ny_n$$

すなわち，n 個の交換子の積 $[x_1, y_1][x_2, y_2]\cdots[x_n, y_n]$ に等しい．nT^2 は $Y_{(n)}$ の縁 $\partial Y_{(n)}$ に沿って円板 D^2 を貼り合わせたものと考えられるから，補題 16.6 により

$$\pi_1(nT^2, p_0) \cong \pi_1(Y_{(n)}, p_0)/|[\partial Y_{(n)}]|$$
$$\cong F(x_1, y_1, \cdots, x_n, y_n)/|[x_1, y_1][x_2, y_2]\cdots[x_n, y_n]|$$
$$= \langle x_1, y_1, x_2, y_2, \cdots, x_n, y_n | [x_1, y_1][x_2, y_2]\cdots[x_n, y_n] = e\rangle$$

を得る．$n=1$ の時は $\langle x_1, y_1 | [x_1, y_1] = e\rangle$ となり，既知の $\pi_1(T^2, p_0)$ に一致する．$n \geq 2$ の場合，この群の表示はこれ以上簡単にならない．

向きづけ不可能の場合．nP^2 から円板 D^2 の内部 $\mathring{D}^2$ を除いたもの ($nP^2 - \mathring{D}^2$) を考えると，図 16.18 のように，n 個のメビウスの帯を境界上の小線分 $J_1, J_2, \cdots, J_{n-1}$ に沿って貼り合わせた図形 $Y_{(n)}'$ に位相同形になる．

$Y_{(n)}'$ は n 個の S^1 のブーケにホモトピー同値である．基点 p_0 を $\partial Y_{(n)}'$ 上にとると，$\pi_1(Y_{(n)}', p_0) \cong \pi_1(n$ 個の S^1 のブーケ, $p_0) \cong F(x_1, x_2, \cdots, x_n)$．生成元 $x_1, x_2, \cdots, x_n$ は図 16.18 のようにとった．

図 16.18 で実際に縁 $\partial Y_{(n)}'$ をたどってみればわかるように，点 p_0 を出発して $\partial Y_{(n)}'$ を 1 周する閉道のホモトピー類は

$$x_1^2 x_2^2 \cdots x_n^2 \qquad (n \text{ 個の } x_i^2 \text{ の積})$$

である．nP^2 は $Y_{(n)}'$ の縁に沿って円板 D^2 を貼り合わせた空間であるから，補

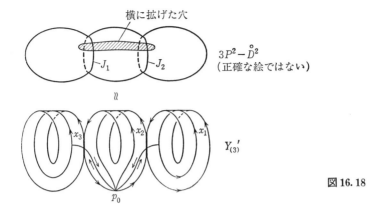

図 16.18

題 16.6 によって

$$\begin{aligned}\pi_1(nP^2, p_0) &\cong \pi_1(Y_{(n)}{}', p_0)/|[\partial Y_{(n)}{}']| \\ &\cong F(x_1, x_2, \cdots, x_n)/|x_1{}^2 x_2{}^2 \cdots x_n{}^2| \\ &= \langle x_1, x_2, \cdots, x_n | x_1{}^2 x_2{}^2 \cdots x_n{}^2 = e \rangle.\end{aligned}$$

$n=1$ の場合は $\langle x_1 | x_1{}^2 = e \rangle$ となり, 既知の $\pi_1(P^2, p_0)$ に一致する. 以上の結果をまとめて次の定理を得る. ($\pi_1(S^2, p_0) \cong \{e\}$ は §14 で示した.)

定理 16.10(閉曲面の基本群) $\pi_1(S^2, p_0) \cong \{e\}$ である. そして

(i) $\pi_1(nT^2, p_0) \cong \langle x_1, y_1, \cdots, x_n, y_n | [x_1, y_1] \cdots [x_n, y_n] = e \rangle$,

(ii) $\pi_1(nP^2, p_0) \cong \langle x_1, x_2, \cdots, x_n | x_1{}^2 x_2{}^2 \cdots x_n{}^2 = e \rangle$.

閉曲面の基本群の性質

閉曲面の基本群はいろいろと, 興味深い性質を持っている. ここでは, 最も簡単な性質を述べる.

補題 16.11 $n \geq 2$ のとき $\pi_1(nT^2, p_0)$ と $\pi_1(nP^2, p_0)$ は両方とも非可換群である. ($n=1$ のときは両方とも可換群である. 実際, $\pi_1(T^2, p_0) \cong \mathbf{Z} \oplus \mathbf{Z}$, $\pi_1(P^2, p_0) \cong \mathbf{Z}/2$.)

証明 $\pi_1(nT^2, p_0)$ ($n \geq 2$) の非可換なこと まず, 自由群 $\langle x_1, y_1, x_2, y_2, \cdots, x_n, y_n \rangle$ から自由群 $\langle x_1, x_2, \cdots, x_n \rangle$ の上への準同型写像 $f : \langle x_1, y_1, \cdots, x_n, y_n \rangle \to \langle x_1, \cdots, x_n \rangle$ を,

$$f(x_i) = x_i, \quad f(y_i) = e, \quad i = 1, 2, \cdots, n$$

となるように定義する. 補題 15.2 により, このような準同型 f はただひとつ

存在する. $f([x_i, y_i]) = f(x_i^{-1}y_i^{-1}x_iy_i) = f(x_i)^{-1}f(y_i)^{-1}f(x_i)f(y_i) = x_i^{-1}ex_ie = e$ であるから $f([x_1, y_1][x_2, y_2]\cdots[x_n, y_n]) = f([x_1, y_1])f([x_2, y_2])\cdots f([x_n, y_n]) = e$ が成り立つ. したがって, 準同型 f から, 準同型 $f': \langle x_1, y_1, \cdots, x_n, y_n\rangle/|[x_1, y_1][x_2, y_2]\cdots[x_n, y_n]| \to \langle x_1, x_2, \cdots, x_n\rangle$ が導かれる (補題 13.8). この f' は, $\pi_1(nT^2, p_0) \cong \langle x_1, y_1, \cdots, x_n, y_n | [x_1, y_1][x_2, y_2]\cdots[x_n, y_n] = e\rangle$ から $\langle x_1, x_2, \cdots, x_n\rangle$ の上への準同型 $f': \pi_1(nT^2, p_0) \to \langle x_1, x_2, \cdots, x_n\rangle$ である. $\langle x_1, x_2, \cdots, x_n\rangle$ は $n \geqq 2$ のとき非可換であるから (系 15.2.1), $\pi_1(nT^2, p_0)$ も非可換でなければ ならない. (たとえば, $f'(a_1) = x_1$, $f'(a_2) = x_2$ であるような $a_1, a_2 \in \pi_1(nT^2, p_0)$ に着目すると $f'(a_1a_2) = x_1x_2 \neq x_2x_1 = f'(a_2a_1)$. よって $a_1a_2 \neq a_2a_1$. 系 15.2.1 の証明参照.)

$\pi_1(nP^2, p_0)$ $(n \geqq 2)$ の非可換なこと　　まず, $\pi_1(nP^2, p_0)$ から $\pi_1(2P^2, p_0)$ の上へ の準同型写像が存在することを証明しよう. 自由群 $\langle x_1, x_2, \cdots, x_n\rangle$ から群 $\langle x_1, x_2 | x_1^2x_2^2 = e\rangle$ の上への準同型 $f: \langle x_1, x_2, \cdots, x_n\rangle \to \langle x_1, x_2 | x_1^2x_2^2 = e\rangle$ を

$$f(x_1) = x_1, \quad f(x_2) = x_2, \quad f(x_i) = e \quad (i \geqq 3)$$

となるように定義する. 補題 15.2 により, このような準同型は存在する. $f(x_1^2x_2^2\cdots x_n^2) = f(x_1)^2f(x_2)^2\cdots f(x_n)^2 = x_1^2x_2^2 = e$ (群 $\langle x_1, x_2 | x_1^2x_2^2 = e\rangle$ の中で), であるから, 剰余群にうつって, '上へ' の準同型 $f': \langle x_1, x_2, \cdots, x_n\rangle/|x_1^2x_2^2\cdots x_n^2| \to \langle x_1, x_2 | x_1^2x_2^2 = e\rangle$ が導かれる (補題 13.8). これが上述の '上へ' の準同型 $\pi_1(nP^2, p_0) \to \pi_1(2P^2, p_0)$ である.

したがって, $\pi_1(nP^2, p_0)$ が非可換なことを示すには, $\pi_1(2P^2, p_0)$ が非可換な ことをいえばよい. $\pi_1(2P^2, p_0)$ の非可換性を, 3 行 3 列の行列の掛け算と行列 式の知識を仮定して証明しよう.

(実数を並べた) 3 行 3 列の行列であって, その行列式が 0 でないもの全体の なす集合を $GL(3, \boldsymbol{R})$ という記号で表わす:

$$GL(3, \boldsymbol{R}) = \{A | A \text{ は 3 行 3 列の実行列}, \ \det A \neq 0\}.$$

行列の掛け算に関して $GL(3, \boldsymbol{R})$ は群をなす. $E = \begin{bmatrix} 1 & 0 & 0 \\ 0 & 1 & 0 \\ 0 & 0 & 1 \end{bmatrix}$ が単位元であ る.

さて, 自由群 $\langle x_1, x_2\rangle$ から $GL(3, \boldsymbol{R})$ への準同型 $g: \langle x_1, x_2\rangle \to GL(3, \boldsymbol{R})$ を (少 し, 天下り的であるが),

§16 空間の工作と閉曲面の基本群　　251

$$g(x_1) = A = \begin{bmatrix} 1 & 0 & 0 \\ 1 & 1 & 0 \\ 0 & 0 & -1 \end{bmatrix}, \quad g(x_2) = B = \begin{bmatrix} 1 & 0 & 0 \\ -1 & 1 & 0 \\ 1 & 0 & -1 \end{bmatrix}$$

と定義する．行列の積を使って計算すると

$$g(x_1{}^2) = A^2 = \begin{bmatrix} 1 & 0 & 0 \\ 2 & 1 & 0 \\ 0 & 0 & 1 \end{bmatrix}, \quad g(x_2{}^2) = B^2 = \begin{bmatrix} 1 & 0 & 0 \\ -2 & 1 & 0 \\ 0 & 0 & 1 \end{bmatrix}$$

$$g(x_1{}^2 x_2{}^2) = A^2 B^2 = E$$

となる．

したがって，剰余群にうつって g から準同型 $g' : \langle x_1, x_2 \,|\, x_1{}^2 x_2{}^2 = e \rangle \to GL(3, \boldsymbol{R})$ が導かれる（補題 13.8）．ところで，

$$g'(x_1 x_2) = AB = \begin{bmatrix} 1 & 0 & 0 \\ 0 & 1 & 0 \\ -1 & 0 & 1 \end{bmatrix}, \quad g'(x_2 x_1) = BA = \begin{bmatrix} 1 & 0 & 0 \\ 0 & 1 & 0 \\ 1 & 0 & 1 \end{bmatrix}.$$

よって，$g'(x_1 x_2) = AB \neq BA = g'(x_2 x_1)$．これから，群 $\langle x_1, x_2 \,|\, x_1{}^2 x_2{}^2 = e \rangle$ の中で，$x_1 x_2 \neq x_2 x_1$ であることがわかる．こうして $\pi_1(2P^2, p_0) = \langle x_1, x_2 \,|\, x_1{}^2 x_2{}^2 = e \rangle$ の非可換性がいえた．□

基本群の構造と種数 n の関係をまとめると，次のような表が得られる．（球面の種数は 0 と定める：$0T^2 = S^2$.）

種 数 n	0	1	2以上
$\pi_1(nT^2, p_0)$	$\{e\}$（自明群）	$\boldsymbol{Z} \oplus \boldsymbol{Z}$（可換群）	（非可換群）
$\pi_1(nP^2, p_0)$		$\boldsymbol{Z}/2$（可換群）	（非可換群）

種数 n という量と閉曲面の性質の間の密接な関係が示されている．ところで，閉曲面 X を三角形に分割して，

（頂点の個数）－（辺の個数）＋（三角形の個数）

という量を計算すると，これは三角形への分割の仕方によらず，閉曲面 X のみで定まる数になる（巻末の文献 [2]，[3] 参照）．これを X の**オイラー数**とよび $e(X)$ という記号で表わす．$e(X)$ と種数 $n = n(X)$ の間には次の関係がある：

252　　　　　　　　第6章　いくつかの応用

$$\text{向きづけ可能な場合には}\quad e(X)=2(1-n),$$

$$\text{向きづけ不可能な場合には}\quad e(X)=2-n.$$

向きづけ可能な曲面については，種数 n が $n=0,1$，または 2 以上，であるに従って，オイラー数は $e(X)=2,0$，または -2 以下，になる．前頁の表を参照すると，X が向きづけ可能のとき，$e(X)>0$，$e(X)=0$，$e(X)<0$ に応じて，基本群が自明群，可換群，非可換群になるわけである．

次に，群 $\pi_1(nT^2, p_0)$ と $\pi_1(nP^2, p_0)$ の可換化を考えよう．

(i)　$\pi_1(nT^2, p_0)$ **の可換化**　$\langle x_1, y_1, \cdots, x_n, y_n | [x_1, y_1]\cdots[x_n, y_n]=e\rangle$ という表示に，更に関係 $[x_i, x_j]=e$，$[x_i, y_j]=e$，$[y_i, y_j]=e\,(i,j=1, 2, \cdots, n)$ をつけ加える．すると，もともとの関係 $[x_1, y_1]\cdots[x_n, y_n]=e$ は，つけ加えた関係から導けるから述べる必要がなくなる．結局，可換化した後の表示として，$\langle x_1,$ $y_1, \cdots, x_n, y_n | [x_i, x_j]=e$, $[x_i, y_j]=e$, $[y_i, y_j]=e$, $i,j=1, \cdots, n\rangle$ を得る．これは自由群 $\langle x_1, y_1, \cdots, x_n, y_n\rangle$ の可換化と同じである．よって，§15 の最後の例により，

$$(\pi_1(nT^2, p_0))^{\mathrm{ab}} \cong \mathbf{Z}\oplus\cdots\oplus\mathbf{Z} \qquad \text{（階数 } 2n \text{ の自由加群）}.$$

とくに，$n\neq m$ なら $(\pi_1(nT^2, p_0))^{\mathrm{ab}}\not\cong(\pi_1(mT^2, p_0))^{\mathrm{ab}}$．（同型でない．定理 15.4 をみよ．）この事実と，基本群の不変性によって，$n\neq m$ なら $nT^2\not\approx mT^2$ が確かめられる．

(ii)　$\pi_1(nP^2, p_0)$ **の可換化**　$\langle x_1, x_2, \cdots, x_n | x_1^2 x_2^2\cdots x_n^2=e\rangle$ を可換化する前に，まず自由群 $\langle x_1, x_2, \cdots, x_n\rangle$ を可換化すると，階数 n の自由加群 $\mathbf{Z}\oplus\mathbf{Z}\oplus\cdots\oplus\mathbf{Z}$ を得る．

$$a_i = (0, \cdots, 0, \overset{i}{1}, 0, \cdots, 0) \in \mathbf{Z}\oplus\mathbf{Z}\oplus\cdots\oplus\mathbf{Z}$$

とおくと，$\mathbf{Z}\oplus\cdots\oplus\mathbf{Z}$ のすべての元は，$m_1a_1+m_2a_2+\cdots+m_na_n\,(=(m_1, m_2, \cdots,$ $m_n))$ のように，a_i 達の整数係数の和で書ける．そして，関係子 $x_1^2 x_2^2\cdots x_n^2$ は $2a_1+2a_2+\cdots+2a_n$ に対応し，$x_1^2 x_2^2\cdots x_n^2=e$ という関係を入れることは，$2a_1$ $+2a_2+\cdots+2a_n=0$ という関係を入れることに対応する．

$\mathbf{Z}\oplus\mathbf{Z}\oplus\cdots\oplus\mathbf{Z}$ の元 $m_1a_1+m_2a_2+\cdots+m_na_n$ は，$k_1a_1+k_2a_2+\cdots+k_{n-1}a_{n-1}+$ $k_n(a_1+a_2+\cdots+a_n)$ とも書ける．ただし，$k_1=m_1-m_n, \cdots, k_{n-1}=m_{n-1}-m_n, k_n$ $=m_n$ である．

ここで，$2(a_1+a_2+\cdots+a_n)=0$ の関係を入れる．すると，$k_1a_1+\cdots+k_{n-1}a_{n-1}$

§17 被 覆 空 間　　　253

$+k_n(a_1+\cdots+a_n)=0$ のための必要十分条件は，$k_1=\cdots=k_{n-1}=0, k_n=$ 偶数 であることがわかる．よって $a_1,\cdots,a_{n-1},(a_1+\cdots+a_n)$ をそれぞれ $\boldsymbol{Z},\cdots,\boldsymbol{Z},\boldsymbol{Z}/2$ の生成元と考えて，

$$(\pi_1(nP^2,p_0))^{\mathrm{ab}}\cong \boldsymbol{Z}\oplus\cdots\oplus\boldsymbol{Z}\oplus\boldsymbol{Z}/2 \qquad (\text{階数 } n-1)$$

であることがわかる．

これから，$n\neq m$ なら $nP^2\not\approx mP^2$, が確かめられる．また，$(\pi_1(nP^2,p_0))^{\mathrm{ab}}$ と $(\pi_1(mT^2,p_0))^{\mathrm{ab}}$ では，ねじれ部分(定義 15.5)が異なるから同型でない．よって $nP^2\not\approx mT^2$ も確かめられた．$(n\geqq 1, m\geqq 0$ は任意の自然数.$)$

演習問題

16.1 2つの円板を縁に沿って貼り合わせると球面 S^2 になる，という事実と補題 16.6 を用いて，$\pi_1(S^2,p_0)\cong\{e\}$ を証明せよ．

16.2 $\varphi:\partial D^2\to\partial D^2$ を任意の同相写像とすると，φ は同相写像 $\tilde{\varphi}:D^2\to D^2$ に拡張される．つまり，適当な同相写像 $\tilde{\varphi}:D^2\to D^2$ があって，$\tilde{\varphi}|\partial D^2=\varphi$ となる．このことを証明せよ．(ヒント：(r,θ) を D^2 の極座標として，$\tilde{\varphi}(r,\theta)=(r,\varphi(\theta))$ ($r>0$ のとき)，$=$原点 ($r=0$ のとき)，と定義してみよ．)

16.3 X を位相空間とし，X は S^1 に位相同形な部分空間 A を含むものとする．$\varphi:\partial D^2\to A$, $\psi:\partial D^2\to A$ がともに同相写像なら，上の問題 16.2 により，同相写像 $\psi^{-1}\circ\varphi:\partial D^2\to\partial D^2$ はある同相写像 $f=\widetilde{\psi^{-1}\circ\varphi}:D^2\to D^2$ に拡張される．このことを用いて，$D^2\underset{\varphi}{\cup}X\approx D^2\underset{\psi}{\cup}X$ を示せ．(ヒント：$\psi^{-1}\circ\varphi$ を拡張して得た同相写像 $f:D^2\to D^2$, と $id_X:X\to X$ に補題 16.5 を使え．)

注意 問題 16.3 から，とくに，射影平面 $P^2=D^2\underset{\varphi}{\cup}M$ の位相同形類は貼り合わせに用いた同相写像 $\varphi:\partial D^2\to\partial M$ の選び方によらないことがわかる．

実は，連結和 $X^{(1)}\sharp X^{(2)}$ の位相同形類も $X^{(1)}, X^{(2)}$ から取り除く円板の位置や，同相写像 $\varphi:\partial X_0^{(1)}\to\partial X_0^{(2)}$ の選び方によらないことが示されるが，この本では一切省略した (文献[3]等を参照)．

§17 被覆空間

円周 S^1 の基本群を計算したとき，$h(\theta)=(\cos\theta,\sin\theta)$ という式で定義される実数直線 $\boldsymbol{R}$ から S^1 への写像が役に立った．これから説明する被覆空間の最も簡単な例がこの $h:\boldsymbol{R}\to S^1$ である．(なお，'被覆空間'という言葉は定義 6.9 の '開被覆'と似ているが，概念としては全く別物である．)

被覆空間に関する議論は，あまりに一般的な位相空間については成り立たな

254　　　　　　　　　　第6章　いくつかの応用

いことがあるので，以下，応用に差し支えない程度に扱う空間の範囲を制限する．

定義 17.1　位相空間 X が**局所的に可縮**であるとは，任意の点 $p \in X$ とその任意の開近傍 U について，$p \in V \subset U$ であるような（弱い意味で）可縮な開近傍 V が存在することである[*]．──

V が（弱い意味で）可縮とは，恒等写像 $id_V : V \to V$ が零ホモトープのことであった（§12）．可縮な V は弧状連結であり（演習問題 12.7），また任意の $p_0 \in V$ について $\pi_1(V, p_0) = \{e\}$，すなわち単連結である（p. 187, 例 2°）．

弱い意味で可縮な開近傍 V を簡単に**可縮近傍**とよぶ．定義 17.1 は要するに，$\forall p \in X$ の可縮近傍 V で，いくらでも小さなものがある，ということを要請しているのである．

たとえば，n 次元多様体は，各点の開近傍として開円板に位相同形なもの（したがって可縮なもの）がとれ，しかもそれはいくらでも小さくとれるから，局所的に可縮である．S^1 のブーケ $S^1 \vee S^1 \vee \cdots \vee S^1$ は多様体ではないが，局所的に可縮な空間の例である．境界を持つ多様体も局所的に可縮である．また，この本では全く扱わなかったが，三角形や四面体，更に高次元のいわゆる‘単体’に分割できる空間（これを**多面体**とよぶ）も局所的に可縮である．このように，局所的に可縮な空間の範囲はかなり広い．（§1 で述べたカントール集合などは局所的に可縮でない空間である．）さて，被覆空間を定義しよう．

定義 17.2　E, X を，弧状連結かつ局所的に可縮な空間とし，$h : E \to X$ を‘上へ’の連続写像とする．$h : E \to X$ に関して次の条件(*)が成り立つとき，E は X 上の**被覆空間**であるといい，$h : E \to X$ を**被覆写像**という．また，X を h（または E の）**底空間**とよぶ．

(*)　任意の点 $p \in X$ について，その弧状連結な開近傍 $U(\subset X)$ があって，$h : E \to X$ による U の逆像 $h^{-1}(U)$ の各々の弧状連結成分 U_λ に h を制限すると，$h | U_\lambda : U_\lambda \to U$ は同相写像になる．（とくに $h^{-1}(U)$ の各弧状連結成分 U_λ は U と位相同形である．）──

───────────

[*]　本によっては次の定義を採用するものもある：X が**局所的に可縮**とは，$\forall p \in X$ とその任意の開近傍 U について，$p \in V \subset U$ となる開近傍 V で，包含写像 $i : V \to U$ が零ホモトープとなるものがあることである．

§17 被覆空間　　　255

被覆空間 E と被覆写像 $h:E\to X$ をいっしょにして，'X 上の被覆空間 $h:E\to X$' ということもある.

$h:E\to X$ の連続性から，X の開集合 U の逆像 $h^{-1}(U)$ は E の開集合であるが，E が局所的に可縮なら，$h^{-1}(U)$ の弧状連結成分も E の開集合になる．（次の補題．）

補題17.3 E が局所的に可縮なら，E の任意の開集合 W の弧状連結成分 W_λ は E の開集合である．

証明 W_λ が E の開集合であることをいうためには，任意の点 $r_0\in W_\lambda$ について $r_0\in V\subset W_\lambda$ となるような開集合 V が存在することを示せばよい（補題7.6）．任意の点 $r_0\in W_\lambda (\subset W)$ をとる．E は局所的に可縮であり，W は r_0 の開近傍であるから，$r_0\in V\subset W$ となる可縮近傍 V がある．V は弧状連結．よって，V の各点と r_0 とは V 内の弧で結べる．すると，V は，r_0 が属するのと同じ W の弧状連結成分（それは W_λ）に含まれなければならない．よって，$r_0\in V\subset W_\lambda$．
□

被覆空間の例をあげよう．

例1° $h(\theta)=(\cos\theta, \sin\theta)$ で定義される $h:\mathbf{R}\to S^1$ は，円周 S^1 上の被覆空間である．ここで，$S^1=\{(x,y)\in\mathbf{R}^2 \mid x^2+y^2=1\}$ （単位円）である．

§11では，$\mathbf{R}$ をらせん状に巻いて，$h:\mathbf{R}\to S^1$ の様子を見易くしたが，一般の被覆空間 $h:E\to X$ についてはこのように見易い絵が描けるとは限らない．以後，らせん状の絵は読者の想像にまかせて，もう少し簡単な絵で説明しよう．たとえば，$h:\mathbf{R}\to S^1$ を図17.1のように描く．

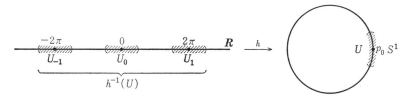

図17.1

図17.1は，S^1 における p_0 の開近傍 U ($\approx$ 開区間) の逆像 $h^{-1}(U)$ が，$\mathbf{R}$ の中で無限個の開区間 $(\cdots, U_{-1}, U_0, U_1, \cdots)$ に分かれていることを示している．個々の開区間 U_i が $h^{-1}(U)$ の弧状連結成分であって，U_i に h を制限すると，そ

の開区間から U への同相写像になる（定義17.2）．

例2° (S^1 の2重被覆空間)　$h_{(2)}:S^1 \to S^1$ を次のように定義する：$h_{(2)}(\cos\theta, \sin\theta) = (\cos 2\theta, \sin 2\theta)$，つまり，角度 θ に対応する S^1 上の点を，角度 2θ に対応する点にうつすのである．この写像により，S^1 の中心に関して正反対の2点が S^1 上の同一の点にうつる．$h_{(2)}:S^1 \to S^1$ は S^1 の**2重被覆空間**とよばれる被覆空間である（図17.2）．

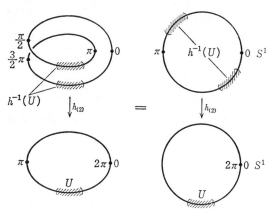

図17.2

例3°　角度 θ に対応する S^1 の点に，角度 $n\theta$ $(n \geq 1)$ に対応する S^1 の点を対応させて写像 $h_{(n)}:S^1 \to S^1$ を得る．$h_{(n)}:S^1 \to S^1$ は S^1 上の **n 重被覆空間**とよばれる被覆空間である．

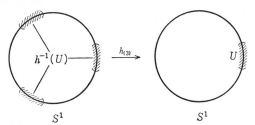

図17.3

例4°　例1°の $h:\mathbf{R} \to S^1$ を使って $h \times id: \mathbf{R} \times S^1 \to S^1 \times S^1$ を考える．つまり $(\theta, p) \in \mathbf{R} \times S^1$ に $(h(\theta), p) \in S^1 \times S^1$ を対応させる写像である．これは，トーラス $T^2 (= S^1 \times S^1)$ 上の被覆空間になる（図17.4）．

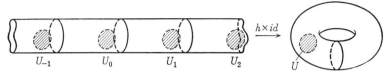

$(h\times id)^{-1}(U)=\cdots U_{-1}\cup U_0\cup U_1\cup U_2\cup\cdots$, 各 U_i は U と位相同形

図 17.4

例 5° 同様に，例 1° の $h:\mathbf{R}\to S^1$ を使って $h\times id:\mathbf{R}\times[0,1]\to S^1\times[0,1]$ を考えると，アニュラス ($=S^1\times[0,1]$) 上の被覆空間を得る (図 17.5)．これは巻物の展開に似ている．

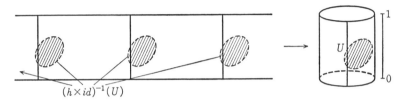

図 17.5

例 6° 2 次元平面 $\mathbf{E}^2$ もトーラス T^2 上の被覆空間 $h:\mathbf{E}^2\to T^2$ になる (図 17.6)．

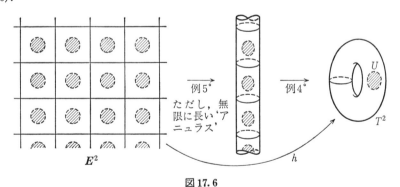

図 17.6

道とホモトピーの持ち上げ

定義 17.4 $h:E\to X$ を被覆空間とする．位相空間 Y から X への連続写像 $f:Y\to X$ に対し，$f(y)=h(\tilde{f}(y))$ ($\forall y\in Y$) が成り立つような連続写像 $\tilde{f}:Y\to E$ を，h に関する f の持ち上げという．すなわち，図式

を可換にするような $\tilde{f}$ が f の持ち上げである(定義11.5参照). ——

§11で特別な被覆空間 $h: \boldsymbol{R} \to S^1$ について道やホモトピーの持ち上げを論じた. 類似の議論を一般の被覆空間についても行うことができる.

以下, $h: E \to X$ は被覆空間を表わすものとしよう.

定理 17.5(道の持ち上げ定理) $l:[0,1] \to X$ を X の任意の道とする. (必ずしも閉道でなくともよい.) このとき

(i) l の持ち上げ $\tilde{l}:[0,1] \to E$ が存在する. しかも, $h(r_0)=l(0)$ であるような任意の点 $r_0 \in E$ をとると, $\tilde{l}$ の始点 $\tilde{l}(0)$ が r_0 に一致するように $\tilde{l}$ をとることができる.

(ii) $\tilde{l}_1, \tilde{l}_2:[0,1] \to E$ がともに $l:[0,1] \to X$ の持ち上げであって, それらの始点 $\tilde{l}_1(0), \tilde{l}_2(0)$ が一致するなら, $\tilde{l}_1 = \tilde{l}_2$ である. ——

X の点 p_0 について, p_0 の逆像 $h^{-1}(p_0)$ を ($h:E \to X$ に関する)p_0 上の**ファイバー**とよぶ*). たとえば, 例1°の被覆空間の場合, 点 $p_0=(1,0)(\in S^1)$ 上のファイバーは $\{\cdots, -4\pi, -2\pi, 0, 2\pi, 4\pi, \cdots\}$ という無限個の点からなる $\boldsymbol{R}$ の部分集合である. p_0 上のファイバーに属する点を, '$h:E \to X$ に関して p_0 の真上にある点' ともいう.

定理17.5は, l を X 内の任意の道とすると, l の始点 $l(0)$ の真上にある点 r_0 を選ぶごとに, この r_0 を始点とする l の持ち上げ $\tilde{l}:[0,1] \to E$ がただひとつきまる, と主張しているわけである.

定義17.2の条件(*)を満たすような p_0 の開近傍 U を選び, U_λ を $h^{-1}(U)$ の任意の弧状連結成分とすると, $h|U_\lambda: U_\lambda \to U$ は同相写像になる. とくに, $h|U_\lambda: U_\lambda \to U$ は1対1の写像であるから, 各 U_λ は, p_0 上のファイバー $h^{-1}(p_0)$ に属する点をちょうどひとつずつ含む. このように, ファイバー $h^{-1}(p_0)$ の各点は E の中で互いに孤立している.

---

*) より一般的な用語として, 写像 $f:Y \to X$ が必ずしも被覆写像でない場合でも, 点 x の逆像 $f^{-1}(x)$ を f に関する $x \in X$ 上のファイバーということがある.

§17 被覆空間　　259

定理17.5の証明　基本的なアイデアは定理11.3の証明と同じである.

(i)　$h:E→X$ は被覆空間だから, X の各点 p について, 定義17.2の条件 $(*)$ を満たす p の開近傍 $U⊂X$ がある. このような U を各 p についてひとつずつ選んで U_p とする. すると, X の点全体を添字集合とする開集合の族 $\{U_p\}_{p∈X}$ が得られる. $\bigcup_{p∈X}U_p=X$ であるから, $\{U_p\}_{p∈X}$ は X の開被覆である(定義6.9).

道 $l:[0,1]→X$ は連続写像である. したがって, 逆像 $l^{-1}(U_p)$ は $[0,1]$ の開集合になり, $\{l^{-1}(U_p)\}_{p∈X}$ は $[0,1]$ の開被覆である. 定理6.2により, 閉区間 $[0,1]$ はコンパクトであるから, 補題6.12が使えて次のことがわかる：$[0,1]$ を十分細かく n 等分すると, 分割の結果得られた各小区間 $[i/n,(i+1)/n]$ は少なくともひとつの $l^{-1}(U_p)$ に含まれる.（そのような $l^{-1}(U_p)$ は区間 $[i/n,(i+1)/n]$ に依存して変り得る.）$[i/n,(i+1)/n]⊂l^{-1}(U_p)$ と $l([i/n,(i+1)/n])⊂U_p$ とは同じことであるから, 各小区間 $[i/n,(i+1)/n]$ の l による像は, 定義17.2の条件 $(*)$ を満たすような X の開集合 U_p の少なくともひとつに含まれるのである. このことを利用して, 道 l を少しずつ持ち上げて行く.

最初の小区間 $[0,1/n]$ を考える. $l([0,1/n])$ を含み, かつ, 定義17.2の条件 $(*)$ を満たすような X の開集合のひとつを $U^{(0)}$ としよう：$l([0,1/n])⊂U^{(0)}$. $h:E→X$ による $U^{(0)}$ の逆像 $h^{-1}(U^{(0)})$ を弧状連結成分に分解して, $h^{-1}(U^{(0)})=\bigcup_{λ∈Λ}U_λ^{(0)}$ とすると, 各 $U_λ^{(0)}$ に h を制限した $h|U_λ^{(0)}:U_λ^{(0)}→U^{(0)}$ は同相写像になる. $h_λ=h|U_λ^{(0)}$ とおく.

r_0 を, 始点 $l(0)$ 上のファイバー $h^{-1}(l(0))$ に属する任意の点とする. $l(0)$ は $U^{(0)}$ 内の点であるから, r_0 は $h^{-1}(U^{(0)})$ の点であり, したがって, r_0 は $h^{-1}(U^{(0)})$ の弧状連結成分のどれかひとつに属する. r_0 を含む弧状連結成分をあらためて $U_λ^{(0)}$ とおく.

道 l を最初の小区間 $[0,1/n]$ に制限したもの, $l|[0,1/n]:[0,1/n]→X$, の持ち上げ $\tilde{l}_1:[0,1/n]→E$ を構成するには, $l([0,1/n])⊂U^{(0)}$ であったから, 同相写像 $h_λ:U_λ^{(0)}→U^{(0)}$ を使って次の式で $\tilde{l}_1$ を定義すればよい：$\tilde{l}_1(t)=h_λ^{-1}(l(t))$, $t∈[0,1/n]$.

この定義式から $\tilde{l}_1$ の像 $\tilde{l}_1([0,1/n])$ が $U_λ^{(0)}$ に含まれること, そして, $h(\tilde{l}_1(t))=h_λ(\tilde{l}_1(t))=h_λ(h_λ^{-1}(l(t)))=l(t)$, $∀t∈[0,1/n]$, がわかる. よって, $\tilde{l}_1:[0,1/n]→E$ は確かに $l|[0,1/n]$ の持ち上げである. また $\tilde{l}_1$ の始点は r_0 である. 実際 $\tilde{l}_1(0)$

と r_0 はともに $U_\lambda^{(0)}$ に属し，$h_\lambda(\tilde{l}_1(0))=l(0)=h_\lambda(r_0)$. そして，$h_\lambda:U_\lambda^{(0)}\to U^{(0)}$ は同相写像（とくに1対1）だから，これから $\tilde{l}_1(0)=r_0$ がわかる．なお，$h(\tilde{l}_1(1/n))=l(1/n)$ だから，$\tilde{l}_1$ の終点 $\tilde{l}_1(1/n)$ は $l(1/n)$ 上のファイバー $h^{-1}(l(1/n))$ に属する点になっている．

次に，$[0,1/n]$ の隣りの小区間 $[1/n,2/n]$ を考える．像 $l([1/n,2/n])$ が定義17.2の条件(*)を満たすようなある開集合 $U^{(1)}$ に含まれるということを利用して，$[0,1/n]$ の時と同様に，$l|[1/n,2/n]$ の持ち上げ $\tilde{l}_2:[1/n,2/n]\to E$ を構成する．ただし，$\tilde{l}_2$ の始点 $\tilde{l}_2(1/n)$ は，先に作った $\tilde{l}_1$ の終点 $\tilde{l}_1(1/n)$ に一致するようにする．こうして次々に進み，$l|[i/n,(i+1)/n]$ の持ち上げ $\tilde{l}_{i+1}$ $(i=0,1,\cdots,n-1)$ を作って行く．$\tilde{l}_1,\tilde{l}_2,\cdots,\tilde{l}_n$ をすべてつなぐと求める持ち上げ $\tilde{l}:[0,1]\to E$ が得られる（図17.7）．

主張の(ii)は，次の補題の特別な場合である．□

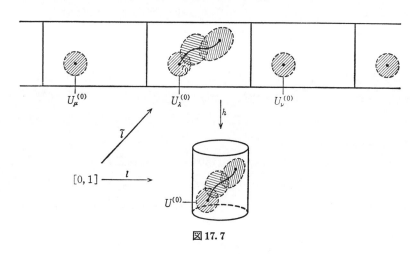

図 17.7

補題 17.6 $h:E\to X$ を被覆空間，Y を連結な位相空間とする．ある連続写像 $f:Y\to X$ の持ち上げが2つあるとして，それらを $\tilde{f}_1,\tilde{f}_2:Y\to E$ とする．もし，$\tilde{f}_1,\tilde{f}_2$ が Y のどこか1点 q_0 で一致すれば，Y 全体で一致する．

略証 これは補題11.6の一般化である．$\tilde{f}_1,\tilde{f}_2$ が一致するような Y の点全体を Y_0 とし，一致しないような点全体を Y_1 とする：$Y_0=\{y\in Y|\tilde{f}_1(y)=\tilde{f}_2(y)\}$, $Y_1=\{y\in Y|\tilde{f}_1(y)\neq\tilde{f}_2(y)\}$. 明らかに $Y=Y_0\cup Y_1$, $Y_0\cap Y_1=\phi$. 被覆空間の性質（と

くに，定義17.2の条件(*)を使って，Y_0 と Y_1 はともに Y の開集合であることがわかる．$q_0 \in Y_0$ であるから $Y_0 \neq \phi$．もし Y_1 も空でないなら，Y の連結性に矛盾してしまう(定義7.1参照)．よって $Y_1 = \phi$．これから $Y = Y_0$ であり，Y 全体で $\tilde{f}_1, \tilde{f}_2$ は一致する．□

定理 17.7(ホモトピーの持ち上げ定理)　$l, m : [0,1] \to X$ を X 内の2つの道とし，l は m に両端を止めたままホモトープであるとする(とくに $l(0) = m(0)$, $l(1) = m(1)$)．l から m へのホモトピーを $H : [0,1] \times [0,1] \to X$ としよう．

さて，被覆写像 $h : E \to X$ に関する l の持ち上げのひとつを $\tilde{l} : [0,1] \to E$ とすると，ホモトピー H の持ち上げ $\tilde{H} : [0,1] \times [0,1] \to E$ が存在して，$\tilde{H}$ は，$\tilde{l}$ から，m のある持ち上げ $\tilde{m}$ への両端 $(\tilde{l}(0), \tilde{l}(1))$ を止めたホモトピーになる(図17.8)．──

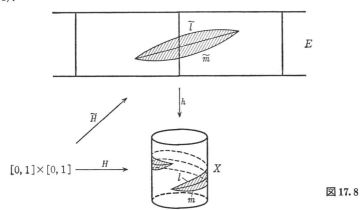

図 17.8

H の定義域 $[0,1] \times [0,1]$ を縦，横に十分細かく分割すると，分割の結果得られる各小正方形 $I_{ij} = [i/n, (i+1)/n] \times [j/n, (j+1)/n]$ の像 $H(I_{ij})$ は，定義17.2の条件(*)を満たすような X の開集合の少なくともひとつに含まれる．(定理17.5の証明の前半で述べた議論と同様の議論で示せる．) 補題17.6の'一意性'を利用しながら，各小正方形 I_{ij} ごとに H を持ち上げて行けばよい．議論の詳細は補題11.8の証明とほとんど同じであるから省略する．

持ち上げ定理の応用

道とホモトピーの持ち上げ定理からいろいろなことがわかる．そのうちのいくつかを述べよう．

262   第6章　いくつかの応用

定理 17.8　$h: E \to X$ を被覆空間，$r_0 \in E$, $p_0 \in X$ を $h(r_0) = p_0$ の関係にある点とする．このとき，被覆写像から誘導される基本群の間の準同型 $h_*: \pi_1(E, r_0) \to \pi_1(X, p_0)$ は1対1の写像である．

証明　一般に，ある準同型 $\varphi: G \to H$ が1対1であることをいうには，$\mathrm{Ker}(\varphi) = \{e\}$ を示せばよい．（補題 10.5 の証明参照．）

$\tilde{l}: [0, 1] \to E$ を，r_0 を基点とする E 内の閉道で，$h_*([\tilde{l}]) = e$ であるようなものとする．すなわち $[\tilde{l}] \in \mathrm{Ker}(h_*)$ であるとする．このとき $[\tilde{l}] = e \in \pi_1(E, r_0)$ を証明すればよい．

$l = h \circ \tilde{l}$ とおく．l は p_0 を基点とする X の閉道になる．仮定 $h_*([\tilde{l}]) = e$ により，$[l] = e$. つまり，l は，p_0 を基点にする自明な閉道 $\tilde{p}_0$ に，基点を止めたままホモトープである．この（X 内の）ホモトピーを定理 17.7 によって（$\tilde{l}$ から出発する）E 内のホモトピーに持ち上げると，$\tilde{l}$ は持ち上げられたホモトピーを介して自明な道 $\tilde{p}_0$ の持ち上げ $(\widetilde{\tilde{p}_0})$ に，基点 r_0 を止めたままホモトープのことがわかる．$(\widetilde{\tilde{p}_0}) \subset h^{-1}(p_0)$ であって，ファイバー $h^{-1}(p_0)$ は互いに孤立した点の集合であるから，$(\widetilde{\tilde{p}_0})$ は r_0 を基点とする自明な閉道 $\tilde{r}_0$ でなければならない．これから $\tilde{l} \simeq \tilde{r}_0$. すなわち $[\tilde{l}] = [\tilde{r}_0] = e$ がわかる．□

定理 17.8 によれば，$\pi_1(E, r_0)$ は，h_* による像 $h_* \pi_1(E, r_0)$ に同型である．つまり，$\pi_1(E, r_0)$ は，$\pi_1(X, p_0)$ の**部分群** $h_* \pi_1(E, r_0)$ に同型になるのである．

たとえば，S^1 の n 重被覆空間 $h_{(n)}: S^1 \to S^1$ を考えてみよう（例 3°）．$h_{(n)}$ は準同型 $\pi_1(S^1, r_0) \to \pi_1(S^1, p_0)$ を誘導する．ここで，p_0, r_0 は，ともに $(1, 0) \in S^1$ という点にとった．

$\pi_1(S^1, r_0) \cong \pi_1(S^1, p_0) \cong Z$ である．r_0 を出発して S^1 を1周する閉道を $h_{(n)}$ によって底空間の S^1 にうつすと，p_0 を出発して S^1 を n 周する閉道になる．したがって，準同型 $h_{(n)*}: \pi_1(S^1, r_0) \to \pi_1(S^1, p_0)$ は，$1 \in Z$ を $n \in Z$ にうつす準同型 $Z \xrightarrow{\times n} Z$ と考えられる．$h_{(n)}$ の像 $h_{(n)*} \pi_1(S^1, r_0)$ は，Z の部分群 nZ である．

$\pi_1(X, p_0)$ の部分群 $h_* \pi_1(E, r_0)$ は，被覆空間 $h: E \to X$ の性質をよく反映するものになっている．

補題 17.9　l を，p_0 を基点とする X 内の閉道とする．点 $r_0 (\in h^{-1}(p_0))$ を始点とする l の持ち上げ $\tilde{l}$ が E の閉道になるための（すなわち，l の終点 $\tilde{l}(1)$ も r_0 になるための）必要十分条件は，l のホモトピー類 $[l]$ が部分群 $h_* \pi_1(E, r_0)$ に属

§17 被覆空間

することである(図17.9).

証明 l の持ち上げ $\tilde{l}$ が E の閉道ならば, $[l]=h_\sharp([\tilde{l}])$ が成り立つ. ($[l]\in\pi_1(X,p_0)$, $[\tilde{l}]\in\pi_1(E,r_0)$.) これから, $[l]$ は $h_\sharp\pi_1(E,r_0)$ に属する.

逆に, $[l]$ が $h_\sharp\pi_1(E,r_0)$ に属すると仮定して, $\tilde{l}$ が E の閉道であること ($\tilde{l}(1)=r_0$) を証明しよう. $[l]$ が $h_\sharp\pi_1(E,r_0)$ に属するなら, r_0 を基点にする E の適当な閉道 $\tilde{m}$ があって, $[l]=h_\sharp([\tilde{m}])$ となる. すなわち, $m=h\circ\tilde{m}$ とおくと $m\simeq l$ である. 定理17.7を使って, $m\simeq l$ のホモトピー H を, $\tilde{m}$ から出発する E 内のホモトピー $\tilde{H}$ に持ち上げる. (定理17.7における $\tilde{l}$ と $\tilde{m}$ の役割を交換して定理を適用した.) すると, $\tilde{m}$ は, 基点 r_0 を止めたまま, l のある持ち上げ $\tilde{l}'$ にホモトープになる. $\tilde{l}'$ の始点, 終点は $\tilde{m}$ の基点に一致するから, $\tilde{l}'$ は r_0 を基点とする E 内の閉道になる. ところで, はじめにとった l の持ち上げ $\tilde{l}$ も, その始点は r_0 であった. 定理17.5(ii)によれば, $\tilde{l}=\tilde{l}'$ でなければならない. よって $\tilde{l}$ は $\tilde{l}'$ と同じく, E 内の閉道である(図17.9参照). □

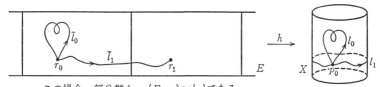

この場合, 部分群 $h_\sharp\pi_1(E,r_0)\cong\{e\}$ である.
$[l_1]$ は $h_\sharp\pi_1(E,r_0)$ に属さず, l_1 の持ち上げ $\tilde{l}_1$ は閉道にならない.
$[l_0]=e\in h_\sharp\pi_1(E,r_0)$ であるから, l_0 の持ち上げ $\tilde{l}_0$ は閉道である.

図 17.9

次の定理は補題17.9の一般化と考えられる.

定理 17.10 $l,m:[0,1]\to X$ を, 必ずしも閉道でない X の2つの道とし, 始点, 終点がそれぞれ一致すると仮定する. ($l(0)=m(0)=p_0$, $l(1)=m(1)$.) 道の積 $l\cdot m^{-1}$ が考えられ, それは p_0 を基点とする X の閉道になる.

このとき, ともに $r_0\,(\in h^{-1}(p_0))$ を始点とする l,m の持ち上げ $\tilde{l},\tilde{m}$ について, それらの終点 $\tilde{l}(1),\tilde{m}(1)$ が一致するための必要十分条件は, X 内の閉道 $l\cdot m^{-1}$ のホモトピー類 $[l\cdot m^{-1}]$ が部分群 $h_\sharp\pi_1(E,r_0)$ に属することである.

証明 $\tilde{l}(1)=\tilde{m}(1)$ であれば, E の中で道の積 $\tilde{l}\cdot(\tilde{m})^{-1}$ が考えられ, それは r_0 を基点とする E の閉道になる. よって, $[l\cdot m^{-1}]=h_\sharp([\tilde{l}\cdot(\tilde{m})^{-1}])$ は $h_\sharp$ の像 $h_\sharp\pi_1(E,r_0)$ に属する.

264　　　　　　　第6章　いくつかの応用

逆に $[l \cdot m^{-1}]$ が部分群 $h_{\sharp}\pi_1(E, r_0)$ に属せば，r_0 を始点とする $l \cdot m^{-1}$ の持ち上げ $\widetilde{l \cdot m^{-1}}$ は E 内の閉道になる（補題 17.9）．よって，$\widetilde{l \cdot m^{-1}}$ の終点も r_0 である．ところで，$\widetilde{l \cdot m^{-1}}$ は，l の持ち上げ $\tilde{l}$ と，$\tilde{l}(1)$ を始点とする m^{-1} の持ち上げ $\widetilde{m^{-1}}$ をつないだものである．

ゆえに，$\widetilde{m^{-1}}$ の終点は $\widetilde{l \cdot m^{-1}}$ の終点（$=r_0$）に一致する．つまり，$\widetilde{m^{-1}}$ の終点は r_0 である．これは，$\widetilde{m^{-1}}$ が，はじめにとった m の持ち上げ $\tilde{m}$（始点は r_0）を逆向きにたどったものであることを意味している．

ゆえに，はじめにとった $\tilde{m}$ の終点 $\tilde{m}(1)$ は $\widetilde{m^{-1}}$ の始点すなわち $\tilde{l}(1)$ に一致しなければならない．$\square$

定理 17.10 を使うと，与えられた連続写像 $f : Y \to X$ が $h : E \to X$ に関して持ち上げられるための必要十分条件が得られる．ここで，$p_0 \in X$ と $r_0 \in E$ は，前と同様に $h(r_0) = p_0$ であるような2点である．

定理 17.11　Y を弧状連結，かつ，局所的に可縮な位相空間とし，$q_0 \in Y$ とする．基点を止めた連続写像 $f : (Y, q_0) \to (X, p_0)$ について，その持ち上げ $\tilde{f} : (Y, q_0) \to (E, r_0)$ が存在するための必要十分条件は，準同型 $f_{\sharp} : \pi_1(Y, q_0) \to \pi_1(X, p_0)$ の像 $f_{\sharp}\pi_1(Y, q_0)$ が，準同型 $h_{\sharp} : \pi_1(E, r_0) \to \pi_1(X, p_0)$ の像 $h_{\sharp}\pi_1(E, r_0)$ に含まれることである．

証明　f の持ち上げ $\tilde{f} : (Y, q_0) \to (E, r_0)$ が存在すれば，$f = h \circ \tilde{f}$ であるから，$f_{\sharp} = h_{\sharp} \circ \tilde{f}_{\sharp}$．よって $f_{\sharp}$ の像 $f_{\sharp}\pi_1(Y, q_0)$ は $h_{\sharp}$ の像 $h_{\sharp}\pi_1(E, r_0)$ に含まれる．

逆に $f_{\sharp}\pi_1(Y, q_0) \subset h_{\sharp}\pi_1(E, r_0)$ を仮定して，f の持ち上げ $\tilde{f}$ が存在することを証明しよう．

$\tilde{f} : Y \to E$ の構成（図 17.10）：Y は弧状連結と仮定した．よって，$\forall q \in Y$ について，始点が q_0，終点が q であるような Y 内の道 $l : [0, 1] \to Y$ がある．l を $f : Y \to X$ でうつすと，合成 $f \circ l$ は，始点が $f(l(0)) = f(q_0) = p_0$，終点が $f(q)$ であるような X の道になる．r_0 を始点とする $f \circ l$ の持ち上げ $\widetilde{f \circ l} : [0, 1] \to E$ を考える．この持ち上げ $\widetilde{f \circ l}$ の終点 $\widetilde{f \circ l}(1)$ を，はじめの $q \in Y$ に対応させて，写像 $\tilde{f} : Y \to E$ を定義する：$\tilde{f}(q) = \widetilde{f \circ l}(1)$．

点 $\tilde{f}(q)$ が点 $q \in Y$ だけできまり，（q_0 と q を結ぶ）Y の道 l のとり方によらないことを証明しよう．m を $m(0) = q_0$, $m(1) = q$ であるような，もうひとつの Y の道とする．m を $f : Y \to X$ で X にうつすと，$f \circ m$ は p_0 と $f(q)$ を結ぶ X の道

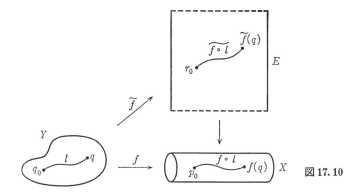

図 17.10

になる. Y の中で $l(0)=m(0)=q_0$, $l(1)=m(1)=q$ であるから, $l\cdot m^{-1}$ は q_0 を基点とする Y の閉道となり, それを f でうつしたものは X の閉道 $(f\circ l)\cdot(f\circ m)^{-1}$ である. よって, 閉道 $(f\circ l)\cdot(f\circ m)^{-1}$ のホモトピー類 $[(f\circ l)\cdot(f\circ m)^{-1}]$ は $f_\sharp([l\cdot m^{-1}])$ に等しく, これは像 $f_\sharp\pi_1(Y,q_0)$ の元である. ここで, 仮定 $f_\sharp\pi_1(Y,q_0) \subset h_\sharp\pi_1(E,r_0)$ を使うと, $[(f\circ l)\cdot(f\circ m)^{-1}]$ が $h_\sharp\pi_1(E,r_0)$ に属することがわかる. よって, 定理 17.10 により, $\widetilde{f\circ l}(1)=\widetilde{f\circ m}(1)$ である. これで, $\tilde{f}(q)$ が l のとり方によらずに q だけできまることが示せた. 持ち上げ $\widetilde{f\circ l}$ の始点を r_0 にとったことから $\tilde{f}(q_0)=r_0$ がいえる.

$\tilde{f}$ が f の持ち上げであること:$\tilde{f}$ の構成法から, 任意の $q \in Y$ について, $h(\tilde{f}(q))=h(\widetilde{f\circ l}(1))=f\circ l(1)=f(q)$ が成り立つ. 残るのは, $\tilde{f}:Y \to E$ の連続性の証明である.

W を E の開集合としたとき, 任意の点 $q \in \tilde{f}^{-1}(W)$ について, $q \in V \subset \tilde{f}^{-1}(W)$ となる Y の開集合 V の存在をいえばよい. (すると, 補題 7.6 から $\tilde{f}^{-1}(W)$ が Y の開集合になり, $\tilde{f}$ の連続性が示されたことになる.)

$f(q)$ の開近傍 $U(\subset X)$ で, 定義 17.2 の条件 $(*)$ を満たすものをとる. $\tilde{f}(q)$ を含む $h^{-1}(U)(\subset E)$ の弧状連結成分を U_λ としよう. $h_\lambda=(h|U_\lambda):U_\lambda \to U$ は同相写像である. W は E の開集合であり, $W \cap U_\lambda$ は U_λ の開集合であるから, それを同相写像 h_λ で U に写したもの $h_\lambda(W \cap U_\lambda)$ は U の開集合になる. $q \in \tilde{f}^{-1}(W)$ であったから $f(q) \in W$. そして $\tilde{f}(q) \in U_\lambda$. よってこの開集合 $h_\lambda(W \cap U_\lambda)$ は $f(q)=h_\lambda(\tilde{f}(q))$ を含んでいることに注意しておこう.

266　　　第6章　いくつかの応用

U はもともと X の開集合であった. よって U の開集合 $h_\lambda(W \cap U_\lambda)$ は, X の開集合でもある. 写像 $f: Y \to X$ の連続性により, 逆像 $f^{-1}(h_\lambda(W \cap U_\lambda))$ は Y の開集合になる. $f(q) \in h_\lambda(W \cap U_\lambda)$ であったから $q \in f^{-1}(h_\lambda(W \cap U_\lambda))$. Y は局所的に可縮であると仮定したから, $q \in V \subset f^{-1}(h_\lambda(W \cap U_\lambda))$ であるような可縮近傍 V $(\subset Y)$ が存在する. このとき $\tilde{f}(V) \subset W$ であることが, 次のように証明できる.

V の任意の点 q' をとると, q を始点, q' を終点とする V 内の道 $l': [0,1] \to V$ がある. $V \subset f^{-1}(h_\lambda(W \cap U_\lambda))$ であったから $f(V) \subset h_\lambda(W \cap U_\lambda)$. ゆえに合成 $h_\lambda^{-1} \circ f \circ l': [0,1] \to W \cap U_\lambda$ は, $W \cap U_\lambda$ に含まれるような E 内の道であり, しかも $f \circ l': [0,1] \to X$ の持ち上げになっている. $h_\lambda^{-1} \circ f \circ l'$ を $\widetilde{f \circ l'}$ と書こう. $\widetilde{f \circ l'}$ の始点は, $h_\lambda^{-1}(f \circ l'(0)) = h_\lambda^{-1}(f(q)) = \tilde{f}(q)$ である. (最後の等号 $h_\lambda^{-1}(f(q)) = \tilde{f}(q)$ は, $\tilde{f}(q)$ を含むように U_λ をとっておいたことと, $h_\lambda(\tilde{f}(q)) = f(q)$ からでる.)

$\tilde{f}$ の定義により $\tilde{f}(q) = \widetilde{f \circ l}(1)$ であった. ここに, l は, q_0 と q を結ぶ Y の道, $\widetilde{f \circ l}$ は, $r_0 \in E$ を始点にする $f \circ l$ の持ち上げである. 上述のように, $\widetilde{f \circ l}$ の終点 $\widetilde{f \circ l}(1) = \tilde{f}(q)$ が, $\widetilde{f \circ l'}$ の始点に一致するので, E 内で道の積 $(\widetilde{f \circ l}) \cdot (\widetilde{f \circ l'})$ が考えられ, これは r_0 を始点とする $(f \circ l) \cdot (f \circ l')$ の持ち上げになる.

$(f \circ l) \cdot (f \circ l') = f \circ (l \cdot l')$ に注意しよう. $l \cdot l'$ は q_0 と q' を結ぶ Y の道になる. $\tilde{f}$ の定義によって, $\tilde{f}(q') = \widetilde{f \circ (l \cdot l')}(1) = ((\widetilde{f \circ l}) \cdot (\widetilde{f \circ l'}))(1) = \widetilde{f \circ l'}(1) \in W \cap U_\lambda$ が成り立つ. ($\widetilde{f \circ l'} = h_\lambda^{-1} \circ f \circ l'$ は $W \cap U_\lambda$ に含まれる道であったから終点 $\widetilde{f \circ l'}(1)$ も $W \cap U_\lambda$ の点になるのである.)

結局, $\forall q' \in V$ について $\tilde{f}(q') \in W$ がいえたから $\tilde{f}(V) \subset W$. すなわち $V \subset \tilde{f}^{-1}(W)$.

これで, $\tilde{f}: Y \to E$ の連続性が示せた. □

Y が単連結の場合, 像 $f_\sharp \pi_1(Y, q_0) = f_\sharp(\{e\}) = \{e\}$ は明らかに $h_\sharp \pi_1(E, r_0)$ に含まれる. よって定理 17.11 の特別な場合として次を得る.

系 17.11.1　Y が単連結なら, 任意の連続写像 $f: (Y, q_0) \to (X, p_0)$ について, その持ち上げ $\tilde{f}: (Y, q_0) \to (E, r_0)$ がある. ──

たとえば, 2次元以上の球面 S^n について, 任意の連続写像 $f: S^n \to X$ には, その持ち上げ $\tilde{f}: S^n \to E$ が存在する. (p_0 を $f(S^n)$ の任意の点, $q_0 \in S^n$ を $p_0 = f(q_0)$ となるような任意の点, r_0 は $h^{-1}(p_0)$ の任意の点として, 系 17.11.1 を適用すればよい. S^n の単連結性については, §14 の最後の例 2° (p.221) 参照.)

§17 被覆空間

$h: E \to X$ のファイバーについて

補題 17.12 $p_0, p_1 \in X$ を任意の2点とすると，全単射 $h^{-1}(p_0) \to h^{-1}(p_1)$ が存在する．

略証 p_0 と p_1 を結ぶ X 内の道 l をとる．$\forall r_\lambda \in h^{-1}(p_0)$ に対し，r_λ を始点とする l の持ち上げ $\tilde{l}_\lambda$ を構成し，$\tilde{l}_\lambda$ の終点 $\tilde{l}_\lambda(1) \in h^{-1}(p_1)$ を考える．点 r_λ に点 $\tilde{l}_\lambda(1)$ を対応させる写像を $l_\#: h^{-1}(p_0) \to h^{-1}(p_1)$ とすると，この $l_\#$ が全単射になるのである．証明は定理 17.5 を用いて容易にできる（図 17.11）．□

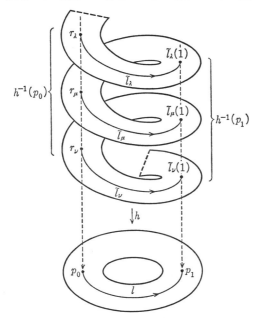

図 17.11

補題 17.12 から，もし1点 p_0 上のファイバー $h^{-1}(p_0)$ が有限集合であれば，他の任意の点 p_1 上のファイバーも同じ個数の点からなる有限集合のことがわかる．$h^{-1}(p_0)$ の点の個数が n のとき，$h: E \to X$ を X 上の **n 重被覆空間** という．あるいは n を特に指定せずに，X 上の **有限被覆空間** とよぶこともある．

さて，一般に，群 $\pi_1(X, p_0)$ の，部分群 $h_\# \pi_1(E, r_0)$ による'左剰余類'とよばれるものが，ファイバー $h^{-1}(p_0)$ の点と1対1に対応する．次にこのことを説明しよう．

右剰余類は §10 で説明した．左剰余類の定義もこれと同様である．群 G と

G の部分群 H が与えられているとする．G の元の間に次のような関係を考える：$a \sim b$ とは，H の元 h があって $h \cdot a = b$ が成り立つこと，と定めるのである．（右剰余類を定義するときは，$a \cdot h = b$ という関係を使った．）この関係 $\sim$ は同値関係である．G を関係 $\sim$ で同値類別したときの個々の同値類を，（G の H による）**左剰余類**とよぶ．$a \in G$ の属する左剰余類は $Ha = \{ha | h \in H\}$ という形の G の部分集合である．

H が G の正規部分群なら $Ha = aH$，すなわち，左右の剰余類は一致する．（Ha の任意の元 b は $b = ha$ と書ける．$h' = a^{-1}ha$ とおく．H が正規部分群なら，$h' \in H$．しかも $ah' = a(a^{-1}ha) = ha = b$．よって $b \in aH$．こうして，$b \in Ha \Rightarrow b \in aH$ がいえた．同様に $b \in aH$ なら $b \in Ha$ もいえる．）

上で定義した同値関係 $\sim$ による商集合を $H \backslash G$ と書く．$H \backslash G$ は，G の H による左剰余類全部の集合である．商写像 $G \to H \backslash G$ による a の像を $[a]'$ と書こう．明らかに，$[a]' = [b]' \Leftrightarrow a \sim b \Leftrightarrow (\exists h \in H, ha = b) \Leftrightarrow ba^{-1} \in H$．

定理 17.13 $h: E \to X$ を被覆空間とし，$r_0 \in E$，$p_0 \in X$ を $h(r_0) = p_0$ なる点とする．このとき，全単射 $\Phi: h_\sharp \pi_1(E, r_0) \backslash \pi_1(X, p_0) \to h^{-1}(p_0)$ が存在する．

証明 図 17.12 が証明のアイデアである．

$p_0 \in X$ を基点とする X の閉道を l とし，$r_0 \in E$ を始点にする l の持ち上げを

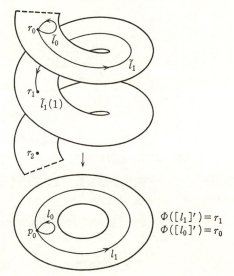

図 17.12

$\tilde{l}$ とする.l の終点 $\tilde{l}(1)$ の位置は,l のホモトピー類 $[l]\in\pi_1(X,p_0)$ できまる(定理 17.7).更に p_0 を基点とする X の閉道 m をもうひとつとったとき,r_0 を始点にする持ち上げ $\tilde{m}$ について,$\tilde{m}(1)=\tilde{l}(1)$ となるための必要十分条件は定理 17.10 により,$[l]\cdot[m^{-1}]\in h_\sharp\pi_1(E,r_0)$,すなわち,$[l]$ と $[m]$ が部分群 $h_\sharp\pi_1(E,r_0)$ に関して同一の左剰余類に属することである.$[l]$ の属する左剰余類 $[[l]]'$ を簡単に $[l]'$ と書くと,$[l]'\in h_\sharp\pi_1(E,r_0)\backslash\pi_1(X,p_0)$ に $\tilde{l}(1)$ を対応させる写像が $\Phi:h_\sharp\pi_1(E,r_0)\backslash\pi_1(X,p_0)\to h^{-1}(p_0)$ である.Φ が全単射であることは容易に確かめられる.□

被覆空間の分類

同一の底空間(たとえば S^1)の上にもいろいろの被覆空間がある.それらを全て分類することを考えよう.

定義 17.14 被覆空間 $h:E\to X$ と $h':E'\to X$ が**同値**であるとは,同相写像 $\tilde{f}:E\to E'$ があって,$h'\circ\tilde{f}=h$ が成り立つことである.(図式

が可換になるような同相写像 $\tilde{f}:E\to E'$ があること,といってもよい.)――

X 上の被覆空間を,この'同値'という関係で分類する.分類の手掛りは,ここでも $\pi_1(X,p_0)$ の部分群 $h_\sharp\pi_1(E,r_0)$ である.まず,ファイバー $h^{-1}(p_0)$ の中で r_0 の取り方を変えると $h_\sharp\pi_1(E,r_0)$ がどう変わるかを調べておく.

定義 17.15 G の部分群 H_1 が部分群 H_2 に**共役**であるとは,$H_1=a^{-1}H_2a$ となるような $a\in G$ が存在することである.ただし,$a^{-1}Ha=\{a^{-1}ha|h\in H\}$.

'共役'は G の部分群の間の同値関係になる.H が G の正規部分群の場合には,$\forall a\in G$ について $a^{-1}Ha=H$ であるから,H と共役な部分群は H 自身しかない.

補題 17.16 $h:E\to X$ を被覆空間とする.

(i) $r_0,r_1\in h^{-1}(p_0)$ のとき,$h_\sharp\pi_1(E,r_0)$ と $h_\sharp\pi_1(E,r_1)$ とは,$\pi_1(X,p_0)$ の部分群として共役である.

(ii) $\pi_1(X,p_0)$ の部分群 H が $h_\sharp\pi_1(E,r_0)$ と共役であれば,$H=h_\sharp\pi_1(E,r_1)$ と

270　　第6章　いくつかの応用

なる $r_1 \in h^{-1}(p_0)$ がある.

証明　(i)　r_0 を始点, r_1 を終点にする E の道 $\tilde{m}$ を選ぶ. $m=h \circ \tilde{m}$ は, p_0 を基点とする X の閉道である. さて, $h_\sharp \pi_1(E, r_0)$ の任意の元 $h_\sharp[\tilde{l}]$ を選ぶ($\tilde{l}$ は r_0 を基点とする E の閉道). このとき, 道の積 $\tilde{m}^{-1} \cdot \tilde{l} \cdot \tilde{m}$ は r_1 を基点とする E の閉道になり, $[m]^{-1} \cdot (h_\sharp[\tilde{l}]) \cdot [m] = h_\sharp([\tilde{m}^{-1} \cdot \tilde{l} \cdot \tilde{m}]) \in h_\sharp \pi_1(E, r_1)$. $h_\sharp[\tilde{l}]$ は $h_\sharp \pi_1(E, r_0)$ の任意の元だから, $[m]^{-1} \cdot (h_\sharp \pi_1(E, r_0)) \cdot [m] \subset h_\sharp \pi_1(E, r_1)$ が示せた. 逆の道 $\tilde{m}^{-1}$ を用いて同様に議論すると, $[m] \cdot (h_\sharp \pi_1(E, r_1)) \cdot [m]^{-1} \subset h_\sharp \pi_1(E, r_0)$ が(すなわち, 逆の包含関係 $h_\sharp \pi_1(E, r_1) \subset [m]^{-1} \cdot (h_\sharp \pi_1(E, r_0)) \cdot [m]$ が)示せる.

(ii)　H は $h_\sharp \pi_1(E, r_0)$ と共役であるから適当な $[m] \in \pi_1(X, p_0)$ を選んで, $H = [m]^{-1} \cdot (h_\sharp \pi_1(E, r_0)) \cdot [m]$ と書ける. r_0 を始点にする m の持ち上げ $\tilde{m}$ の終点を r_1 とすれば, (i) と同様にして, $[m]^{-1} \cdot (h_\sharp \pi_1(E, r_0)) \cdot [m] = h_\sharp \pi_1(E, r_1)$ が証明できる. これから, $H = h_\sharp \pi_1(E, r_1)$. $\square$

次の定理において, X は弧状連結で局所的に可縮な位相空間であり, $p_0 \in X$ である.

定理 17.17(分類定理)　(i)　$\pi_1(X, p_0)$ の任意の部分群 H に対し, $H = h_\sharp \pi_1(E, r_0)$ となる被覆空間 $h: E \to X$ と $r_0 \in h^{-1}(p_0)$ が存在する.

(ii)　被覆空間 $h: E \to X$ と $h': E' \to X$ が同値のための必要十分条件は, $h_\sharp \pi_1(E, r_0)$ と $h'_\sharp \pi_1(E', r_0')$ が $\pi_1(X, p_0)$ の中で共役になることである. ただし, $r_0 \in h^{-1}(p_0)$, $r_0' \in h'^{-1}(p_0)$. ——

この定理によれば, 被覆空間の分類と, $\pi_1(X, p_0)$ の部分群の共役関係による分類とは全く同じことになる.

証明　まず, (ii)を証明する. 部分群 H_1, H_2 が共役のことを $H_1 \sim H_2$ と書くことにしよう. さて, $h: E \to X$ と $h': E' \to X$ が同値であれば, $h' \circ \tilde{f} = h$ となるような同相写像 $\tilde{f}: E \to E'$ が存在する. よって, $h_\sharp \pi_1(E, r_0) = h'_\sharp(\tilde{f}_\sharp \pi_1(E, r_0)) = h'_\sharp \pi_1(E', \tilde{f}(r_0))$ となる. $\tilde{f}(r_0) (\in h'^{-1}(p_0))$ を別の点 $r_0' (\in h'^{-1}(p_0))$ に変えると, 補題 17.16 により, $h'_\sharp \pi_1(E', \tilde{f}(r_0)) \sim h'_\sharp \pi_1(E', r_0')$. 結局, $h_\sharp \pi_1(E, r_0) = h'_\sharp \pi_1(E', \tilde{f}(r_0)) \sim h'_\sharp \pi_1(E', r_0')$.

逆に $h_\sharp \pi_1(E, r_0) \sim h'_\sharp \pi_1(E', r_0')$ を仮定して $h: E \to X$ と $h': E' \to X$ が同値のことを示す. $(h')^{-1}(p_0)$ の中で r_0' を適当にとり替えると, $h_\sharp \pi_1(E, r_0) = h'_\sharp \pi_1(E', r_0')$ であるとしてよい(補題 17.16(ii)).

§17 被覆空間　　271

したがって図式

$$
\begin{array}{c}
E \\
\downarrow h \\
E' \xrightarrow{\ h'\ } X
\end{array}
$$

に，定理 17.11 を適用することができて，写像 $h':E'\to X$ の，被覆写像 $h:E\to X$ に関する持ち上げ $\tilde{h}':(E',r_0')\to(E,r_0)$ が見出せる．後のために記号を変えて，$\tilde{h}'$ を $\tilde{f}':(E',r_0')\to(E,r_0)$ と書く．$\tilde{f}'$ は h' の持ち上げだから，$h\circ\tilde{f}'=h'$ が成り立つ．

同様に，図式

$$
\begin{array}{c}
E' \\
\downarrow h' \\
E \xrightarrow{\ h\ } X
\end{array}
$$

に定理 17.11 を適用して，写像 $h:E\to X$ の，被覆写像 $h':E'\to X$ に関する持ち上げ $\tilde{h}:(E,r_0)\to(E',r_0')$ を得る．後のために，$\tilde{h}$ のことを $\tilde{f}:(E,r_0)\to(E',r_0')$ と書く．明らかに $h'\circ\tilde{f}=h$.

合成 $\tilde{f}'\circ\tilde{f}:(E,r_0)\to(E,r_0)$ は，写像 $h:E\to X$ の，(被覆)写像 $h:E\to X$ 自身に関する持ち上げである．（図式

$$
\begin{array}{c}
 & E \\
{}^{\tilde{f}'\circ\tilde{f}}\nearrow & \downarrow h \\
E \xrightarrow{\ h\ } & X
\end{array}
$$

をみよ．）実際，$h\circ(\tilde{f}'\circ\tilde{f})=(h\circ\tilde{f}')\circ\tilde{f}=h'\circ\tilde{f}=h$ だから．

また，明らかに恒等写像 $id_E:E\to E$ も $h:E\to X$ の $h:E\to X$ に関する持ち上げである．（図式

$$
\begin{array}{c}
 & E \\
{}^{id_E}\nearrow & \downarrow h \\
E \xrightarrow{\ h\ } & X
\end{array}
$$

をみよ．）id_E と $\tilde{f}'\circ\tilde{f}$ とは，ともに点 r_0 を r_0 にうつす．したがって，補題 17.6 により，$\tilde{f}'\circ\tilde{f}=id_E$. 同様の議論で，$\tilde{f}\circ\tilde{f}'=id_{E'}$ もわかる．よって，$\tilde{f}$ は同相写像であって，$h:E\to X$ と $h':E'\to X$ は同値である．(ii)の証明終り．

272   第6章　いくつかの応用

(i)の証明を詳しく述べる余裕がないのでそのアイデアを説明しよう．$\pi_1(X, p_0)$の部分群Hが与えられたとき，$H=h_\sharp\pi_1(E, r_0)$となるような被覆空間$h:E\to X$と点$r_0\in h^{-1}(p_0)$を構成したい．

まず，位相空間Eを作らねばならない．はじめに位相の入っていない単なる集合としてEを構成する．p_0を始点にするXの道全体のなす集合を$\mathcal{P}(X,p_0)$としよう．（$\mathcal{P}$は path の頭文字．）$l, m\in\mathcal{P}(X,p_0)$が同値（$l\sim m$）とは，$l(1)=m(1)$かつ，$[l\cdot m^{-1}]\in H$であることである，と定義する．商集合$\mathcal{P}(X,p_0)/\sim$を$E$とする．$E$の'点'は，道$l\in\mathcal{P}(X,p_0)$の同値類$\{l\}$であり，'点'$\{l\}$に$l$の終点$l(1)\in X$を対応させる写像として$h:E\to X$を定義する．$r_0\in E$は，$p_0$を基点とする自明な道$\tilde{p}_0(\in\mathcal{P}(X,p_0))$の属する同値類$\{\tilde{p}_0\}$である．（なお，もし，$H=h_\sharp\pi_1(E, r_0)$であるような被覆空間$h:E\to X$が実際に存在すれば，定理17.10によって，$l\in\mathcal{P}(X,p_0)$に，$r_0$を始点とする持ち上げ$\tilde{l}$の終点$\tilde{l}(1)$を対応させることにより，$\mathcal{P}(X,p_0)/\sim$と$E$の間の全単射があることに注意．上では逆に，$\mathcal{P}(X,p_0)/\sim$という商集合により$E$を構成してしまったのである．）このような集合$E$に，'適当にうまく'位相を定めて，$h:E\to X$が被覆写像になるようにできるのである．この位相は次のように説明できる．$l, m\in\mathcal{P}(X,p_0)$が$X$の道として互いに'近い'とき，$l, m$は$\mathcal{P}(X,p_0)$の要素としても'近い'と考える．このことから，$\mathcal{P}(X,p_0)$に位相が入る．$E=\mathcal{P}(X,p_0)/\sim$の位相は，商写像$\pi:\mathcal{P}(X, p_0)\to E$によってきまる等化位相である（定義16.1）．□

系 17.17.1 Xが単連結の場合，X上の被覆空間は同値を除いてただひとつしかない．それは，$h:E\to X$が同相写像であるような自明な被覆空間である．

普遍被覆空間その他

A) Xを，弧状連結で局所的に可縮な位相空間とすると，Eが単連結であるような被覆空間$h:E\to X$が，同値を除いてただひとつ存在する．（$h_\sharp\pi_1(E, r_0)=\{e\}$であるような被覆空間である．——定理17.17参照．）この$h:E\to X$をXの普遍被覆空間という．Xの普遍被覆空間Eのことを，しばしば$\tilde{X}$という記号で表わす．

例1°の$h:\boldsymbol{R}\to S^1$はS^1の普遍被覆空間である（$\tilde{S}^1=\boldsymbol{R}$）．例5°の$h\times id:\boldsymbol{R}\times[0,1]\to S^1\times[0,1]$は，アニュラス$S^1\times[0,1]$の普遍被覆空間である．また例6°の$\boldsymbol{E}^2\to T^2$は，$T^2$の普遍被覆空間である（$\tilde{T}^2=\boldsymbol{E}^2$）．

§17 被 覆 空 間 　　273

B) $\pi_1(X, p_0)$ から無限巡回群 $\langle t \rangle$ の上への準同型 $\varphi:\pi_1(X, p_0) \to \langle t \rangle$ が与えられているとき，部分群 $\mathrm{Ker}(\varphi)$ に対応する被覆空間 $h:E \to X$ を，φ によってきまる X の**無限巡回被覆空間**とよぶ．すなわち，$h_{\sharp}\pi_1(E, r_0) = \mathrm{Ker}(\varphi)$ となるような被覆空間である．$\mathrm{Ker}(\varphi)$ は $\pi_1(X, p_0)$ の正規部分群であるから，左剰余類の集合 $\mathrm{Ker}(\varphi) \backslash \pi_1(X, p_0)$ と右剰余類の集合 $\pi_1(X, p_0)/\mathrm{Ker}(\varphi)$ は一致し，準同型定理により，剰余群 $\pi_1(X, p_0)/\mathrm{Ker}(\varphi)$ は $\langle t \rangle$ に同型である（定理 10.12）．したがって，無限巡回被覆空間 $h:E \to X$ のファイバー $h^{-1}(p_0)$ から $\langle t \rangle$ への全単射がある（定理 17.13）．例 $1°$ の $h:\boldsymbol{R} \to S^1$ は，S^1 の無限巡回被覆空間である．

C) $\pi_1(X, p_0)$ からその可換化 $\pi_1(X, p_0)^{\mathrm{ab}}$ への自然な準同型 $\pi:\pi_1(X, p_0) \to \pi_1(X, p_0)^{\mathrm{ab}}$ を考え，その核 $\mathrm{Ker}(\pi)$ に対応する被覆空間 $h:E \to X$ を，X の**普遍可換被覆空間**とよぶ．すなわち，$h_{\sharp}\pi_1(E, r_0) = \mathrm{Ker}(\pi) = [\pi_1(X, p_0), \pi_1(X, p_0)]$（交換子群）であるような被覆空間である．交換子群は $\pi_1(X, p_0)$ の正規部分群であるから，B) と同じ議論により，ファイバー $h^{-1}(p_0)$ から $\pi_1(X, p_0)^{\mathrm{ab}}$ への全単射の存在がわかる．

D) X が向きづけ不可能な閉曲面のとき，$\pi_1(X, p_0)$ から乗法群 $\{\pm 1\}$ への準同型 $\omega:\pi_1(X, p_0) \to \{\pm 1\}$ を次のように定義する．p_0 を基点にする閉道 l に対し，l が（メビウスの帯の中心線のように）それに沿って1周してくると X の裏表が反対になるような閉道の場合に $\omega([l]) = -1$，裏表が保たれる閉道の場合に $\omega([l]) = 1$ とおく．$\omega([l] \cdot [m]) = \omega([l]) \cdot \omega([m])$ が確かめられるので，ω は $\pi_1(X, p_0)$ から乗法群 $\{\pm 1\}$ の上への準同型になる．$h_{\sharp}\pi_1(E, r_0) = \mathrm{Ker}(\omega)$ であるような被覆空間 $h:E \to X$ を考えると，ファイバー $h^{-1}(p_0)$ と $\{\pm 1\}$ とが1対1に対応するから，これは2重被覆空間である．しかも $h_{\sharp}\pi_1(E, r_0) = \mathrm{Ker}(\omega)$ は裏表をひっくり返さない閉道のみからなっている．よって，E はメビウスの帯を含まず，向きづけ可能な閉曲面になる．**任意の向きづけ不可能な閉曲面は，向きづけ可能な閉曲面で2重に被覆される**ことがわかる．

　一般に，閉曲面 X の n 重被覆空間 $h:E \to X$ について，オイラー数の間に $e(E) = ne(X)$ の関係がある（演習問題 17.2）．いまの場合 $h:E \to X$ は2重被覆であるから，$e(E) = 2e(X)$．これを用いて，nP^2 を2重に被覆する向きづけ可能な閉曲面は $(n-1)T^2$ であることがわかる．

　とくに射影平面 P^2 は球面 S^2 によって2重に被覆される．S^2 は単連結だか

ら, S^2 は P^2 の普遍被覆空間である. また, クラインの壺 $2P^2$ はトーラス T^2 によって2重に被覆される.

E) 射影平面 P^2 が球面 S^2 により2重に被覆される様子を絵でみてみよう. まず, メビウスの帯はアニュラスによって2重に被覆される(図17.13). 図の真中の絵と左端のアニュラスは実際に紙テープを用いて作ってみても互いに移り合わないが, それは E^3 の中への'埋め込み方'が異なるからであって, 両者はそれ自身としてはアニュラスに位相同形なのである. このアニュラスの両側の円周に沿って2枚の円板 D_+^2, D_-^2 を貼り合わせると S^2 を得る. メビウスの帯の縁に沿って1枚の円板 D_0^2 を貼り合わせると P^2 を得る. D_+^2 と D_-^2 を重ねて D_0^2 に写す写像を用いて, 図17.13の2重被覆の写像を S^2 から P^2 への2重被覆 $S^2 \to P^2$ に拡張できる.

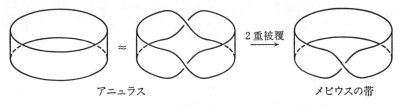

アニュラス 2重被覆 メビウスの帯

図 17.13

図17.13の2重被覆は, アニュラス上のどのような2点をメビウスの帯の同一点に写すかを調べてみよ. また, これを拡張した $S^2 \to P^2$ ではどうか. すると, 次のことがわかると思う. S^2 の中心に関して正反対の位置にある2点(互いに**対蹠的**な位置にある2点)が P^2 の同一点に写る. したがって, S^2 の対蹠点を2つずつ全部同一視することによって得られる空間が P^2 であるとも考えられる.

被覆変換群と群作用

定義 17.18 $h: E \to X$ が被覆空間のとき, $h \circ t = h$ であるような同相写像 $t: E \to E$ を, $h: E \to X$ の**被覆変換**とよぶ. 被覆変換の全体 G は写像の合成を積として群をなす. これを $h: E \to X$ の**被覆変換群**という.——

例1° の被覆空間 $h: \mathbf{R} \to S^1$ の場合, h は, $h(\theta) = (\cos\theta, \sin\theta)$ で定義される写像であった. ひとつの整数 n について, $t_n(\theta) = \theta + 2n\pi$ とおくと, t_n は $2n\pi$ だけの直線上の平行移動であるが, $h(t_n(\theta)) = h(\theta + 2n\pi) = h(\theta)$ であるから, $t_n: \mathbf{R}$

§17 被覆空間

$\to R$ は $h: R \to S^1$ の被覆変換である.

　$h: E \to X$ を一般の被覆空間とし, p_0 を X の点, r_0 をファイバー $h^{-1}(p_0)$ の点とする. t を $h: E \to X$ の被覆変換とすると, $h(t(r_0))=h(r_0)=p_0$. よって, $t(r_0)$ もファイバー $h^{-1}(p_0)$ の点である. 被覆変換 $t: E \to E$ は, ファイバー $h^{-1}(p_0)$ をそれ自身に写すことがわかる.

定理 17.19 $h: E \to X$ が X の普遍被覆空間なら, $h: E \to X$ の被覆変換群 G と, X の基本群 $\pi_1(X, p_0)$ は同型である.

証明 被覆変換 $t: E \to E$ は ($h \circ t = h$ であるから), 被覆写像 $h: E \to X$ のそれ自身 $h: E \to X$ に関する持ち上げと考えられる (図式

をみよ.) したがって, $p_0 \in X$ と $r_0 \in h^{-1}(p_0)$ をあらかじめ選んでおくと, t は, r_0 を $h^{-1}(p_0)$ のどの点にうつすかで完全にきまる (補題 17.6). また, $h^{-1}(p_0)$ の任意の点 r_0' を与えると, $t(r_0)=r_0'$ となるような被覆変換 $t: E \to E$ が存在する. ($h: E \to X$ を普遍被覆空間と仮定しているので, $h_\# \pi_1(E, r_0) = h_\# \pi_1(E, r_0') = \{e\}$. よって, 図式

に定理 17.11 を適用して, h に関する h の持ち上げ $t: (E, r_0) \to (E, r_0')$ が存在することがわかる. この t が同相写像であることの証明は, 定理 17.17 の証明と同じ.) こうして, 被覆変換群 G の元 t とファイバー $h^{-1}(p_0)$ の点 r_0' が全単射で対応することがわかった: $G \cong h^{-1}(p_0)$, $(t \mapsto t(r_0))$.

　一方, $\pi_1(X, p_0)$ の元 $[l]$ に, r_0 を始点とする l の持ち上げ $\tilde{l}$ の終点 $\tilde{l}(1) (\in h^{-1}(p_0))$ を対応させることによって, 左剰余類の集合 $h_\# \pi_1(E, r_0) \backslash \pi_1(X, p_0)$ と $h^{-1}(p_0)$ の間の全単射が得られるのであった (定理 17.13). いま, $h_\# \pi_1(E, r_0) = \{e\}$ と仮定しているから, これは, $\pi_1(X, p_0) \cong h^{-1}(p_0)$ という全単射になる.

　$G \cong h^{-1}(p_0)$ と $h^{-1}(p_0) \cong \pi_1(X, p_0)$ を合成して, 全単射 $G \cong \pi_1(X, p_0)$ を得る.

276　　　　　　　　第6章　いくつかの応用

この対応が，G と $\pi_1(X, p_0)$ の積を保つことは，全単射 $G \cong h^{-1}(p_0)$ と全単射 $h^{-1}(p_0) \cong \pi_1(X, p_0)$ のそれぞれの定義に戻って確かめればよい．□

　定義 17.20　$h_\sharp \pi_1(E, r_0)$ が $\pi_1(X, p_0)$ の正規部分群であるような被覆空間 $h : E \to X$ を**正則被覆空間**とよぶ．（$h : E \to X$ が正則か否かは，点 p_0 と点 $r_0 \in h^{-1}(p_0)$ のとり方によらない．補題 17.16(i) 参照．）───

　定理 17.19 とほとんど同じ議論で次の定理が示せる．

　定理 17.21　$h : E \to X$ が正則被覆空間なら，$h : E \to X$ の被覆変換群 G と，剰余群 $\pi_1(X, p_0)/h_\sharp \pi_1(E, r_0)$ は同型である．───

　一般に，位相空間 E と群 G があり，G の各元 t に対応して E の同相写像 $t : E \to E$ がきまっていて，(1) G の単位元 e に対応するのは恒等写像 id_E であり（$e(x) = x, \forall x \in E$)，(2) G の2元 t, t' の積 $t \cdot t'$ に対応するのは $t : E \to E$ と $t' : E \to E$ の合成 $t \circ t'$ である（$(t \cdot t')(x) = t(t'(x)), \forall x \in E$)，という2条件が成り立つとき，群 G は空間 E に**作用する**という．G は E の変換群であるということもある．

　群 G が空間 E に作用しているとき，E の1点 x について，

$$G_x = \{t \in G \,|\, t(x) = x\}$$

とおく．G_x は点 x を動かさないような t の全体からなる G の部分群である．これを点 x の**固定群**とよぶ．E の各点 x の固定群 G_x が自明群ならば，群 G の空間 E への作用は**自由**であるという．このとき，単位元以外の $t \in G$ は不動点を持たない．

　被覆空間 $h : E \to X$ の被覆変換群を G とすると，G は上の意味で E に作用しており，しかもその作用は自由である．正則被覆空間の場合は，G と $\pi_1(X, p_0)/h_\sharp \pi_1(E, r_0)$ が同一視できるから（定理 17.21)，剰余群 $\pi_1(X, p_0)/h_\sharp \pi_1(E, r_0)$ が，E に自由に作用すると考えられる．とくに，**空間 X の基本群 $\pi_1(X, p_0)$ は，普遍被覆空間 $\tilde{X}$ に自由に作用するのである**．

　例として，トーラスの普遍被覆空間 $h : E^2 \to T^2$ を考えてみよう．図 17.14 の閉道 μ, λ を $\pi_1(T^2, p_0) \cong Z \oplus Z$ の左右の Z の生成元にとる．μ, λ は，E^2 の被覆変換としては，それぞれ，x 軸 y 軸方向の長さ 2π だけの平行移動である：$\mu(x, y) = (x + 2\pi, y)$, $\lambda(x, y) = (x, y + 2\pi)$．$Z \oplus Z$ の一般の元 $m\mu + n\lambda$ は，$(x, y) \mapsto (x + 2m\pi, y + 2n\pi)$ という平行移動に対応する．

　図 17.14 の斜線を施した正方形（4辺形）σ を，$G = \pi_1(T^2, p_0)$ の作用で動かし

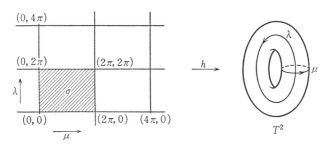

図17.14

て行くと，E^2 全体を覆いつくす．（タイル張りする．）すなわち，$E^2 = \bigcup_{t \in G} t(\sigma)$. また，$\sigma$ の内部を $\overset{\circ}{\sigma}$ とすると，$t \neq e$ のとき $t(\overset{\circ}{\sigma}) \cap \overset{\circ}{\sigma} = \phi$ である．一般に，次のように定義する．

定義 17.22 群 G が空間 E に作用しているとき，E の閉集合 σ であって次の 2 条件を満たすものを，G の E への作用の**基本領域**とよぶ．(1) $E = \bigcup_{t \in G} t(\sigma)$，(2) $t \neq e$ なら $t(\overset{\circ}{\sigma}) \cap \overset{\circ}{\sigma} = \phi$．──

トーラス T^2 を μ, λ という 2 つの円周に沿って切り開くと正方形(4 辺形)が得られるように，種数 n の閉曲面を適当な円周(2n 個)に沿って切り開くと 4n 辺形が得られる．（図 17.15 は $n=2$ の場合を示している．）ユークリッド平面を正 4n 角形で埋めつくす(タイル張りする)ことは，$n \geq 2$ の場合，不可能であるが，実は，(驚くべきことに！)ロバチェフスキーの非ユークリッド平面と呼ばれる平面ならそのようなタイル張りが可能である．（ロバチェフスキーの非ユークリッド平面においては，三角形の内角の和 $\alpha+\beta+\gamma$ が π より小になる．三角形が大きくなればなる程，$\alpha+\beta+\gamma$ は小さくなり，0 に近づく．このような事情を利用して，上述のタイル張りを作るのである．）このタイル張りの各タイルは，ロバチェフスキー平面への $\pi_1(nT^2, p_0)$ の作用の基本領域になる．そして，ロバチェフスキー平面が $nT^2 (n \geq 2)$ の普遍被覆空間になるのである．なお，ロバチェフスキー平面は通常の平面 E^2 と位相同形であることが知られている．（E^2 との違いは距離の入れ方だけである．）

閉曲面の普遍被覆空間をまとめておく：$\widetilde{S^2} = S^2$，$\widetilde{P^2} = S^2$，$\widetilde{T^2} = E^2$，$\widetilde{2P^2} = E^2$，$\widetilde{nT^2} (n \geq 2) = $ ロバチェフスキー平面 $\approx E^2$，$\widetilde{nP^2} (n \geq 3) = $ ロバチェフスキー平面 $\approx E^2$，である．（nP^2 の普遍被覆を構成するには，まず nP^2 を $(n-1)T^2$ で 2 重

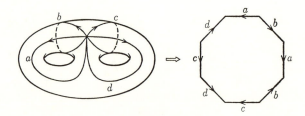

図 17.15

に被覆し，その後 $(n-1)T^2$ の普遍被覆を考えればよい．演習問題 17.1 参照．)

演習問題

17.1 $h:E\to X$ が有限被覆写像，$h':E'\to E$ が被覆写像なら，合成 $h\circ h':E'\to X$ は被覆写像であることを証明せよ．

17.2 E,X が閉曲面で，$h:E\to X$ が n 重被覆なら，$e(E)=ne(X)$ である．ここに e はオイラー数を表わす．(ヒント：X を三角形に分解し，その分解の h に関する逆像によって E を分解したと考えてみよ．頂点，辺，三角形の個数は，E においては，X における個数の n 倍になっている．)なお，このようなオイラー数の関係は，E,X が閉曲面でないずっと一般的な状況でも成立する．

17.3 ブーケ $S^1\vee S^1$(=8の字形)の普遍被覆空間はどのようなものになるか．

17.4 次の図の h は，'めがねのフレーム形'の図形 X の3重被覆空間になること，またこれは正則被覆でないことを示せ．

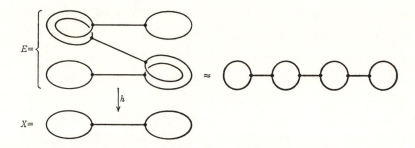

§18 結び目

3次元球面 S^3 (あるいは E^3) の中の，自分自身と交わらない閉じた折れ線を**結び目**(knot)という．ここで，閉じた折れ線とは，始点と終点の一致する折れ線のことである(図 18.1)．

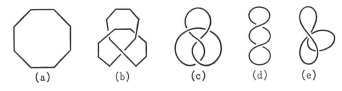

図 18.1

　図 18.1 の (c)(d)(e) の曲線は滑らかな曲線であり，折れ線らしくないが，非常にたくさんの線分からなる折れ線と考えれば，これも結び目の定義にかなっている．(なお，滑らかな曲線によって結び目を定義するやり方もある．)

　3 次元の S^3 の中に位置する結び目を，図 18.1 のように 2 次元平面(＝この本の紙面)に描いたものを結び目の**射影図**とよぶ．とくに，線分同士の重なりが高々 2 重点であるような射影図を**正則射影**という．図 18.1 の (a)(b)(c)(d) は正則射影であるが，(e) は正則射影でない．以下，正則射影のみを考えることにする．

　結び目 K を少しずつ，自分自身と交わることなく (S^3 の中で) 変形して，別の結び目 K' に重ねられるとき，K と K' とは**同値**であるという．たとえば，図 18.1 の (d) の結び目は (a) の結び目と同値である．(a) の結び目と同値であるような結び目を**自明な結び目**という．図 18.1 の (a)(d) の結び目は自明である．

　結び目の同値性を正確に定義しよう．

定義 18.1 同相写像 $h:S^3 \to S^3$ が，同相写像 $h':S^3 \to S^3$ に**イソトープ**であるとは，

(i) h から h' へのホモトピー $H:S^3 \times [0,1] \to S^3$ が存在し，

(ii) $h_s(x)=H(x,s)$ とおいて得られる写像 $h_s:S^3 \to S^3$ が，各 $s \in [0,1]$ について同相写像になることである．($h_0=h$, $h_1=h'$ に注意．)

(i)(ii) の条件を満たすホモトピー $H:S^3 \times [0,1] \to S^3$ を，h から h' への**イソトピー**とよぶ．

定義 18.2 結び目 K が結び目 K' に**同値**であるとは，同相写像 $h:S^3 \to S^3$ があって，

(i) h は恒等写像 $id_{S^3}:S^3 \to S^3$ にイソトープであり，

(ii) $h(K)=K'$ となることである．──

　結び目 K と K' が正則射影で与えられているとき，それらが同値な結び目か

否かを判定することは必ずしも容易でない．たとえば，図18.1の(b)(c)は自明でなさそうであるが，それが真に自明でないことを証明するにはどうしたらよいだろうか．このような問題をはじめ，結び目の種々の性質を研究するトポロジーの分野を**結び目理論**という．

S^3 から結び目 K を除いた残りの空間 S^3-K を**結び目補空間**とよぶ．結び目補空間は3次元多様体である．結び目 K と K' が同値であれば，$h(K)=K'$ であるような同相写像 $h:S^3 \to S^3$ が存在するから，h を結び目補空間に制限して，同相写像 $h|(S^3-K):S^3-K \to S^3-K'$ を得る．K と K' が同値なら，K の結び目補空間と K' のそれとが位相同形になるわけである．結び目 K を研究する上での結び目補空間の重要性がわかる．

結び目補空間 S^3-K の適当な基点 $p_0 \in S^3-K$ に関する基本群 $\pi_1(S^3-K, p_0)$ は，結び目 K の大切な不変量として古くから研究されている．$\pi_1(S^3-K, p_0)$ を K の**結び目群**という．この節では，結び目 K の正則射影から $\pi_1(S^3-K, p_0)$ の表示を計算する方法について述べよう．まず，次の定理を証明する．

定理 18.3 K が自明な結び目なら，結び目群 $\pi_1(S^3-K, p_0)$ は無限巡回群 $\langle t \rangle$ に同型である．

証明 $S^3 = \{(x_1, x_2, x_3, x_4) \in \mathbf{R}^4 | x_1^2+x_2^2+x_3^2+x_4^2=1\}$ である．$D_+^3 = \{(x_1, x_2, x_3, x_4) \in S^3 | x_4 \geq 0\}$，$D_-^3 = \{(x_1, x_2, x_3, x_4) \in S^3 | x_4 \leq 0\}$ とおくと，$S^3 = D_+^3 \cup D_-^3$ であり，$D_+^3 \cap D_-^3 = \{(x_1, x_2, x_3, 0) | x_1^2+x_2^2+x_3^2=1\} \approx S^2$．そして D_+^3，D_-^3 は，3次元球体 D^3 と位相同形である．したがって，S^3 は，2つの3次元球体 D_+^3, D_-^3（中身のつまったボール）を，その表面の2次元球面に沿って貼り合わせて得られる空間と考えられる（図18.2）．

さて，$K \subset S^3$ を自明な結び目とする．K が自明である限り，どこにあっても S^3-K の位相同形類は変らないから，いま，K が $D_+^3 \cap D_-^3$ という2次元球面の赤道に一致しているとしよう（図18.3(a)）．結び目補空間 S^3-K を考える．見易くするため，K を少し太くしたもの $N(K)$ を S^3 から取り除くことにす

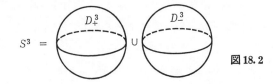

図18.2

§18 結び目　281

る．こうしても，S^3-K のホモトピー型は変らない．($S^3-N(K)\simeq S^3-K$.) 図 18.3(b)に示すように，$S^3-N(K)$ は，D_+^3, D_-^3 の赤道にそって '溝' を掘ったものの北半球同士（A と A'），南半球同士（B と B'）をそれぞれ同一視してできる図形に位相同形である．これは図 18.3(b)のように変形してみると，中身のつまったドーナツ $S^1\times D^2$ に他ならず，$S^3-N(K)\approx S^1\times D^2 \simeq S^1$ が成り立つ．よって $\pi_1(S^3-K, p_0)\cong \pi_1(S^1, p_0)\cong \langle t\rangle$. □

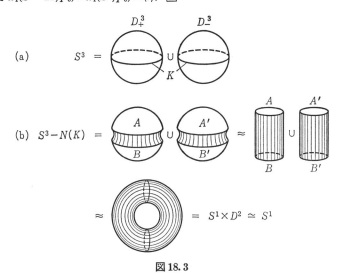

図 18.3

$\pi_1(S^3-K, p_0)\cong \langle t\rangle$ の生成元 t は，図 18.4 のような閉道により表わされる．この図で，K を 1 回まわる小円周を K のメリディアン（meridian）という．

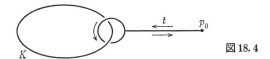

図 18.4

定理 18.3 の拡張として，S^3 内のブーケ $S^1\vee\cdots\vee S^1$ の補空間 $S^3-(S^1\vee\cdots\vee S^1)$ に関する定理が得られる．いくつかの S^1 のブーケ $S^1\vee\cdots\vee S^1$ が，S^3 内のある '平面'（1枚の板）の上に描かれているとき，そのブーケは**標準的な位置にある**ということにする．

定理 18.4　S^3 内の n 個の S^1 のブーケ $S^1\vee\cdots\vee S^1$ が標準的な位置にあれば，

補空間の基本群 $\pi_1(S^3-(S^1\vee\cdots\vee S^1), p_0)$ は階数 n の自由群 $\langle t_1, t_2, \cdots, t_n\rangle$ である.

証明 $S^3=D_+^3\cup D_-^3$ と分解し, $S^1\vee\cdots\vee S^1$ が, 2次元球面 $D_+^3\cap D_-^3$ の上に描かれているとしてよい. 定理18.3の場合と同様に, $S^1\vee\cdots\vee S^1$ を少し太くしたもの $N(S^1\vee\cdots\vee S^1)$ を S^3 から除くことにすると, $S^3-N(S^1\vee\cdots\vee S^1)$ のホモトピー型は, 図18.5で示すように n 個の S^1 のブーケ $S^1\vee\cdots\vee S^1$ になる. よって
$$\pi_1(S^3-(S^1\vee\cdots\vee S^1), p_0) \cong \pi_1(S^1\vee\cdots\vee S^1, p_0) \cong \langle t_1, \cdots, t_n\rangle.$$
(図18.5は $n=2$ の場合である.) □

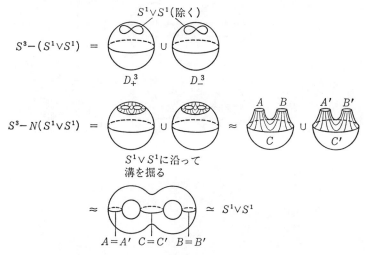

図 18.5

なお, $\pi_1(S^3-(S^1\vee\cdots\vee S^1))\cong\langle t_1, t_2, \cdots, t_n\rangle$ の生成元 $t_1, \cdots, t_n$ は, 図18.6のような閉道で表わされる. 各閉道 t_i を対応する S^1 のメリディアンとよぶ.

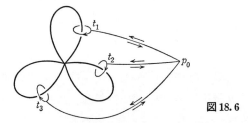

図 18.6

さて, 結び目群 $\pi_1(S^3-K, p_0)$ の表示を, 与えられた K の正則射影から求める方法を説明しよう. たとえば, 図18.7のように, 正則射影 K が与えられた

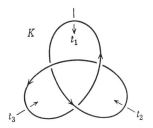

図 18.7 クローバー結び目

とき，K に勝手に向きをつける．この向きに沿って K を回ってみよう．ある2重点の下をくぐり抜けた後で何個かの2重点の上を通過し，そして再び2重点の下をくぐらなければならなくなるまでの K の弧を，仮に，K の**部分弧**とよぶことにする．つまり，2重点の下をでて別の2重点の下にもぐるまでの間の弧を部分弧と名付けるのである．図 18.7 の射影図は3本の部分弧に分かれている．K の向きの順に，この部分弧に番号をつけ，$C_1, C_2, \cdots, C_n$ とする．(n は2重点の個数に等しい．）各々の C_i を，図 18.7 のようにまわる閉道を t_i とする．これは次のような意味である．図 18.7 において，基点 p_0 はこの本の紙面の真上の空中にあるとし，閉道 t_i は，p_0 から紙面に降りてきて図の t_i と書いてある矢印の尻っぽに達し，この矢印に沿って C_i をくぐり抜け，矢印 t_i の先端から紙面を離れて再び上昇し p_0 に戻る閉道を表わしている．求める $\pi_1(S^3 - K, p_0)$ の表示の**生成元**は，これらの $t_1, t_2, \cdots, t_n$ である．（なお，矢印 t_i は，部分弧 C_i を右側から左側にくぐり抜けるように描かれている．書物によっては，左側から右側に抜けるように描く流儀もあるが本質的な違いはない．）

結び目群 $\pi_1(S^3 - K, p_0)$ の表示の**関係子**は，2重点に対応してひとつずつ現われる．その2重点における K の方向のつき方により，2つの場合が考えられる

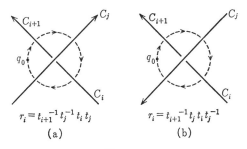

図 18.8

284 第6章 いくつかの応用

（図 18.8）.

どちらの場合にも，2重点を中心として図 18.8 の破線で示した小さな円を描いてみる．この円周上に点 q_0 をとる．この本の紙面の真上にとっておいた基点 p_0 を出発し，q_0 まで降りてきて，この小円周に沿って（C_{i+1}, C_j, C_i の下を）まわり，q_0 に戻り，そして再び紙面を離れて上昇して，p_0 に戻る閉道を r_i としよう．

閉道 r_i を，先程の閉道 $t_1, t_2, \cdots, t_n$ を使って表わすと，図 18.8 の (a) の場合には，$r_i = t_{i+1}^{-1} t_j^{-1} t_i t_j$ となり，(b) の場合には，$r_i = t_{i+1}^{-1} t_j t_i t_j^{-1}$ となる．図 18.8 の小円周は，完全に結び目 K の '下側' にあるから，K に触れずに1点に縮む．すなわち，閉道 r_i は $\pi_1(S^3 - K, p_0)$ の中で単位元 e を表わすはずである．こうして $r_i = e$ という関係が各2重点に対応して生じることになる．

図 18.8(a) のタイプの2重点に対応して $t_{i+1}^{-1} t_j^{-1} t_i t_j = e$ という関係が生じ，(b) の2重点に対応して $t_{i+1}^{-1} t_j t_i t_j^{-1} = e$ という関係が生じる．

定理 18.5 K の結び目群は次のような表示を持つ：$\pi_1(S^3 - K, p_0) \cong \langle t_1, t_2, \cdots, t_n \mid r_1 = e, r_2 = e, \cdots, r_n = e \rangle$．ここに t_i は部分弧 C_i に対応する閉道であり，r_i は2重点に対応する関係子である．——

定理 18.5 の表示を，結び目群の**ヴィルティンガー表示**という．

定理 18.5 の証明は後で述べるが，その前に，図 18.7 の正則射影で与えられる具体的な結び目の例（これは**クローバー結び目**とよばれる結び目である）について結び目群を計算しよう．

生成元は t_1, t_2, t_3 である．図 18.7 の3つの2重点のうち，左上のものから，$t_2^{-1} t_3^{-1} t_1 t_3 = e$ という関係が生じ，右上の2重点から，$t_3^{-1} t_1^{-1} t_2 t_1 = e$ という関係が生じる．また下の2重点から，$t_1^{-1} t_2^{-1} t_3 t_2 = e$ という関係が生じる．

よって，クローバー結び目の結び目群は

$$\langle t_1, t_2, t_3 \mid t_2^{-1} t_3^{-1} t_1 t_3 = e, t_3^{-1} t_1^{-1} t_2 t_1 = e, t_1^{-1} t_2^{-1} t_3 t_2 = e \rangle$$

という表示で与えられる．この表示をもう少し簡単にしてみよう．

2番目の関係から $t_3 = t_1^{-1} t_2 t_1$ が得られ，これにより生成元 t_3 を消去すると，次の表示を得る．（群の同型類は変化しない．表示だけが変ったのである．）

$$\langle t_1, t_2 \mid t_2^{-1} (t_1^{-1} t_2^{-1} t_1) t_1 (t_1^{-1} t_2 t_1) = e, t_1^{-1} t_2^{-1} (t_1^{-1} t_2 t_1) t_2 = e \rangle$$

新しい表示の第1の関係子を簡単にすると $t_2^{-1} t_1^{-1} t_2^{-1} t_1 t_2 t_1 = e$ となる．これ

§18 結 び 目　　　285

は第2の関係子の左辺の逆元に他ならない. よって2つの関係子のどちらかひとつを捨ててよい. 結局, クローバー結び目の群は,

$$\langle t_1, t_2 \mid t_2^{-1} t_1^{-1} t_2^{-1} t_1 t_2 t_1 = e \rangle, \quad \text{あるいは同じことだが}$$

$$\langle t_1, t_2 \mid t_1 t_2 t_1 = t_2 t_1 t_2 \rangle$$

と表示される群である. (更に, $a = t_1 t_2$, $b = t_1 t_2 t_1$ とおくと, $\langle a, b \mid a^3 = b^2 \rangle$ という表示にまで変形することもできる.)

群 $\langle t_1, t_2 \mid t_1 t_2 t_1 = t_2 t_1 t_2 \rangle$ から3次対称群 S_3 の上への準同型写像 φ を, $\varphi(t_1) = \sigma_1$, $\varphi(t_2) = \sigma_2$ と定義する. ここに, $\sigma_1 = \begin{pmatrix} 1 & 2 & 3 \\ 1 & 3 & 2 \end{pmatrix}$, $\sigma_2 = \begin{pmatrix} 1 & 2 & 3 \\ 3 & 2 & 1 \end{pmatrix}$ である. 実際, S_3 において $\sigma_1 \sigma_2 \sigma_1 = \sigma_2 \sigma_1 \sigma_2 \left(= \begin{pmatrix} 1 & 2 & 3 \\ 2 & 1 & 3 \end{pmatrix} \right)$ が成り立つから, φ は群 $\langle t_1, t_2 \mid t_1 t_2 t_1 = t_2 t_1 t_2 \rangle$ から S_3 の上への準同型として矛盾なく定義できるのである. (σ_1, σ_2 は S_3 の生成元.)

S_3 は非可換群である. よって, クローバー結び目の群 $\langle t_1, t_2 \mid t_1 t_2 t_1 = t_2 t_1 t_2 \rangle$ も非可換群である. 定理18.3と合わせると, これでクローバー結び目が自明でないことが証明できたことになる. (一般に, 結び目 K と K' が同値なら, $S^3 - K \approx S^3 - K'$. よって, 基本群の位相不変性により, $\pi_1(S^3 - K, p_0) \cong \pi_1(S^3 - K', p_0)$ でなければならない.)

結び目群を計算することにより, この外にも, 種々の興味ある非可換群の例が得られる.

系 18.5.1 任意の結び目群 $\pi_1(S^3 - K, p_0)$ の可換化は無限巡回群 $\langle t \rangle$ ($\cong \mathbf{Z}$) である.

証明 定理18.5の表示に, 更に, 任意の2つの生成元 t_i, t_j が可換 ($t_i t_j = t_j t_i$) という関係をつけ加えてみる. すると, 図18.8(a)の2重点に対応する関係 $t_{i+1}^{-1} t_j^{-1} t_i t_j = e$ から ($t_i t_j = t_j t_i$ を用いて) $t_{i+1}^{-1} t_j^{-1} t_j t_i = e$ という関係が得られる. $t_j^{-1} t_j = e$ だから, これは, $t_{i+1}^{-1} t_i = e$ という関係, つまり, $t_{i+1} = t_i$ という関係である. 図18.8(b)の2重点からも ($t_j t_i = t_i t_j$ という関係をつけ加えることにより) $t_{i+1} = t_i$ がでる. したがって, $t_1 = t_2 = \cdots = t_n$ となり, 共通の t_i を t と書き直せば $\pi_1(S^3 - K, p_0)^{\mathrm{ab}} \cong \langle t \rangle$ を得る. □

結び目群 $\pi_1(S^3 - K, p_0)$ の可換化は結び目 K によらず常に無限巡回群 $\langle t \rangle$ になるので, 可換化するといろいろな結び目 K の'個性'が消えてしまう. 結

び目 K の個性を反映する情報は，$\pi_1(S^3-K, p_0)$ の非可換性の中に含まれているのである．このような情報をとりだすためによく用いられる方法は，$\pi_1(S^3-K, p_0)$ からその可換化 $\pi_1(S^3-K, p_0)^{ab}$ への自然な商写像 $\pi: \pi_1(S^3-K, p_0) \to \pi_1(S^3-K, p_0)^{ab} (=\langle t \rangle)$ を考え，それによってきまる S^3-K の無限巡回被覆空間を構成することである．このような構成から結び目 K のアレクサンダー多項式などの有用な不変量が導かれる[*]．

定理 18.5 の証明 結び目 K の（正則射影の）各2重点には，上下2つの K 上の点が対応するが，そのうち'下の方'の点を $q_1, q_2, \cdots, q_n$ とする．（K は $q_1, q_2, \cdots, q_n$ によって n 個の部分弧 $C_1, C_2, \cdots, C_n$ に分割される．）$q_1, q_2, \cdots, q_n$ の各々の点から，K の'下の方'に向かって線分 I_i を降ろして行き，それらを十分長くした後で，$I_1, I_2, \cdots, I_n$ の端点を1点にまとめて a_0 とする（図 18.9）．K と，n 本の線分 $I_1, \cdots, I_n$ と，1点 a_0 をすべて合わせた図形を K^* としよう．

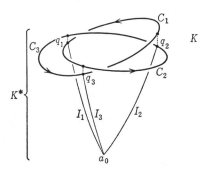

図 18.9

---

[*]（'環'や'イデアル'等の定義を御存知の読者のために．）
$\pi: \pi_1(S^3-K, p_0) \to \langle t \rangle$ によってきまる無限巡回被覆空間を（普遍被覆空間と紛らわしい記号だが）$\widetilde{S^3-K}$ で表わすことにする．定理 17.21 により，無限巡回群 $\langle t \rangle$ が被覆変換群として $\widetilde{S^3-K}$ に作用する．これから，可換群 $\pi_1(\widetilde{S^3-K}, \tilde{p}_0)^{ab}$ への $\langle t \rangle$ の作用が導かれる．可換群 $\pi_1(\widetilde{S^3-K}, \tilde{p}_0)^{ab}$ と有理数体 $\boldsymbol{Q}$ とのテンソル積 $\pi_1(\widetilde{S^3-K}, \tilde{p}_0)^{ab} \otimes \boldsymbol{Q}$ を簡単に $H_1(\widetilde{S^3-K}, \boldsymbol{Q})$ と書くと，$H_1(\widetilde{S^3-K}, \boldsymbol{Q})$ は $\langle t \rangle$ の群環 $\varLambda = \boldsymbol{Q}\langle t \rangle$ の上の有限生成加群になる．$\varLambda$ は単項イデアル整域であるから，$H_1(\widetilde{S^3-K}, \boldsymbol{Q})$ は $H_1(\widetilde{S^3-K}, \boldsymbol{Q}) = \varLambda/(p_1) \oplus \cdots \oplus \varLambda/(p_k)$ のような巡回加群の直和の形に書ける．積 $p_1 \cdots p_k \in \varLambda$ が K のアレクサンダー多項式である．これは，$\varLambda$ の単元 $\pm t^m$ の形の因子を除いて定まる．（以上，ミルナーによる説明．）自明な結び目のアレクサンダー多項式は1であり，クローバー結び目のそれは t^2-t+1 である．

§18 結 び 目

主張 $\pi_1(S^3-K^*, p_0)$ は階数 n の自由群 $\langle t_1, \cdots, t_n \rangle$ であり,その生成元 $t_1, \cdots, t_n$ は,$C_1, \cdots, C_n$ のメリディアンにより表わされる.

主張の証明 図 18.10(a) のように,K^* の中の線分 I_i を,細長い三角形 $\varDelta_i$ に変えても,補空間 S^3-K^* のホモトピー型は変らない.よって,K^* を,はじめから K にこのような三角形 $\varDelta_1, \cdots, \varDelta_n$ をくっつけた図形と思ってよい.

三角形 $\varDelta_i$ を,図 18.10(b) のように '短い一辺' を下に向かって徐々に押し下げるように変形していっても,補空間 S^3-K^* のホモトピー型は変らない.このような変形の最終段階として,'長い 2 辺' I_i', I_i'' を残して三角形 $\varDelta_i$ は消失する (図 18.10(c)).

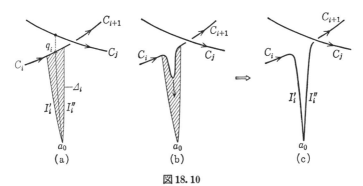

図 18.10

最終段階での全体的見取り図を書くと図 18.11(a) のようになっている.これは n 個の円周 $\Sigma_1(=I_n''\cup C_1\cup I_1'), \Sigma_2(=I_1''\cup C_2\cup I_2'), \cdots, \Sigma_n(=I_{n-1}''\cup C_n\cup I_n')$ を 1 点 a_0 でくっつけたブーケ $\Sigma_1\vee\Sigma_2\vee\cdots\vee\Sigma_n$ である.しかも,K の射影図の 2 重点の '下の方の点' q_i はすべて点 a_0 に押し下げられているので,$\Sigma_1, \Sigma_2, \cdots,$

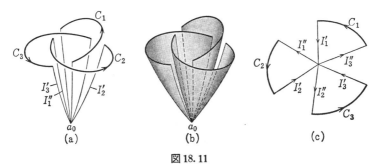

図 18.11

Σ_n は，互いに（点 a_0 以外では）交わらないような三角形の '紙' の縁になっていると考えられる（図 18.11(b)）．この，仮想的な紙を，平面上にパラリと開いてみると図 18.11(c) のようになる．したがって，（イソトピーで変形すれば）ブーケ $\Sigma_1 \vee \Sigma_2 \vee \cdots \vee \Sigma_n$ は標準的な位置にあると考えてよい．

以上の変形をまとめると，$S^3 - K^*$ は $S^3 - (\Sigma_1 \vee \cdots \vee \Sigma_n)$ と同じホモトピー型を持ち，しかも $\Sigma_1 \vee \cdots \vee \Sigma_n$ は標準的な位置にある，ということになる．

定理 18.4 により，$\pi_1(S^3 - K^*, p_0) \cong \pi_1(S^3 - (\Sigma_1 \vee \cdots \vee \Sigma_n), p_0) \cong \langle t_1, \cdots, t_n \rangle$ であり，生成元 t_i は部分弧 C_i に 1 回からむ閉道（ヴィルティンガー表示の生成元と同じもの）で表わされる．これで**主張**が証明された．

定理 18.5 の証明の続き 上の主張により $\pi_1(S^3 - K^*, p_0)$ はわかったが，欲しいのは $\pi_1(S^3 - K, p_0)$ の表示である．ところで K^* の補空間 $S^3 - K^*$ と，結び目 K の補空間 $S^3 - K$ はどこが違うだろうか．$S^3 - K^*$ は，$S^3 - K$ よりも余分に，線分 $I_1, I_2, \cdots, I_n$ が除かれている．したがって $S^3 - K$ を得るには，$S^3 - K^*$ に $I_1, I_2, \cdots, I_n$ を埋め戻してやればよい．ひとつの線分 I_i を埋め戻すと，$S^3 - K^*$ のホモトピー型はどう変るか，というと，図 18.12 で示される円板 D_i^2 が，その縁 ∂D_i^2 に沿って $S^3 - K^*$ に貼りつけられたのと同じ変化をする．もはや線分 I_i を空間から除かないのであるから，そのまわりを 1 周する閉道は I_i にひっかからずに縮むのである．

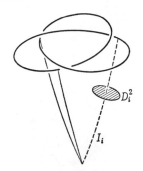

図 18.12

円板を貼りつける時の基本群の変化は補題 16.6 で述べておいた．すなわち，$S^3 - K^*$ に，円板 D_i^2 を貼りつける毎に，$[\partial D_i^2] = e$ という関係が生ずる．ところで，結び目の射影図の上方からこの円板 D_i^2 の縁 ∂D_i^2 を眺めると，図 18.

8 の (a) または (b) の点線で描かれた円周のようにみえるはずである．そして，この円周の表わす $\pi_1(S^3-K^*, p_0)=\langle t_1, \cdots, t_n\rangle$ でのホモトピー類は $r_i (=t_{i+1}^{-1} t_j^{-1} t_i t_j$ または $t_{i+1}^{-1} t_j t_i t_j^{-1})$ であった．よって n 個の円板 $D_1^2, \cdots, D_n^2$ を S^3-K^* に貼り合わせることによって，自由群 $\pi_1(S^3-K^*, p_0)=\langle t_1, \cdots, t_n\rangle$ に，$r_1=e, \cdots, r_n=e$ という n 個の関係が入る（補題 16.6）．これが求める $\pi_1(S^3-K, p_0)$ の表示である．こうして定理 18.5 が証明された．□

演習問題

18.1 射影図

で与えられる結び目（それは自明な結び目）のヴィルティンガー表示をこの射影図から求め，得られた結び目群が無限巡回群に同型になることを確かめよ．

18.2 次の射影図で与えられる結び目（これを '8 の字結び目' という）の結び目群のヴィルティンガー表示を求めよ．（この表示は思うように簡単にならない．）なお，この群は $\langle t\rangle$ にも，クローバー結び目の結び目群にも同型にならないことが知られている．

290

付　　　録

付録 A　距離空間について，点列によるコンパクト性の定義と開被覆による定義とが同等なことの証明

定理 A　X を距離空間とすると，次の2条件 (i)(ii) は同値である．

(i)　X は定義 6.1 の意味でコンパクトである．

(ii)　X の任意の開被覆 $\{U_\lambda\}_{\lambda \in \Lambda}$ から有限部分被覆 $\{U_{\lambda(1)}, U_{\lambda(2)}, \cdots, U_{\lambda(r)}\}$ が選び出せる．

(i)⇒(ii) の証明　X が定義 6.1 の意味でコンパクトであるとする．

補題 A.1　$\varepsilon > 0$ を任意の正数とすると，X の有限個の点 $p_1, p_2, \cdots, p_r$ があって，$X = \bigcup_{i=1}^{r} N_\varepsilon(p_i, X)$ が成り立つ．

証明　$p_1 \in X$ を任意の点とする．次に $p_2 \in X$ を，$N_{\varepsilon/3}(p_1, X) \cap N_{\varepsilon/3}(p_2, X) = \phi$ であるような任意の点とする．次に $p_3 \in X$ を $N_{\varepsilon/3}(p_i, X) \cap N_{\varepsilon/3}(p_3, X) = \phi$ $(i=1,2)$ であるような任意の点とする．一般に $p_1, p_2, \cdots, p_{n-1}$ を選んだとき，$p_n \in X$ を $N_{\varepsilon/3}(p_i, X) \cap N_{\varepsilon/3}(p_n, X) = \phi$ $(i=1, 2, \cdots, n-1)$ であるような任意の点とする．もし，このような操作が限りなく続けられれば，X の点列 $\{p_n\}$ が得られ，しかもこの点列は収束する部分列を持たない．これは，X の（定義 6.1 の意味の）コンパクト性に矛盾する．したがって，$p_1, p_2, \cdots, p_r$ までこのような操作を続けると，それ以上続行できないような自然数 r がある．このとき任意の $p \in X$ について，$N_{\varepsilon/3}(p_i, X) \cap N_{\varepsilon/3}(p, X) \neq \phi$ となる $i \in \{1, 2, \cdots, r\}$ がある．すると三角不等式から $p \in N_\varepsilon(p_i, X)$ がわかる．すなわち，$X = \bigcup_{i=1}^{r} N_\varepsilon(p_i, X)$. □

$\{U_\lambda\}_{\lambda \in \Lambda}$ を X の任意の開被覆，$\varepsilon > 0$ をそのルベーグ数とする（補題 6.12）．補題 A.1 により，適当な $p_1, p_2, \cdots, p_r$ を選べば $X = \bigcup_{i=1}^{r} N_{\varepsilon/2}(p_i, X)$ が成り立つ．（補題 A.1 を $\varepsilon/2$ について適用した．）明らかに，$(N_{\varepsilon/2}(p_i, X)$ の大きさ$) < \varepsilon$ である．ルベーグ数 ε の定義により，$N_{\varepsilon/2}(p_i, X)$ は開被覆 $\{U_\lambda\}_{\lambda \in \Lambda}$ のどれかの開集合 $U_{\lambda(i)}$ に含まれる．したがって，$X = \bigcup_{i=1}^{r} U_{\lambda(i)}$. これで，(i)⇒(ii) が示せた． □

(ii)⇒(i) の証明　距離空間 X に (ii) の性質を仮定する．そうすると，X の任意の点列 $\{p_n\}$ から，収束する部分列 $\{p_{n(i)}\}$ が選び出せることを示そう．与えられた点列 $\{p_n\}$ を A_0 と名付ける：$A_0 = \{p_n\}$．

まず，$\{N_1(q, X)\}_{q \in X}$ は，X 自身を添字集合とする X の開被覆であることに注意する（$N_1(q, X)$ は $N_\varepsilon(q, X)$ の ε を 1 とおいたもの）．これから有限部分被覆 $\{N_1(q_i, X)\}_{i=1, 2, \cdots, r(1)}$ を選ぶ．有限個の $N_1(q_i, X)$ のうちどれか少なくともひとつは，無限個

付録B まつわり数　　291

の番号の A_0 の点を含むはずである．そのような $N_1(q, X)$ のひとつを $N(1)$ とおき，$N(1)$ に含まれる A_0 の部分列を A_1 とおく：$A_1 \subset N(1)$．次に，$\{N_{1/2}(q, X)\}_{q \in X}$ が X 自身を添字集合とする開被覆であることに注意して，これから，有限部分被覆 $\{N_{1/2}(q_i, X)\}_{i=1,\cdots,r(2)}$ を選ぶ．（今度の $q_1, q_2, \cdots, q_{r(2)}$ と前の $q_1, q_2, \cdots, q_{r(1)}$ は無関係である．）点列 A_1 の中の無限個の番号の点がどれか少なくともひとつの $N_{1/2}(q_i, X)$ に含まれる．そのような $N_{1/2}(q_i, X)$ のひとつを $N(1/2)$ とし，$N(1/2)$ に含まれる A_1 の部分列を A_2 とする：$N(1/2) \supset A_2$．このような操作を，開被覆 $\{N_{1/k}(q, X)\}_{q \in X}$ を使って，どこまでも続ける．すると次のような包含関係を得る．

$$\{p_n\} = A_0 \supset A_1 \supset A_2 \supset \cdots \supset A_k \supset \cdots$$
$$\cap \qquad \cap \qquad \cap \qquad\qquad \cap$$
$$X \quad N(1) \quad N(1/2) \qquad N(1/k)$$

$N(1/k) = N_{1/k}(q_i, X)$ であるが，ここで $\overline{N(1/k)} = \{p \in X \mid d_X(p, q_i) \leqq 1/k\}$ とおく．明らかに $N(1/k) \subset \overline{N(1/k)}$．また，$\overline{N(1/k)}$ は X の閉集合（系5.2.1）であって，$(\overline{N(1/k)}$ の大きさ$) \leqq 2/k$ である．

はじめに与えられた点列 $\{p_n\}$ の部分列 $\{p_{n(k)}\}_{k=1,2,3,\cdots}$ を次のように構成しよう．$p_{n(1)}$ は A_1 の任意の点，$p_{n(2)}$ は A_2 の任意の点（ただし，$n(1) < n(2)$），$p_{n(3)}$ は A_3 の任意の点（ただし，$n(2) < n(3)$），$\cdots$，$p_{n(k)}$ は A_k の任意の点（ただし，$n(k-1) < n(k)$），$\cdots$．こうして得られた部分列 $\{p_{n(k)}\}$ が収束することを示すため，まず，閉集合の列 $\overline{N(1)}$，$\overline{N(1/2)}, \cdots, \overline{N(1/k)}, \cdots$ の共通部分について，$\bigcap_{k=1}^{\infty} \overline{N(1/k)} \neq \phi$ を証明する．

$U_k = X - \overline{N(1/k)}$ とおく．U_k は X の開集合である（定理5.10）．もし，$\bigcap_{k=1}^{\infty} \overline{N(1/k)} = \phi$ であるとすると，ド・モルガンの法則により，$X = X - \bigcap_{k=1}^{\infty} \overline{N(1/k)} = \bigcup_{k=1}^{\infty} (X - \overline{N(1/k)}) = \bigcup_{k=1}^{\infty} U_k$，すなわち，$\{U_k\}_{k \in N}$ は X の開被覆になる．これから有限部分被覆 $\{U_{k(1)}, U_{k(2)}, \cdots, U_{k(t)}\}$ を選び出す．すると，再びド・モルガンの法則により，$\overline{N(1/k(1))} \cap \overline{N(1/k(2))} \cap \cdots \cap \overline{N(1/k(t))} = (X - U(k(1))) \cap (X - U(k(2))) \cap \cdots \cap (X - U(k(t))) = X - \bigcup_{j=1}^{t} U(k(j)) = X - X = \phi$ となり，$A_{k(t)} \subset \overline{N(1/k(1))} \cap \overline{N(1/k(2))} \cap \cdots \cap \overline{N(1/k(t))}$ に矛盾してしまう．こうして矛盾がでたから，$\bigcap_{k=1}^{\infty} \overline{N(1/k)} \neq \phi$ でなければならない．

この共通部分から，1点 $p_0 \in \bigcap_{k=1}^{\infty} \overline{N(1/k)}$ を選ぶ．$\forall k$ について，$p_{n(k)} \in \overline{N(1/k)}$ かつ $p_0 \in \overline{N(1/k)}$ であるから，$d_X(p_{n(k)}, p_0) \leqq (\overline{N(1/k)}$ の大きさ$) \leqq 2/k$．したがって $\lim_k d_X(p_{n(k)}, p_0) = 0$ であり，$\lim_k p_{n(k)} = p_0$ がわかる．

よって X は定義6.1の意味でコンパクトである．□

付録B　まつわり数

K, J を S^3 の中の2つの結び目とし，互いに交わらないものとする（$K \cap J = \phi$）．そして，K, J はそれぞれ向きがきまっているものとしよう．K の結び目群 $\pi_1(S^3 - K, p_0)$ の

可換化 $\pi_1(S^3-K, p_0)^{ab}$ は無限巡回群 $\langle t \rangle$ に同型である(系 18.5.1). 基点 p_0 と, J 上の 1 点を S^3-K の中の適当な道で結ぶと, J は S^3-K の閉道と考えられ, そのホモトピー類 $[J]$ が $\pi_1(S^3-K, p_0)$ の元としてきまる. 更に可換化 $\pi_1(S^3-K, p_0)^{ab} \cong \langle t \rangle$ にうつると, $[J]$ には, $\langle t \rangle$ のある元 t^m が対応するはずである ($m \in \mathbf{Z}$).

定義 この整数 m を K と J のまつわり数(linking number)とよび, $\mathrm{link}(K, J)$ という記号で表わす:$\mathrm{link}(K, J) = m$. ──

次の補題からわかるように,まつわり数 $\mathrm{link}(K, J)$ は, J と $p_0 \in S^3-K$ を結ぶ道のとり方によらずに,K と J だけで定まる.

補題 B.1 S^3 の中に, J を縁とする円板 D_J を考える(D_J は自分自身と交わってよい). D_J には J と同調する '向き' を与える(図B.1). そして, K は D_J に '直交するように' 交わっているとする. K と D_J の交点を $p_1, p_2, \cdots, p_k$ とする. 各々の交点 p_i について,その '交わりの符号' $\varepsilon(p_i)(=1$ または $-1)$ を図 B.2 のように定める. すると, $\mathrm{link}(K, J) = \sum_{i=1}^{k} \varepsilon(p_i)$ が成り立つ.

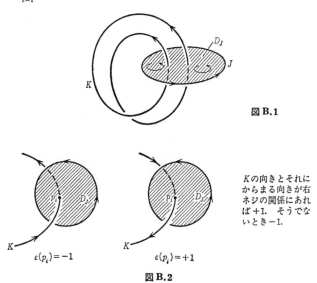

図 B.1

K の向きとそれにからまる向きが右ネジの関係にあれば $+1$. そうでないとき -1.

$\varepsilon(p_i) = -1$, $\varepsilon(p_i) = +1$

図 B.2

補題 B.1 を使って $\mathrm{link}(K, J)$ を計算した例が図 B.3 である.

補題 B.1 の証明 $\varepsilon(p_i) = \varepsilon(i)$ とおく. 交点 p_i におけるメリディアンを t_i として(それは K に右ネジ方向にからまる), D_J の上で変形すると, 閉道 J は, $t_i^{\varepsilon(i)}$ の共役元 $l_i t_i^{\varepsilon(i)} l_i^{-1}$ の積 $\prod_{i=1}^{k} (l_i t_i^{\varepsilon(i)} l_i^{-1})$ に S^3-K の中でホモトープである. 図 B.4 をみよ. したがって, $[J] = \prod_{i=1}^{k} ([l_i t_i^{\varepsilon(i)} l_i^{-1}]) \in \pi_1(S^3-K, p_0)$ である. 可換化にうつると $[l_i$

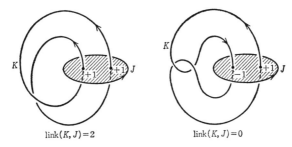

link(K,J)=2　　　link(K,J)=0

図 B.3

$t_i{}^{\varepsilon(i)} l_i{}^{-1}] = t^{\varepsilon(i)}$ となるから, $\pi_1(S^3-K, p_0)^{\mathrm{ab}}$ の中で $[J]=t^{\Sigma\varepsilon(i)}$. よって link$(K,J)$
$=\sum_{i=1}^{k}\varepsilon(i)$. □

J の向きを逆にしたものを $-J$ と書くと, 明らかに link$(K,-J)=-$link(K,J).

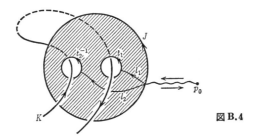

図 B.4

補題 B.2 link$(K,J)=$link(J,K).

証明 $K\cup J$ を正則な射影図で書いてみる(図 B.5(a)). J を射影図の書いてある面から上にしだいに引き上げて, 円板 D_J を張る. また K をこの面から下にしだいに引き降ろして円板 D_K を張る. 射影図の 2 重点(K と J の間の 2 重点で J の方が K より下にあるようなもの)のひとつひとつに対応してひとつずつ $K\cap D_J$ の交点が生じる. 同様

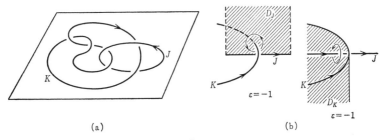

(a)　　　(b)

図 B.5

294   付　　　録

に，ひとつひとつの(同様の) 2 重点に対してひとつずつ $J \cap D_K$ の交点が生じる．同一
の 2 重点から生じる交点の符号は $K \cap D_J$ の交点でも $J \cap D_K$ の交点でも同一である(図
B.5(b))．補題 B.1 により $\mathrm{link}(K, J) = (K \cap D_J$ の交点の符号の和$) = (J \cap D_K$ の交点の
符号の和$) = \mathrm{link}(J, K)$． $\square$

　　注意1　K, J が S^3 の中の全く一般的な連続曲線の場合でも，K と J が交わらないと
きには，K, J を結び目 K', J' で近似して $\mathrm{link}(K, J) = \mathrm{link}(K', J')$ とおくことによりま
つわり数が定義できる.
　　注意2　上述のまつわり数は，S^3 の**右手系の向き**に対応したまつわり数である．左手
系の向きに対応したまつわり数も定義でき，それは，上述のまつわり数と符号が反対に
なる．

演習問題解答

§3　3.1　距離の3性質を確かめればよい．第1，第2の性質は明らか．三角不等式の証明：$a=(x, y)$，$a'=(x', y')$，$a''=(x'', y'')$ とおく．すると，$d(a, a')+d(a', a'')=$
$\sqrt{d_X(x, x')^2+d_Y(y, y')^2}+\sqrt{d_X(x', x'')^2+d_Y(y', y'')^2}\geqq$
$\sqrt{(d_X(x, x')+d_X(x', x''))^2+(d_Y(y, y')+d_Y(y', y''))^2}\geqq\sqrt{d_X(x, x'')^2+d_Y(y, y'')^2}=d(a, a'')$．
ここで，はじめの不等式はコーシー・シュバルツの不等式から出るし，2番目の不等号は，d_X, d_Y についての三角不等式から出る．**3.2**　$d_X(x_1, x_2), d_X(x_2, x_3), d_X(x_3, x_1)$ を3辺の長さとする三角形を平面上に描いて，その頂点を p_1, p_2, p_3 とすればよい．このような三角形が描けることは，d_X に関する三角不等式によって保証される．4点の場合はダメである．たとえば $X=\{x_1, x_2, x_3, x_4\}$ で，$d(x_1, x_2)=2$，それ以外の相異なる2点間の距離 $d(x_i, x_j)$ を1と定義すれば，(X, d) は距離空間になるが，E^3 の中に実現できない．（なぜか？　実現しようとして見よ．）

§4　4.1　d' が距離になることの証明は，pp. 28-29 の証明を参考にせよ．$(X\times Y, d')$ $\approx(X\times Y, d)$ の証明は，p. 44 の例4° の証明とほとんど同じ．この場合にも，恒等写像 $id: X\times Y\to X\times Y$ が2つの距離空間の間の同相写像になる．**4.2**　$X\times Y$ と $X'\times Y'$ に前問 4.1 の距離 d' を入れて考えよう．写像 $f\times g$ の連続性を点 $a_0=(x_0, y_0)$ において確かめる．（d_X, d_Y, etc., … を簡単のため，みな d と書く．）任意の $\varepsilon>0$ を与える．f は x_0 で連続だから，適当な $\delta_1>0$ を選ぶと，$d(x_0, x)<\delta_1\Rightarrow d(f(x_0), f(x))<\varepsilon/2$ が成り立つ．同様に，g は y_0 で連続だから，適当な $\delta_2>0$ を選ぶと，$d(y_0, y)<\delta_2\Rightarrow d(g(y_0), g(y))$ $<\varepsilon/2$ が成り立つ．$\delta=\min(\delta_1, \delta_2)$ とおくと，$d'((x_0, y_0), (x, y))=d(x_0, x)+d(y_0, y)<\delta\Rightarrow$ $d'(f\times g(x_0, y_0), f\times g(x, y))=d(f(x_0), f(x))+d(g(y_0), g(y))<\varepsilon/2+\varepsilon/2=\varepsilon$ が成り立つ．**4.3**　$p_0\in X$ における連続性を示す．任意の $\varepsilon>0$ を与える．δ を1より小さな任意の正数とする．この問題で定義した距離空間 (X, d) については，$d(p_0, p)<\delta$ なら $d(p_0, p)$ $=0$，よって $p_0=p$ でなければならない．すると，明らかに $d(f(p_0), f(p))=d(f(p_0),$ $f(p_0))=0<\varepsilon$ となる．これで，'$d(p_0, p)<\delta\Rightarrow d(f(p_0), f(p))<\varepsilon$' がいえたことになる．

§5　5.1　整数の列 $\{m_n\}$ がある実数 α に収束すれば，α 自身，整数でなければならないからである．また，ひとつの整数 m の，E^1 におけるどんなに小さい ε-近傍 $N_\varepsilon(m,$ $E^1)=(m-\varepsilon, m+\varepsilon)$ をとっても，その中には整数 (m) も，整数でない点も入っている．よって m は Z の境界点である．また，整数でない数は，Z の境界点でないことも容易

296 演習問題解答

にわかる. こうして, $(Z)^* = Z$ が示せた. **5.2** 有理数の列 $\{q_n\}$ で, 有理数でない数(た とえば $\sqrt{2}$)に収束するものがある. よって Q は E^1 の閉集合でない. また $E^1 - Q$ に含 まれる数列で, 有理数に収束するものがある. (たとえば $\lim_n(\sqrt{2}/n) = 0$.) よって $E^1 - Q$ も E^1 の閉集合でない. これは Q が E^1 の開集合でないことを意味する(定理5.10). **5.3** 有限個の点からなる距離空間 X では, ある1点に十分近い点はその点しかない. よって1点だけからなる部分集合も X の開集合である. **5.4** 直積 $X \times X$ に, 演習問 題4.1の距離 d' を入れて考えよ. $d_X(p, q)$ が, p(または q)を固定すると, 他の変数 q (または p)について連続であったこと(補題5.3)を使え. **5.5** 写像 $g: X \times Y \to E^1$ を $g(x, y) = d_Y(f(x), y)$ と定義する. g は, $f \times id: X \times Y \to Y \times Y$ と $d_Y: Y \times Y \to E^1$ の合 成写像と考えられる. $f \times id$ は, 演習問題4.2により連続. また d_Y も前問5.4により 連続であるから, $g: X \times Y \to E^1$ も連続写像である. そして, グラフ Γ_f は $\Gamma_f = g^{-1}(\{0\})$ と考えられる. よって, 系5.2.1により, Γ_f は $X \times Y$ の閉集合である. **5.6** $X = E^1$, $C_i = [1 + (1/i), 3 - (1/i)]$ とおいてみる. 各々の $C_i (i = 1, 2, \cdots)$ は E^1 の閉集合であるが, $\bigcup_{i=1}^{\infty} C_i =$ 開区間$(1, 3)$ となって閉集合でない. **5.7** $X = E^1$, $U_i = (1 - 1/i, 3 + 1/i)$ とおい てみる. 各々の $U_i (i = 1, 2, \cdots)$ は開区間であるが, $\bigcap_{i=1}^{\infty} U_i = [1, 3]$. **5.8** たとえば, $\mathcal{O} = \{\phi, \{1, 2\}, \{3, 4\}, \{1, 2, 3, 4\}\}$. **5.9** $f^{-1}(\phi) = \phi$ と $f^{-1}(X) = Y$ は, ともに Y の開集合. $(X, \mathcal{O}_0)$ には開集合が ϕ と X の2つしかないから, これで, X の任意の開集合 $U (= \phi$ または X)について, $f^{-1}(U)$ が Y の開集合になることが示せたことになる. **5.10** U を Y の任意の開集合とする. $(X, \mathcal{O}_1)$ では, X のどんな部分集合も X の開集合なのだか ら, $f^{-1}(U)$ も X の開集合.

§6 **6.1** $\{p_n\}$ を $X \cup Y$ のかってな点列とする. X または Y の少なくとも一方は, $\{p_n\}$ のうちの無限個の番号の点を含む. たとえば, X がそうであったとする. X に含 まれる点全部のなす $\{p_n\}$ の部分列を $\{p_{n(i)}\}$ としよう. X はコンパクトだから, 更に $\{p_{n(i)}\}$ の部分列を適当にとれば, それは X の点に収束する. この部分列は, もとの $\{p_n\}$ の部分列でもあるから, $X \cup Y$ がコンパクトなことがわかる. **6.2** $\{p_n\}$ を A の点 列とする. それは X の点列でもある. X のコンパクト性から, X のある点 p_0 に収束す る部分列 $\{p_{n(i)}\}$ が見出せる. $p_0 = \lim_i p_{n(i)}$. ところで, $p_{n(i)} \in A$ であって, A は X の閉 集合だから, $p_0 \in A$. よって, $\{p_n\}$ から A の点 p_0 に収束する部分列 $\{p_{n(i)}\}$ が見出せた ことになる. **6.3** A_n から1点 p_n をえらび, 点列 $\{p_n\}$ を構成する. X はコンパクト, よって適当な部分列 $\{p_{n(i)}\}$ があり, $p_0 = \lim_i p_{n(i)}$ となる. 条件 $A_1 \supset A_2 \supset A_3 \supset \cdots$ によ って, 部分列 $\{p_{n(i)}\}$ の中の十分番号の大きな点は, ひとつ任意に固定した A_n の中に入 る. A_n は閉集合だから $p_0 \in A_n$. こうして, 極限点 p_0 は, すべての A_n に含まれる. よって $\bigcap_{n=1}^{\infty} A_n \neq \phi$. **6.4** $X = E^1$, $A_n = [n, \infty)$ とおけばよい. **6.5** $X \times Y$ の点列 $\{a_n\}$

演習問題解答　　　　　　　　　　　　　297

(ただし $a_n=(x_n, y_n)$, $x_n \in X$, $y_n \in Y$)が収束するための必要十分条件は$\{x_n\}$, $\{y_n\}$が
それぞれ，X, Yの中で収束することである．これを使え．

§7　**7.1**　Yが連結でないとして矛盾を出す．Yが連結でなければ，$Y=U\cup V$, $U\cap V$
$=\phi$, $U\neq\phi$, $V\neq\phi$（UとVはYの適当な開集合）となる．$U'=f^{-1}(U)$, $V'=f^{-1}(V)$と
おけば．対応する諸性質がXで成り立ってしまい，Xが連結でないことになり矛盾．
Yが連結でも，Xが連結とは限らない．**7.2**　$f:X\to E^1$が局所的に一定なら，E^1の任
意の開集合Wについて，$f^{-1}(W)$がXの開集合であることが容易に示せる．（補題7.
6を使え．）**7.3**　Yを離散位相空間とし，$f:X\to Y$を連続写像とする．任意の$p\in X$に
ついて，その像$f(p)$だけからなるYの部分集合$\{f(p)\}$は，Yの開集合である（Yは離
散位相をもつから！）．よって，fによるひきもどし$f^{-1}(\{f(p)\})$は，pを含むXの開集
合となり，この上で，fは一定値$f(p)$をとる．よって，$f:X\to Y$が‘局所的に定値’な
ことがわかった．あとの証明は，定理7.8の証明にならえ．**7.4**　$X\cup Y$が連結でなけれ
ば，補題7.2の連続関数$f:X\cup Y\to E^1$がある．Xは連結だから，fはX上で一定．同
様に，Yも連結だから，fはY上で一定．仮定により，$X\cap Y\neq\phi$．従って，fは$X\cup$
Yの全体で一定となり，fの性質（補題7.2の(ii)）に矛盾する．**7.5**　E^nの上に，補題
7.2のような連続関数が存在しないことが，中間値の定理を用いて示せる．（$f(p)=0$,
$f(q)=1$となる2点p, qをE^nの中の線分で結び，その上にfを制限して考えよ．）

§8　**8.1**　略．（曲線を$f:X\to Y$で写せばよい．）**8.2**　$f(X)$の任意の2点$f(p), f(q)$
をとる．pとqをXの連続曲線lで結ぶ．すると，$f(p), f(q)$は$f(X)$の連続曲線$f\circ l$
で結べる．**8.3**　前問8.2により，$f(C_\lambda)$は弧状連結であるから，異なる$\mu, \nu\in M$につ
いて$f(C_\lambda)\cap C_\mu'\neq\phi$, $f(C_\lambda)\cap C_\nu'\neq\phi$となることはない．（もしそうなれば，$C_\mu'$の点と
C_ν'の点がYの中で結べてしまう．）**8.4**　(i)　$\forall x\in A$について，$x\in N_\varepsilon(p, A)\Leftrightarrow$"$d(x,$
$p)<\varepsilon$かつ$x\in A$"$\Leftrightarrow x\in N_\varepsilon(p, X)\cap A$．(ii)　GはAの開集合だから，$\forall p\in G$につき，$p\in$
$N_{\varepsilon(p)}(p, A)\subset G$となる$\varepsilon(p)$がある．$U=\bigcup_{p\in G}N_{\varepsilon(p)}(p, X)$とおくと，$U$は$X$の開集合で，
(i)により$U\cap A=\bigcup_{p\in G}(N_{\varepsilon(p)}(p, X)\cap A)=\bigcup_{p\in G}N_{\varepsilon(p)}(p, A)=G$．(iii)　包含写像$i:A\to X$
はp.36によって連続である．よって，$U\cap A=i^{-1}(U)$はAの開集合である．**8.5**　中間
値の定理を使う．

§9　**9.1**　CをZの閉集合とすると，$H|X$の連続性によって$H^{-1}(C)\cap X=(H|$
$X)^{-1}(C)$はXの閉集合．XはE^nの閉集合だから，Xの閉集合は$X\cup Y$の閉集合でも
ある．よって，$H^{-1}(C)\cap X$は$X\cup Y$の閉集合，同様にして，$H^{-1}(C)\cap Y$も$X\cup Y$の閉
集合であることがわかり，$H^{-1}(C)=(H^{-1}(C)\cap X)\cup(H^{-1}(C)\cap Y)$は$X\cup Y$の閉集合であ

298　　　　　　　　　　演習問題解答

る．**9.2**　前問と同様の議論を，開集合の言葉で行え．**9.3**　E^1 において，$X=[-1,0]$，$Y=(0,1]$ とおき，$f:X\cup Y\to E^1$ を $f(x)=0\,(x\in X)$，$f(x)=1\,(x\in Y)$ と定義してみる．$f|X$, $f|Y$ は連続であるが，$f|X\cup Y$ は 0 の所で連続でない．

　　§10　10.1　(i)　$G=\{e,a,b\}$ としよう．e は単位元である．積 $a\cdot b$ が a に一致することはない．なぜなら，もし $a\cdot b=a$ なら，両辺に左から a^{-1} を掛けると $b=e$ が得られるからである．同様にして $a\cdot b\neq b$．ゆえに $a\cdot b=e$ でなければならない．よって，$b=a^{-1}$．すなわち $G=\{e,a,a^{-1}\}$ となり，G は可換群である．（この群では，$a\cdot a=a^{-1}$ が成り立つ．なぜか．）(ii)　$G=\{e,a,b,c\}$ とする．e は単位元．(i)と同様にして，$a\cdot b\neq a$ かつ $a\cdot b\neq b$ がわかる．ゆえに，$a\cdot b=e$ または $a\cdot b=c$．（イ）$a\cdot b=e$ の場合：$b=a^{-1}$ である．そして，$c\cdot a\neq a,c$，であって，しかも $c\neq b\,(=a^{-1})$ であるから $c\cdot a\neq e$．結局 $c\cdot a=a^{-1}$ であり，$c=a^{-1}\cdot a^{-1}\,(=a^{-2}$ と書く）．よって，$G=\{e,a,a^{-1},a^{-2}\}$ となり，可換群である．（ロ）$a\cdot b=c$ の場合：$b\cdot a$ を考えると，$b\cdot a\neq b,a$．よって $b\cdot a=e$ または c．$b\cdot a=e$ の場合は（イ）と同様．$b\cdot a=c$ の場合は $b\cdot a=c=a\cdot b$ となり，$G=\{e,a,b,a\cdot b\}$ は可換群である．(iii)　上と同様に直接的な議論をしてもよいが，次の補題を証明しておけば，見通しがよくなる．**補題**．H が有限群 G の部分群なら，H の要素の個数は G の要素の個数の約数である．**証明**．C_λ を，G の H による任意の右剰余類とすると，C_λ の中の任意の要素 a をひとつ選んで，$C_\lambda=aH$ と書ける（p. 146 参照）．H の要素 h に，aH の要素 $a\cdot h$ を対応させる写像 $f:H\to aH$ は，明らかに，'上へ'の写像であり，また，$a\cdot h=a\cdot k\Rightarrow h=k$ であるから 1 対 1 の写像でもある．よって $C_\lambda=aH$ の要素の個数は H の要素の個数に等しい．群 G は，これらの剰余類の，互いに共通部分のない和集合であるから，G の要素の個数は H のそれの倍数である．証明終り．G を 5 個の要素からなる群とする．$a\neq e$ であるような $a\in G$ をひとつ選ぶ．a^2（すなわち $a\cdot a$）が e になることはない．なぜなら，もしそうであれば $\{e,a\}$ が G の部分群になってしまい，上の補題によって，2 が 5 を割り切るという不合理が生じるからである．同様に $0<i<5$ について，$a^i=e$ となることはない．また $0<i<j<5$ について $a^i=a^j$ となることもない．（もし，そうなれば，$a^{j-i}=e$ となって，上の観察に反するから．）ゆえに，e,a,a^2,a^3,a^4 はすべて相異なる要素である．G は 5 個の要素しか含まないから，これが G の全ての要素である．$G=\{e,a,a^2,a^3,a^4\}$．よって，G は可換群である．（なお，この群の中では $a^5=e$ である．なぜか．）6 個の要素からなる群は，可換群と限らない．3 次対称群 S_3 は，6 個の要素からなる非可換群の例である（pp. 137–139）．なお，6 個の要素からなる非可換群は S_3 しかない．**10.2**　(i)　まず，$\sigma\in S_n$ が，$n-1$ と n を入れ換える互換の場合．$P_\sigma=\prod_{k<l}(x_{\sigma(k)}-x_{\sigma(l)})$ の因数 $(x_{\sigma(k)}-x_{\sigma(l)})$ の中で，$\sigma(k)>\sigma(l)$ となるのは，$k=n-1$，$l=n$ に対応する因数ただひとつである．よって，$P_\sigma=-P$ となり，$\varepsilon(\sigma)=-1$ がわかる．一

般に、i と j を入れかえる互換を (i, j) と書くと、$i<j<n-1$ のとき、$(i,j)=(i,n-1)\circ(j, n)\circ(n-1, n)\circ(j, n)\circ(i, n-1)$ という積の形で書ける。よって、$\varepsilon(i, j)=\varepsilon(i, n-1)\cdot\varepsilon(j, n)\cdot\varepsilon(n-1, n)\cdot\varepsilon(j, n)\cdot\varepsilon(i, n-1)=\varepsilon(i, n-1)^2\varepsilon(j, n)^2\varepsilon(n-1, n)=\varepsilon(n-1, n)=-1$. $i<j=n-1$ のとき、$(i, j)=(i, n)\circ(n-1, n)\circ(i, n)$ であるから、やはり、$\varepsilon(i, j)=-1$. また、$i<n-1<n=j$ のときは、$(i, j)=(i, n-1)\circ(n-1, n)\circ(i, n-1)$ となり、$\varepsilon(i, j)=-1$. これで示せた。もっと直接に、$\sigma(k)>\sigma(l)$ となる対 $k<l$ の個数を数え上げて証明することもできる。
(ii) $\sigma\in S_n$ を任意の置換とする。$\sigma(n)=n$ なら、σ は $\{1, 2, \cdots, n-1\}$ の置換と考えられるから、帰納法の仮定により、σ は互換の積になる。$\sigma(n)\neq n$ のとき、$k=\sigma(n)$ とおくと、互換 (n, k) と σ の積 $(n, k)\circ\sigma$ は n を止める。よって、上の注意から、$(n, k)\circ\sigma$ は互換の積 $\prod\sigma_i$ で書ける：$(n, k)\circ\sigma=\prod\sigma_i$. 両辺に、左側から (n, k) を掛けると、$\sigma=(n, k)\circ\prod\sigma_i$ となって、σ も互換の積で書ける。**10.3** (i)(ii) 省略。(部分群の条件を確かめればよい。) (iii) 任意の $h\in\bigcap_{\lambda\in\Lambda}H_\lambda$ と $g\in G$ をとる。H_λ は正規部分群だから、$g^{-1}\cdot h\cdot g\in H_\lambda$. これが全ての λ について成り立つから、$g^{-1}\cdot h\cdot g\in\bigcap H_\lambda$. よって、$\bigcap H_\lambda$ は正規部分群.
10.4 (i) 省略。($h, k\in H$ のとき、$(a^{-1}\cdot h\cdot a)\cdot(a^{-1}\cdot k\cdot a)=a^{-1}\cdot h\cdot k\cdot a$, $(a^{-1}\cdot h\cdot a)^{-1}=a^{-1}\cdot h^{-1}\cdot a$.) (ii) $g\in G$ を任意にとる。$g^{-1}(\bigcap_{a\in G}a^{-1}Ha)g=\bigcap_{a\in G}g^{-1}\cdot a^{-1}Ha\cdot g=\bigcap_{a\in G}(a\cdot g)^{-1}H(a\cdot g)=\bigcap_{a\in G}a^{-1}Ha$. ゆえに $\bigcap_{a\in G}a^{-1}Ha$ は G の正規部分群である。($\bigcap_{a\in G}a^{-1}Ha$ が部分群であることは、(i) と、10.3(ii) から出る。)

§11 **11.1** 連続写像 $f:[0,1]\to[0,1]$ について、$[0,1]$ 上の連続関数 $g:[0,1]\to E^1$ を $g(x)=x-f(x)$ と定義すれば、$g(0)\leq 0$, $g(1)\geq 0$ だから、中間値の定理により、$g(x)=0$ となる $x\in[0,1]$ が必ず存在する。この x が f の不動点である。**11.2** $H=\{e\}$ なら、$h(G)=g(f(G))\subset g(H)=g(\{e\})=\{e\}$ となり、$h(G)\neq\{e\}$ に反する。**11.3** ヒントの通りに考えればよい。**11.4** p_0 を基点にする X 内の閉道は連結成分 X_0 内の閉道である。また、p_0 を基点にする X_0 内の閉道の間の、X におけるホモトピーは、X_0 におけるホモトピーである。($H:[0,1]\times[0,1]\to X$ の像は X_0 に含まれる.) よって、$\pi_1(X_0, p_0)\cong\pi_1(X, p_0)$. 演習問題 8.2 参照。

§12 **12.1** 任意の $U\in\mathcal{O}_A$ について、$p_A^{-1}(U)=U\times B$ である。$U\in\mathcal{O}_A$, $B\in\mathcal{O}_B$ だから、定義 12.1 により $p_A^{-1}(U)=U\times B\in\mathcal{O}_{A\times B}$. よって p_A は連続。同様に p_B も連続。
12.2 必要条件のことは、p_A, p_B が連続だから明らかである。十分条件であることを示す。$U\in\mathcal{O}_A$, $V\in\mathcal{O}_B$ を任意にとる。$f^{-1}(U\times V)=(p_A\circ f)^{-1}(U)\cap(p_B\circ f)^{-1}(V)$ が容易に確かめられる。$p_A\circ f$ と $p_B\circ f$ の連続性から、$(p_A\circ f)^{-1}(U)$ と $(p_B\circ f)^{-1}(V)$ は C の開集合。よって $f^{-1}(U\times V)$ も C の開集合。一般に、$A\times B$ の開集合は $\bigcup_{\lambda\in\Lambda}(U_\lambda\times V_\lambda)$ と書けるから、f による逆像 $f^{-1}(\bigcup_{\lambda\in\Lambda}U_\lambda\times V_\lambda)=\bigcup_{\lambda\in\Lambda}f^{-1}(U_\lambda\times V_\lambda)$ は C の開集合。よって、$f:$

300　　　　　　　　　　　　　　演習問題解答

$C \to A \times B$ は連続である．**12.3**　$p_A \circ f \simeq p_A \circ g$ のホモトピーを $H: C \times [0,1] \to A$, また，$p_B \circ f \simeq p_B \circ g$ のホモトピーを $K: C \times [0,1] \to B$ とすると，$L(x,t)=(H(x,t),K(x,t))$ で定義される写像 $L: C \to A \times B$ が $f \simeq g$ のホモトピーになる．（写像 L が連続であることは，前問で保証される．また，写像 $f: C \to A \times B$ について，$f(x)=(p_A \circ f(x), p_B \circ f(x))$ であることに注意せよ．これは，p_A, p_B の定義から分る．）**12.4**　前問の応用である．**12.5**　$(f \times g)^{-1}(U \times V)=f^{-1}(U) \times g^{-1}(V)$ を確かめよ．これを用いて，12.2 と同様に議論すればよい．**12.6**　まず，次のことに注意する．A が位相空間 Z の閉集合のとき，A を相対位相によって Z の部分空間とみなすと，A の閉集合は Z の閉集合でもある．（相対位相の定義 pp. 105–106 を用いて示せる．）さて，$X \times [0,1/2]$ は $X \times [0,1]$ の閉集合である．なぜなら，補集合 $X \times [0,1] - X \times [0,1/2]$ は $X \times (1/2,1]$ となって $X \times [0,1]$ の開集合であるから．同様に $X \times [1/2,1]$ も $X \times [0,1]$ の閉集合である．H の連続性は，はじめにのべた注意と，演習問題 9.1（と同様の議論）で示せる．**12.7**　$id_X: X \to X$ が，1 点 p_0 への定値写像とホモトープとする．そのホモトピーを $H: X \times [0,1] \to X$ とすると，任意の $p \in X$ について，$H(p,s) (0 \leqq s \leqq 1)$ は，p と p_0 を結ぶ（s をパラメーターとする）道になる．**12.8**　アニュラスは S^1 と同じホモトピー型を持つ．よって，基本群は Z に同型である．（基本群のホモトピー不変性．定理 12.10 参照．）

§13　**13.1**　(i)　$\phi(k)^{-1}\varphi(k)=(\varphi(k)^{-1}\psi(k))^{-1}$ である．そして，$\varphi(k)^{-1}\psi(k) \in \varphi(K)^{-1}\psi(K)$ であるから，$(\varphi(k)^{-1}\psi(k))^{-1} \in |\varphi(K)^{-1}\psi(K)|$. これで示せた．(ii)　(i)により，$\forall k \in K$ について $\phi(k)^{-1}\varphi(k) \in |\varphi(K)^{-1}\psi(K)|$. これは，$\phi(K)^{-1}\varphi(K) \subset |\varphi(K)^{-1}\psi(K)|$ を意味する．(iii)　$|\varphi(K)^{-1}\psi(K)|$ は $G*H$ の正規部分群であるから，$\phi(K)^{-1}\varphi(K) \subset |\varphi(K)^{-1}\psi(K)|$ から $|\psi(K)^{-1}\varphi(K)| \subset |\varphi(K)^{-1}\psi(K)|$ が導かれる（p. 197 の説明参照）．(iv)　(iii)において φ と ψ の役割をとりかえると，$|\varphi(K)^{-1}\psi(K)| \subset |\psi(K)^{-1}\varphi(K)|$ がわかる．これと(iii)を合わせて，$|\psi(K)^{-1}\varphi(K)|=|\varphi(K)^{-1}\psi(K)|$. (v)　$G*H=H*G$ に注意する．(iv)を用いて，
$$G \underset{K}{*} H = G*H/|\varphi(K)^{-1}\psi(K)| = H*G/|\psi(K)^{-1}\varphi(K)| = H \underset{K}{*} G.$$

§14　**14.1**　上半分と下半分の 2 つの 'ロの字形' に分けると，共通部分は線分．この状況に p. 222 の注意を適用すると，'日の字形' の基本群 $\cong Z*Z \cong \langle x_1 \rangle * \langle x_2 \rangle$. **14.2**　'日の字形' に少し幅をつければ，長方形(の板)から 2 つの小長方形をくり抜いた図形になる．これは，$S^1 \vee S^1$ とホモトピー同値である．（実際，そのような図形は，$S^1 \vee S^1$ を変位レトラクトとして含んでいる．）**14.3**　求める基本群は Z である．**14.4**　2 次元円板から n 個の小円板をくり抜いて残った図形は，n 個の S^1 のブーケ $S^1 \vee S^1 \vee \cdots \vee S^1$ と同じホモトピー型を持つ．（実際，$S^1 \vee S^1 \vee \cdots \vee S^1$ を変位レトラクトとして含む．）よって，基本群は $(((\langle x_1 \rangle * \langle x_2 \rangle) * \cdots * \langle x_n \rangle)$. これは，**階数 n の自由群**である（定義 15.1 参照）．

演習問題解答　　　　301

§15　15.1　(i)　$[g, h]^{-1} = (g^{-1}h^{-1}gh)^{-1} = h^{-1}g^{-1}hg = [h, g]$.　(ii)　右辺 $= [g, k]([g, k]^{-1}h^{-1}[g, k]h)(h^{-1}k^{-1}hk) = h^{-1}[g, k]k^{-1}hk = h^{-1}(g^{-1}k^{-1}gk)k^{-1}hk = h^{-1}g^{-1}k^{-1}ghk = (gh)^{-1}k^{-1}(gh)k = [gh, k]$.　(iii)　右辺 $= (g^{-1}k^{-1}gk)[g, h]([g, h]^{-1}k^{-1}[g, h]k) = (g^{-1}k^{-1}gk)k^{-1}[g, h]k = g^{-1}k^{-1}g(g^{-1}h^{-1}gh)k = g^{-1}k^{-1}h^{-1}ghk = g^{-1}(hk)^{-1}g(hk) = [g, hk]$.　15.2　H を G の正規部分群とする．もし，$[g, k]$ が H に含まれれば，$[[g, k], h] = [g, k]^{-1}(h^{-1}[g, k]h)$ であるから，$[[g, k], h]$ も H に含まれる．このことと前問の(ii)から，$[g, k]$ と $[h, k]$ が両方とも H に含まれれば，$[gh, k]$ も H に含まれることがわかる．同様に，前問の(iii)を使えば，$[g, k]$ と $[g, h]$ が両方とも H に含まれれば，$[g, hk]$ も H に含まれる．g が，生成元 $g_1, g_2, \cdots, g_n$（および $g_1^{-1}, g_2^{-1}, \cdots, g_n^{-1}$）の l 個の元（重複もこめて数えて）の積で書けるとき，その l の最小値を $\|g\|$ と書くことにすると，上の観察から，$\|g\| + \|h\|$ に関する帰納法で次のことが言える．任意の g_i と g_j について $[g_i, g_j] \in H$ なら，$[g, h] \in H$．ここで $H = |\{[g_i, g_j]_{i<j}\}|$ とおけば，証明すべき事実が分る．15.3　(i)　$[x_i, x_j]$ については主張は正しい．一般の $[w, v]$ については，演習問題 15.1 の(ii)と(iii)を用いて，$\|w\| + \|v\|$ に関する帰納法で示せる．（$\|w\|$ については，15.2 の解答を見よ．）(ii)　(i) を利用せよ．(iii)　w と v が $F(x_1, \cdots, x_n)$ の可換化にうつって等しければ，交換子群 $[F(x_1, \cdots, x_n), F(x_1, \cdots, x_n)]$ の適当な元 h があって，$w = vh$ となる．(ii)により，h の中の x_i の指数の和は，各 i について 0 であるから，w と v の中の x_i の指数の和は，各 i について等しい．15.4　$f: \mathbf{Z}/q \to \langle x \mid x^q = e \rangle$ を $f([m]) = x^m$ とおけば，f は矛盾なく定義され，かつ同型写像になる．15.5　$y^3 = (xy)^2 (= xyxy)$ と $xy = yx$ から，$y^3 = x^2y^2$ がわかる．両辺に y^{-2} を掛けると $y = x^2$ を得る．これを第 1 の関係 $x^5 = y^3$ に代入して，$x^5 = x^6$．両辺に x^{-5} を掛けて $e = x$．よって，$y = x^2 = e$．こうして $x = e$, $y = e$ を得たから，問題の群は自明群である．

§16　16.1　円板 D_1 の縁 ∂D_1 に沿ってもう一枚の円板 D をはりあわせて S^2 を得ると考える．補題 16.6 により，$\pi_1(S^2, p_0) \cong \pi_1(D_1, p_0)/|[\partial D_1]|$．ところが，$\pi_1(D_1, p_0) \cong \{e\}$ であるから，$\pi_1(S^2, p_0) \cong \{e\}$．（$p_0 \in \partial D_1$ と考える．）16.2　略．16.3　$f = \widetilde{\psi^{-1} \circ \varphi}$ とおく．次の可換図式と補題 16.5 から求める結果を得る．

$$\begin{array}{ccccc} D^2 \supset \partial D^2 & \xrightarrow{\varphi} & A & \subset & X \\ f \downarrow \approx \quad \psi^{-1} \circ \varphi \downarrow \approx & & id_A \downarrow \approx & & \approx \downarrow id x \\ D^2 \supset \partial D^2 & \xrightarrow{\psi} & A & \subset & X \end{array}$$

§17　17.1　任意の $p \in X$ につき，適当な弧状連結な開近傍 $U \subset X$ があって，$h^{-1}(U) = U_1 \cup U_2 \cup \cdots \cup U_n$ を弧状連結成分への分解とすると，各 $h_i = h|U_i: U_i \to U$ は同相写像になる．$p_i = h_i^{-1}(p) (\in U_i)$ とおく．$h': E' \to E$ が被覆写像だから，p_i の適当な弧状連結

開近傍 $V_i(\subset E)$ があって, $(h')^{-1}(V_i)$ の各々の弧状連結成分が V_i と位相同形になる. $V_i\cap U_i$ は U_i の開集合だから $h_i(V_i\cap U_i)$ は U の開集合である. よってこれら n 個の開集合の共通部分 $V=\bigcap_{i=1}^{n} h_i(V_i\cap U_i)$ は U の開集合である. V の, p を含む弧状連結成分を V' とすると, V' は U の開集合であり (補題17.3), U が X の開集合だから V' も X の開集合である. そして, V' は, $h\circ h': E'\to X$ に関して, 定義17.2の(*)を満たすような p の開近傍であることが上の構成からわかる. **17.2** 略. **17.3** 無限個の十字路を持った下図のような図形が $S^1\vee S^1$ の普遍被覆空間である. **17.4** 略.

(このような枝分かれを無限に繰返したもの)

§18 **18.1** 略. **18.2** p.289 の図において, 右側, 左側, 中心部分, 上方の部分弧をそれぞれ C_1, C_2, C_3, C_4 とし, 対応するメリディアンを t_1, t_2, t_3, t_4 とする. 4つの2重点から生ずる関係を使って, t_2 と t_4 を消去すると, $\langle t_1, t_3 | t_3t_1t_3^{-1}t_1t_3t_1^{-1}t_3^{-1}t_1t_3^{-1}t_1^{-1}=e\rangle$ という表示を得る. (同一の群についても表示は一意的でないから, 読者が別の方法で得られた表示が一致しなくても, 誤りとは限らない.)

あ と が き

このあと進んでトポロジーを勉強される読者のために参考文献をあげておく．読み物風のものとして，

   [1]   久賀道郎；ガロアの夢，日本評論社，1968

   [2]   加藤十吉監修，松本幸夫著；4次元のトポロジー，日本評論社，1979

なお，1981-82年の4次元多様体論の急激な進歩によって，[2]で述べた未解決問題の多くが解決されている．

   [3]   加藤十吉；トポロジー，サイエンス社，1978

この本[3]は，曲面のトポロジーに詳しい．

   [4]   クゼ・コスニオフスキ著，加藤十吉編訳；トポロジー入門，東京大学出版会，1983

本書と題名も同じで内容も共通点の多い本である．

本書では触れることができなかったが，ホモロジー論はトポロジーに不可欠の理論である．ホモロジー論の基礎をきちんと勉強されたい読者に

   [5]   田村一郎；トポロジー，岩波全書，1972

をお勧めする．

3次元多様体や結び目理論については

   [6]   本間龍雄；組合せ位相幾何学，共立全書，1980

を読まれるとよい．

更に本格的な本として

   [7]   小松醇郎，中岡稔，菅原正博；位相幾何学Ⅰ（現代数学6），岩波書店，1967

がある．この本[7]を通読するのはかなりの努力と忍耐がいるが，通読されなくとも，必要に応じて参照されれば，辞書として役立つと思う．

索　引

あ 行

アニュラス　4
アレクサンダー多項式　286
位相　63, 64
位相空間　64
位相同形　42, 65
イソトープ　279
1対1　37
一様連続　81
ヴィルティンガー表示　284
ε-近傍　57
ε-δ論法　16
円　3
円板　3
　　開——　49

か 行

開近傍　66
開区間　48
　　半——　48
開集合　59, 64
　　——系　62
階数　232
回転数　157
開被覆　84
可換　229
可換群　139
　　非——　139
可換図式　150
核　143
加群　139
可縮　187
　　局所的に——　254

関係子　227
カントール集合　10
奇置換　141
基点　131
基本群　135, 151
　　——の位相不変性　155
　　——のホモトピー不変性　183
　　閉曲面の——　249
基本領域　277
逆行列　137
逆元　136
球体　6
　　3次元——　6
　　n次元——　25
球面　6
　　2次元——　6
　　$(n-1)$次元——　25
境界　58
境界点　58, 66
共通部分　55
行列式　137
極限点　32
局所的に一定　96
距離　2, 29
　　——の基本3性質　25, 28
距離空間　29
偶置換　141
クラインの壺　10
群　136
語　189, 224
　　——の長さ　189
工作　7, 233
交換子　229
交換子群　230

索　引

交代群　143
　　n 次——　143
弧状連結　99
　　——成分　104
固定群　276
孤立点集合　98
コンパクト　69

さ 行

最大値の定理　75
差積　140
座標表示　20
作用する　276
三角不等式　26
次元　2
始点　99
自明群　137
自明な位相　64
射影平面　9, 242
写像　31
　　'上へ'の——　38
　　逆——　39
　　合成——　36
　　恒等——　35
　　商——　115
　　定値——　20, 35
　　包含——　36
　　連続——　15, 32
自由群　221, 224
自由積　192
収束　13, 18, 31
終点　99
種数　245
準同型　139
準同型写像　139
　　誘導された——　154
準同型定理　149
商位相　234
商空間　234

商集合　115
剰余群　148
剰余類　146
　　（右）——　147
推移律　42, 110
数空間　26
　　n 次元——　26
正規部分群　144
　　T によって生成される——　197
制限　37
整数の加法群　137
生成元　226, 227
正則射影　279
全単射　38
像　15, 31, 50, 144
　　逆——　50, 51
相対位相　105, 106
添字集合　55

た 行

対称群　137
対称律　42, 110
多面体　254
多様体　241
単位円　3
単位円板　3
単位球体　6
　　n 次元——　25
単位球面　5
　　$(n-1)$ 次元——　25
単位行列　137
単位元　136
端点　99
単連結　157
置換群　137
中間値の定理　94
直積　31
直積位相　176
直積空間　175, 176

索　引　307

直和　231, 234
図形　25, 30
定義域　15
底空間　254
点列　13, 31
同一律　42, 110
等化位相　234
等化空間　234
同型　142
同相写像　37, 39, 65
同値関係　110
同値律　43
同値類　112, 116
同値類別　112
ド・モルガンの法則　62
トーラス　6, 242
　　ソリッド・——　7

な 行

内点　59
内部　59, 67
内部自己同形　182
長さ　2
ねじれ部分　232

は 行

ハウスドルフ空間　67
貼り合わせ　235, 237
引き戻し　51
被覆空間　254
　　——の分類　269
　　n 重——　256, 267
　　普遍——　272
　　普遍可換——　273
　　無限巡回——　273
被覆写像　254
被覆変換群　274
表示　226
ファイバー　258

ファンカンペンの定理　206
ブーケ　219
縁　3
不動点　172
不動点定理　172
　　ブラウエルの——　172
部分空間　30, 106
部分群　142
部分列　53
閉曲面　240
閉区間　47
閉集合　47, 66
閉集合系　55
閉道　131
変換群　276
変形のパラメター　120
補集合　58
ホモトピー　121, 177
　　基点を止めた——　178
　　写像の——　177
ホモトピー型　183
ホモトピー逆写像　182
ホモトピー同値　174, 182
　　——写像　182
ホモトピー不変性　175
ホモトピー類　133, 152
ホモトープ　122, 177
　　基点を止めたまま——　178
　　零——　182

ま 行

まつわり数　291
右手系　294
道　120
　　逆の——　129
　　閉じた——　131
　　——の積　124
向きづけ可能　247
向きづけ不可能　247

無限群　138
結び目　278
　——群　280
　——補空間　280
メビウスの帯　7
メリディアン　281
持ち上げ　257

や　行

有界　74
ユークリッド空間　2
　2次元——　2
　3次元——　5
　n次元——　24, 29
有限群　138
有限生成　226
有限表示群　227
有限部分被覆　85

融合積　199

ら　行

離散位相　64
ループ　131
ルベーグ数　87
レトラクション　186
レトラクト　186
　変位——　186
連結　91
連結和　244
連続　15, 32, 62, 65
連続関数　32
連続曲線　11, 15, 99
連続写像　15, 32

わ　行

和集合　55

トポロジー入門 新装版

1985 年 2 月 26 日	第 1 刷発行
2008 年 6 月 25 日	第 10 刷発行
2025 年 2 月 18 日	新装版第 1 刷発行

著　者　松本幸夫

発行者　坂本政謙

発行所　株式会社　岩波書店
　　　　〒 101-8002 東京都千代田区一ツ橋 2-5-5
　　　　電話案内 03-5210-4000
　　　　https://www.iwanami.co.jp/

印刷・理想社　表紙・法令印刷　製本・中永製本

© Yukio Matsumoto 2025
ISBN 978-4-00-006345-6　Printed in Japan

現代数学への入門 （全16冊〈新装版＝14冊〉）

高校程度の入門から説き起こし，大学2～3年生までの数学を体系的に説明します．理論の方法や意味だけでなく，それが生まれた背景や必然性についても述べることで，生きた数学の面白さが存分に味わえるように工夫しました．

微分と積分1——初等関数を中心に	青本和彦	新装版 214頁	定価2640円
微分と積分2——多変数への広がり	高橋陽一郎	新装版 206頁	定価2640円
現代解析学への誘い	俣野 博	新装版 218頁	定価2860円
複素関数入門	神保道夫	新装版 184頁	定価2750円
力学と微分方程式	高橋陽一郎	新装版 222頁	定価3080円
熱・波動と微分方程式	俣野博・神保道夫	新装版 260頁	定価3300円
代数入門	上野健爾	新装版 384頁	定価5720円
数論入門	山本芳彦	新装版 386頁	定価4840円
行列と行列式	砂田利一	新装版 354頁	定価4400円
幾何入門	砂田利一	新装版 370頁	定価4620円
曲面の幾何	砂田利一	新装版 218頁	定価3080円
双曲幾何	深谷賢治	新装版 180頁	定価3520円
電磁場とベクトル解析	深谷賢治	新装版 204頁	定価3080円
解析力学と微分形式	深谷賢治	新装版 196頁	定価3850円
現代数学の流れ1	上野・砂田・深谷・神保	品 切	
現代数学の流れ2	青本・加藤・上野 高橋・神保・難波	岩波オンデマンドブックス 192頁 定価2970円	

———— 岩波書店刊 ————

定価は消費税10％込です
2025年2月現在

松坂和夫
数学入門シリーズ（全6巻）

松坂和夫著　菊判並製

高校数学を学んでいれば，このシリーズで大学数学の基礎が体系的に自習できる．わかりやすい解説で定評あるロングセラーの新装版．

1	集合・位相入門 現代数学の言語というべき集合を初歩から	340 頁	定価 2860 円
2	線型代数入門 純粋・応用数学の基盤をなす線型代数を初歩から	458 頁	定価 3850 円
3	代数系入門 群・環・体・ベクトル空間を初歩から	386 頁	定価 3740 円
4	解析入門 上	416 頁	定価 3850 円
5	解析入門 中	402 頁	本体 3850 円
6	解析入門 下 微積分入門からルベーグ積分まで自習できる	444 頁	定価 3850 円

――――――― 岩波書店刊 ―――――――

定価は消費税10%込です
2025年2月現在

新装版 数学読本(全6巻)

松坂和夫著　菊判並製

中学・高校の全範囲をあつかいながら，大学数学の入り口まで独習できるように構成．深く豊かな内容を一貫した流れで解説する．

1　自然数・整数・有理数や無理数・実数などの諸性質，式の計算，方程式の解き方などを解説．　226頁　定価2310円

2　簡単な関数から始め，座標を用いた基本的図形を調べたあと，指数関数・対数関数・三角関数に入る．　238頁　定価2640円

3　ベクトル，複素数を学んでから，空間図形の性質，2次式で表される図形へと進み，数列に入る．　236頁　定価2750円

4　数列，級数の諸性質など中等数学の足がためをしたのち，順列と組合せ，確率の初歩，微分法へと進む．　280頁　定価2970円

5　前巻にひきつづき微積分法の計算と理論の初歩を解説するが，学校の教科書には見られない豊富な内容をあつかう．　292頁　定価2970円

6　行列と1次変換など，線形代数の初歩をあつかい，さらに数論の初歩，集合・論理などの現代数学の基礎概念へ．　228頁　定価2530円

岩波書店刊

定価は消費税10%込です
2025年2月現在